GESAMTWERK DEUTSCHER WEIN

Winfried Hennen

Rheinhessen

Für dieses Werk...

...fototografierten Robert Dieth, Armin Faber, Roland Hauck, Rudolf Wagner, Ingrid Heinen und Winfrid Heinen.

...schrieben als Mit-Autoren in der Redaktion des Verlages Ralph Breuer, Roland Hauck, Ingrid Heinen, Christiane Krupp, Jutta Schneider und Rudolf Wagner.

...besorgte Christiane Krupp das Lektorat.

...fertigten Hildegard Knoop und Carolin Schmitt die Lagekarten.

...gestalteten Winfrid Heinen und Rudolf Wagner.

...setzte Verlag Heinen in Zusammenarbeit mit Letterservice, Essen.

...lithografierten Reprotechnik Schmitt, Trier und Repro-Studio Velbert.

...sorgten Ingrid Heinen und Rudolf Wagner für die Produktion.

...wurde gedruckt auf Euroart Matt Hochweiss 150 g/qm.

...druckte Offsetdruck Klinke, Saarbrücken.

...arbeitete Fegro, Britten, als Buchbinder.

Erstes Erscheinen zur letzten Laubarbeit im Sommer 1988

ISBN 3-922369-29-4

Vorwort

Richard Sebastian, Vorsitzender des Rheinhessenwein e.V.

Rheinhessen nur in Bildern darzustellen, wäre leicht, doch nicht gerade neu. Rheinhessen allein mit Worten zu beschreiben, wäre leicht, doch nicht gerade verdienstvoll. Denn bis in die jüngste Zeit gibt es namhafte Autoren, die sich diesem weiträumigen Weinland zwischen Mainz, Worms, Alzey und Bingen mit Liebe, Ausdauer und Kompetenz gewidmet haben.

Ein weiteres Buch also über Rheinhessen? Das konnte nicht der Sinn von monatelangem Erkunden, Darstellen, Schreiben und Gestalten sein. Es ist mehr daraus geworden: Ein Bildband in reicher Ausstattung mit vielen fundierten Beiträgen aus und über Rheinhessen. Daß dieses Portrait unserer Region zum GESAMTWERK DEUTSCHER WEIN gehört, das sich Winfrid Heinen mit bewundernswertem Mut bereits vor einigen Jahren vorgenommen hatte, kommt der Attraktivität zugute und fördert die Lust, es zu besitzen.

Denn dieser Bildband voller Geschichten und Gegenwart, voller Weinwissen und Weinkultur, die Küche, die Landschaft und Weingenuß in allen Variationen - dieser Bildband steht Rheinhessen gut zu Gesicht.

Man sollte darin spazieren gehen - und dabei immer einen "Rheinhessen" genießen.

Richard Sebastian

Mit diesen Serienetiketten wirbt die Region Rheinhessen für ihren Wein. Hinter jedem der individuell gestalteten Etiketten steht ein für das Land typischer Wein und immer auch eine neue Idee im Marketing. Es tut sich etwas in Rheinhessen!

Inhaltsübersicht

Weine/Allgemeines

Reportagen

Impressionen

Rheinhessen in der Vergangenheit

Speisen in Rheinhessen

Lagenkarten

Von Null bis Zehn

Jahrgangsbeurteilung in einem 10-Punkte-System

Eine aussagekräftige Beurteilung der Jahrgänge über das gesamte Anbaugebiet Rheinhessen zu erstellen, ist recht schwierig gewesen. Die einzelnen Regionen - von der Rheinfront bis zum Hinterland - unterscheiden sich in ihren klimatischen Bedingungen doch sehr deutlich. Hinzu kommt, daß die einzelnen Rebsorten unterschiedlich auf die Witterungseinflüsse reagieren und sich von daher wiederum ein uneinheitliches Bild ergibt.. Wir haben dennoch versucht, einen Gesamteindruck zu erhalten und uns in mehreren über das gesamte Gebiet verteilte Betrieb informiert. Ohne die Mithilfe dieser Betriebe wäre die Erstellung der Jahrgangsbeurteilung unmöglich gewesen.

Wir möchten uns ganz besonders bei folgenden Weingütern für ihre freundliche Unterstützung bedanken: Weingut Louis Guntrum, Nierstein; Weingut Linus Haub, Bodenheim; Weingut Kirchenstück, Georg Niedecken, Ingelheim; Weingut Irmgard von Opel, Schloß Westerhaus, Ingelheim; Landes-Lehr- und Versuchsanstalt, Oppenheim; Weingut Jean Buscher, Bechtheim; Weingut Schales, Flörsheim-Dalsheim; Weingut Freiherr Heyl zu Herrnsheim, Nierstein und Weingut Rappenhof, Dr. Reinhard Muth, Alsheim.

Die angegebenen Punkte bewerten immer die Güte des Weines nicht die Menge. Zehn Punkte bedeuten, daß in diesem Jahr Spitzenweine geerntet wurden, möglicherweise bei nur mittlerer oder geringer Menge. Fünf Punkte kennzeichnen einen qualitativ durchschnittlichen Jahrgang, während in einem mit 0 Punkten bewerteten Jahr die Lese von der Qualität her kaum lohnte.

Jahrgangsbeurteilung für den Durchschnitt des Anbaugebietes in einem 10-Punkte-System

Jahr	Punkte	Bemerkung
1945	8-10	Sehr geringe Ernte bei hervorragender Qualität. Wein wird vielerorts beschlagnahmt und ist begehrtes Tauschobjekt.
1946	6-8	Die Erntemeldungen reichen von schlecht bis mittelmäßig, auch bei der Qualität sehr unterschiedlich: von mäßig bis sehr gut.
1947	6-9	Extreme Trockenheit führt zu sehr geringen Säurewerten (Riesling 3,9 g/l). Die Qualität ist gut bis hervorragend.
1948	5-7	Geringe bis mittlere Erntemenge, die Qualität reicht von mittelmäßig bis gut. Dennoch ein kleines Weinjahr.
1949	8-10	Wieder ein sehr trockenes Jahr. Schöne Herbsttage bescheren einen Spitzenjahrgang, Weine mit besserer Säurebalance als zwei Jahre zuvor.
1950	4-6	Unfreundlicher Sommer, frühe Lese wegen Fäulnis, doch die Menge ist durch die gute Holzausreife, die der Herbst '49 brachte, überdurchschnittlich. Wenig gute Weine.
1951	3-6	Ähnliche Witterung wie im Vorjahr, die Lese beginnt unter Frühfrostgefahr erst Mitte Oktober, Qualität ist schlecht bis mittel.
1952	5-7	Das wechselhafte Wetter beschert einen mengenmäßig mittleren Jahrgang mit befriedigender Qualität.
1953	10	Einhellige Meinung: Besser geht's kaum! Ein Jahrhundertjahrgang
1954	3-5	Kaltes Frühjahr und regnerischer Sommer, dadurch schlechte bis mittelmäßige Qualität bei zufriedenstellender Menge.
1955	3-5	Spät- und Frühfröste, schlechte Blüte, große Schäden durch Peronospora: von den Rheinterrassen wird ein schlechter, aus anderen Gebiete ein durchschnittlicher Jahrgang gemeldet.

Jahrgangsbeurteilung für den Durchschnitt des Anbaugebietes in einem 10-Punkte-System

Jahr	Punkte	Bemerkung
1956	1-5	Temperatursturz im Januar von +16 auf -30 Grad Celsius! Da, wo gelesen werden konnte nur mittelmäßige Qualität.
1957	3-7	In einigen Gebieten Frostschäden, die Güte ist mittelmäßig, im Wonnegau etwas besser. Wenig Ertrag.
1958	5	Ein Durchschnittsjahr in der Güte, die Menge ist teilweise groß.
1959	9-10	Jahrhundert-Jahrgang! Ideale Witterungsbedingungen erbringen absolute Spitzenqualitäten. Einziges Problem: wenig Säure. Nicht ganz so hochkarätig wie 1953.
1960	5	Schwimmbadwein - mengenmäßig größter Jahrgang seit Menschengedenken. Mittlere Qualität.
1961	5-7	Durchschnittlich in Menge und Güte, in Spitzenlagen wurden spät auch gute Qualitäten gelesen. Harmonische, säurereiche Weine.
1962	5-8	Durchschnittliche Erträge bei guten Mostgewichten. Differenzierte Lese erbringt auch Spätlesen. Jahrgang entpuppte sich erst später als gut.
1963	7-8	Die Winzer sind zufrieden, Menge gut, Qualität überdurchschnittlich. In den Rheinterrassen sorgten starke Gewitter für Ausfälle.
1964	9-10	Spitzenjahrgang! Idealer Witterungsverlauf erbringt große Menge, deren Absatz allerdings durch Preiszusammenbruch erschwert wird.
1965	1-2	Geringster Jahrgang seit Jahrzehnten. Schlechte Witterung übers Jahr und früher Wintereinbruch mitten in der Lese (unfreiwillige Eisweinlese am 16. November)
1966	6-8	Ein gemischtes Jahr findet doch noch einen guten Abschluß in einem schönen Herbst. Späte Lese, dadurch gute Qualität.
1967	7-9	Das Botrytisjahr schlechthin. Edelfäule und teilweise Mengenverluste erbringen hohe Oechslegrade.
1968	2-5	Kälte zur Blüte und Regen im Sommer führen zu einem wenig zufriedenstellenden Jahrgang.
1969	6-8	Innerhalb der Regionen große Qualitätsunterschiede. Insgesamt aber zufriedenstellender Herbst, auch mit Spitzenweinen.
1970	5-8	Ein neues Mengen-Rekordjahr, das wieder Lagerprobleme schafft. Die Qualität ist dennoch gut: harmonische, elegante und leichte Weine.
1971	8-10	Ein Spitzenjahrgang. Günstiges Klima und Botrytisbefall sorgen für absolute Spitzenweine. Menge unterdurchschnittlich.
1972	2-4	Mittelmäßige Menge bei schwacher Güte. Ein kleiner, eigentlich unreifer Jahrgang mit dem zweifelhaften Ruf als Zechwein.
1973	6-8	Neuerliche Rekordernte. Ein weinbauliches Bilderbuchjahr sorgt zudem für gute bis sehr gute Qualitäten.
1974	5	Ein Durchschnittsherbst in Menge und Güte. Fruchtige, sehr haltbare Weine.
1975	6-9	Ähnlich wie 1967: Starker Botrytisbefall im Herbst sorgt für hohe Qualität, aber auch für viel Arbeit bei Lese und Kellerbehandlung.
1976	9-10	Ein außergewöhnliches Weinjahr in Ertrag und Qualität. 45 Tage ohne Regen. Sehr hohe Mostgewichte, ausgesprochenes Rieslingjahr.
1977	4-6	Mäßig in der Qualität, in der Menge zufriedenstellend. Kernige Zechweine, die sich allerdings gut zur Versektung eignen.
1978	3-7	Stark schwankende Qualitäten. Während im Wonnegau bei differenzierter Lese und gutem Wetter noch etwas gerettet werden konnte, heißt das Urteil anderswo: Schlecht!
1979	7-9	Frostschäden brachten geringe Erträge, sehr warme Herbsttage bescherten sehr gute bis hervorragende Weine. Rieslingjahr.
1980	3-5	Verheißungsvollem Frühjahr folgt total verregneter, kalter Sommer, dadurch verheerende Blüteschäden. Geringe bis befriedigende Weine, unterdurchschnittliche Menge.
1981	4-6	Wieder ein verpatzter Sommer, naß und kühl. Wenig Menge, in der Qualität etwas besser als im Vorjahr.
1982	4-7	Größte Menge seit Menschengedenken, doch auch die Qualität ist größtenteils zufriedenstellend.
1983	7-10	Gute Witterung übers Jahr beschert wiederum einen mengenstarken Jahrgang, der auch sehr gute bis hervorragende Weine erbringt.
1984	2-5	Kältestes Frühjahr seit 50 Jahren. Menge und Qualität liegen unter dem Durchschnitt.
1985	6-9	Hagel und Frost führen zu starken Mengeneinbußen, die Qualität ist überdurchschnittlich bis hervorragend. Dennoch kein Spitzenjahr.
1986	6-7	Hagel führt wieder zu Verlusten, und auch die Qualität liegt im Durchchnitt deutlich unter der des Vorjahres.
1987	3-6	Ungünstige Witterung über das gesamte Jahr. Eine Normalernte bei schwacher bis mittlerer Qualität.

Editorial

Gruppenbild mit Dame: Die nahezu komplette Mannschaft der Verantwortlichen für den Rheinhessenwein probiert ausgesuchte Weine beim Weinforum.

Der großzügige Zuschnitt der weltläufigen Rheinfront mit Fluß und pittoreskem Rebenhang einerseits und die sanfte Anmut des weiten, welligen Hügellandes andererseits - nur dem Bewohner selbst erscheint dies möglicherweise als "zwei Rheinhessen". Die publizistischen Macher des deutschen Weingeschehens und die kenntnisreichen privaten Weinfreunde sehen diesen Unterschied kaum noch. Für sie steht das aktuelle Weingeschehen im Vordergrund - und damit die neueste Entwicklung in Sachen Art und Qualität der Weinerzeugung. Auf diesem Gebiet aber tut sich viel im Lande Rheinhessen - weinlandweit mit "RS", "Rheinhess" und "Schoppenstecher" und ebenso an verschiedenen Orten, wo manch einer erfolgreiche neue Weinwege geht. Rheinhessen ist im Aufbruch.

Es ist wie überall: Es sind einzelne, die die Dinge bewegen. Da gibt es in Mainz die engagierte und ideenreiche Führungsmannschaft, die zunächst mit dem "RS", dem "Rheinhessen-Silvaner", Image und Preis gebildet hat. "RS", ein Name - und ein einheitliches Etikett - für viele Weine von vielen Erzeugern. Jeder im Land darf ihn auf die Flasche bringen, wenn er sich den Qualitätsanforderungen, wenn er sich der Prüfung und dem Trokken-Gebot unterwirft.

Annähernd zweihundert Erzeuger machen mit, und sie alle haben dazu beigetragen, daß ihre Region an Ansehen gewonnen hat: Ansehen, was die Qualität betrifft, anstelle von Bedeutung hinsichtlich der Weinmasse. Der "RS" - im Rheinhessenland nach dem "Ziehvater" auch "Richard Sebastian" genannt - steht mit seinem ungewöhnlichen und eindeutig wiedererkennbaren gelbschwarzen Etikett nicht nur für die "Renaissance des trockenen Silvaners" (so der Slogan), sondern für den Qualitätsanspruch einer ganzen Region Daß er "der Wein zum Essen" ist, wird dazugesagt und entspricht der Linie des "neuen" Rheinhessens.

Zum Bild dieses neuen Rheinhessens gehört ebenso der Typenwein "Rheinhess", der von mehreren, und der "Schoppenstecher", der von einem Unternehmen angeboten wird. Zu diesem Bild gehören aber vor allem jene Erzeuger, die neue - und dabei zum Teil klassische - Wege in der Weinbereitung gehen, die mit hoher Weinqualität bundesweit Aufsehen erregt haben und ebenso in Ausstattung und Vermarktung Überzeugendes leisten.

Editorial

Rheinhessen erleben: stimmungsvoll bei Kerzenschein im prächtigen Holzfaßkeller...

...oder bei einer zünftigen Wanderung querfeldein.

Wenn Rheinhessen zur Zeit der Erstauflage dieses Buches am Beginn einer positiven Imagewende stand, dann ist das diesen "Flaggschiffen" wesentlich zu verdanken. Ihr Rezept ist das uralte "Tue Gutes und rede darüber", und vom derart erarbeiteten Glanz strahlt immer etwas auf den eigenen Ort und schließlich auf das gesamte Gebiet aus.

Das gab es früher schon einmal, als einige Güter der Rheinfront für einen weltweit hohen Bekanntheitsgrad sorgten. "Liebfrauenmilch" und "Domtal" konnten diesen Erfolg bei der Öffentlichkeitsarbeit für die bekannten Millionenumsätze nutzen. Und sie tun dies bis heute. Daß findige Köpfe nun mit neuen Ideen und neuen Weinen für Deutschlands größtes Weinbaugebiet neue Marktsegmente öffnen, spricht für die Region. Und auch die mutige Initiative in der Schwesterbranche "Sekt" gehört unbedingt in diesen Rahmen. Was da von einem Winzerzusammenschluß geleistet wurde, ist bundesweit so einmalig, daß es im Rahmen dieses Bandes an anderer Stelle ausführlich gewürdigt wird. Tatsächlich sind die Rheinhessen ansonsten gar nicht so sehr für die großen Zusammenschlüsse. Nur etwa zehn Prozent der Weinerzeugung kommt von Erzeugergemeinschaften verschiedener Art, die große Menge der Winzer liebt offenbar die Individualität und Vielfalt. - Eine Vorliebe, die sich unter anderem auch unschwer an der außerordentlich großen Zahl der angebauten Rebsorten ablesen läßt.

Der schönsten Form der Individualität aber begegnet der Gast, wenn er die genannte Weinvielfalt beim Erzeuger probiert. Da gibt es dann kaum einen, der mit dem nächsten zu vergleichen ist. Die ganz und gar unprofessionelle Freude am Mitmachen, am Mitgenießen ist aber allen gemein. Wenn auch in tausend Weinproben erfahren, das Weinerlebnis mit dem Gast wird von den Rheinhessen, so scheint es, ein jedes Mal neu mitgelebt. Gastfreundlich sind sie und dem Wein sehr zugetan - ungleich mehr als dem Essen.

Nicht nur bei Wein und Inhalt haben die Achtziger die große Wende, den Trend nach oben gebracht, auch im Umgang mit der Ästhetik ihrer Häuser, Dörfer, Städte und Landschaft macht sich Wandel bemerkbar. Da wird Pflaster wiederentdeckt, entstehen schön gestaltete Plätze als Dorfmittelpunkte, wird alte Haussubstanz behutsam zu neuem, schönerem Bild belebt. Neue Probierstuben und Gutsschänken entstehen, alte gewinnen an Ansehnlichkeit. Die Uniformität wird innen und außen überwunden. Das Gefühl für den Wert der Landschaft wächst, wenn auch dem realistischen Rheinhessen klar ist, daß seine Region nicht zu den Schönheitsstars der Branche gehört, und nur wenige Ge-

Editorial

Der "trunkene Schmied" in Wörrstadt - Denkmal der Trinkfreude.

Die Rheinhessen arbeiten an ihrem Profil: mit ungewöhnlichen Etiketten und neuen Ideen auch im Typenweinbereich.

meinden als Ganzes von baulicher Kunst vergangener Tage zeugen können. Dazu war Rheinhessen - von Ausnahmen abgesehen - einfach nicht reich genug und überdies allzu oft Tummelplatz zahlreicher Heere. Das übersichtlich offene Land muß Generalen früherer Zeiten viel Reiz für Aufmarschpläne geboten haben.

Dabei wirkt keine Landschaft friedvoller als dieses weite, wellige, sanfte Hügelland, dessen Bild, ähnlich einer flachen, wie erstarrten Dünung, den größten Teil des Landes bestimmt.

Um so zu empfinden, muß man einmal an einem Platz wie dem Abzweig der Straße nach Wintersheim gestanden haben, hundert Meter vor dem Ortseingang Dorn-Dürkheim: die roten Dächer vor den sattgrünen Weinbergen, der kleine Kirchturm, das Türmchen nahebei, die gewundene Straße nach Wintersheim - "rheinhessisch gewellt" auf- wie abwärts, der Bodenformation folgend und nach links und rechts Hindernissen ausweichend - und wieder Felder und Reben, Rüben, kaum Wiesen, kaum Wälder.

Eine Landschaft in großen Flächen, ruhigen Mustern und immer wieder mit diesen weichen, weiten Hügeln, das sind Rheinhessen-Bilder, wie sie im Bilderbuch des Landes häufig vorkommen. Dazu bietet das Land als Ergänzung gelegentlich auch solch ungewöhnlich südlich-heiteren Akzente wie im Dorfe Alsheim, aus dem der Präsident des Deutschen Weinbauverbandes kommt.

Von der präsidialen Terrasse aus sieht man in der Nachbarschaft uralte Bruchsteinmauern, die, gerade erst im Zustand des leichten Verfalls, mit Grün überwuchert, den Charme des natürlich Verwilderten an die Stelle der mauerhaft-kühlen Strenge setzen. Davor erblickt man Gärten, auch Walnußbäume, ziegelrot, pfannengedeckte, niedrige Dächer von Winzerhäusern und Schuppen, Buschwerk überall, Blüten - auch vor den etwas höher am niedrigen Hang beginnenden Weinbergen: Rheinhessen mit südlichem Charme.

Rheinhessen mit dem Gesicht des Hügellandes, mit dem Gesicht der Rheinfront, mit den vielen Gesichtern seiner Winzer und mit der Vielfalt seiner Weine, Weinland Rheinhessen mit Mainz als der "Hauptstadt des Deutschen Weins" (Zentrale Institutionen) und einer Fröhlichkeit, die auch gern als jene von Mainzer Art bezeichnet wird, weil sie von dort bundesweit fernsehwirksam wurde, Rheinhessen mit der mittelalterlichen Tradition einiger alter Städte und mit den Initiativen und guten Ideen seiner dynamischen Macher: das alles ist Rheinhessen - das Weinland.

Rheinhessen statistisch

Das Weinanbaugebiet Rheinhessen liegt links des Rheins im Raum zwischen Mainz, Worms, Alzey und Bingen. Es besteht - weingeografisch - aus 434 Einzellagen, die in 24 Großlagen und 3 Bereichen (Bingen, Nierstein und Wonnegau) zusammengefaßt sind.

In Rheinhessen stehen rund 23.000 Hektar unter Reben, das sind etwa 30 Prozent der landwirtschaftlich genutzten Fläche dieses Gebietes. Mit Rotweinreben sind 1.100 Hektar bestockt, der Rest ist Weißwein. Rheinhessen ist das größte deutsche Anbaugebiet und stellt mehr als 28 Prozent der bundesdeutschen Rebfläche.

Die Reben finden hier äußerst günstige Wachstumsbedingungen mit bis zu 1.700 Sonnenscheinstunden pro Jahr. Das Gebiet ist nach Norden durch Hunsrück und Taunus und nach Osten durch den Odenwald gegen kalte Winde gut geschützt und somit eine der wärmsten Regionen der Bundesrepublik mit wenig Niederschlägen und, je nach Lage, zwischen 160 und 210 frostfreien Tagen im Jahr.

Rund 11.000 Familien leben in Rheinhessen ganz oder teilweise vom Weinbau. Sie erzeugen in einem normalen Jahr zwischen 2,3 und 2,5 Millionen Hektoliter Wein. Dreiviertel dieser Menge wird im Inland konsumiert, 25 Prozent gehen in den Export, vor allem nach Großbritannien, in die USA und die Niederlande.

Größter "Winzer" des Anbaugebietes ist die Zentralkellerei Rheinischer Winzergenossenschaften in Gau-Bickelheim. Ihr gehören 33 Winzergenossenschaften und mehr als 4.000 Mitglieder an, die rund 3.000 Hektar Rebfläche bewirtschaften.

Die älteste Urkunde über eine deutsche Weinbergslage stammt aus dem Jahr 742 für die Lage Niersteiner Glöck. Die Reben wurden in Rheinhessen erstmals durch die Römer kultiviert, früher noch als an der Mosel oder im Rheingau, und so kann sich Rheinhessen als das älteste deutsche Weinanbaugebiet bezeichnen.

Die ersten Zehn

Der Müller-Thurgau führt auch in Rheinhessen den Rebsortenspiegel klar an

Auf dem zweiten Platz liegt immer noch die traditionelle Rebsorte Rheinhessens: der Silvaner

Die Rheinhessen-Winzer sind für ihre Experimentierfreudigkeit beim Anbau neuer Rebsorten bekannt. Die nachfolgende "Hitparade" beweist jedoch eine ebenso starke Ausrichtung auf bewährte Sorten. Dabei zeigen die vergleichsweise geringen prozentualen Unterschiede von Platz drei bis zehn wie stark sich einige Neuzüchtungen gegenüber den Traditionssorten wie dem Riesling durchsetzen konnten.

Trends läßt diese Aufstellung nicht erkennen, und es sind doch gerade die Trends, die in Rheinhessen aufhorchen lassen. Da ist mit sehr großem Erfolg eine "Renaissance des trockenen Silvaners" eingeläutet worden, und sicherlich wird dadurch der über Jahrhunderte hinweg führende Silvaner, der Österreicher wie er früher hieß, auch in der Statistik wieder Aufwind bekommen. Ähnliches gilt für den Riesling, der wohl in Zukunft einen größeren Rebflächen-Anteil gewinnen wird, sicherlich zu Lasten einiger Neuzüchtungen, die die allzu hoch gesteckten Erwartungen nicht ganz erfüllen konnten.

Als Folge der Rückbesinnung auf klassische Rebsorten, die auch bei den Weintrinkern zu beobachten ist, könnten ebenfalls Ruländer und Spätburgunder, die im Moment Platz zwölf und dreizehn belegen, ihre Position verbessern.

Das Rebsortenspektrum Rheinhessens ist in Bewegung. Hier sind, anders als in anderen Weinbaugebieten, Verschiebungen möglich. Die Ausnahme ist der Müller-Thurgau, der mit großem Abstand an der Spitze liegt und sich auch in Rheinhessen durch seine außerordentlich breite Eignung diesen "Platz an der Sonne" verdient hat. Daß er seine Spitzenposition abgeben wird, ist höchst unwahrscheinlich.

Die ersten Zehn

4. Bacchus

3. Scheurebe

6. Faberrebe

5. Kerner

1. Müller-Thurgau
Die mittlerweile über einhundert Jahre alte Geisenheimer Züchtung hat sich durch ihre große Zuverlässigkeit, Anspruchslosigkeit an die Lage und sichere Reife auch in Rheinhessen deutlich auf Platz eins etabliert. Sie findet in weiten Teilen Rheinhessens in den verhältnißmäßig tiefgründigen Böden geeignete Voraussetzungen. Der Müller-Thurgau ist die ideale Rebe für die einfacheren Konsumweine. Der in anderen Gebieten häufig starke Muskatton wird in Rheinhessen meist nicht zum Problem, da die Reben gut ausreifen und sich dabei dieser Ton mehr und mehr verliert. In höheren Prädikaten trifft man häufig auch auf rieslingähnlichen Charakter.

Anbauanteil: 24 Prozent

2. Silvaner
Der Silvaner ist über Jahrhunderte hinweg die bedeutendste Rebe Rheinhessens gewesen. Doch war sein Anbau zugunsten vieler Neuzüchtungen seit Ende der fünfziger Jahre stark rückläufig. Seine Ansprüche an die Lage sind weniger hoch als die des Rieslings, doch dankt er einen guten Standort auch mit überdurchschnittlichen Qualitäten. Mit dem Vorurteil, Silvanerweine seien plump und breit, haben besonders die Rheinhessen in den letzten Jahren gehörig aufgeräumt. Ihre Rheinhessen-Silvaner werden schlankèr und frischer auf die Flasche gebracht und sind wegen ihrer neutralen Art und der breiten Eignung zu vielen Speisen die idealen Tischweine.

Anbauanteil: 13 Prozent

3. Scheurebe
Die Scheurebe ist nach dem Müller-Thurgau der zweite "Klassiker" unter den Neuzüchtungen. Ihr Vorteil ist, daß sie auf weniger guten Böden und in mittleren Lagen noch ausgezeichnete Qualitäten liefert. Reife Weine haben rassige Säure und ein volles, kräftiges Bukett mit einem deutlichen Johannisbeerton. Bei unreifen Scheurebeweinen kann das Bukett geradezu abstoßend wirken. Die Scheurebe gehört zu den späten Sorten, sie wird nach dem Silvaner, aber vor dem Riesling gelesen. In zahlreichen Proben hat sich dieser Wein als besonders geeignet zu vielen Käsesorten erwiesen, was sicherlich auf seine feinaromatische Art zurückzuführen ist.

Anbauanteil: 9,5 Prozent

4. Bacchus
Der Bacchus hat in Rheinhessen eine größere Verbreitung gefunden als in allen anderen deutschen Weinbaugebieten. Seine geringen Ansprüche an die Lage und die außerordentlich hohen Mostgewichte und Erträge haben ihn für das Anbaugebiet zu einem wichtigen wirtschaftlichen Faktor gemacht. Er erbringt extraktreiche und fruchtige Weine mit einem vielfach blumigen und reichen Bukett. Seine Unempfindlichkeit gegen Botrytis läßt späte Lesen zu, was für die Qualität von hoher Bedeutung ist.

Anbauanteil: 8 Prozent

5. Kerner
Diese Rebe mit den interessanten Kreuzungseltern Riesling und Trollinger gehört heute bereits zu den deutschen Standardsorten. Sie erbringt sehr frische, säurereiche Weine, die insgesamt an den Riesling erinnern. Im Durchschnitt sind sie stoffiger als die des Müller-Thurgau mit einem noch feineren Muskatton. Da der Ertrag ebenso stimmt wie die Öchslegrade, die im Schnitt zehn Grad über denen des

Zahlen, Daten, Fakten

Die ersten Zehn

7. Riesling

8. Morio-Muskat

9. Huxelrebe

10. Portugieser

Rieslings liegen, war der Erfolg der Kernerrebe in Deutschland vorprogrammiert.

Anbauanteil: 8 Prozent

6. Faberrebe
Der Faber ist eine rheinhessische Züchtung. Sie wurde Ende der zwanziger Jahre dieses Jahrhunderts von Georg Scheu in Alzey aus den Sorten Weißer Burgunder und Müller-Thurgau gekreuzt. Die Ansprüche an Lage und Boden sind mit denen des Silvaners zu vergleichen, und schon von daher paßt der Faber gut nach Rheinhessen. Er zeichnet sich durch eine große Anpassungsfähigkeit an die unterschiedlichsten Bodenarten, einen sicheren Ertrag und hohe Mostgewichte aus. Die Weine sind von einer traditionellen Art, oft rassig mit einem markanten Bukett.

Anbauanteil: 7 Prozent

7. Riesling
Die "Königin unter den Weißweinreben" hat auch in Rheinhessen engagierte Freunde. Ihr Hauptverbreitungsgebiet liegt in den Spitzenlagen der Rheinfront, wo sie auch die geeignetsten Bedingungen vorfindet. Denn beim Standort ist der Riesling sehr wählerisch. Er mag trockene, flachgründige und steinige Böden und erbringt dann die feinsten und elegantesten Weißweine der Welt. Negativ sind nur seine vergleichsweise geringen Erträge und Mostgewichte.

Anbauanteil: 6 Prozent

8. Morio-Muskat
Der Morio-Muskat ist eine weitere Neuzüchtung, die sehr schnell ihren Weg gemacht hat. Die Beliebtheit bei den Winzern verdankt sie ihren gleichmäßig hohen Erträgen. Bei den Verbrauchern gibt es mittlerweile schon eine eingeschworene "Fan-Gemeinde", die diesen sehr bukettreichen und oft opulenten Wein bevorzugt. Auch hat der Morio-Muskat als Verschnittsorte, besonders mit dem Silvaner als Grundwein, große Bedeutung. Bei hohem Morio-Muskat-Anteil kann allerdings das kräftige Muskatbukett störend durchschlagen.

Anbauanteil: 4 Prozent

9. Huxelrebe
Auch die Huxelrebe ist ein rheinhessisches Produkt. Georg Scheu war der Züchter (Landesanstalt für Rebenzüchtung, Alzey). Erstmals angebaut hat sie der Winzer Fritz Huxel aus Westhofen, der als erster ihre Vorzüge erkannte und bekanntmachte. Um qualitativ hochwertige Weine zu erzielen, muß die Huxelrebe in guten Lagen gepflanzt werden. Dann sind die Weine reif und rassig mit dezentem Bukett, und es gibt auch häufiger Auslesen und Beerenauslesen als bei anderen Sorten. Der Ertrag hingegen ist vergleichsweise gering.

Anbauanteil: 4 Prozent

10. Portugieser
Es erstaunt etwas, die erste Rotweinsorte Rheinhessens nur auf Platz zehn vorzufinden. Sicherlich wird sich das in der Zukunft noch ändern. Der Portugieser ist unter den Rotweinen der Schoppenweinlieferant schlechthin. Er ist mit den weniger guten Lagen zufrieden, reift früh und trägt viel. Die Weine sind säurearm und werden als mild empfunden, was ihnen bei einer breiten Schicht von Konsumenten große Beliebtheit eingebracht hat. Auch als Weißherbst ausgebaut, hat er heute besonders in der Gastronomie Bedeutung erlangt.

Anbauanteil: 3 Prozent.

Deutsches Weinbaumuseum

Zwei typische Beispiele für die Ausstellungsräume im Deutschen Weinbaumuseum: Das obere Bild zeigt einen komplett eingerichteten Probierraum aus der Zeit der Jahrhundertwende im stimmungsvollen Licht der reich gestalteten Verglasung. Unten sieht man in eher nüchterner Umgebung den schematischen Ablauf der Weißweinbereitung.

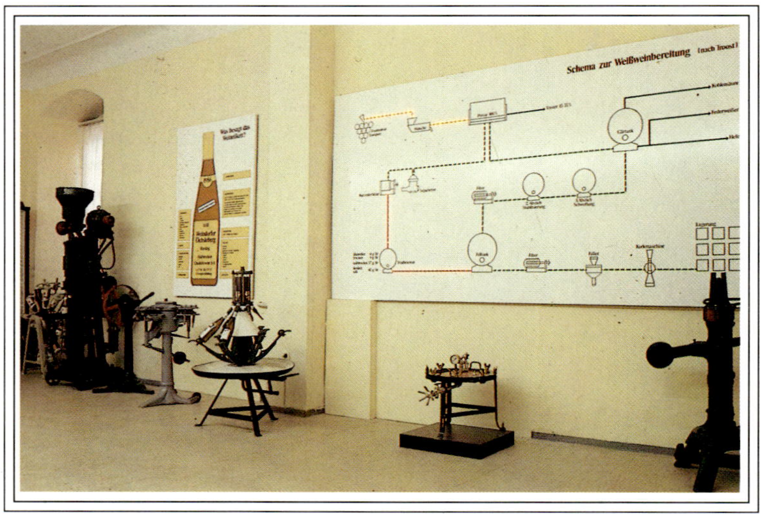

Säufer im Museum?! Was für die meisten Museumsdirektoren einem Alptraum gleichkommt, ist für Dr. Oskar Foltyn geradezu ein Muß. Er ist nämlich Gründer und Leiter des Deutschen Weinbaumuseums in Oppenheim, und zur Geschichte des Weinbaus gehören der übermäßige Weinkonsum und seine Folgen ebenso wie Verkehrsunfälle zur Geschichte des Automobilbaus.

Folglich hat Dr. Foltyn in seinem Museum auch eine "Säufergalerie" eingerichtet - mehr zur Erheiterung der Besucher, doch dessen ungeachtet ist hier manche Bestleistung zu bestaunen, die noch heute einen Eintrag ins Guinessbuch verdient hätte.

Das ist das eigentlich Beachtenswerte an diesem sympathischen Museum: Auch der seriöse "Stoff", der den Besuchern vermittelt wird - übrigens in didaktisch sehr ansprechender und mit zahlreichen Objekten und Gegenständen aus mehreren Jahrhunderten überaus anschaulicher Form - beinhaltet immer ein "Augenzwinkern".

Beispiele dafür sind die antiken "Stülpbecher" in der reich ausgestattenen Gläsersammlung: Da sie keinen Fuß haben, mußten die Zeitgenossen, die aus ihnen tranken, stets das Glas leeren, um es dann umgedreht auf den Trinkrand zu stellen. Übrigens eine überlegenswerte Anregung für heutige Marketingfachleute. Vielleicht könnte man mit diesen Gläsern dem stagnierenden Weinkonsum in Deutschland beikommen.

Oder die kuriose Mausefallen-Ausstellung: An die dreihundert Exponate zeigen den Erfindungsreichtum des Menschen bei der Jagd nach dem kleinen Nager. Da ist von der "todsicheren" Mehrfachfalle bis zur ausgeklügelten Mäuseguillotine, ein Produkt ihrer Zeit, entstanden am Ende des 18. Jahrhunderts, alles zu sehen, was das Mäuseleben schwer macht. Auch dieser Ausstellungsteil in der oberen Etage hat seriösen weinbaulichen Hintergrund, denn die Wühlmäuse können verheerende Schäden im Weinberg anrichten.

Anliegen des Museums ist es, in unterhaltsamer und ansprechender Form die Entwicklungen des deutschen Weinbaus zu schildern. Dabei werden die Besonderheiten, klimatische Nachteile gegenüber den südlicheren Weinbaugebieten, regionale Bevorzugung weißer Rebsorten und die reiche Sorten- und Geschmackspalette, herausgestrichen. All das wird in einen historischen Rahmen gestellt, der die Etrusker ebenso berücksichtigt wie die für den deutschen Wein so wichtigen Römer. Das Brauchtum um den Wein, angefangen bei den verschiedenen histo-

Deutsches Weinbaumuseum

Die Gläser der außergewöhnlich umfangreichen Sammlung gehören zu den Glanzstücken des Museums und zwar in des Wortes wahrer Bedeutung. Hier gibt es vom antiken Kelch bis zu modernen Kreationen die gesamte Palette der verschiedenen Weintrinkgefäße zu bewundern

rischen Winzertrachten bis hin zur Wahl der heutigen Weinköniginnen, nimmt in der Ausstellung einen breiten Raum ein, andere Schwerpunkte sind die Bodenbearbeitungsformen oder die Schädlingsbekämpfung. Ausgesprochen gelungen ist die Gliederung in die verschiedenen deutschen Anbaugebiete. Jede Region wird detailliert vorgestellt und ihre Eigentümlichkeiten werden ausführlich erklärt.

Ein Steckenpferd des Dr. Foltyn ist von ganz besonderer Art: die wirklich einmalige Sammlung verschiedener Keltern, wobei die mächtigen Baumkeltern vergangener Jahrhunderte wahre Schmuckstücke sind. Es stehen Modelle bereit, an denen die Funktion dieser Kolosse erklärt wird, und im Hof des Museums sind einige dieser raren Exemplare zu bewundern.

Es wird nie langweilig in diesen keineswegs heiligen Hallen. Dafür sorgen schon der Spürsinn und Einfallsreichtum von Dr. Foltyn. Er hat in mühevoller Arbeit über Jahrzehnte die Ausstellungsstücke herbeigeschafft, er hat dafür gesorgt, daß sie liebevoll renoviert wurden, hat sie akribisch geordnet und ihnen ihren rechten Platz im Ablauf des Museumrundgangs zugewiesen. Ständig ist er auf der Suche nach neuen Exponaten, und während der ganzen Zeit hat er - ganz nebenbei - auch noch ein reichhaltiges Archiv angelegt, das die Geschichte des Weinbaus von den Anfängen bis zur Gegenwart dokumentiert. Wer einmal das Vergnügen hatte, mit diesem liebenswerten Menschen und profunden Fachmann eine Besichtigung im Museum zu erleben, der hat einen Gelehrten in des Wortes wahrer Bedeutung kennengelernt. Mit wenigen Worten und in seiner ihm eigenen, klaren Sprache legt er historische Zusammenhänge dar, erklärt komplizierte Maschinen und komplexe Zusammenhänge bei der Bodenbearbeitung oder dem Pflanzenschutz und läßt hier und da ergötzliche Anekdoten einfließen, scheinbar aus dem Stegreif. Bei den Weinproben, die häufig die Gruppenführungen beschließen, ist er in seinem Element, und man kann nicht sagen, ob hier jemand seine Passion zum Beruf gemacht hat oder ob der Beruf zur Leidenschaft geworden ist.

Ein Besuch im Deutschen Weinbaumuseum lohnt allemal. Es ist von April bis Ende Oktober von dienstags bis sonntags geöffnet. Größere Gruppen sollten schriftlich oder telefonisch vorher eine Führung vereinbaren. Hier die Adresse: Deutsches Weinbaumuseum, Wormser Straße 49, Oppenheim, Telefon: 06133/2544

Hofidyllen

Das Bild des ländlichen Rheinhessens wird ganz entscheidend geprägt durch die Architektur der bäuerlichen Hofanlagen. In jedem Dorf findet man die ausladenden Gehöfte mit den mächtigen Pforten, die selbst einem vollgeladenen Heuwagen die Einfahrt gewähren. Meist sind die Tore noch mit einem gedeckten Gemäuer überdacht.

Neben den eigentlichen Toren ist oft eine Eingangstür zu finden, durch die die Bewohner in den Hof gelangen können, ohne das riesige Tor öffnen zu müssen. Wo der Platz fehlte, wurde diese Tür auch einfach in das Tor geschnitten.

Vorbild für diese Bauweise ist die fränkische Hofanlage. Nirgendwo sonst in Deutschland ist dieser Baustil in solcher Fülle und Reinheit erhalten geblieben wie hier in Rheinhessen. Sind die Hoftore geschlossen, wirkt der Bau nach außen trutzig wie eine Befestigungsanlage - und diese Funktion sollte der Hof in früheren Jahrhunderten auch haben.

Da es sich bei solchen Gehöften meist nicht um reine Winzerbetriebe handelt, sondern um land-

Hofidyllen

wirtschaftliche Güter, die immer auch vom Ackerbau lebten, findet man besonders schöne Hofanlagen vor allem im sogenannten Hinterland.

Wie unsere Bilder zeigen, haben die Rheinhessen aus ihren fränkischen "Trutzburgen" mit viel Liebe Refugien bäuerlicher Idylle gemacht. Die Innenhöfe werden heute natürlich immer noch betrieblich genutzt, doch da, wo der Ackerbau nicht mehr die große Bedeutung hat, sind vielfach repräsentative und gemütliche Straußwirtschaften entstanden. Hier trifft man sich im Sommer beim Wein zum Plaudern oder auch zur Probe. Man kann die fränkischen Hofanlagen als die Keimzellen des rheinhessischen Lebensgefühls bezeichnen. So solid und echt, wie die Höfe auf den Betrachter wirken, scheinen auch die Menschen zu sein, die in ihnen wohnen. Man kann hoffen, daß noch mehr Menschen den Wert eines solchen Hofes schätzen lernen. Der Trend ist jedenfalls unverkennbar - die Rheinhessen haben ihre Höfe wiederentdeckt, überall wird das alte Pflaster restauriert und vorhandenes Fachwerk wieder freigelegt.

Winzersekt

Moderne Technik neben Bewährtem, immer aber steht die Qualität im Vordergrund. Zwei verschiedene Arten der Rüttelung werden in Sprendlingen praktiziert: Vollautomatische Rüttelmaschinen (links) oder die Handarbeit am traditionellen Rüttelpult (rechte Seite, rechtes Bild).

Mit der Erzeugergemeinschaft Winzersekt GmbH in Sprendlingen können wir den Shooting-Star, den Aufsteiger der achtziger Jahre im rheinhessischen Weinbau portraitieren.

Kaum ein anderer Zweig der Weinbranche kann auf solche Zuwachszahlen verweisen wie die Sekterzeuger. Die Deutschen, deren Weinkonsum seit Jahren bei 25 Liter pro Kopf und Jahr stagniert, haben sich zur Sekttrinker-Nation Nr. 1 gemausert. Nirgendwo knallen so häufig die Sektkorken wie in bundesdeutschen Wohnstuben. Vorbei sind die Zeiten, da das prickelnde Naß nur an Feiertagen und zum besonderen Anlaß gereicht wurde, Sekt hat sich seinen alltäglichen Platz zum Beispiel als Aperitif in der Gastronomie erkämpft und wird als Muntermacher von immer mehr, vor allem jüngeren, Menschen geschätzt.

Das schäumende Getränk paßt eben zum heutigen Lebensgefühl, es steht gewissermaßen für Lebensfreude, für das gewisse Etwas, für ein wenig Luxus und für Eleganz und hat damit natürlich gegenüber seinem solideren Bruder Wein erhebliche Marketingvorteile. Von diesem Boom profitiert auch die Erzeugergemeinschaft Winzersekt, besonders nachdem sich unter Verbrauchern herumgesprochen hat, welch gute Tropfen als Winzersekte heute auf dem Markt sind. In so mancher Blindprobe haben die deutschen Winzercuvees die Nase deutlich vorn, vor Markensekten und auch Champagnern.

Begonnen hat alles mit einer findigen Idee, daß man anstatt der zwar billigen aber qualitativ doch recht mäßigen ausländischen Grundweine einheimische Gewächse zur Versektung verwenden solle, und als treibende Kraft ist, wie so oft bei innovativen Projekten, ein Mann zu nennen, der maßgeblich die Weichen gestellt hat: Hermann Jäger, der damalige Weinbaupräsident.

Die einheimischen Grundweine sind, vor allem was die Säure - ein ganz entscheidender Faktor bei der Versektung - betrifft, den Ausländern oftmals weit überlegen. So hatte man zwei Fliegen mit einer Klappe erwischt: ein qualitativ hochwertiges einheimisches Produkt zu einem guten Preis und weniger Weinmenge, die es zu vermarkten gilt.

Der Startschuß fiel zu Beginn des Jahres 1981, als anläßlich der Oppenheimer Weinbautage das Projekt Winzersekt erstmals der Öffentlichkeit angekündigt wurde. Im September wurde die Erzeugergemeinschaft Winzersekt dann gegründet, und die umsichtigen Verantwortlichen hatten sich natürlich schon nach geeigneten Räumlichkeiten umgesehen. Und hier hatte die junge Gemeinschaft, wenn man so will, Glück im Unglück. Das Unglück - Die zunächst bei der Firma Kümmerling in Bodenheim angemieteten Räume erwiesen sich für einen auf hohe Qualität ausgerichteten Produktionsablauf bei der Versektung als wenig geeignet: zu hohe Temperaturschwankungen und beengte Verhältnisse. Das Glück - Aus dieser wenig zufriedenstellenden Situation wurde der Gedanke für den Neubau einer geeigneten Produktionsstätte nach modernsten Gesichtspunkten geboren. Im November 1983 waren auch die Mitglieder überzeugt und der Neubau wurde beschlossene Sache. In Sprendlingen fanden die Planer auf der grünen Wiese den passenden Standort. Und schon im Frühjahr 1985 bezog die noch junge Gemeinschaft ihre neuen, repräsentativen Räume und modernen Produktionsstätten.

War der Weg bis hierher schon von Erfolgen begleitet, so weisen die Jahresberichte von nun an nur noch Zuwächse aus. Dezember 1985: Erweiterung der Produktion, Jahresverlauf 1986: 32 Prozent mehr Absatz als im Vorjahr, Dezember 1986: die Mitgliederzahl wächst auf über 400, Frühjahr 1987: Erweiterung der Lagermöglichkeiten um 350.000 Flaschen und Verdoppelung der Handrüttelpulte, 1987: erneute Absatzsteigerung um 45 Prozent gegenüber dem Vorjahr, die Grundwein-Flaschenfüllung übersteigt deutlich die Millionengrenze und die Mitgliederzahl geht stramm auf die 500 zu.

Auch eine andere Statistik weist den Erfolg der Sektmacher deutlich aus.

Winzersekt

Sauberkeit und Hygiene sind oberste Gebote bei der Sektherstellung - blitzblanke Keller als Grundvoraussetzung (linke Seite oben).
Wenn alles stimmt, dann erhält man ein Top-Produkt wie den Rheinhessen Silvaner Sekt extra brut im so erfolgreichen "RS-Design".

Bei der DLG-Sektprämiierung gab es 1985 sieben große Preise, acht waren es für 1986 und ein Jahr später bereits 14, dazu 11 silberne und 5 bronzene Preise. Das alles mag sich wie eine Erfolgsstory aus Reader's Digest lesen. Daß die Winzersekt-Erzeuger nämlich einfach nur Glück hatten und zur rechten Zeit mit dem richtigen Produkt auf dem Markt waren. Aber so einfach ist dieses Phänomen nicht zu erklären.

Hinter diesem Erfolg steht mehr, nämlich sehr viel Arbeit, eine große Portion Wille und Mut, das Vertrauen auf die eigenen Fähigkeiten, natürlich ebenso das Vertrauen der Mitglieder in die Führung und ein konsequentes Konzept. Und dieses Konzept ist ebenso einfach wie schlüssig, es heißt: Qualität.

Die Sekte werden ausschließlich aus rebsortenreinen, deutschen Grundweinen der bestimmten Anbaugebiete bereitet und im klassischen Flaschengärverfahren hergestellt. An die Winzer ergehen klare Anweisungen über den richtigen Lesezeitpunkt, die Kelterung und die schonende Behandlung der Moste und Jungweine. Bevor die Grundweine dann vom Winzer übernommen werden, erfolgt eine strenge sensorische und analytische Überprüfung im hauseigenen Labor. Die Weine müssen nämlich für die Methode Champenoise, das altklassische Herstellungsverfahren, bestimmte Voraussetzungen erfüllen: geringer Gehalt an Schwefeldioxid, eine stabile Säure und wenig Gerbstoffanteil, der durch schonendes Auspressen des Traubengutes erreicht wird.

Bringt ein Grundwein alle diese Startbedingungen mit, dann wird er unter hochsterilen Bedingungen gefüllt. Dabei kommen eigens herangezogene Reinzuchthefen zur Verwendung, die die Gärung in Gang setzen. Die Gärführung unterliegt strengsten Kontrollen. Anschließend verbleiben die Sekte mindestens neun Monate bei einer konstanten Temperatur von 10 bis 11 Grad Celsius auf der Hefe, die dann schonend, nach der Methode Champenoise, entfernt wird. Die Sektflaschen werden dabei nicht geleert und der Sekt auch nicht filtriert. Nur so kann höchste Produktqualität entstehen. Dabei wird darauf geachtet, den Sekten ihre Jahrgangsunterschiede zu belassen, ganz bewußt im Gegensatz zu den Markensekten, die ja möglichst immer gleich schmecken sollen. Individualität ist oberstes Gebot!

Die typischen Mitglieder, die von der Erzeugergemeinschaft Winzersekt ihren Sekt beziehen, sind vorwiegend Selbstmarkter, die auch schon vorher Sekt in ihrem Programm geführt haben. Dabei kommt Einsteigern die umfassende Produktpalette der Erzeugergemeinschaft zugute. Sie können so aus einer Anzahl von Gemeinschaftscuvees wählen: Diese reichen vom Riesling extra brut über den halbtrockenen oder milden Morio-Muskat bis zum Spätburgunder Rotsekt. Als zweite Möglichkeit kann der Winzer sein spezielles Einzelcuvee aus geeigneten Lagen- und Rebsortenweinen ausbauen lassen, allerdings erst ab einer Menge von 1.300 Litern. Die Möglichkeit des Ausbaus von Einzelcuvees bietet die Erzeugergemeinschaft auch im Lohnverfahren allen weiteren Interessenten an.

Der überwiegende Teil (95 Prozent) der in Sprendlingen erzeugten Sekte geht wieder an die Winzer zurück und wird im Weingut verkauft. Schon heute sind fast die Hälfte der Produktion Einzelcuvees, rund 150 verschiedene Sorten, und dieser Anteil wächst weiter. Auch dies ist ein Zeichen dafür, daß Individualität für die rheinhessischen Versekter Trumpf ist.

Die Rechnung ist aufgegangen. Die Erzeugergemeinschaft setzt jährlich 1,5 Millionen Flaschen Sekt ab, 1,5 Millionen Flaschen, die dem Weinmarkt weniger zur Last fallen - und sicherlich wird die Zahl in der Zukunft noch wachsen. Auch wenn sich diese Menge im gesamten Weinmeer bescheiden ausnimmt, so hat die Gemeinschaft doch neue Wege aufgezeigt, Anstöße gegeben, die auch in anderen Weinbaugebieten auf fruchtbaren Boden gefallen sind und Nachahmer, besser gesagt Mitstreiter, hervorgebracht haben.

Der größte "Winzer"

Der Vielzack der Zentralkellerei, auch der "gute Stern" Rheinhessens.

Qualitätsorientierung schon bei der Traubenannahme: strenge Trennung nach Rebsorten und Lagen und gewissenhafte Sortierung nach Güteklassen.

Sie ist nicht zu übersehen, die Zentrale im Herzen Rheinhessens. Autobahnabfahrt Gau-Bickelheim, weiter Richtung Wörrstadt und dann nach wenigen hundert Metern geht die Sonne auf: Unter den mächtigen Lettern ZENTRALKELLEREI strahlt der wohlbekannte Vielzack, Rheinhessens guter Stern, da kann es regnen oder stürmen.

Mit Stürmen haben die Männer in der rheinhessischen Weinzentrale ihre eigenen Erfahrungen. Marktstürme sind hier gemeint - deren Wirkung zu mildern und letztendlich die Ursachen zu bekämpfen sind die Gau- Bickelheimer Zentralisten angetreten.

Begonnen hat alles in Mainz: Der Feuersturm des Zweiten Weltkrieges war noch gegenwärtig, da fanden sich am 25. April 1946 achtzig Vertreter von 29 örtlichen Genossenschaften in der Kantine der Großmarkthalle ein, um über die Gründung einer Rheinhessischen Zentralgenossenschaft zu diskutieren. Was sich heute liest wie das Erledigen eines beliebigen Punktes einer Tagesordnung, bedeutete damals ein Wagnis von ungeheurem Ausmaß: Die Bevölkerung konnte in den ausgebombten Städten nur mühsam mit dem Lebensnotwendigen versorgt werden, die Verkehrswege waren zerstört, und die Wirtschaft lag am Boden. Die Zonen, in die Deutschland willkürlich aufgeteilt war, ließen die gewachsenen Handelsverbindungen vollkommen unberücksichtigt, und allein eine Versammlung einzuberufen, war ein bürokratischer Hürdenlauf durch die Amtsstuben der Militärregierung, der taktisches Geschick und ein Höchstmaß an Wohlwollen auf der anderen Seite erforderte.

Doch sämtliche Hindernisse wurden genommen. Alle vertretenen Genossenschaften traten der aus der Taufe gehobenen Hauptkellerei Rheinhessischer Winzergenossenschaften eGmbH bei.

Schon in der Satzung kommt der Förderungscharakter der Genossenschaft deutlich zum Ausdruck: Übernahme von Trauben, Most und Wein von den Mitgliedsgenossenschaften, Lagerung, Ausbau und Absatz von Weinen, wobei der Qualitätsgedanke im Vordergrund steht, Maßnahmen zur Förderung des Weinbaues und des Weinvertriebs und gemeinsamer Einkauf von Bedarfsartikeln der Weinwirtschaft - so stand schon im Entwurf zu lesen. Das ist auch heute noch Hauptintention.

Die ersten Jahre des Unternehmens könnten unter der Überschrift Raumnot stehen. Der bescheidene Anfang wurde in angemieteten Räumen der Stadt Mainz und der Sektkellerei Kupferberg gemacht. Die Hauptkellerei verfügte damals über einen Lagerraum von maximal 120.000 Liter, und schon bald platzte der Betrieb aus allen Nähten. 1949 wurde der Fechenheimerhof - ein Trümmergrundstück - erworben und den Bedürfnissen der Genossenschaft entsprechend umgestaltet.

1950, als bei den rheinhessischen Winzergenossenschaften eine schier erdrückende Faßraumnot herrschte, bestand die Hauptkellerei ihre erste echte Feuerprobe: Kurzentschlossen wurden Lagerräume der Mainzer-Aktien-Brauerei angemietet und in Tag- und Nachtarbeit viele Genossenschaften von ihren Einlagerungssorgen befreit.

Aber schon damals war allen Verantwortlichen klar, daß die WG einen besseren Standort suchen mußte, mit mehr Möglichkeiten zur Expansion. Der wichtigste Beschluß der noch jungen Zentralkellerei fiel dann endlich im Sommer 1954, als der Umzug nach Gau-Bickelheim besiegelt wurde. Der örtliche Winzerverein stellte zu diesem Zweck seine gesamten Anlagen zur Verfügung und die Zentralkellerei übernahm gleichzeitig den kompletten Geschäftsbetrieb.

Heute mutet dieser Schritt wie eine Selbstverständlichkeit an, doch damals ereiferten sich die Kontrahenten. Nur mit einer denkbar knappen Mehrheit (47 zu 42 Stimmen) wurde der Standortwechsel in der Generalversammlung am 4. Juli 1954 durchgeboxt.

Mit diesem Schritt begann eine neue Epoche in der rheinhessischen Genossenschaftsgeschichte. Der Gang nach Gau-Bickelheim wirkte wie eine Befreiung, und die einstigen Zweifler wurden schnell eines Besseren belehrt. Das wohl bemerkenswerteste Ereignis jener Jahre war der Kooperationsvertrag mit den Winzergenossenschaften des Rheingaus.

Wieder einmal wurde der Anzug zu eng. Die Zentralkellerei erwarb einen wesentlichen Teil des Grundstücks des Winzervereins Gau-Bickelheim. Auf nunmehr eigenem Grund und Boden wurde die Lagerkapazität auf 4 Millionen Liter erweitert und eine neue Kelterstation gebaut.

Im Herbst 1962 nahm auch die erste vollautomatische Abfüllanlage ihren Betrieb auf, 15.000 Flaschen konn-

Der größte "Winzer"

Kellerromantik sucht man vergebens in den weitläufigen Tanklagern. Nur mit moderner Technik ist ein Betrieb von dieser Größe zu führen.

Eine kleine Auswahl aus dem vielfältigen Angebot.

ten so täglich gefüllt, verpackt und verladen werden. Dieses Ereignis steht stellvertretend für den Strukturwandel, der sich in der Weinbranche mittlerweile vollzogen hatte: hin zur verstärkten Vermarktung auf der Flasche.

Und wieder einmal stürmte es: Durch die Rekordernten 1963 und 1964 waren die Weine kaum mehr über die traditionellen Vermarktungswege der Mitgliedsgenossenschaften, nämlich die Vermittlung ihrer Faßware durch Kommissionäre, abzusetzen. Aus dieser Situation heraus entschlossen sich viele Genossenschaften, die vorher nur Teile ihrer Erzeugung zusammen mit der Zentralkellerei vermarktet hatten, nun zu 100 Prozent mit den Gau-Bickelheimern zusammenzuarbeiten. Die Aufnahmeverpflichtung der Zentrale kletterte schnell auf sechs Millionen Liter - der Keller war wieder einmal zu klein, doch nun wurden Nägel mit Köpfen gemacht. Ein Neubau für Verwaltung und Betriebsstätten sollte die Zentrale endlich von ihren Raumproblemen befreien. Der Entschluß fiel dort, wo alles begonnen hatte, in Mainz, aber nicht in einer Kantine, sondern im Spiegelsaal des Kurfürstlichen Schlosses. Knapp sieben Millionen DM sollte das Projekt kosten und dementsprechend umstritten war es. Letztendlich setzten sich die mutigen, zukunftsorientierten Männer durch und wiesen ihren Genossenschaftern den richtigen Weg.

1970, nach dreistufiger Bauplanung, war der Neubau fertig, die Zentralkellerei hatte das Gesicht, das sie auch heute noch ihren Besuchern zeigt. Hinzugekommen sind in jüngerer Zeit lediglich neue Faßlagerräume und der großzügige Verkaufsraum im Anschluß an das Verwaltungsgebäude.

Seit den Angfangsjahren hat sich die gesamte Struktur des Weinmarktes sehr geändert: Verstärkte Flaschenvermarktung, Rückgang des Kommissionsgeschäftes, Hinwendung zu neuen Märkten (Großhandel und Export) und geändertes Verbraucherverhalten sind ständige Herausforderungen, denen sich auch ein genossenschaftlicher Betrieb zu stellen hat. Die Zentralkellerei hat, immer in Rückbesinnung auf die Ideen der Gründungsväter, diese Herausforderungen angenommen und mit Bravour bewältigt.

Hinter der Zentralkellerei stehen heute über 6.000 Winzerfamilien in Rheinhessen und im Rheingau. Sie erfassen rund 20 Prozent der Erntemenge im jeweiligen Gebiet. Jährlich werden zwischen 20 und 40 Millionen Liter Wein von der Zentralkellerei und der angschlossenen Winzergenossenschaften angenommen, knapp das Doppelte dieser Menge steht der Zentrale zusammen mit ihren Mitgliedsbetrieben an Lagerkapazität zur Verfügung - ein beruhigendes Polster, das sich besonders in mengenstarken Jahren auch auf den gesamten rheinhessischen Weinmarkt stabilisierend auswirkt. Und das war ja eines der Hauptanliegen, die zur Gründung der Zentralkellerei geführt hatten.

Aus den Kellern der Genossenschaft kommen heute Qualitätsweine, die keinen Vergleich zu scheuen brauchen. Das Qualitätsdenken beginnt schon bei der Traubenbehandlung im Weinberg, beim richtigen Anschnitt und bei der gewissenhaften Pflege jedes einzelnen Weinstocks. Es setzt sich fort bei der Weinlese, die die Rebsortenvielfalt Rheinhessens positiv berücksichtigt. Die Trauben werden streng nach Sorte, Lage und Reifegrad angenommen und so die Grundlagen geschaffen für einen rebsortentypischen und individuellen Weinausbau. Daraus ergibt sich eine einzigartige Vielzahl der Sorten für den Verbraucher: nicht weniger als 250 verschiedene Partien sind auf der offiziellen Liste zu zählen, darunter auch kleinste Gebinde für Raritäten.

Daß sich solche Anstrengungen auszahlen, beweisen die vielen Prämiierungen, die die Zentralkellerei regelmäßig bei den unterschiedlichen Anstellungen gewinnt. Für den Jahrgang 1986 wurden 15 Weine mit der goldenen Münze der Landwirtschaftskammer ausgezeichnet, 26 erhielten Silber, 28 Bronze. Die Deutsche Landwirtschaftsgesellschaft dekorierte den Betrieb für das gleiche Jahr mit 9 großen, 6 silbernen und 9 bronzenen Preisen.

Auch für die Zukunft sind die Gau-Bickelheimer gewappnet. Mit neuen Ideen werden sie sich den Problemen stellen, die der nach wie vor schwierige Weinmarkt bereithält. Dazu gehören höhere Anstrengungen im Export ebenso wie neue Marketinginitiativen im Binnengeschäft, zum Beispiel eine Sonderlinie für den Fachhandel, um auch diesen Bereich wieder stärker für den Verkauf von Genossenschaftsweinen zu engagieren.

Und so wird er uns sicherlich noch lange strahlend begrüßen, der Vielzack im Firmenzeichen der Zentralkellerei. Besonders dann, wenn wieder einmal Sturm herrschen sollte, denn die Wogen zu glätten, dafür haben sich die rheinhessischen Genossenschaftswinzer schließlich hier in Gau-Bickelheim vereint.

Liebfraumilch

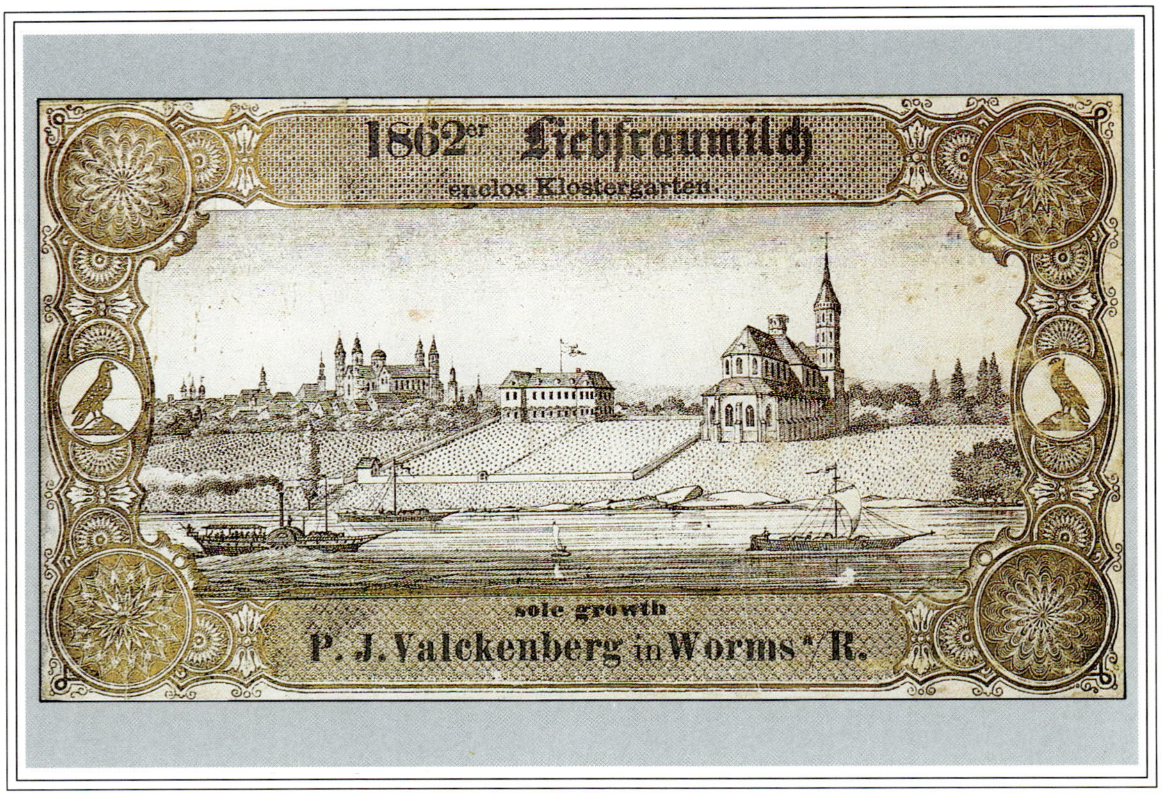

Original Liebfraumilch-Etikett aus dem Weinjahr 1862.

Liebfraumilch - beinhaltet das nicht schon umfassend alles, was ein Getränk zu bieten hat, bedeutet der Name nicht: Quell allen Ursprungs, fühlt man nicht beim Klang dieses Namens ein Maß von Geborgenheit, ist nicht ein solcher Name vorprogrammiert zum Erfolg?

Fest steht, nach heutigen Markting-Gesichtspunkten könnte keinem Profi ein besserer Name für einen deutschen Wein einfallen, noch dazu mit solch historischem Hintergrund. - Fest steht aber auch, daß sich, nicht nur heute, ein noch so guter Name trotz allem nicht ganz von allein verkauft. So handelt diese Geschichte eines berühmten Weines von seinem Ursprung, seinem Werdegang und von einem bemerkenswerten, außerordentlich tüchtigen und geschäftstalentierten Mann und seinen Nachfahren, die dafür sorgten, daß Liebfraumilch weltweit bekannt und getrunken wurde. Liebfraumilch oder Liebfrauenmilch - beide Bezeichnungen stimmen und sind gebräuchlich, wobei man annehmen kann, daß die doppelte Form nur der Ausdruck einer mundartlichen und einer hochdeutschen Fassung ist - ist der Wein, der seit drei Jahrhunderten in der Gemarkung rings um die Liebfrauenkirche zu Worms wächst. Das Kernstück war der ursprüngliche Klostergarten, den Kapuzinermönche seit dem Mittelalter hier bewirtschafteten, und es hieß, daß die eigentliche Liebfraumilch nur da wächst, wo der Schatten der Kirche hinfällt. Das Liebfrauenstift wurde 1296 vor dem Nordtor der Stadt, wenige Meter vom Rheinufer entfernt gebaut - im Jahre 1450 gründeten die Mönche des Kapuzinerordens ein Kloster neben der Kirche und pflanzten auf das umrundende Areal Weinreben.

Damals mag dieses Kirchenstück etwa zwanzig Hektar groß gewesen sein. Zwischen Kirche und Kloster wurde eine Kapelle errichtet, in der die heute noch berühmte und mit dem Weinnamen untrennbar verbundene Madonnen-Statue stand, die Schutzpatronin des Liebfrauenmilch-Weines.

Zu dieser Zeit war das reichsfreie Worms eine der bedeutendsten mittelalterlichen Städte, geistlich wie weltliches Zentrum. Auf der Wallfahrtsstraße nach Spanien gelegen, war es Ziel frommer Pilger und Umschlagplatz der Handelsleute. Gleich welches Ziel die Durchziehenden hatten, die meisten pilgerten zur Liebfrauenkirche und zur Madonna, verrichteten dort nicht nur ihr Gebet, sondern baten um Wein und Brot, was die Mönche gerne gaben. Gestärkt und begeistert vom Wein sollen die Pilger ihn über alle Maßen gerühmt haben: Er schmecke wie die Milch unserer lieben Frau. Liebfraumilch - ein Markenname war geboren und, beworben durch sämtliche zur Verfügung stehenden Werbemedien der damaligen Zeit (einer sagt es dem anderen) und der optimalen Verbreitungsmöglichkeiten (Pilger aus aller Herren Länder), kamen dann viele nicht nur wegen des mächtigen Domes nach Worms.

Erzeuger und Betreiber dieses begehrten Produktes waren neben den Weinbergsarbeitern, den Mönchen, die geistlichen Stiftsherren von Liebfrauen. In ihrer Obhut gedieh dieser Markenwein zu einem sehr erfolgreichen Produkt, sie ließen sich auch, was die Pflege der Qualität anging, einiges einfallen. So versiegelten sie jede Flasche und jedes Gebinde mit dem Stifts- und Klostersiegel und statteten diese mit Zertifikaten aus, die Echtheit des berühmten Tropfens zu garantieren. Es gibt Unterlagen, die darauf schließen lassen, daß die Stiftsherren die Weinberge sogar beheizten, indem sie entlang der Weinbergsränder Feuerstellen errichteten, die unterirdische Heizkanäle und dadurch den Boden erwärmten.

Liebfraumilch

Die Lage Liebfrauenstift-Kirchenstück mit der Liebfrauenkirche heute.

Der Landbesitz wurde den Stiftsherren von der Kirche zur Verfügung gestellt, und sie mußten den Unterhalt der Kirche und ihren eigenen daraus erwirtschaften. Und das war, auf Grund des guten Marketings und und der guten Werbung, für die Liebfrauenmilch kein Problem. Darüber wurden die Stiftsherren so übermütig, daß Mitte bis Ende des siebzehnten Jahrhunderts einiges in den Weinbergen, die der Kirche gehörten, brach lag. Das Ende der Karriere eines inzwischen berühmten Weines schien endgültig gekommen zu sein, als die Franzosen im Pfälzischen Erbfolgekrieg nach siegreichen Schlachten das Rheinufer besetzten und hier ein verheerendes Regiment führten. 1693 ließen Truppen König Ludwig des Vierzehnten unter General Melac Worms niederbrennen, und alles, was nicht aus Stein war, wurde zerstört. Nach dem Abzug der Franzosen baute man auf den verbliebenen steinernen Resten bis Anfang des achtzehnten Jahrhunderts die Stadt wieder neu auf. Um die Pflege des Weines kümmerte sich damals die Kirche kaum noch - trotzdem konnte sich sein Ruf über dies folgenschwere Jahrhundert hinüber in eine bessere Zeit retten.

Diesen Ruf vernahm der zweiundzwanzig Jahre junge Niederländer Peter Joseph Valckenberg, den es 1784 - völlig mittellos - an diese Stelle des Rheins gezogen hatte. Er war ein Niemand, jüngster Spross einer kinderreichen niederländischen Familie, der sich ausmalen konnte, daß nichts übrigblieb, wenn er an der Reihe war. So war das Ungewisse der Fremde dem Nichts vorzuziehen. In Worms angelangt, absolvierte er eine Lehre im Eisenhandel. Doch Eisen sollte ihn Zeit seines folgenden Lebens nicht mehr interessieren. Zunächst verkaufte er alles Mögliche und interessierte sich sehr für das Thema Wein. Mit Geschick und Glück stieg der junge Valckenberg in der Gesellschaft des konservativen Worms auf, indem er Juliane Vierling, die Tochter des Gildemeisters kennenlernte und ehelichte. Nun standen ihm ganz andere Türen offen - man schenkte ihm Vertrauen und Achtung und das ermöglichte ihm, Wein zu kaufen und an die richtigen Kunden weiterzuverkaufen. In kurzer Zeit war Peter Joseph Valckenberg nicht nur in der lokalen Gesellschaft etabliert, sondern gehörte zu den Honoratioren der Stadt. Unter diesem günstigen Stern begann er in gemieteten, zum Dom gehörenden Kellerräumen seine Weinhandlung und gründete 1786 - nachdem sich Erfolg eingestellt hatte - direkt neben dem Dom das Weinhandelshaus Peter Joseph Valckenberg.

Hatten hundert Jahre zuvor die Franzosen beinahe die Karriere der Liebfrauenmilch beendet, so sorgten sie 1797 beim zweiten Einfall am linken Rheinufer auf Umwegen für das Gegenteil. In der folgenden Französischen Revolution waren der Handel und das gesellschaftliche Leben der Stadt Worms fast zum Stillstand gekommen, und der inzwischen auch politisch sehr engagierte und erfolgreiche junge Aufstreber Valckenberg zog es vor, sich jenseits des Rheines von der französischen Vorherrschaft fernzuhalten. Die Franzosen holten ihn aber bald wieder zurück, und Peter Joseph Valckenberg wurde 1802 zum Bürgermeister von Worms gewählt. Er sollte der längste im Amt residierende Bürgermeister in dieser Stadt werden: Er leitete die Stadt bis zum Jahre 1837.

Nun begann der unaufhaltsame Aufstieg des Hauses Valckenberg und der Siegeszug des deutschen Weines in der ganzen Welt. Während Peter Joseph Valckenberg unter vier Regierungen und damit schwierigsten Bedingungen sein Bürgermeisteramt versah, baute er die Weinhandelsfir-

Liebfraumilch

Worms um das Jahr 1850 vom Rhein aus gesehen, mit Dom, Kapuzinerkloster und Liebfrauenkirche.

ma nach und nach zu einem weltweit orientierten Unternehmen auf. Dabei kamen ihm wieder sein guter Stern und die Franzosen zu Hilfe, aber auch sein unglaublicher Spürsinn.

Unter der kaiserlichen Regierung Napoleons des Ersten wurden im Jahre 1803 alle Kirchengüter verstaatlicht und nach und nach, bis 1808, als National-Güter versteigert. Im April 1808 kaufte Peter Joseph Valckenberg den noch erhaltenen Ost-Flügel des ehemaligen Kapuzinerklosters und den größten Teil der Original-Weinberge der Liebfraumilch. Die Mauer des Kreuzganges zwischen Kloster und Kirche und mit ihr die Kapelle waren inzwischen zerstört worden. Die Schutzpatronin der Liebfraumilch blieb für eine Weile verschwunden, doch die Geschichte besagt, daß sie auf dem Weinbergsareal wiedergefunden und von dem neuen Eigner an ihren Platz zurückgestellt wurde - so hielt die Madonna ihre segnende Hand wieder über die weiteren Geschicke dieses Weines.

Peter Joseph Valckenberg rekultivierte als Liebhaber eines guten Weines die Weinberge, und als noch besserer Geschäftsmann überlegte er, wie man das Exportproblem der immer noch begehrten Handelsware lösen konnte, denn es handelte sich hier um ein außerordentlich empfindliches Transportgut. Er kam auf die Idee, den Wein in Fässern nach Rotterdam zu verschiffen. Von dort brachte er ihn nach England, ein Land, das immer schon die Trinkkultur eines solch edlen Getränkes pflegte - man kannte bisher auf der Insel nur Claret den,dort so genannten Rotwein. Von deutschem Weißwein war bis dahin nicht bekannt, daß man ihn haltbar machen konnte. Peter Joseph Valckenberg bot nun unermüdlich seine Liebfrauenmilch an, doch zunächst kaufte sie keiner. Er und sein Sohn blieben hartnäkkig, sie bereisten ganz England mit der Kutsche und besuchten Restaurationen und Weinpubs, um ihren Wein zu vermarkten.

Wieder kam der gute Stern zu Hilfe. Im Jahre 1840 heiratete die englische Königin Viktoria einen Sachsen, der Weinlagen im Rheingau besaß und am Königshof auf seinem Tischwein, einem deutschen Weißwein bestand. Diesen nannten die Engländer "Hock" und darunter verstanden sie grundsätzlich Rheinwein. Am ganzen Hof wurde es Mode, diesen Wein zu trinken und Peter Joseph Valckenberg hatte endlich seine Kunden. Zunächst konnten sich aber nur Wenige dieses elitäre Getränk leisten, bis, im Zuge der Industrialisierung, auch das Bürgertum zu Geld - und zum Luxus des Weintrinkens kam. Damals war England eine bedeutende Kolonialmacht, und die konservativen Kolonialherren nahmen alles in die Kolonien mit, was ihnen lieb und teuer war - so auch ihren deutschen Weißwein.

Mitte des vergangenen Jahrhunderts konnte man in allen Erdteilen die Weine der Firma Valckenberg unter dem Namen Liebfraumilch finden, in Indien und Afrika sowie in den Vereinigten Staaten und in Kanada. Zu dieser Zeit hatte man schon Möglichkeiten den Wein stabil zu

Liebfraumilch

machen und auf Flaschen zu füllen - der Export stieg. Einer der berühmtesten Kunden und einer der trinkfreudigsten Konsumenten der Liebfrauenmilch war der Dichter Charles Dickens, der in einem regen Briefverkehr mit Valckenberg stand.

Der Wein-Boom wuchs, und trotz Konkurrenz der 1796 gegründeten Firma Deinhard, die durch Familienbande mit London verknüpft, dort gute Weinhandels-Beziehungen aufbauen konnte, war die Firma Valckenberg bis zum Weltkrieg führend im Export deutscher Weine.

Inzwischen bediente sich jeder, der sich Erfolg davon versprach, des Namens Liebfrauenmilch, wenn nur ein Tropfen Rheinwein in der Flasche war. Eine Novelle im deutschen Weingesetz, die 1908 aufgestellt wurde, sollte diesen Mißbrauch verhindern und dem Weingutsbesitzer ein Eigentumsrecht am Namen seiner Weinbergs-Lage sichern. Die Firma Valckenberg durfte sich nun entscheiden, ob man den Namen Liebfraumilch für ihre Einzellage schützen sollte, oder ob von nun an ein Regionalwein so genannt werden sollte. Das Handelshaus entschied sich für die zweite Lösung, wohl unter anderem deswegen, weil der Name inzwischen auch in Mißkredit geraten und man weiterhin nicht vor üblen Kopien sicher war. Das Ursprungsareal der Liebfrauenmilch erhielt den neuen Lagennamen Liebfrauenstift (und später Liebfrauenstift-Kirchenstück). Aber damit konnte der Weltmarkt nicht beliefert werden. So wurde Madonna-Liebfraumilch ins Leben gerufen, ein ebenfalls wirkungsvoller Markenname, der keines neuen Logos bedurfte - war es doch das nur von der Firma Valckenberg geschützte Markenzeichen eines Liebfrauen-Weines, mit der historischen Schutzpatronin: Madonna - und ein Name, der überall in der Welt gleiche Aussprache und Bedeutung hat. Heute macht Madonna-Liebfraumilch fünfzig Prozent des Gesamtumsatzes des Weinhandelshauses aus. Von der nur zehn Hektar großen Lage Liebfrauenstift - Kirchenstück besitzt die Firma Valckenberg zur Zeit fünfundsechzig Prozent und bearbeitet im Pachtverhältnis noch einen kleinen Teil des Areals (etwa zwei bis drei Hektar), das der Kirche gehört. Der Restanteil ist im Besitz der Firma Langenbach.

Nach heutigem Weingesetz ist Liebfraumilch oder Liebfrauenmilch ein Sorten- oder Typenwein und darf aus drei deutschen Anbaugebieten stammen, nämlich: Rheinhessen, Rheinpfalz und Nahe. Die Wein-Ursprungsregion muß auf dem Etikett stehen, und in der Flasche darf auch nur Wein aus diesem einen und nicht ein Verschnitt aus allen drei Anbaugebieten sein. Nach Rebsorten ist eine Mischung aus verschiedenen Trauben möglich, doch sind bestimmte Sorten wie Riesling, Silvaner, Müller-Thurgau und Kerner vorgeschrieben. Der Süßegrad muß über dem Wert halbtrocken liegen. Damit ist ein - vergleichsweise neutraler - Wein von milder Art garantiert. Über 50 Prozent des deutschen Qualitätsweinexportes heißt Liebfraumilch. England, die USA, Japan, die Niederlande und Dänemark sind die größten Abnehmer.

Kapseln für die Welt

Carl Zuckmayer sen. (l.) 1902 mit Mitarbeitern vor dem Wohnhaus der Familie im Fabrikgelände. Die Büste des berühmten Sohnes Carl jun. am Nackenheimer Rathaus.

Das Wohnhaus, in dem der Dichter aufgewachsen ist, wird heute als Bürogebäude genutzt. - Deutschlands größter Kapselhersteller in traditionsreichem Rahmen und von Reben umgeben.

VKN - drei nüchterne Buchstaben einerseits und der Name eines berühmten Dichters andererseits: Die Rede ist von den Vereinigte Kapselfabriken Nackenheim und von Carl Zuckmayer, der in eben dieser Fabrik geboren wurde - ganz einfach deshalb, weil sie seinem Vater gehörte. So ist der berühmte Autor nun Teil der deutschen Kapselgeschichte, einer Geschichte, in der das ehemals Zuckmayersche Unternehmen späterhin unter dem ähnlich berühmten Namen von Opel wichtige Kapitel geschrieben hat.

Ein guter Wein in einer schönen Flasche und mit einem gut gestalteten Etikett ist ohne eine entsprechende Kapsel nicht denkbar. Die feine Umhüllung der Flaschenöffnung gehört zur Werteinschätzung des Inhalts, und kluge Erzeuger kennen ihre Wichtigkeit beim Marketing.

Begonnen aber hat es im vergangenen Jahrhundert nicht mit Fragen der Ästhetik sondern zunächst unter dem Gesichtspunkt praktischer Erwägungen: Die Kapsel entstand, weil die Weinerzeuger nach einem Ersatz für die umständliche Prozedur suchten, mit der sie jahrhundertelang den Flaschenverschluß schützten und zusätzlich abdichteten: Die Kapsel löste den Siegellack ab.

Die Vereinigte Kapselfabriken Nackenheim gehörten zu den ersten, die in Deutschland für die Verschönerung jenes Teiles edler Weinflaschen sorgten, der dem Genießenden mit Kork und Kapsel das Tor zum Genuß ist. Sie

Kapseln für die Welt

Ideen: *Künstler-Kapseln zu Künstler-Etiketten - lebendige Erscheinungsbilder.*

"Rheinhess" und andere - "i-Punkte" im Gesamtbild "stimmiger" Flaschenausstattungen

"High-Tech" auch bei der Kapselfertigung: Eine vollautomatische "Kapsel-Straße" in der Fabrik, die weltweit größter Exporteur der eleganten Stanniolkapseln ist.

taten das jedoch nicht als Vereinigte, sondern zunächst als biederer Handwerksbetrieb unter dem Namen des Gründers Franz Frenay.

Nach Frenays Start im Jahre 1868 hatte Carl Zuckmayer, der Vater des Dichters, die Fabrik 1887 übernommen. Er machte sie innerhalb weniger Jahre zum führenden deutschen Kapselhersteller. Carl Zuckmayer junior konnte sich jedoch für die Technik nicht recht begeistern. Er wurde als Dichter berühmt, sein Vater aber wandelte das Unternehmen in eine Aktiengesellschaft um. Die Aktien kamen an den Markt, die Zuckmayers zogen sich aus dem Unternehmen zurück, andere kleinere Kapselfabriken der Region wurden nach dem Ersten Weltkrieg angeschlossen, der neue Name entstand, und schließlich beteiligte sich die Familie von Opel an dieser Aktiengesellschaft. Nach dem Zweiten Weltkrieg gingen die Vereinigten ganz in den Besitz dieser Familie über, die mit dem gleichnamigen Auto berühmt geworden war.

Schon unter Frenay waren die ersten Produkte aus dem gleichen Material, aus dem die Königin der Kapseln immer noch gefertigt wird: aus Stanniol. Dieses Sandwichmaterial ist aus Zinn und Blei und heute folgendermaßen in drei Schichten aufgebaut: Reines Zinn, eine Blei-Zinn- Legierung in der Mitte und wiederum reines Zinn.

In der Eleganz blieb diese Kapsel unübertroffen, und seit feststeht,

Kapseln für die Welt

1952 übernahm Irmgard von Opel (1907 bis 1986 - Foto rechte Seite) VKN als Inhaberin und Geschäftsführerin. Die Kapseln wurden weitgehend mit Halbautomaten "von Hand" dekoriert und bedruckt (Bild rechts). Wer damals seine Flaschen mit Stanniolkapseln ohne Lochung verschloß, hat heute mehr vom Wein: Das Bild auf der rechten Seite zeigt einen Schwundvergleich mit und ohne Lochung. Die geschlossene Kapsel verringert Schwund und Reifung.

Als Dr. Heinz von Opel (Foto rechte Seite) die Geschäftsführung 1972 von seiner Mutter übernahm, war der Betrieb bereits auf vollautomatische Fertigung umgestellt.

daß ihr Material im Recycling ideal wiederverwendet werden kann, hat sie auch in Sachen Umweltschutz ein deutliches Plus: Kapsel-Abfall zurück - und Geld dafür!

Die Nackenheimer bieten seit vielen Jahren auch Kapseln aus Aluminium-Folie (Aluna) und Kunststoff an. Ihre Nummer eins ist jedoch unverändert die Edle aus Stanniol. Natürlich haben auch die anderen Materialien ihre Vorteile, wie praktische Verarbeitung, einfaches Öffnen oder niedriger Preis. Die Stanniol-Kapsel aber ist eindeutig der Liebling aller Gestalter. Und jene engagierten Weinfreunde, die das Erlebnis Wein mit dem Abschneiden des Kapselrandes und dem sorgfältigen Korkenziehen tätig und mit Stil einleiten wollen, wünschen sich auf allen Flaschen Stanniol.

Tatsächlich sind die achtziger Jahre unseres Jahrhunderts, die der deutschen Weinwirtschaft einen Aufbruch zu neuen Ufern der Etikettengestaltung gebracht haben, auch eine große Zeit für neue, ungewöhnliche und zum Teil herrlich gelungene Kapselgestaltungen geworden. Die Anregung dazu kommt gelegentlich von den Gestaltern, die vom Kapselhersteller neue Grundfarben verlangen, auf denen sie dann neue Dekorationen verwirklichen - passend zu Etikett und Flasche. Meistens aber ist es die Kapselfabrik mit ihrem engagierten Chef Dr. Heinz von Opel, die aus eigenem Antrieb Neues bietet, das dann Agenturen und Grafiker zu neuen Kom-

Kapseln für die Welt

Kapsel-Assoziation: Stanniol als Ausdruck für die Exklusivität des Weines.

Kapsel-Assoziation: Stanniol als Garant für guten Sitz auf der Flasche.

positionen im Dreiklang Flasche - Etikett - Kapsel anregt.

Selbstverständlich hat die Kapsel nicht nur schmückende sondern auch schützende Funktion. So kann eine ungelochte Kapsel den Korken vollkommen vor der gelegentlich auftretenden Korkmotte bewahren. Ebenso kann die ungelochte Kapsel den Schwund in der Weinflasche verringern und damit eine längere Lagerung und langsamere Reifung des Weines ermöglichen. Allerdings kann Feuchtigkeit, die beim Füllen oder bei der späteren Lagerung auf dem Korken entsteht, nicht verdunsten, und es entsteht dadurch unter der Kapsel der sogenannte Schmant. Der ist zwar harmlos und beeinflußt den Weingeschmack in keiner Weise, - war aber früher der Grund, von der ungelochten auf die gelochte Kapsel überzugehen.

Damit war der ursprüngliche Zweck des zuätzlichen Abdichtens der Flasche aufgegeben worden. Inzwischen aber ist die ungelochte Kapsel wieder stärker gefragt. Der so ausgestattete Wein bleibt beim Verbraucher länger frisch, weil der Gasaustausch durch den Korken wesentlich geringer ist. Er erreicht seinen Reife-Höhepunkt deutlich später und bleibt länger trinkbar. Letztlich macht sich ein Kopfdruck auf ungelochten Kapseln viel besser als auf den gelochten. Und damit schließt sich der Kreis dieser Bemerkungen rund um die Kapsel wieder bei der Schönheit der Ausstattung, der Freude am Schönen - und dem Spiel der Phantasie.

Trulli und Türme

Türme und Weinbergshäuschen gehören in das Landschaftsbild Rheinhessens wie die Reben, die Hügel und die weiten Felder und Äcker. Alle Völker, die in Rheinhessen zu Hause waren, hinterließen auch ihre Türme: Römer, Burgunder und Franken. Wir präsentieren hier einige besonders schöne oder besonders auffallende Exemplare.

Trulli und Türme

Auf der linken Seite oben: ein backsteingemauertes Weinbergshäuschen in Ockenheim, links daneben: der Befestigungsturm einer Weinbergseinfassung in Bodenheim, rechts davon: ein Rundbau in Wendelsheim. Die eigenartigen Trulli sind eine rheinhessische Besonderheit, linke Seite unten und rechte Seite unten die Exemplare aus Dalsheim und Wendelsheim, schließlich die Türme in Osthofen, Nierstein und Weinheim, die auch als Aussichtstürme genutzt werden.

Rheinhessen

Die neuen Köche & kulinarische Kreationen

Ein lebensfrohes Volk wie die Rheinhessen trinkt und ißt gerne. Gut und viel soll es sein - deftige Speisen, die satt machen. Raffinierte Rezepte muß man anderswo suchen.Rheinhessen war immer ein Land der Gemischtbetriebe, am Rhein überwog der Weinbau, im Hügelland der Ackerbau - und jede Familie hatte auch Vieh. Für beste, frische Zutaten war daher immer gesorgt.

Bei dem Festessen zur Buchpremiere des Bandes "Rheinhessen" im GESAMTWERK DEUTSCHER WEIN kochten die besten Köche der Region, allerdings nicht traditionell rheinhessisch, sondern im Stil unserer Zeit: leicht, frisch, ideenreich, wohlschmeckend. Durchaus jedoch mit den frischen Produkten des Landes.

Rheinhessen ist in Deutschland nicht als kulinarische Hochburg bekannt. Möglicherweise auch deshalb, weil es vom Tourismus noch weitgehend unentdeckt blieb - in den Gasthäusern Rheinhessens trifft man vorwiegend Rheinhessen. Und die, wie gesagt, mögen's in der Regel kräftig und deftig. So wird der Gourmet nur in den größeren Städten und in den klassischen Weinorten am Rhein fündig.

Unterschiedlich ist die Rolle, die der rheinhessische Wein in der Spitzengastronomie der Region spielt. In einigen Restaurants sind rheinhessische Weine lediglich Teil des deutschen Weinangebots - dem ein umfangreiches Sortiment französischer Weine gegenübersteht. In anderen Betrieben dagegen spielt der heimische Wein eindeutig die Hauptrolle. Stolz werden im Gastraum neue Spezialitäten (wie etwa der Rheinhessen Silvaner) präsentiert. Und das Engagement für den Rheinhessenwein geht sogar so weit, daß er nach gewissenhafter Selektion und eingehender Probe in der eigenen Kellerei abgefüllt wird.

Sieben große Köche hatten sich zusammengetan, um ein festliches Menue zu bereiten. An einem Ort, der dafür wie geschaffen ist, Rheinhessen und seinen Wein zu feiern: Das Restaurant "Weingut Nack" ist tatsächlich in einem alten Weingut untergebracht. Es ist ein hochaufragendes Fachwerkhaus, vorbildlich renoviert und bietet verschiedene Möglichkeiten zu speisen: in kleinen, privat anmutenden Zimmern, im großen Saal - bei schönem Wetter auch auf der südländisch wirkenden großflächigen Freiterrasse.

Ein Rheinhessisches Festessen

Hans Klapps
"Zum Löwen"
Mainz-Gonsenheim

Rheinhessen

Die neuen Köche & kulinarische Kreationen

Amuse gueule:
Kaninchensülze

"Der Löwe" in Gonsenheim hat einen steilen Aufstieg hinter sich. Vom einfachen Gasthaus in der Vorstadt wurde er schnell zum Mainzer Geheimtip, als der Österreicher Hans Klapps - von Frau Gisela, einer gebürtigen Rheinhessin, hierher gelockt - die Regie in der Küche übernahm. Inzwischen gehört das Haus zum Kreis der Spitzenrestaurants in der Rhein-Main-Region.

Klein und gemütlich ist "der Löwe" trotzdem geblieben, und immer noch orientieren sich die erfahrenen Gäste an dem, was auf der großen Schiefertafel angeboten wird - die Speisekarte bleibt daher oft ungelesen. Dabei ist auch sie ein Augenschmaus, denn sie wird von höchst originellen Zeichnungen der Künstlerin Getrude Degenhard geschmückt: Der Koch im Kampf mit seinen Rohprodukten. Die Originale dieser hintergründigen Zeichnungen schmücken die Wände im Restaurant.

Eine Kaninchensülze auf einer grünen Sauce als Amuse gueule war der Auftakt zu unserem rheinhessischen Festessen. Die würzigen Kräuter, die der Sauce ihren Geschmack geben, vertragen auch einen Wein mit einer eigenen Geschmacksnote. Ein herzhafter, trockener Kerner Kabinett ist sicher eine gute Empfehlung.

Ein Rheinhessisches Festessen

Vorspeise:
Kalbsbriessoufflé
mit Morchelragout

Rheinhessen

Die neuen Köche & kulinarische Kreationen

Rudolf Hemmrich
"Rheinhessenstube"
Hahnheim

Rudolf Hemmrich ist ein echter Rheinhesse, lebensfroh, agil und ideensprühend. Er ist außerdem ein hervorragender Koch und hat eine Menge Mut. All diese Eigenschaften brauchte er auch, um in Hahnheim, mitten im rheinhessischen Hügelland, eine kulinarische Oase zu schaffen.

In den vergangenen Jahren hat Hemmrich die Küche seines Hauses revolutioniert, ohne die marktfrischen Produkte der Region zu vernachlässigen: frische Gemüse, etwa den Hahnheimer Spargel, Salat und Vieh aus Rheinhessen und die Kräuter aus dem eigenen Garten.

Nach der Küche will er nun auch sein Haus umbauen, ein großer Kamin wird den Gastraum schmücken, ein angebauter Wintergarten wird für weitere 50 Sitzplätze sorgen.

Zu Hemmrichs hochfeinem Kalbsbriessoufflé empfehlen wir einen trockenen Silvaner - vielleicht einen "RS", einen dieser neuen Weine, mit denen Rheinhessen für positives Aufsehen in der deutschen Weinwirtschaft sorgt.

Ein Rheinhessisches Festessen

Wolfgang Gebert
"Gebert's Weinstuben"
Mainz

Rheinhessen

Die neuen Köche & kulinarische Kreationen

Suppe:
Kalt aufgeschlagene Kartoffelsuppe

Gebert's Weinstuben sind eine Mainzer Institution. Seit über 100 Jahren führt die gleiche Familie in vierter Generation das Haus.

Die Mainzer Schoppenstecher wissen die reiche Auswahl unter 125 Flaschen- und 20 offenen Weinen eben zu schätzen. Alle bedeutenden Weinbaugebiete der Welt sind hier vertreten, das Schwergewicht bilden jedoch die deutschen und hier insbesondere die rheinhessischen Weine.

Seit Wolfgang Gebert 1974 die Weinstuben neu eröffnete, sind sie auch zu einem kulinarischen Treffpunkt geworden. Fein und leicht ist die Devise der Küche, ohne die Freuden bodenständiger Kochkunst zu vergessen. Besonders beliebt bei den Freunden des Hauses sind die Feinschmeckermenues und Spezialitätenwochen.

Für uns bereitete Wolfgang Gebert eine kalte Suppe - eine Verbindung regionaler Küche, denn hier spielte die Kartoffel im-

mer eine große Rolle - mit allerfeinsten Zutaten (Lachs, Kaviar). Dazu sollten Sie einen "RS"-Sekt brut probieren.

Ein Rheinhessisches Festessen

Fisch:
Zanderroulade im
Mangoldmantel

Rheinhessen

Die neuen Köche & kulinarische Kreationen

Michael Wesp
"Weingut Nack"
Gau-Bischofsheim

Nikolaus Nack, einer der bedeutendsten Mainzer Bürgermeister des vergangenen Jahrhunderts, erwarb dieses herrschaftliche Fachwerkhaus. Hildegard Hünten, seine Enkelin, faßte die Erinnerungen an ihre Jugend in diesem Haus in einem bezaubernden Büchlein "Das liebe alte Haus" zusammen. Es trägt immer noch den Namen des Nikolaus Nack und die Bezeichnung Weingut, obwohl hier kein Wein mehr ausgebaut wird. Jetzt ist in den Räumen des renovierten alten Hauses ein Restaurant untergebracht, das allen Ansprüchen gerecht wird. Schon die Lage, hoch in dem romantischen Ort, stimmt auf ein festliches Essen ein. In den aufwendig gestalteten Räumen mit Erinnerungsstücken an die gute, alte Zeit läßt es sich stilvoll tafeln: je nach Anlaß im privat anmutenden Prinzenzimmer oder, in größerer Runde, im Blauen Saal - oder auch auf der großen Freiterrasse. Michael Wesp, der junge Küchenchef, veranstaltet, nach eigener Aussage, gerne Karneval auf dem Teller. Will heißen: Er liebt eine farbenfrohe Dekoration.

Ein Beispiel für seine fröhliche Art, feines Essen zu präsentieren, gab es in unserem Menue: Zanderroulade im Mangoldmantel auf Flußkrebsschaumsauce - ein Fischgang wie geschaffen für einen trockenen Riesling Kabinett.

Ein Rheinhessisches Festessen

Pierre Pfister
"Rheingrill"
Hilton Hotel, Mainz

Rheinhessen

Die neuen Köche & kulinarische Kreationen

Johannisbeer-Sorbet
Création
Pierre Pfister

Der Rheingrill ist das Feinschmeckerrestaurant des ersten Hauses in Rheinhessen, des Mainzer Hilton Hotels. Der festlich eingedeckte Gastraum ist ungewöhnlich hell: große Glasflächen öffnen den Blick auf den Rhein und schaffen so ein faszinierendes Ambiente ganz eigener Prägung.

Küchendirektor - und Leiter einer ganzen Kochbrigade - ist der gebürtige Elsässer Pierre Pfister. Für den Rheingrill arbeiten die besten und kreativsten aus dieser Mannschaft - die lenkende Hand und der kulinarische Stil von Maître Pfister bleiben jedoch immer spürbar.

Auf der Weinkarte des Restaurants finden sich, wie in einem großen internationalen Hotel nicht anders zu erwarten, neben den wichtigsten deutschen Anbaugebieten auch Gewächse aus anderen bedeutenden Weinbauländern. Auch rheinhessische Kreszenzen sind gut vertreten.

Zu unserem Menue steuerte Pierre Pfister ein Sorbet bei. Ein Gaumenschmaus, bei dem Jeder ein schlechtes Gewissen bekommen mußte. So fröhlich und kunstvoll war dieser Schmetterling auf dem Teller arrangiert. Zu einem erfrischenden Sorbet mit seinem ausgeprägten Fruchtgeschmack wünscht man sich nicht unbedingt einen Wein, ein Schluck Sekt - Riesling extra brut, zum Beispiel - paßt ausgezeichnet.

Ein Rheinhessisches Festessen

Hauptgericht:
Milchlammkeule in
Wiesenheu gegart

Rheinhessen

Die neuen Köche & kulinarische Kreationen

Wolfgang Dubs
"Rôtisserie Dubs"
Rheindürkheim

Der Wormser Stadtteil Rheindürkheim ist einer der ganz wenigen Orte in Rheinhessen, in denen kein Weinbau betrieben wird. Nichtsdestoweniger führt Wolfgang Dubs hier ein Restaurant, das in vorbildlicher Weise traditionelle Landesküche mit feinster neuer Küche verbindet und so einen ganz eigenen Stil, genußvoll zu speisen, bietet.

Wer nach Rheindürkheim fährt, kommt oft auch, um hier in der Rôtisserie Dubs zu essen. In dem Rahmen ihrer elegant-rustikalen Inneneinrichtung findet der Gast die rechte Einstimmung auf die Küche des Hauses.

Nicht nur in der Küche greift Wolfgang Dubs gerne auf Zutaten und Traditionen der Region zurück, auch das Weinangebot berücksichtigt Rheinhessen in ganz besonderer Weise: Wolfgang Dubs probiert bei Winzern in der Gegend die besten Faßweine heraus, kauft sie auf und füllt sie unter eigenem Etikett ab.

Der Hauptgang war eine Milchlammkeule in Wiesenheu gegart - tatsächlich in Heu, das dem Fleisch, mehr noch als die beigegebenen Kräuter, eine ganz besondere Würze gibt. Zu einem so herzhaften Geschmack gehört auch ein kräftiger Wein: wie zum Beispiel eine Spätburgunder Spätlese aus Ingelheim, die uns dazu hervorragend mundete.

Ein Rheinhessisches Festessen

Hans-Joachim Stuhlmiller
"Drei Lilien", Mainz

Rheinhessen

Die neuen Köche & kulinarische Kreationen

Nachtisch:
Birnentarte

Das Restaurant "Drei Lilien" liegt am Ballplatz, mitten in der Mainzer Innenstadt in einem historischen Gebäude. Und manchmal ist es genauso schwierig einen Platz in dem beliebten Restaurant zu finden, wie einen Parkplatz in der Mainzer Altstadt.

Der Gastraum wird beherrscht von einem großen, dunkel getönten Spiegel und einer eindrucksvollen Batterie von Apéritifs und Digestifs davor - die Tische sind elegant in Rosa eingedeckt.

Seit einiger Zeit findet das Restaurant seine Ergänzung im "Lilien- Keller", dort sitzt man ebenso schön wie im Hauptrestaurant, die Gerichte sind jedoch einfacher.

Besonders bekannt ist Stuhlmiller für seine einfallsreichen Nachtischvariationen. Sein Beitrag zum Rheinhessischen Festessen: Eine kunstvoll dekorierte Birnentarte.

Manch einer hat noch nie einen Wein zum Nachtisch probiert. Schade, denn er weiß nicht, wie herrlich eine süße

Auslese von Gewürztraminer oder Scheurebe die Nascherei am Ende eines großen Essens ergänzen kann.

Ein Rheinhessisches Festessen

Käse:
Bischofsheimer
Spundenkäs'

Rheinhessen

Die neuen Köche & kulinarische Kreationen

Michael Wesp
"Weingut Nack"
Gau-Bischofsheim

Zum Ausklang des festlichen Menues und als Übergang zum gemütlichen Beisammensein mit einigen weiteren Tropfen interessanten und guten Rheinhessenweins reichte der Küchenchef des gastlichen Hauses, das das "Rheinhessische Festessen" in diesem festlichen Rahmen ermöglichte, Michael Wesp, seine zweite Kreadtion: den "Bischofsheimer Spundenkäs'".

Zu diesem herzhaften Käsegericht sollte man auf jeden Fall einmal einen kräftigen Müller-Thurgau probieren. Oder den "RS".

Die Rezepte zu allen Gerichten dieses Festessens finden Sie im hinteren Teil dieses Buches - siehe Inhaltsverzeichnis auf Seite 5.

Ein Rheinhessisches Festessen

WEINGUT
ST. ANTONY
RHEINHESSEN
NIERSTEIN AM RHEIN
1986er
Niersteiner Oelberg
Riesling Auslese Trocken
ERZEUGERABFÜLLUNG
0,7 ℓ Qualitätswein mit Prädikat - A.P.Nr. 4 382 084 / 08 87

Rheinhessen
Weingut Sander
6521 Mettenheim
Deutschland
1987er
Mettenheimer Schloßberg
Riesling Kabinett
trocken
10% Vol. Alk.
0,7 l
Qualitätswein mit Prädikat - A. P. Nr. 4 300 133 20 88
ERZEUGERABFÜLLUNG

Gustav Adolf Schmitt'sches Weingut
Nierstein am Rhein
1985er
Niersteiner Auflangen
Qualitätswein mit Prädikat
Riesling Spätlese
halbtrocken
10,4 % vol.
Rheinhessen
750 ml
Product of Western Germany
Erzeuger-Abfüllung
A. P. Nr. 4 382 217 005 88

Weingut Stallmann-Hiestand
Uelversheim bei Oppenheim
1986er
RIESLING KABINETT
TROCKEN
Guntersblumer Eiserne Hand
0,7 L
Diplom-Agraringenieur Werner Hiestand, 6501 Uelversheim, Stallmannshof
RHEINHESSEN

WEINGUT
Bingert-Mauer
OCKENHEIM BEI BINGEN/RHEIN
Ockenheimer Kreuz
Siegerrebe Spätlese
Qualitätswein mit Prädikat
0,7 ℓ
RHEINHESSEN

WEINGUT KARLSHOF
KARLHEINZ PITZER
INGELHEIM/RHEIN
RHEINHESSEN
1982er
Ingelheimer Rheinhöhe
Spätburgunder
Qualitätswein
Weinbau seit Generationen in der Familie
0,7 L

Weingut Weedenbornhof
1986er
BECHTHEIMER
HASENSPRUNG
Kerner Kabinett
halbtrocken
ERZEUGERABFÜLLUNG
0,7 l
RHEINHESSEN

Winzergenossenschaft Rheinfront eG Nierstein Rhein
QUALITÄTSWEIN MIT PRÄDIKAT
RHEINHESSEN
1986er
Niersteiner Rehbach
Riesling trocken
Spätlese
0,7 L
ERZEUGERABFÜLLUNG

J. G. Orb
WEINGUT WESTHOFEN / RHEINHESSEN
RHEINHESSEN
0,7 l
1986er
Westhofener Aulerde
Riesling Kabinett

Rheinhessen
1986er
Bornheimer Hähnchen
Grauer Burgunder trocken
0,7 ℓ
Qualitätswein

RHEINHESSEN
WEINBAU IN DER FAMILIE SEIT 1693
Weingut Eugen Wehrheim
NIERSTEIN AM RHEIN
1986er
Niersteiner Orbel
Riesling Spätlese
ERZEUGERABFÜLLUNG
0,75 ℓ

RHEINHESSEN
FAMILIENWAPPEN
SEIT ANNO 1763
0,7 ℓ
1986er
Westhofener Aulerde
Riesling Kabinett trocken
Erzeugerabfüllung
WEINGUT K. F. GROEBE BIEBESHEIM—WESTHOFEN

Weingut Rollanderhof
Rheinhessen
1985er
Müller-Thurgau
Saulheimer Hölle
trocken
1,0 l
Hans-Wilhelm und Rudolf Weyerhäuser
6501 Saulheim, Tel. 06732/61820

ERZEUGERABFÜLLUNG
RHEINHESSEN
1985er
Nackenheimer Rotenberg
Riesling Kabinett - Trocken
Qualitätswein mit Prädikat
0,7 ℓ
WEINGUT GEBR. STEINER
NACKENHEIM AM RHEIN

WEINGUT
Scherner-Kleinhanß
1986
Nieder-Flörsheimer Frauenberg
RIESLING
Spätlese trocken
Qualitätswein mit Prädikat
Erzeugerabfüllung
0,7 ℓ
A. P. Nr. 4 274 136 16 87
FLÖRSHEIM-DALSHEIM
RHEINHESSEN

VDP
1977er
Nackenheimer Rothenberg
Riesling Kabinett - trocken
RHEINHESSEN e 0,7 L
ERZEUGER-ABFÜLLUNG AUS DEM GUNDERLOCH-LANGE'SCHEN GUT

INGELHEIMER
SONNENBERG
SPÄTBURGUNDER
QUALITÄTSWEIN MIT PRÄDIKAT
KABINETT
0,7 L
NEUS
J. NEUS, OBER-INGELHEIM a. RH. WEINGUT SONNENBERG
RHEINHESSEN

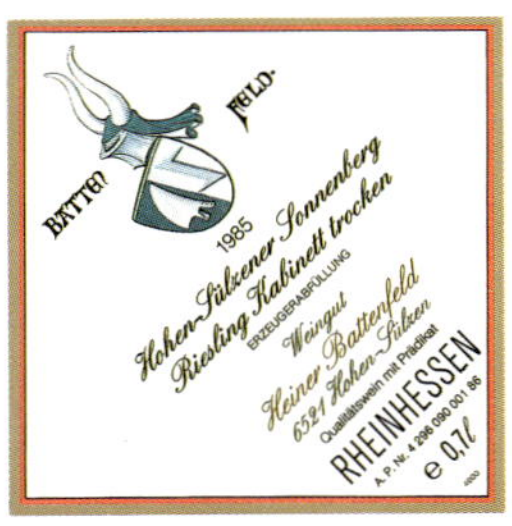
BATTENFELD
1985
Hohen-Sülzener Sonnenberg
Riesling Kabinett trocken
RHEINHESSEN
e 0,7 ℓ

WEINGUT RUDOLF GEIL WINZERMEISTER
BERMERSHEIM/WONNEGAU
FLÖRSHEIM-DALSHEIM
1987er
Bermersheimer Hasenlauf
WEISSER BURGUNDER
TROCKEN
Qualitätswein
0,75 ℓ
Deutschland
RHEINHESSEN

RHEINHESSEN
RHEINHESSEN
Weingut Wilfried Kiefer
Qualitätswein mit Prädikat
Dalsheimer Steig
Gewürztraminer Spätlese
ERZEUGERABFÜLLUNG
0,7 ℓ

Weingut Birkenhof
WINZERMEISTER HANS J. JULIUS · ABENHEIM/RHH
Rheinhessen
1986er Qualitätswein b. A.
Abenheimer Klausenberg
Müller-Thurgau trocken
1,0 L
Erzeugerabfüllung A. P. Nr. 4 334 075 11 87

1986er
Qualitätswein mit Prädikat
Niersteiner Brudersberg Spätlese
Riesling
ERZEUGERABFÜLLUNG AUS DEM WEINGUT
750 ml
Rheinhessen

Weingut Linus Haub
RHEINHESSEN
Bodenheimer Leidhecke
Riesling
Trocken
0,7 ℓ
Erzeugerabfüllung
FAMILIENWAPPEN
1600
6501 Bodenheim/Rhein, Mainzer Straße 16, Telefon (06135) 2233

Die Karten

Die Karten des Kartenteils zeigen die für die Einzellagen genehmigten und nicht die tatsächlich bestockten Rebflächen. Der hier abgebildete Lageplan gibt eine Übersicht über das gesamte Weinanbaugebiet Rheinhessen mit einigen wichtigen Städten und vor allen Dingen mit den Großlagen.

Kartengrundlage zur Erarbeitung der farbig markierten Einzellagen waren die Topografischen Karten im Maßstab 1:25.000 der Landesvermessungsämter Rheinland-Pfalz und Hessen. Hier die Nummern der Meßtischblätter im einzelnen: 6013, 6014, 6015, 6113, 6114, 6115, 6213, 6214, 6215, 6314, 6315. Vervielfältigt mit Genehmigung des Landesvermessungsamtes Rheinland-Pfalz, Kontrollnummer 44/87 durch Verlag Heinen. 6016, 6116, 6216, 6316; vervielfältigt mit Genehmigung des Hessischen Landesvermessungsamtes, Vervielfältigungsnummer 88-1-184. Die Karten wurden durch den Verlag Heinen thematisch ergänzt, überarbeitet und auf den Maßstab 1:50.000 verkleinert.

Die Topografischen Karten sind als 4-farbige Normalausgabe mit Waldflächen bei den Landesvermessungsämtern oder im Buchhandel erhältlich - sie waren auch dem Verlagsteam bei der Wanderung zur Vorbereitung dieses Buchwerkes stets ein zuverlässiger Wegweiser.

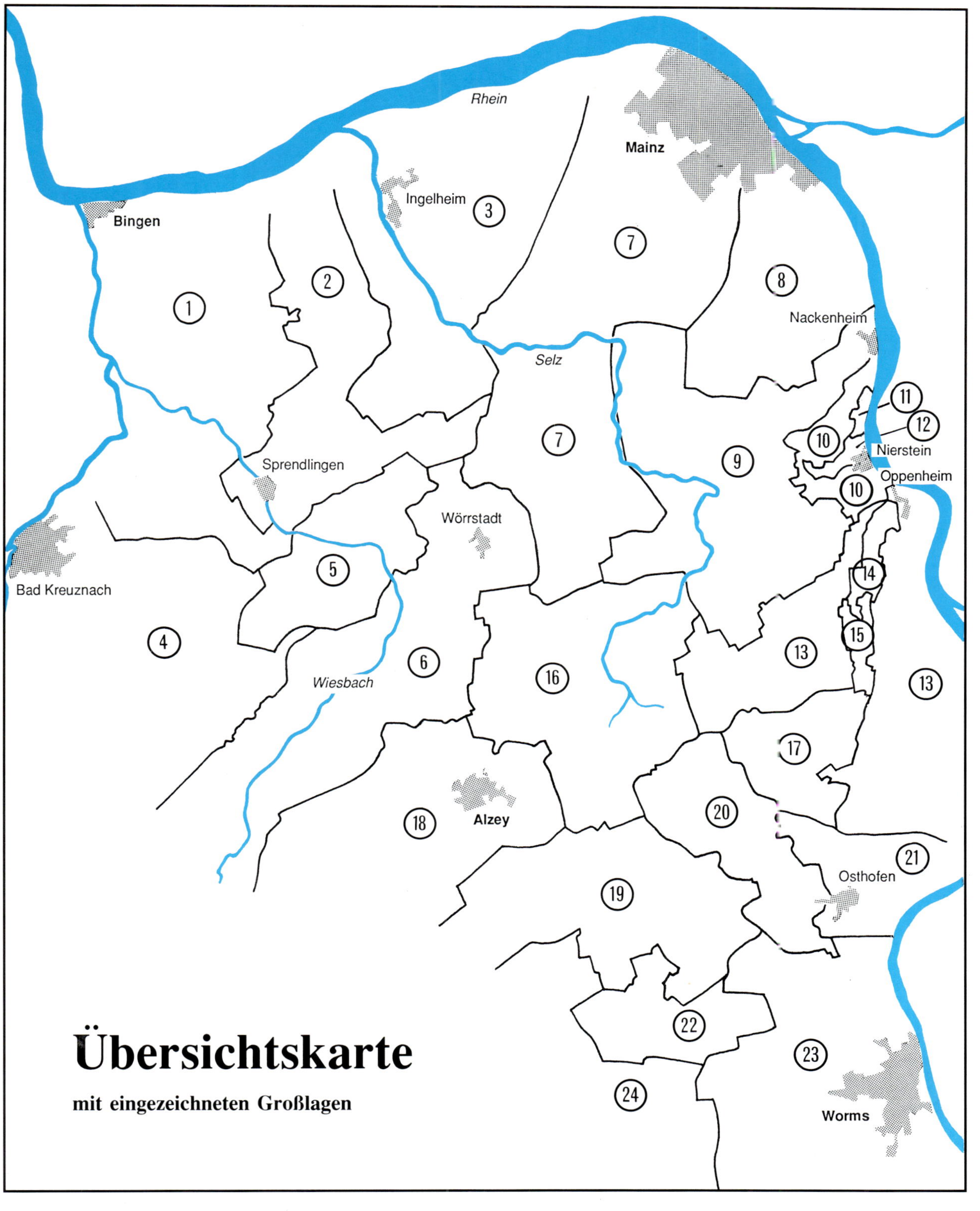

Übersichtskarte

mit eingezeichneten Großlagen

1 Sankt Rochuskapelle
2 Abtey
3 Kaiserpfalz
4 Rheingrafenstein
5 Kurfürstenstück
6 Adelberg
7 Domherr
8 Sankt Alban
9 Gutes Domtal
10 Spiegelberg
11 Rehbach
12 Auflangen
13 Krötenbrunnen
14 Güldenmorgen
15 Vogelsgärten
16 Petersberg
17 Rheinblick
18 Sybillenstein
19 Bergkloster
20 Pilgerpfad
21 Gotteshilfe
22 Burg Rodenstein
23 Liebfrauenmorgen
24 Domblick

Karte 1

Großlage Rochuskapelle

Bingen-Kempten
2 Kirchberg
5 Kapellenberg
8 Pfarrgarten

Bingen-Büdesheim
1 Schloßberg-Schwätzerchen
3 Rosengarten
4 Osterberg
6 Scharlachberg
7 Bubenstück
13 Schwarzenberg
18 Schelmenstück

Bingen-Gaulsheim
8 Pfarrgarten

Ockenheim
9 Kreuz
10 St. Jakobsberg
11 Klosterweg
12 Hockenmühle
14 Laberstall
39 Schönhölle

Bingen-Dromersheim
15 Mainzerweg
16 Klosterweg
17 Honigberg

Bingen-Dietersheim
18 Schelmenstück

Bingen-Sponsheim
19 Palmenstein

Grolsheim
20 Ölberg

Aspisheim
21 Sonnenberg
25 Johannisberg

Horrweiler
22 Gewürzgärtchen
23 Goldberg

Gensingen
24 Goldberg

Zotzenheim
26 Johannisberg
30 Klostergarten

Welgesheim
27 Kirchgärtchen

Biebelsheim
28 Honigberg
29 Kieselberg

Pfaffen-Schwabenheim
31 Sonnenberg
32 Mandelbaum
33 Hölle

Badenheim
34 Galgenberg
35 Römerberg

Großlage Abtei

Gau-Algesheim
36 Steinert
37 Goldberg
38 Johannisberg
40 Rothenberg
41 St. Laurenzikapelle

Appenheim
42 Daubhaus
43 Eselspfad
44 Hundertgulden
45 Drosselborn

Nieder-Hilbersheim
46 Honigberg
47 Steinacker
48 Mönchspforte

Ober-Hilbersheim
48 Mönchspforte

Partenheim
49 Steinberg
50 Sankt Georgen

Wolfsheim
51 Sankt Kathrin
52 Osterberg
53 Götzenborn

Sankt Johann
54 Geyersberg
58 Klostergarten
61 Steinberg

Sprendlingen
55 Klostergarten
56 Honigberg
57 Hölle
59 Wißberg
60 Sonnenberg

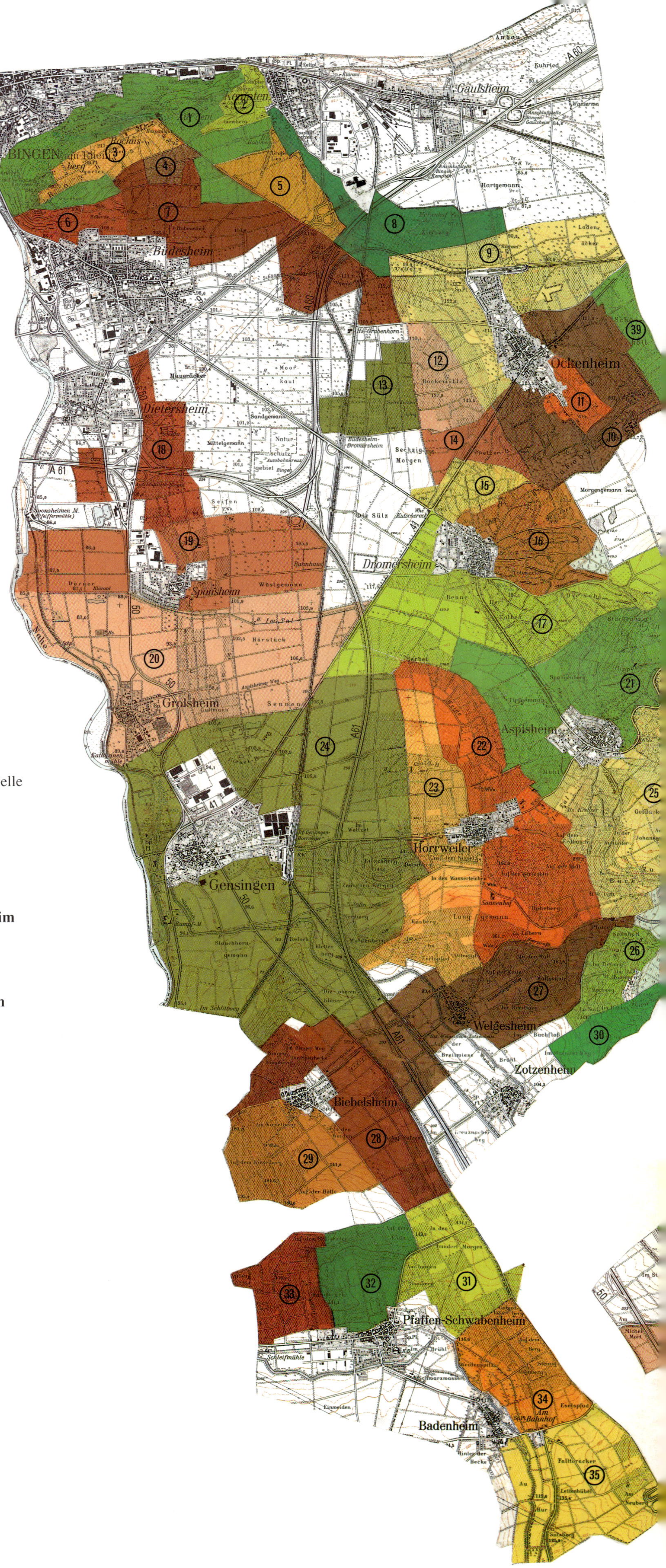

Sporkenheim
GAU-ALGESHEIM
36
37
38
40
41
Laurenziberg
Appenheim
42
43
44
45
46
47
Nieder-Hilbersheim
48
Ober-Hilbersheim
Partenheim
50
51
61
Wolfsheim
52
49
54
55
56
57
53
St. Johann
58
59
60
prendlingen

Karte 2

Großlage Kaiserpfalz

Heidesheim
1 Höllenberg
2 Steinacker
3 Geißberg

Wackernheim
4 Steinberg
5 Schwalben
6 Rabenkopf

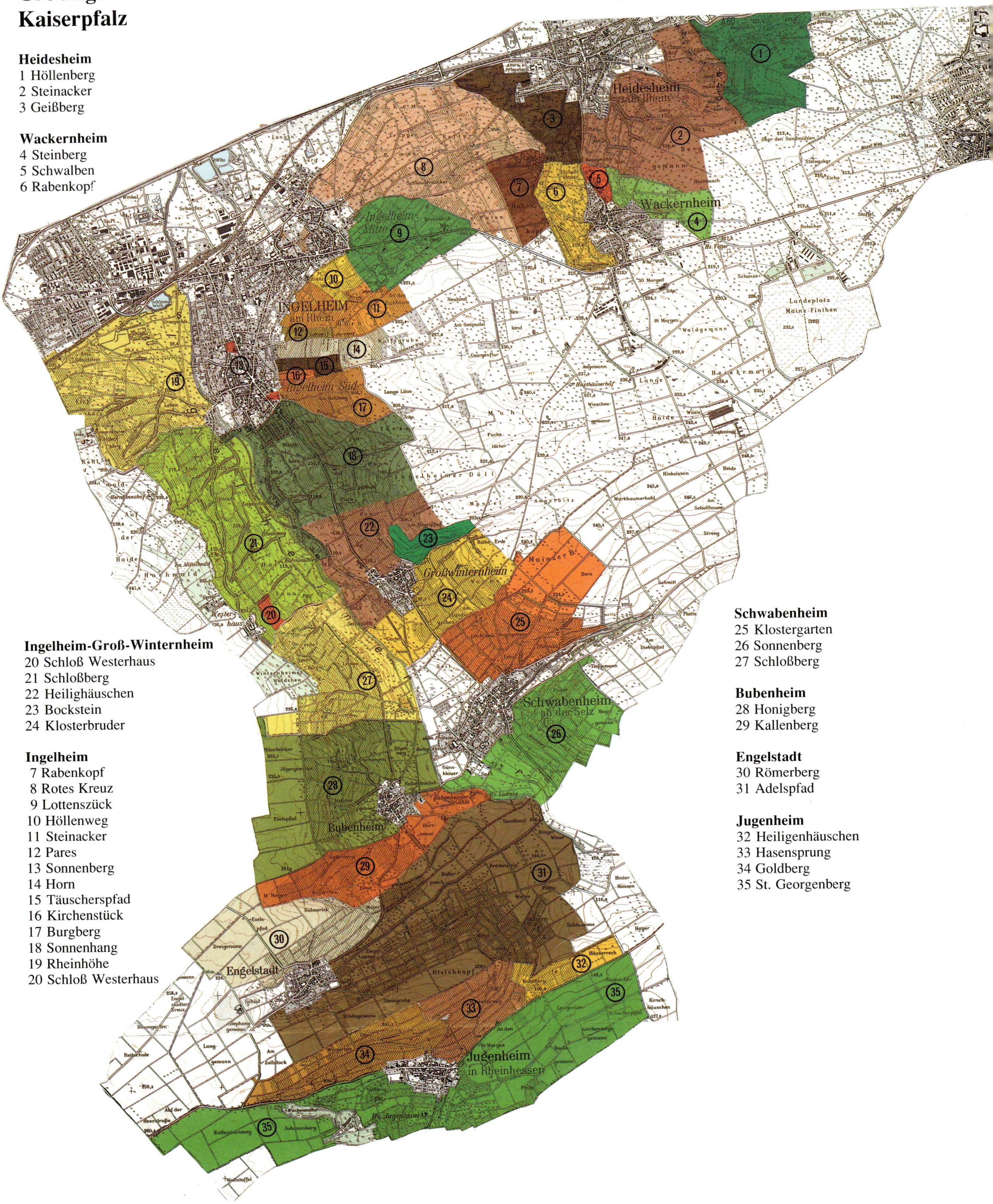

Ingelheim-Groß-Winternheim
20 Schloß Westerhaus
21 Schloßberg
22 Heilighäuschen
23 Bockstein
24 Klosterbruder

Ingelheim
7 Rabenkopf
8 Rotes Kreuz
9 Lottenszück
10 Höllenweg
11 Steinacker
12 Pares
13 Sonnenberg
14 Horn
15 Täuscherspfad
16 Kirchenstück
17 Burgberg
18 Sonnenhang
19 Rheinhöhe
20 Schloß Westerhaus

Schwabenheim
25 Klostergarten
26 Sonnenberg
27 Schloßberg

Bubenheim
28 Honigberg
29 Kallenberg

Engelstadt
30 Römerberg
31 Adelspfad

Jugenheim
32 Heiligenhäuschen
33 Hasensprung
34 Goldberg
35 St. Georgenberg

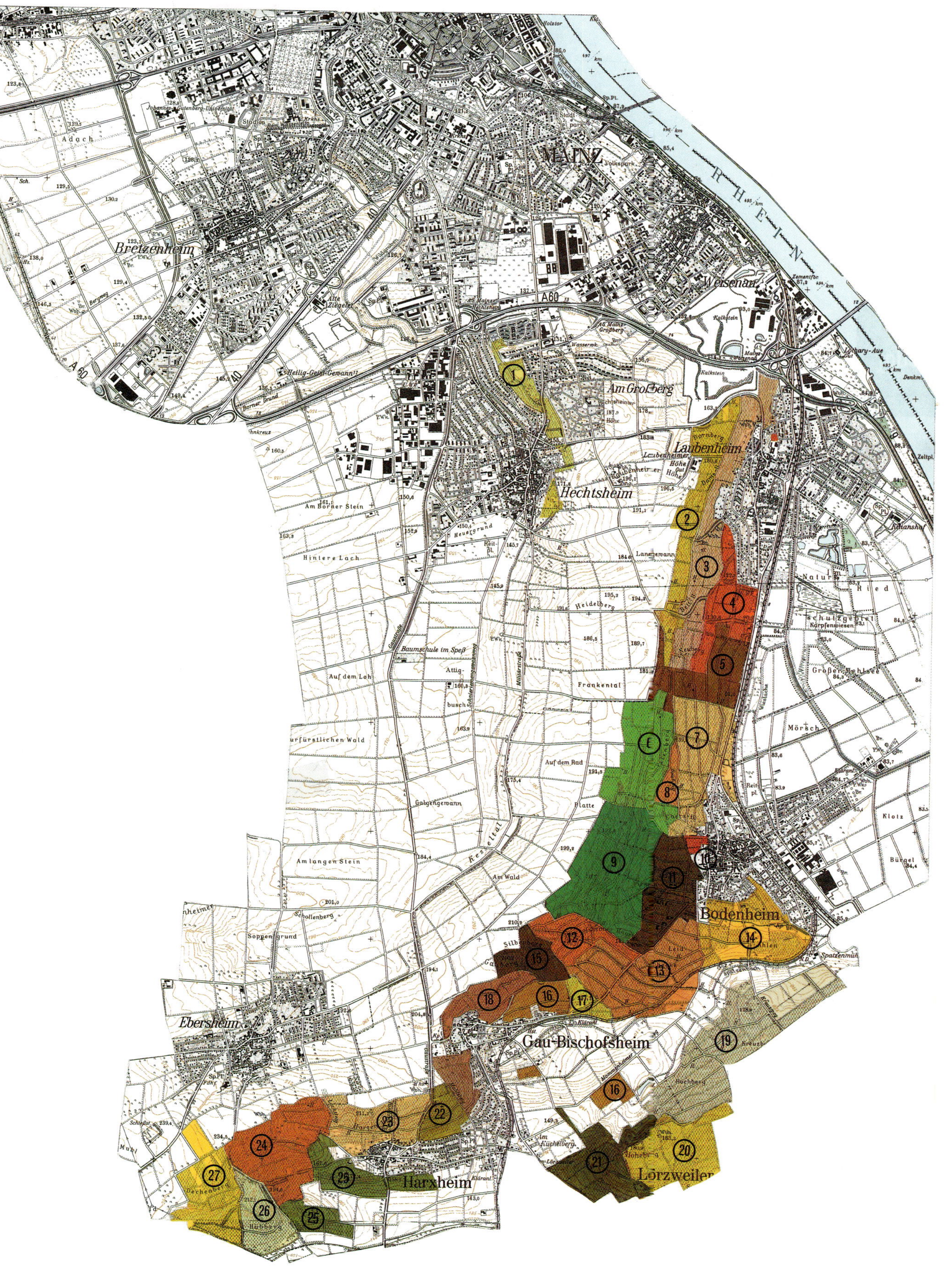

Großlage Sankt Alban

Mainz-Hechtsheim
1 Kirchenstück

Mainz-Laubenheim
2 Johannisberg
3 Edelmann
4 Klosterberg

Bodenheim
5 Mönchspfad
6 Heitersbrünnchen
7 Burgweg
8 Ebersberg
9 Hoch
10 Reichsritterstift
11 Westrum
12 Silberberg
14 Kapelle
19 Kreuzberg

Gau-Bischofsheim
15 Glockenberg
16 Kellersberg
17 Pfaffenweg
18 Herrnberg

Lörzweiler
20 Hohberg
21 Ölgild

Harxheim
22 Börnchen
23 Schloßberg
25 Lieth

Mainz-Ebersheim
24 Sand
26 Hüttberg
27 Weinkeller

Karte 3

Großlage Rheingrafenstein

Hackenheim
1 Sonnenberg
2 Galgenberg
3 Klostergarten
4 Gewürzgarten
5 Kirchberg

Freilaubersheim
6 Kirchberg
8 Fels
9 Rheingrafenberg
10 Reichskeller

Volxheim
7 Liebfrau
14 Mönchberg
16 Alte Römerstraße

Fürfeld
11 Steige
32 Eichelberg
33 Kapellenberg

Pleitersheim
12 Sternberg

Wöllstein
13 Hölle
15 Äffchen
17 Ölberg
18 Haarberg-Katzensteg

Siefersheim
19 Höllberg
22 Goldenes Horn
23 Heerkretz
24 Martinsberg

Neu-Bamberg
20 Kirschwingert
21 Heerkretz
30 Kletterberg
31 Eichelberg

Wonsheim
24 Martinsberg
25 Hölle
28 Sonnenberg

Eckelsheim
26 Kirchberg
27 Eselstreiber
46 Sonnenköpfchen

Stein-Bockenheim
29 Sonnenberg

Tiefenthal
34 Graukatz

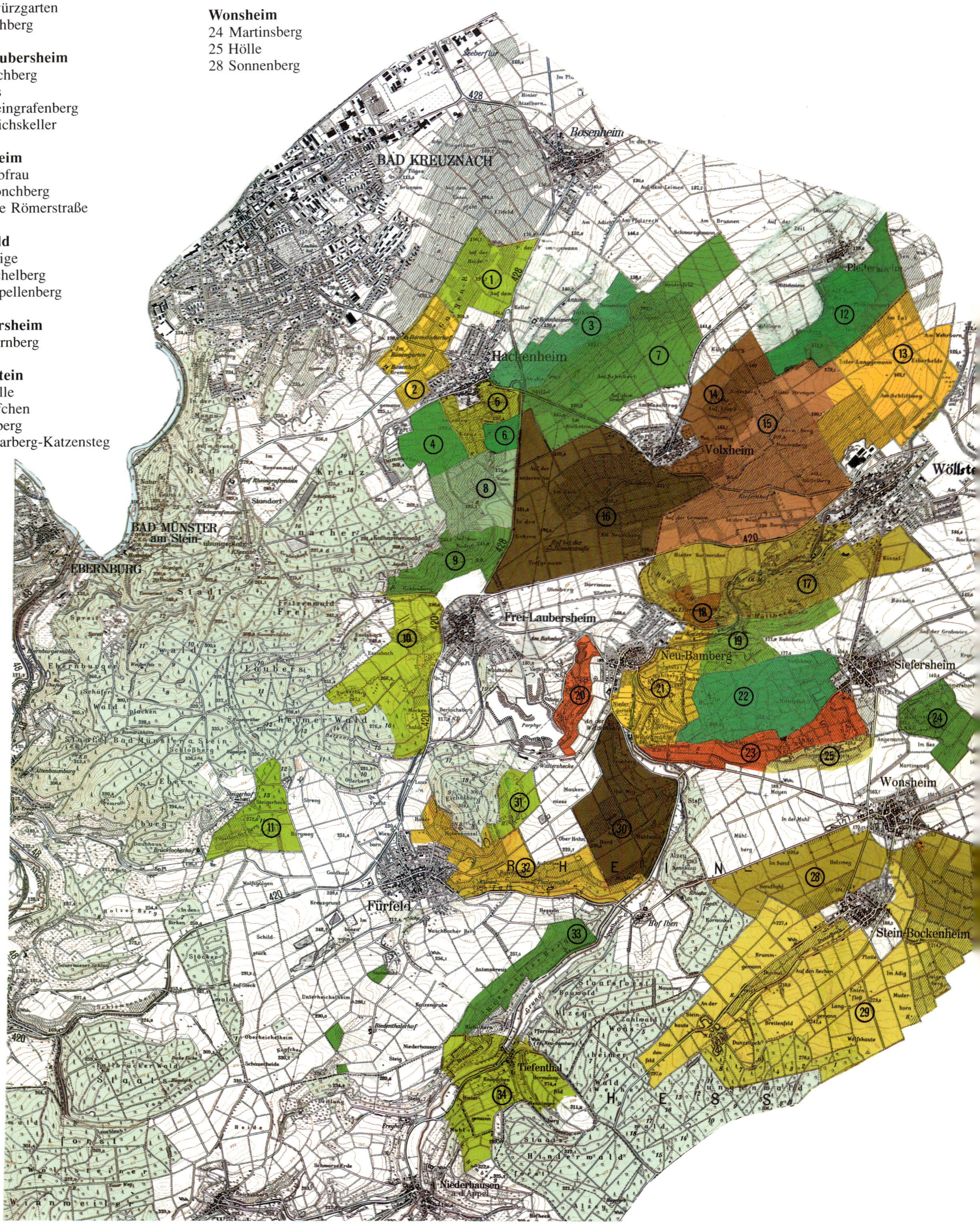

Großlage Kurfürstenstück

Vendersheim
35 Sonnenberg
36 Goldberg

Wallertheim
37 Heil
43 Vogelsang

Gau-Weinheim
38 Geyersberg
39 Kaisergarten
40 Wißberg

Gau-Bickelheim
41 Kapelle
42 Saukopf
44 Bockshaut

Wöllstein
44 Bockshaut
45 Schloßhölle

Gumbsheim
45 Schloßhölle

Klein-Winternheim
Ober-Olm
Essenheim
Windhäuserhof
Elsheim
Stadecken-Elsheim
Nieder-Saulheim
Saulheim
Ober-Saulheim
Udenheim
Schornsheim
Gabsheim
A63
1
2
3
4
5
6
7
8
9
10
11
12
13
14
15
16
17
18
19
20
21
22
23
24
25
26

Karte 4

Großlage Domherr

Klein-Winternheim
1 Geiershöll
2 Herrgottshaus
3 Villenkeller

Ober-Olm
4 Kapellenberg

Essenheim
5 Teufelspfad
6 Römerberg

Stadecken-Elsheim
7 Blume
8 Bockstein
9 Tempelchen
10 Spitzberg
11 Lenchen

Saulheim
12 Probstey
13 Schloßberg
14 Hölle
15 Haubenberg
16 Pfaffengarten
17 Heiligenhaus

Udenheim
18 Sonneberg
19 Goldberg
20 Kirchberg

Schornsheim
21 Ritterberg
22 Mönchspfad
23 Sonnenhang

Gabsheim
24 Dornpfad
25 Kirchberg
26 Rosengarten

Karte 5

Großlage Gutes Domtal

Nieder-Olm
1 Klosterberg
2 Sonnenberg
3 Goldberg

Zornheim
4 Pilgerweg
6 Mönchbäumchen
7 Dachgewann
8 Guldenmorgen
9 Vogelsang

Mommenheim
5 Kloppenberg
15 Osterberg
16 Silbergrube

Sörgenloch
10 Moosberg

Hahnheim
11 Moosberg
12 Knopf

Selzen
13 Gottesgarten
14 Osterberg
19 Rheinpforte

Lörzweiler
17 Königsstuhl

Nackenheim
18 Schmittskapellchen

Nierstein-Schwabsburg
20 Pfaffenkappe

Köngernheim
21 Goldgrube

Friesenheim
22 Altdörr
24 Knopf
25 Bergpfad

Dalheim
23 Altdörr
28 Kranzberg
29 Steinberg

Weinolsheim
26 Kehr
27 Hohberg

Dexheim
30 Doktor

Undenheim
55 Goldberg

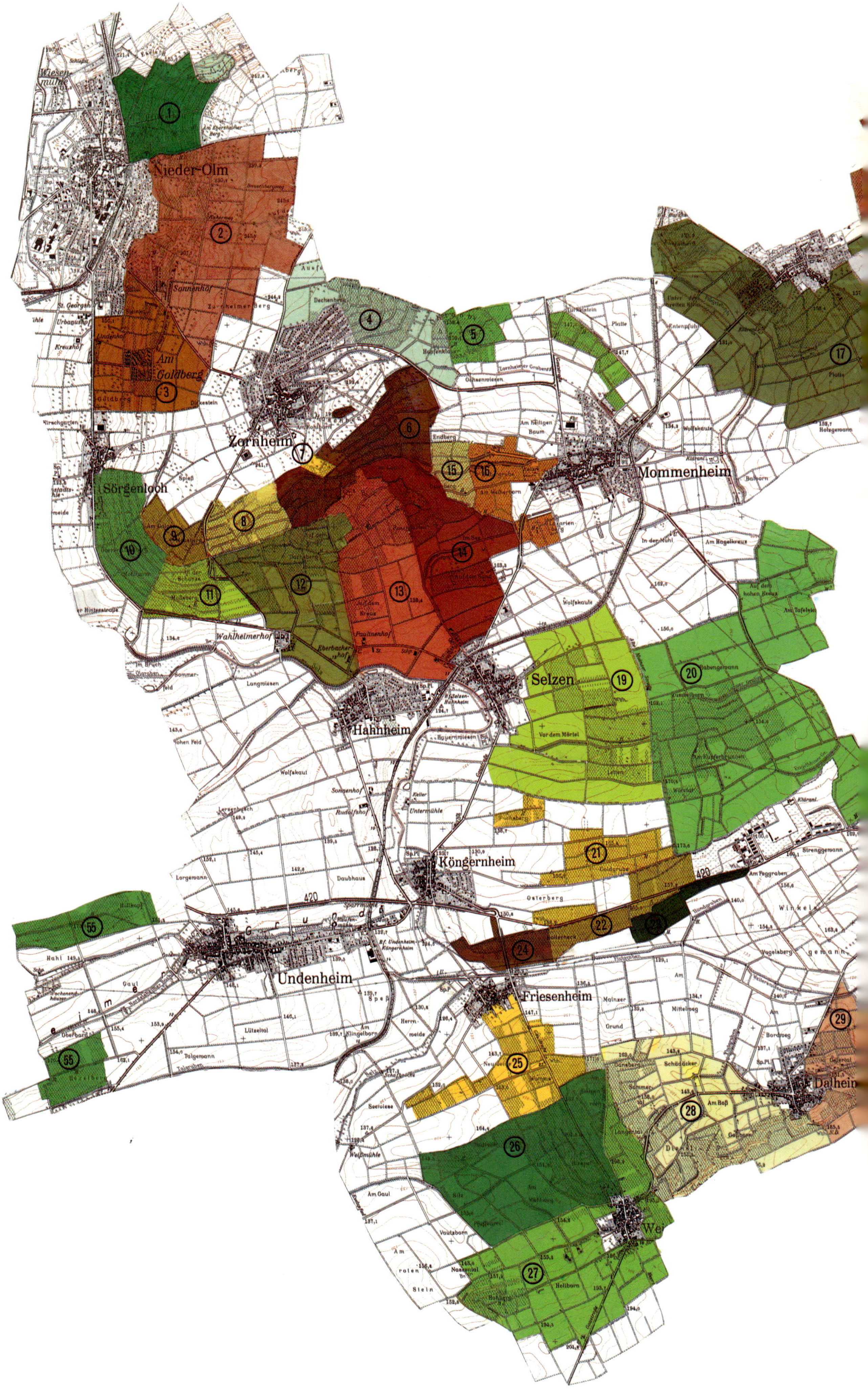

Großlage Spiegelberg

Nackenheim
31 Rothenberg
32 Engelsberg

Nierstein
34 Rosenberg
36 Klostergarten
39 Findling
40 Kirchplatte
41 Schloß Hohenrechen
50 Ebersberg
51 Bildstock
52 Brückchen
53 Paterberg
54 Hölle

Nierstein-Schwabsburg
50 Ebersberg

Großlage Rehbach

Nierstein
33 Pettenthal
35 Brudersberg
37 Hipping
38 Goldene Luft

Großlage Auflangen

Nierstein
42 Kranzberg
43 Zehnmorgen
44 Bergkirche
45 Glöck
46 Ölberg
47 Heiligenbaum
48 Orbel
49 Schloß Schwabsburg

Nierstein-Schwabsburg
49 Schloß Schwabsburg

Karte 6

Großlage Adelberg

Wörrstadt
1 Rheingrafenberg

Sulzheim
2 Honigberg
3 Schildberg
4 Greifenberg

Wörrstadt-Rommersheim
5 Kachelberg

Wörrstadt-Schimsheim
6 Leckerberg

Armsheim
7 Geiersberg
8 Goldstückchen

Ensheim
9 Kachelberg

Bermersheim v.d.H.
10 Hildegardisberg
11 Klostergarten

Lonsheim
12 Mandelberg
13 Schönberg

Bornheim
14 Schönberg
15 Kirchenstück
16 Hütte-Terrassen
17 Hähnchen

Flonheim
18 Klostergraten
19 Rotenpfad
20 Geisterberg
21 Bingerberg

Flonheim-Uffhofen
20 Geisterberg
21 Bingerberg
22 Pfaffenberg
23 La Roche

Erbes-Büdesheim
20 Geisterberg
26 Vogelsang

Wendelsheim
24 Steigerberg
25 Heiligenpfad

Nack
27 Ahrenberg

Nieder-Wiesen
28 Wingertsberg

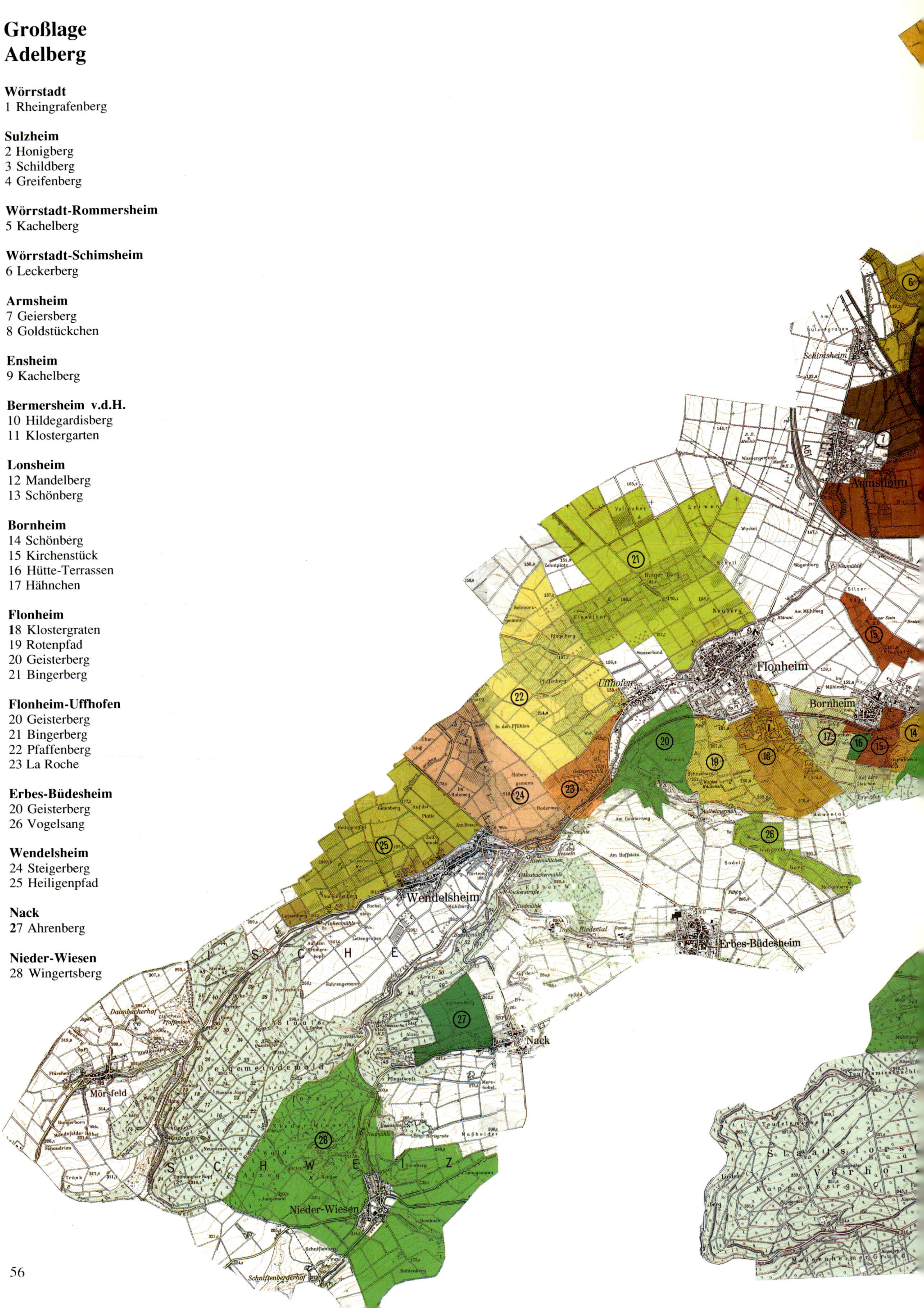

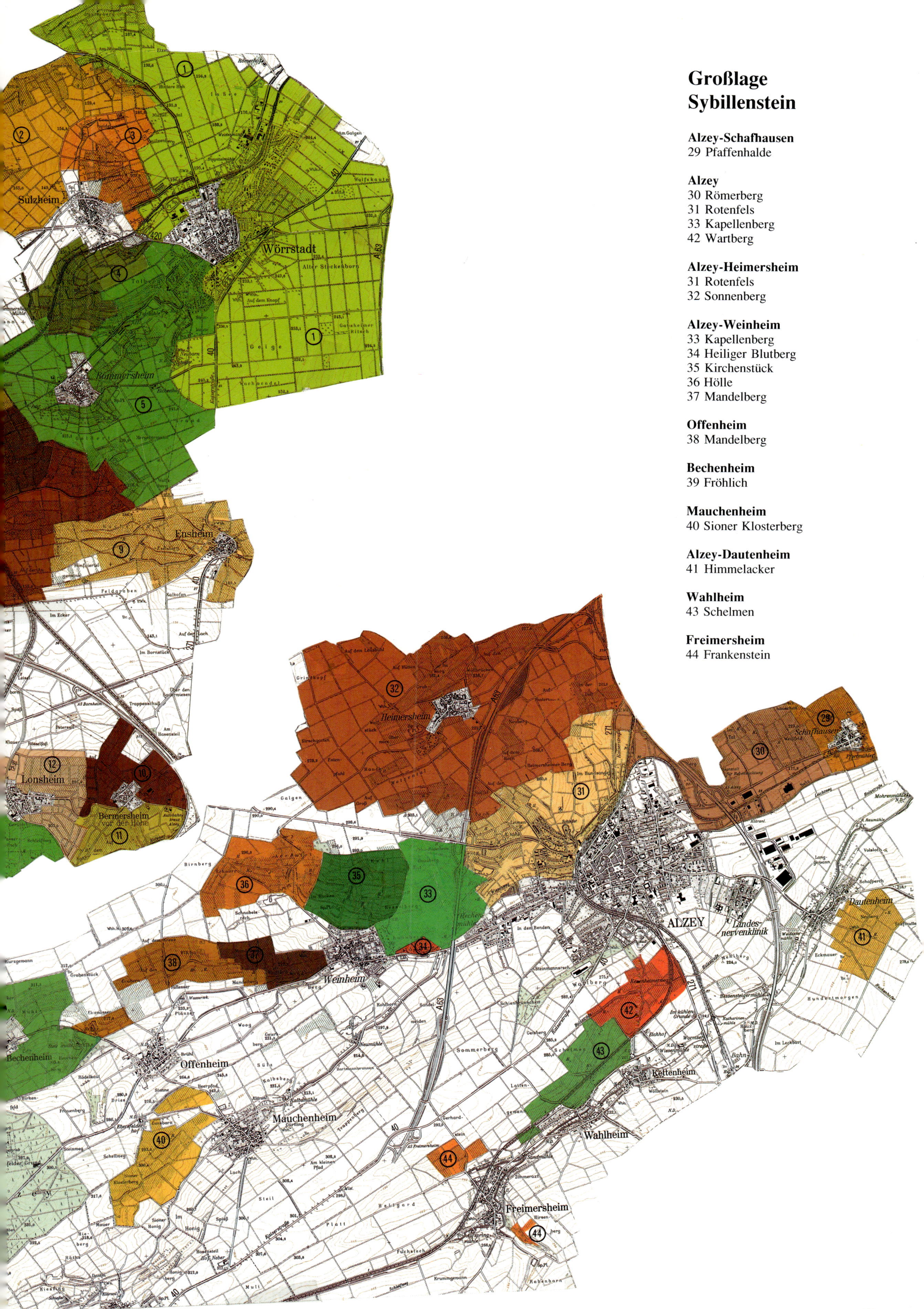

Großlage Sybillenstein

Alzey-Schafhausen
29 Pfaffenhalde

Alzey
30 Römerberg
31 Rotenfels
33 Kapellenberg
42 Wartberg

Alzey-Heimersheim
31 Rotenfels
32 Sonnenberg

Alzey-Weinheim
33 Kapellenberg
34 Heiliger Blutberg
35 Kirchenstück
36 Hölle
37 Mandelberg

Offenheim
38 Mandelberg

Bechenheim
39 Fröhlich

Mauchenheim
40 Sioner Klosterberg

Alzey-Dautenheim
41 Himmelacker

Wahlheim
43 Schelmen

Freimersheim
44 Frankenstein

Karte 7

Großlage Petersberg

Spiesheim
1 Osterberg

Biebelnheim
2 Rosenberg
3 Pilgerstein

Bechtolsheim
4 Sonnenberg
5 Wingertstor
6 Homberg
7 Klosterberg

Gau-Odernheim
8 Herrgottspfad
9 Ölberg
10 Vogelsang
15 Fuchsloch

Gau-Heppenheim
18 Schloßberg
19 Pfarrgarten

Großlage Krötenbrunnen

Dolgesheim
20 Schützenhütte
21 Kreuzberg

Hillesheim
22 Sonnheil
33 Altenberg

Uelversheim
23 Schloß
28 Aulenberg

Oppenheim
24 Schloß
34 Schloßberg
43 Herrengarten
44 Paterhof

Dienheim
24 Schloß
43 Herrengarten
44 Paterhof

Guntersblum
25 Steinberg
26 Sonnenhang
27 Sonnenberg
55 St. Julianenbrunnen
56 Eiserne Hand

Eimsheim
29 Römerschanze
30 Hexelberg
31 Sonnenhang

Wintersheim
32 Frauengarten

Ludwigshöhe
48 Honigberg

Gimbsheim
57 Sonnenweg
62 Liebfrauenthal

Mettenheim
61 Goldberg

Alsheim
61 Goldberg

Eich
61 Goldberg

Großlage Güldenmorgen

Oppenheim
35 Zuckerberg
36 Herrenberg

37 Sackträger
38 Schützenhütte
39 Kreuz
41 Gutleuthaus
42 Daubhaus

Dienheim
36 Herrenberg
39 Kreuz
40 Falkenberg
45 Tafelstein
46 Siliusbrunnen
47 Höhlchen

Uelversheim
45 Tafelstein

Albig
11 Homberg
13 Schloß Hammerstein
14 Hundskopf

Alzey
13 Schloß Hammerstein

Framersheim
12 Kreuzweg
16 Zechberg
17 Hornberg

Großlage Rheinblick

Alsheim
58 Sonnenberg
59 Fischerpfad
60 Frühmesse
65 Römerberg

Dorn-Dürkheim
63 Hasensprung
64 Römerberg

Mettenheim
66 Schloßberg
67 Michelsberg

Großlage Vogelsgärten

Ludwigshöhe
49 Teufelskopf

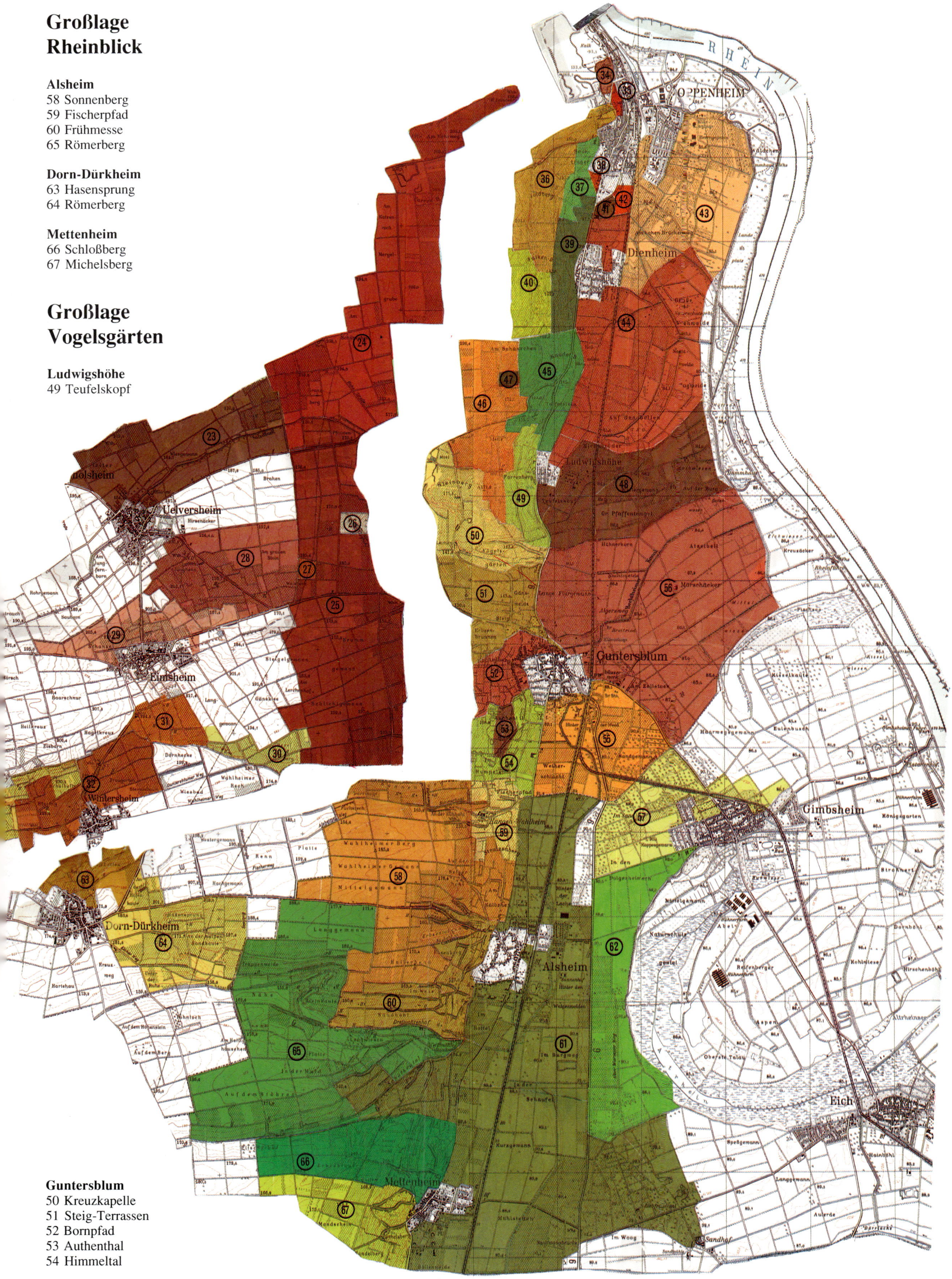

Guntersblum
50 Kreuzkapelle
51 Steig-Terrassen
52 Bornpfad
53 Authenthal
54 Himmeltal

Karte 8

Großlage Gotteshilfe

Bechtheim
1 Rosengarten
2 Geyersberg
3 Stein

Osthofen
4 Hasenbiß
5 Neuberg
6 Leckzapfen
7 Goldberg

Großlage Pilgerpfad

Frettenheim
8 Heil

Dittelsheim-Heßloch
(Ortsteil Dittelsheim)
9 Leckerberg
10 Pfaffenmütze
11 Mönchhube
12 Kloppberg
13 Geiersberg

(Ortsteil Heßloch)
14 Liebfrauenberg
15 Edle Weingärten
18 Mondschein

Monzernheim
16 Goldberg
17 Steinhöhl

Bechtheim
19 Hasensprung
20 Heiligkreuz

Osthofen
21 Klosterberg
22 Liebenberg
23 Kirchberg
24 Rheinberg

Großlage Bergkloster

Flomborn
25 Goldberg
27 Feuerberg

Eppelsheim
26 Felsen

Hangen-Weisheim
28 Sommerwende

Esselborn
29 Goldberg

Gundersheim
30 Höllenbrand
31 Königsstuhl

Westhofen
32 Morstein
33 Brunnenhäuschen
34 Steingrube
35 Benn
36 Kirchspiel
37 Aulerde
38 Rotenstein

Bermersheim
39 Hasenlauf

Gundheim
40 Hungerbien
41 Mandelbrunnen
42 Sonnenberg

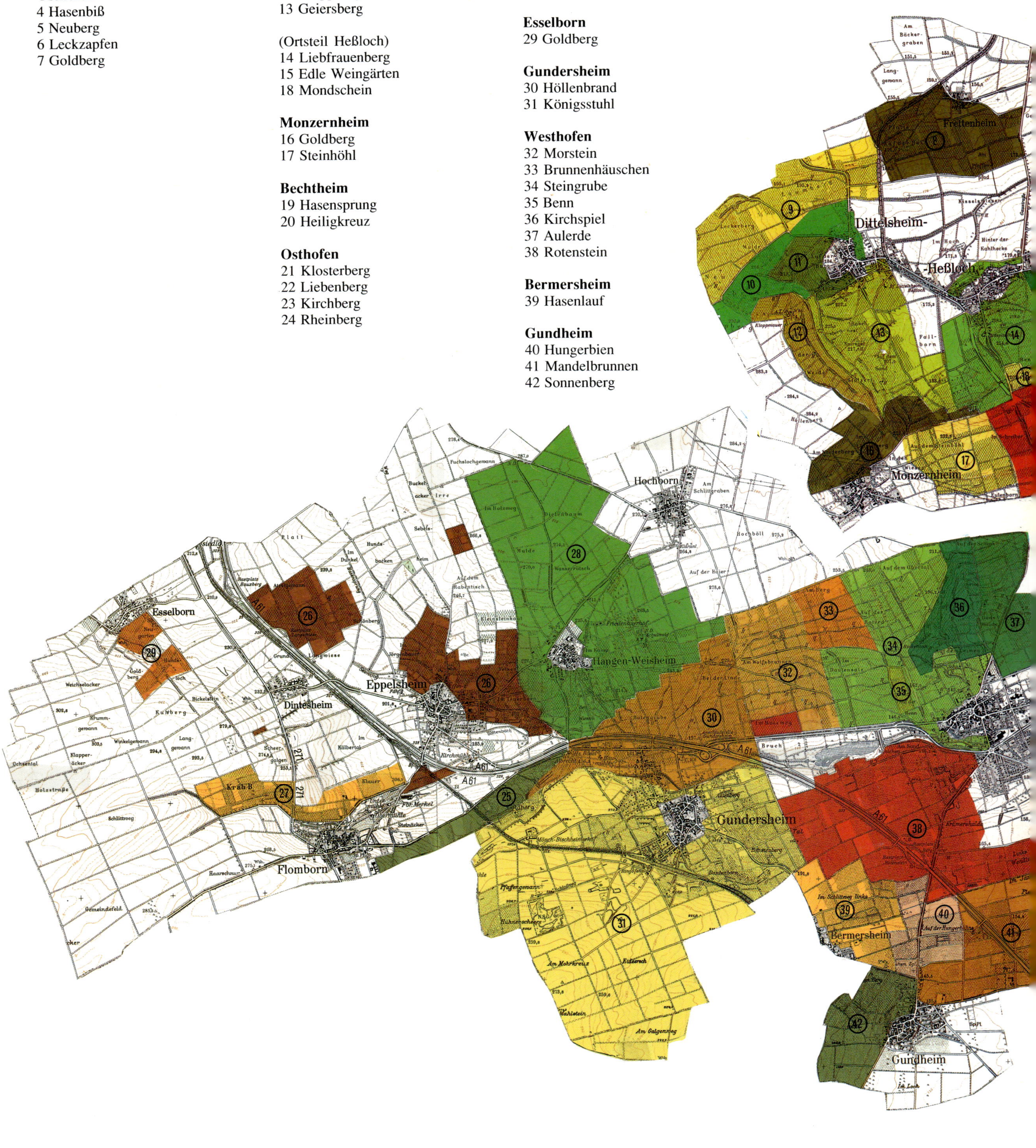

Rheindürkheim
Ibersheim
Bechtheim
Mühlheim
Mückenhäuser Hof
Wooggewann
Tagweide
Pferdsweide
Kuhweide
Oberfeld
Unterfeld
Waldgewann
Großlache
Am heißen Stein
Hochgewann
Am Holzweg
Langgewann
Rüben-bühl
Hühnerfarm
Oberes Kisselwört
Dammstraße
Wolfsau
Nußbaumchen
Borntal
Osterlang
Hochgewann
Sülzerwiese
Neumühle
Viehweide

Karte 9

Großlage Burg Rodenstein

Oberflörsheim
1 Blücherpfad
2 Deutschherrenberg

Bermersheim
3 Seilgarten

Flörsheim-Dalsheim
4 Hubacker
5 Sauloch
6 Steig
7 Bürgel

Niederflörsheim
6 Steig
8 Goldberg
9 Frauenberg

Mörstadt
10 Nonnengarten
11 Katzebuckel

Großlage Domblick

Mölsheim
12 Zellerweg am schwarzen Herrgott
13 Silberberg

Wachenheim
14 Rotenberg
15 Horn

Monsheim
16 Silberberg

Kriegsheim
17 Rosengarten

Hohen-Sülzen
18 Kirchenstück
19 Sonnenberg

Offstein
20 Engelsberg
21 Schloßgarten

Großlage Liebfrauenmorgen

Worms-Abenheim
22 Goldpfad
23 Klausenberg
24 Kapellenstück
25 Bildstock

Worms-Herrnsheim
26 Rheinberg
27 Lerchelsberg
28 Sankt Annaberg
29 Römersteg
30 Hochberg

Worms-Pfeddersheim
30 Hochberg
31 St. Georgenberg
32 Kreuzblick
33 Nonnenwingert

Worms-Pfiffligheim
33 Nonnenwingert

Worms-Leiselheim
33 Nonnenwingert

Worms-Hochheim
33 Nonnenwingert

Worms-Heppenheim
34 Affenberg
35 Schneckenberg

Worms-Horchheim
36 Goldberg

Worms-Wies-Oppenheim
37 Am Heiligen Häuschen

Worms-Weinsheim
38 Burgweg

Worms
39 Liebfrauenstift-Kirchenstück
40 Remeyerhof
41 St. Cyriakusstift

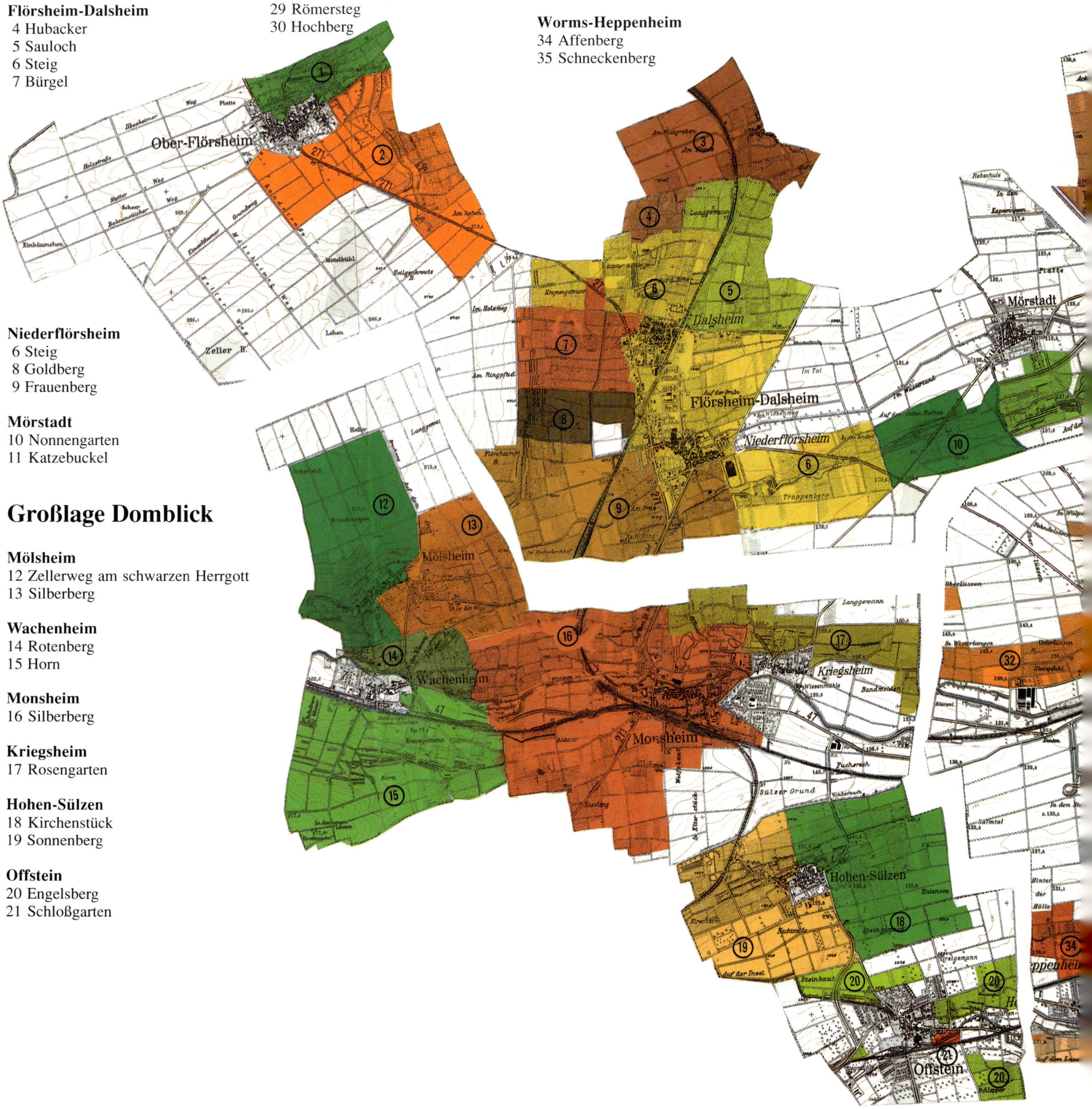

Abenheim
Herrnsheim
Neuhausen
Hochheim
Leiselheim
Pfiffligheim
WORMS
Nikolaus-Ehlen-Siedlung
Horchheim
Karl-Marx-Siedlung
Landeplatz Worms
Wiesoppenheim
Weinsheim
Auf dem Berg
Kaltengrund
Nordelberg
Schimmelhart
Mittelberg
Hochgewann
Langgewann
Im Lerkel
Kämmererwiese
A61
47
9
23
24
25
26
27
28
29
30
33
35
36
37
38
39
40
41

Jahrhundertpost

"Jahrhundertpost" - diese Zeitung ist Teil der Buchreihe GESAMTWERK DEUTSCHER WEIN und der Versuch, Geschichte in Geschichten aufzulösen, der Vergangenheit das "Geschichtliche", das Abstrakte zu nehmen und sie nacherlebbar zu machen. Im Stil einer Tageszeitung und in der Sprache unserer Zeit ist hier Historie in bunter Mischung aufbereitet. Nach Jahrhunderten geordnet (siehe Angaben im jeweiligen "Zeitungskopf") sollen die folgenden Seiten ein lebendiges Bild früheren Lebens in Rheinhessen vermitteln: Wein- und Weltgeschichte vom Jahre Null bis heute.

IN · VITE · VITA ··· IN · VINO · VERITAS

Jahrhundertpost

Weinverbunden — **Meinungsfreudig**

Kaiser beschränkt Weinbau

Rom/Mogontiacum, 90 - rh. Kaiser Domitian hat dem Drängen der römischen Weinlobby nachgegeben. Seit Jahren schon fordern die Weinproduzenten südlich der Alpen, den Weinanbau in Germanien zu verbieten. Sie fürchten, einen wichtigen Absatzmarkt zu verlieren.

Das neue Gesetz verbietet den Weinbau in Germanien zwar nicht schlichtweg, beschränkt aber die Ausdehnung der Rebflächen. Gefördert werden soll dagegen der Getreideanbau.

Ein hiesiger Winzer: "Die römischen Weinproduzenten fürchten unsere Konkurrenz natürlich ganz zu Recht - seit wir die neuen Kreuzungen unserer Wildreben mit den Kulturreben aus den Mittelmeerländern anbauen, werden unsere Weine immer besser!“

Und das neue Gesetz? "Ach je, der Kaiser; Rom ist weit - und seine Beamten sind unsere besten Kunden.“

Pioniere stoßen an den Rhein vor

Römer erobern den Norden

Neue Siedlung soll Mogontiacum heißen

Rom, um 100 v. Chr. - rw. Aus dem Norden der römisch besetzten Gebiete wird gemeldet, daß Pioniere der Legion auch hier bis an den Rhein vorgedrungen sind. Ihren Vorgesetzten machten sie Meldung, daß es sich bei dem ausgekundschafteten Gebiet um eine besonders schöne Gegend handeln soll. Wie sie berichteten, haben sie ihr Camp an einer weiten Flußbiegung aufgeschlagen, inmitten einer riesigen Tiefebene mit satten Böden, an deren Rändern sich fruchtbare Hänge erheben.

Sie bitten darum, hier ein festes Lager mit dem Namen Mogontiacum errichten zu dürfen, denn der Landstrich scheint sowohl strategisch als auch hinsichtlich der landwirtschaftlichen Nutzung für die Zukunft noch viel bereitzuhalten.

Einer der Legionäre, ein Winzer im Zivilberuf, meinte sogar, man solle versuchen, hier Reben zu pflanzen, Klima und Boden erschienen ihm fast ebenso geeignet wie in der Heimat. Doch bei seinem Zenturio stieß dieser Vorschlag auf taube Ohren, allerdings hat jener den lieblichen Flecken noch nicht inspizieren können.

Reger Weinhandel in Gallien

Mogontiacum, um 50 - rh. Schon seit Jahrzehnten schätzen die Germanen den Wein. Gallische und römische Kaufleute versorgen die rechts und links des Rheins angesiedelten Stämme mit dem köstlichen Getränk. Er wird in Tierhäuten oder Amphoren aus Südgallien herbeitransportiert, größere Mengen auch in den modernen Fässern aus Holz, die die gallischen Handwerker erfunden haben.

Wein stößt hier, an den Grenzen des Römischen Reiches, auf so viel Gegenliebe, daß bald mit dem Versuch gerechnet werden darf, dieses edle Getränk auch hier anzubauen. Geeignete Böden und mildes Klima schaffen zumindest gute Voraussetzungen.

Nicht alle germanischen Stämme teilen allerdings die Begeisterung über den Weinhandel - die Sueben dulden keinen Weinimport. Ihr Häuptling zu unserem Reporter: "Mit so vielen Ausländern in der Gegend brauche ich tapfere Kämpfer und keine fröhlich singenden Trunkenbolde. Der Wein verweichlicht unsere Männer!“

Verkehrsplanung

Straßenbau ist beschlossene Sache

Grünes Licht für Nord-Süd-Verbindung

Rom/Mogontiacum, um 50 v. Chr. - rw. Auch in Rom ist es schon seit langem bekannt, daß das riesige Reich nur durch ein stets gut gepflegtes und schnelles Verkehrsnetz im Griff gehalten werden kann. Den Fernstraßen kommt innerhalb dieser Verkehrsplanung eine Schlüsselstellung zu. Sie sind die Lebensadern des Reiches, wie es ein Regierungsmitglied in Rom formulierte.

Zwei dieser Hauptverkehrsadern werden künftig auch durch die Gegend am Rheinknie führen. Die eine führt am Fluß entlang und verbindet Mainz mit dem Zentrum Straßburg, die andere zweigt bei Worms ab und führt über Alzey nach Bingen. Sie durchschneidet das gesamte Hügelland, kürzt auch den Rheinbogen bei Mogontiacum ab, und ist somit die schnelle Nord-Süd- Verbindung.

Die Mittel für diese Straßenprojekte wurden erst nach zähen Verhandlungen in Rom von den Senatoren bewilligt, nachdem Experten auf die wachsende Bedeutung der nördlichen Gebiete des Reiches eindringlich aufmerksam gemacht hatten.

Winzer können wieder frei arbeiten

Rom, 280 - rw. Kaiser Probus hat die alten Beschränkungen gegen den Weinbau in den nördlichen Regionen des Reiches aufgehoben. Kaiser Domitian hatte seinerzeit diese Gesetze erlassen, um zum einen den heimischen Weinbau zu schützen und zum andern den Getreideanbau zu fördern.

Allerdings sind die Weingesetze nie wirklich befolgt worden. Sogar die Statthalter Roms in diesen Regionen machten mit den Weinbauern gemeinsame Sache, um an das köstliche Getränk zu kommen.

Kaiser Probus hat die Sinnlosigkeit dieser Restriktionen erkannt und will seinen Beamten das ohnehin nicht leichte Leben im hohen Norden nicht durch Weinentzug noch weiter erschweren. Zudem war die Gesetzesänderung ein schlauer politischer Schachzug. Denn Probus läßt sich nun als der große römische Weinförderer feiern, was ihm auch die so dringend benötigte Sympathie seiner nördlichen Untertanen einbringt.

Wein-Notstand

Rheingebiete, um 100 - rw. Die römischen Truppen stecken in der Klemme: Sie müssen auf ihr tägliches Weinvergnügen verzichten. Der Transport des so begehrten Nasses aus der Heimat würde viel zu teuer, und die Versorgung aus den südgallischen Gebieten klappt auch nicht immer reibungslos. Die Besatzungstruppen können sich nur schlecht an das von den Einheimischen gebraute Gesöff - Meth nennen sie es - gewöhnen. Die Not durch den zwangsweisen Weinentzug ist mittlerweile schon so groß geworden, daß einige Söldner begonnen haben, selbst Wein anzupflanzen. Und wie wir erfahren haben, sollen die ersten Ergebnisse gar nicht einmal schlecht sein.

Diesen Altar ließen die Römer im Sironabad in Oppenheim zurück. Auch die unten gezeigten Geldstücke wurden in diesem Heilbad gefunden.

Das Ende der Besatzung:

Römer machen sich aus dem Staub

Unsicherheit breitet sich aus - Angst vor Machtvakuum

Mogontiacum/Rom, 406 - rw. Die Herrschaft der Römer am Rhein geht zu Ende. Soziale Probleme im eigenen Land, die dauernden innenpolitischen Querelen, und vor allen Dingen die an sämtlichen Fronten des Riesenreiches aufbegehrenden Völker machen den Römern mehr und mehr zu schaffen. Im Norden, zum Beispiel am Rheinbogen, sind es vor allen Dingen Alemannen und Franken, die die römischen Truppen ständig in Schwierigkeiten bringen, sie immer wieder in Hinterhalte locken und der einst so starken Armee große und sehr schmerzliche Verluste zufügen.

Aus diesen Gründen hat der römische Oberbefehlshaber der Nordstreitkräfte nun den Rückzug befohlen. Mit den Heerscharen verlassen auch die zivilen Römer das Land. Ja, man kann sogar von einer Flucht sprechen. Die einst prächtigen römischen Siedlungen wirken seit dem Marschbefehl, als seien sie überhastet verlassen worden. Die Angst vor den Vandalen geht um.
Die Römer können nur hoffen, daß sich zwischen sie und die angriffslustigen Germanen weniger aggressive Völker, wie zum Beispiel die Burgunder, stellen. So würde ihnen, wenigstens über die nächsten Jahrzehnte hinweg, der Rücken freigehalten.

Neue Religion

Alzey, um 550 - rw. Mit dem Sieg der Franken über die Alemannen darf sich gleichzeitig eine weitere Macht als Gewinner fühlen - das sich überall ausbreitende Christentum. Als erstes christliches Gotteshaus wurde nun in Alzey eine Kirche fertiggestellt, die dem Heiligen Georg geweiht ist. Nach den bisherigen Erfahrungen kann man davon ausgehen, daß im Schutze der starken fränkischen Herrscher die neue Religion auch hierzulande rasch Fuß fassen wird. Diese Entwicklung kann für den Weinbau nur positiv sein, denn die Kirche braucht Wein für ihre Gottesdienste. Aus anderen Regionen wird gemeldet, daß die geistlichen Herren sowohl im Weinberg als auch im Keller großes Geschick beweisen.

Neue Ortschaften

Albig, um 550 - rh. Bei dem fränkischen Fronhof Albig entsteht ein Dorf. Wie überall im jetzt fränkischen Territorium werden rund um den staatlichen Hofbesitz - er ist identisch mit der alten römischen "Villa rustica Albiacum" - zwölf bis fünfzehn Wehrbauernfamilien angesiedelt. Jeder dieser Bauern erhält 60 Morgen Land für die er pro Jahr und Morgen einen Denar zahlen muß. Die Ansiedlung wächst zudem durch die privaten Fronhöfe freier Franken, die sich rund um den staatlichen Besitz niederlassen. Besonders der Weinbau, der lange Zeit stillstand, hat durch die Ansiedlung der Franken deutlichen Auftrieb erhalten.

Alemannen werden geschoren

Rheinhessen, 500 - rh. Seit der große Frankenkönig Chlodwig die Alemannen 496 bei Zülpich vernichtend geschlagen hat, drängen seine Heerscharen immer weiter nach Süden vor. Im Gebiet Mainz-Worms-Alzey wohnen nur noch wenige Alemannen - dabei war doch gerade der reichste Teil des Landes, die Rheinfront, einst dicht von ihnen besiedelt.

Mit Weib und Kindern werden diese dagebliebenen Alemannen zu Sklaven der Franken gemacht. Zum Zeichen ihrer Unterwerfung schneidet man ihnen die Haare ab. Die Bitte der Alemannen, ungeschoren davonzukommen, war vergeblich.

Tragisch:

Das Ende der Burgunder in Alzey

Flüchtlinge im eigenen Land

Alzey, 437 - rw. Seit dem Jahre 406, nach dem endgültigen Rückzug der Römer, hatte sich das wehrhafte Volk der Burgunder im Raum Alzey-Worms niedergelassen. Die Römer förderten diese Ansiedlung, denn mit den Burgundern hatten sie schon seit längerem Kooperationsverträge vereinbart und erhofften sich so den Schutz ihres Grenzlandes vor den anstürmenden Germanen. Sie wollten nach ihrem Abzug kein Machtvakuum hinterlassen und die Burgunder gewissermaßen als Bollwerk zwischen sich und die Vandalen setzen.

Doch aus diesen Plänen wurde nichts. Die Burgunder wollten keine Vasallen der Römer mehr sein: ein eigenes und unabhängiges Reich war ihr Ziel. Dies haben natürlich auch die Franken und Alemannen gemerkt, denen die Machtausbreitung der Burgunder am Rheinbogen ein Dorn im Auge war. Sie haben die Burgunder nun in mehreren Schlachten besiegt und sind tief in ihr Gebiet eingedrungen. Die Burgunder sind seither Flüchtlinge im eigenen Land.
Die römischen Behörden planen, als Dank für jahrzehntelange Treue, den überlebenden Burgundern zu helfen. Sie sollen unter römischem Schutz an den Genfer See umgesiedelt werden.

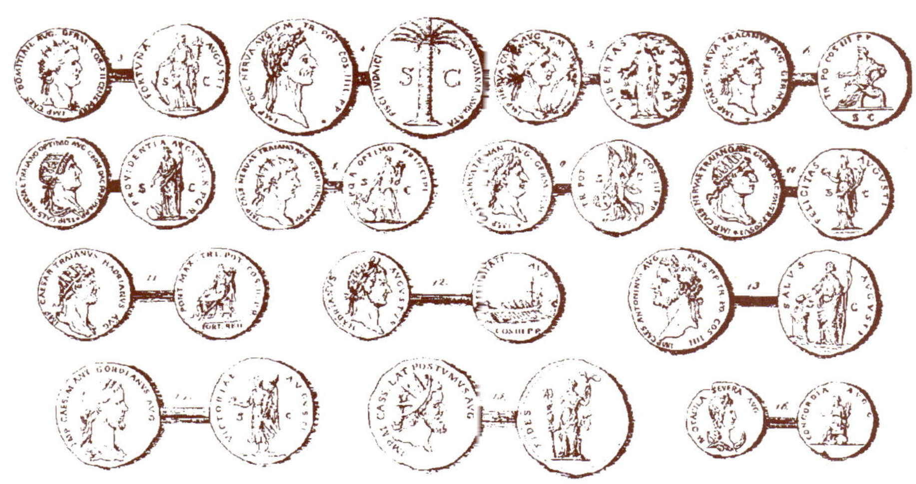

Nr. 1 **Jahrhundertpost** Ausgabe 0-1000

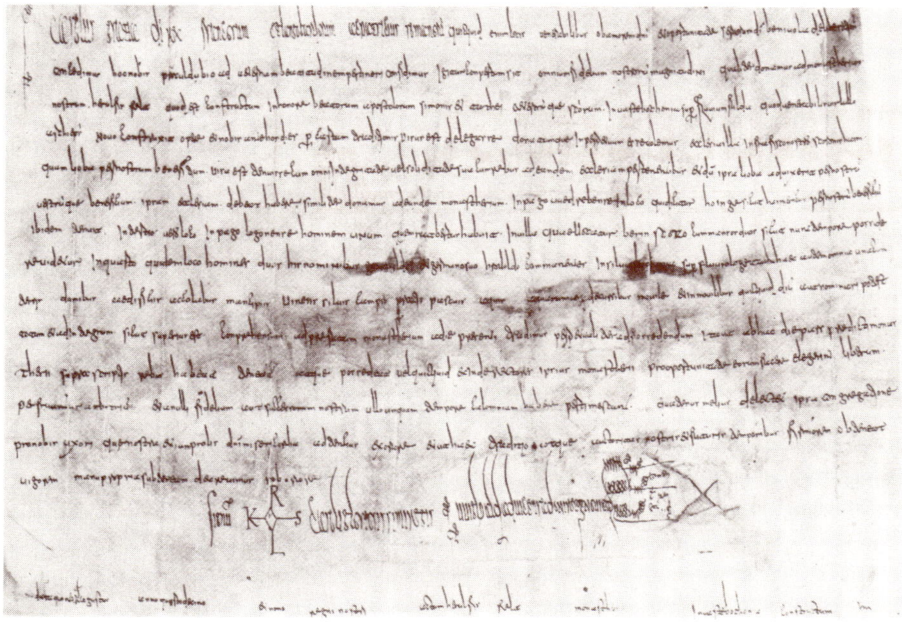

Das Dokument, in dem Kaiser Karl der Große der Heiligen Lioba die Kirche in Schornsheim überträgt.

Kaiser Karl als Reformer

Neue Gesetze

”Capitulare de villis“ soll auch den Weinbau fördern

Hofnachricht, 812 - bc. Wie wir aus wohl unterrichteten Kreisen am Hofe Karls des Großen erfahren haben, beabsichtigt der Kaiser - aus Sorge um die Rebkultur - in den nächsten Tagen eine Landgüter-Verordnung mit dem klangvollen Namen ”Capitulare de villis“ zu erlassen.

Auch über den Inhalt dieser, vor allem den Weinbau betreffenden Anweisungen sickerten bereits Einzelheiten durch: Aus Gründen der Sauberkeit und Hygiene sollen demnach die Trauben zukünftig nicht mehr mit den Füßen getreten werden. Des weiteren dürfen keine Lederschläuche mehr, sondern nur noch Holzfässer mit Eisenreifen für Transport und Lagerung verwendet werden. Auch sollen demnächst, um das Qualitätsniveau unserer rheinhessischen Gewächse anzuheben, ausgesuchte Qualitätsreben aus dem Burgund die heimischen Weinberge zieren.

Wie uns weiter mitgeteilt wurde, sei der Kaiser bei Nichtbefolgung dieser Anordnungen fest entschlossen, - und das zeichnete sich ja bereits in einigen Passagen seiner ”Lex Ripuaria“ ab - gegen die Weinbergsfrevler vorzugehen.

Selbst Amtsleute, die ihrer Aufsichtspflicht bei Weinbau und -behandlung nicht korrekt nachkommen, sollen unseren Informationen zufolge hart bestraft werden: mit Weinentzug!

Somit kämen die Anordnungen des Kaisers nicht nur unserer Weinkultur zugute, sondern wären auch eine kluge Maßnahme gegen die zunehmende Korruption bei Hofe.

Neue Transportart:

Friesen machen den Schiffsweg möglich

Rheinhessen, um 800 - rw. Wein gewinnt als Handelsgut wachsende wirtschftliche Bedeutung. Besonders nachdem man erkannt hat, daß er sich relativ problemlos in Fässern auf dem Wasserweg transportieren läßt.

Diese Transportart ist zwar nicht neu, schon die Römer haben ihren Wein verschifft, doch fehlte es hierzulande an den erfahrenen Schiffsleuten. Dies hat sich geändert, seitdem die Friesen mit ihren Flußschiffen bis zum Oberrhein vorgestoßen sind. Sie bringen den Wein auch in die nördlicheren Regionen des Reiches.

Endlich:

Oppenheims Weinbau wird ”offiziell“

Oppenheim, 765 - rw. Nachdem die Nachbargemeinde Dienheim schon seit neun Jahren offiziell als Weinbauort in den Urkunden des Klosters Fulda geführt wird, haben die Oppenheimer nun endlich gleichgezogen: Im ”Codex Laureshamensis“, dem Besitzverzeichnis des Kloster Lorsch, wurden Weinberge in Oppenheim notariell festgehalten, als sie den Besitzer wechselten.

Viel zu spät, wie viele Oppenheimer meinen, denn die Dienheimer haben ihrem Nachbarn wieder einmal ein Schnippchen geschlagen und können auch noch in mehr als tausend Jahren sagen: ”Wir waren früher dran!“. Ärgerlich sind die Bürger auch über die Lorscher Mönche, die bei dieser, für die Zukunft so werbeträchtigen Sache kein Geschick bewiesen haben.

Doch die gehen stets den bürokratischen Weg: Rebflächen werden erst dann schriftlich erwähnt, wenn sie in ihren Besitz kommen.

Wenn das der große Karl wüßte:

Reich wird geteilt

Ludwig der Deutsche erhält Rheinhessen

Verdun, 843 - rh. Das einstmals die gesamte Mitte Europas umfassende Reich Karls des Großen ist geteilt worden.

Im Vertrag von Verdun wurde Ludwig dem Deutschen die östliche Hälfte des Reiches zugesprochen. Neben den rechtsrheinischen Gebieten Deutschlands wurden ihm auch die Bistümer Speyer, Worms und Mainz zuerkannt. Ludwig zeigte sich über diese Regelung sehr zufrieden, um des Weines willen seien ihm diese Gebiete von besonderer Bedeutung.

Rheinhessen an der Spitze

Worms/Alzey, um 900 - rw. Von den rund 400 weinbautreibenden Orten, die zur Zeit urkundlich in den meist klösterlichen Katastern geführt werden, liegen 88 Orte im Gebiet zwischen Mainz, Worms, Alzey und Bingen.

Damit führt unsere Gegend die Statistik deutlich vor der Rheinpfalz mit 70 und dem Elsaß mit 64 Orten an. Im Mittelfeld dieser Aufstellung konnten sich Nordbaden(41), Südbaden (41), Mittelrhein (25), Mosel (22) und Nahe (11) plazieren. Die Schlußlichter heißen Rheingau, Ahr, Franken und Württemberg.

Doch schon eine nächste Erhebung kann innerhalb dieser Statistik eine erhebliche Verschiebung bringen, denn immer häufiger tauchen Weinberge als Geschenke an die Kirche in den Urkunden auf.

Nr. 2
Ausgabe
1000-1300

IN VITE VITA IN VINO VERITAS

Jahrhundertpost

Die Zeitung im
GESAMTWERK
DEUTSCHER WEIN

Wieder volle Weinkeller

Mainz 1069 - rh. Es gibt endlich wieder Wein. Die trockene Zeit ist glücklicherweise vorbei! Seit der unerhörte Frost im Winter 1066 auf 1067 die Weinstöcke gänzlich erfrieren ließ, wurden die Wein-Vorräte immer knapper, auch im letzten Jahr waren die Weinstökke noch so geschädigt, daß von einer nennenswerten Ernte nicht die Rede sein konnte - zwei Jahre ohne Wein sind überstanden.

Das Jahr 1069 bringt einen mengenmäßig sehr befriedigenden Herbst, über die Qualität streiten sich die Fachleute in den Städten und Klöstern noch - die meisten Weintrinker wird auch ein saurer Tropfen nicht anfechten. Hauptsache, es gibt überhaupt wieder Wein. Einer dieser Weinfreunde, Pater am Domstift zu Mainz, klagte uns noch vor wenigen Wochen sein Leid, nicht einmal für die Messe sei Wein aufzutreiben gewesen - reguläre Eucharistiefeiern waren gar nicht mehr möglich.

<u>Steuerbefreiung:</u>

Mönche dürfen sich freuen

Oppenheim, 1214 - rw. Die Klosteroberen der Abtei Rodenkirchen können sich die Hände reiben. Per Urkunde hat Friedrich II ihnen versichert, die Einkünfte durch die Besitzungen in Oppenheim, vor allen Dingen aus dem Weingeschäft, von allen Steuern frei zu halten.

Damit steigen die Einkünfte des Klosters stark an, denn die Steuerbelastungen sind zur Zeit immens hoch. Daß die geistlichen Herren diesen Überschuß allerdings mit den Oppenheimer Bürgern teilen wollen, davon ist nichts bekannt. Alle bisher gemachten Erfahrungen mit den Rodenkirchenern sprechen jedoch dagegen.

Ein Grund zum Feiern:

Marktrecht für Hechtsheim

Weinmesse für jedermann - Der Markt öffnet sich

Hechtsheim, 1100 - rw. Der Weinmarkt zu Hechtsheim ist offiziell geworden. Durch eine Urkunde wird dem Dorf das Recht bestätigt, alljährlich eine Weinmesse zu veranstalten, bei der jedermann ausgiebig Wein probieren und kaufen kann.

Der kleine Ort hatte sich schon in der Vergangenheit als Weinhandelsort einen Namen gemacht, so daß die jetzt erfolgte schriftliche Bestätigung durch die Obrigkeit nur noch eine Formsache ist - die dem Dorf allerdings einige Vorteile einbringt.

Von dem höheren Ansehen, das Hechtsheim als Marktflecken nun genießt, einmal abgesehen, bessern die Steuereinnahmen aus den Weinverkäufen den Gemeindesäckel gehörig auf. Zudem ist Hechtsheim der erste Ort in Rheinhessen, der das verbriefte Recht hat, mit Wein zu handeln. Na, wenn das kein Grund zum Feiern ist!

Weinkeller fast so groß wie der Mainzer Dom

Mainz, um 1250 - rh. Die Weinkeller des Mainzer Domstiftes sind fertiggestellt. Die gewaltigen Gewölbe befinden sich unter den Domstiftsgebäuden, teilweise auch unter dem Domkreuzgang. Der Keller erinnert an die Innenräume großer Klöster: schwere Pfeiler, die wuchtige Kreuzgewölbe stützen, bilden eine zweischiffige Halle. Die Gesamtlänge des Kellers beträgt rund 100 Meter - zum Vergleich: Die Gesamtlänge des Dominneren beträgt 109 Meter.

Der Kellerverwalter zu unserem Reporter: "Man kann die Bedeutung des Weins für das Domstift gar nicht überschätzen, Weinverkauf ist eine unserer Haupteinnahmequellen!" Der Keller ist als zentrales Lager für die Weine aus den eigenen Weinbergen der Kirche und die Zehntabgaben konzipiert.

Das ganze Land jubelt:

Der neue Jahrgang soll ergiebig werden

Rheinhessen, 1135 - rh. Ein heißes und trockenes Jahr geht zu Ende. Seit Menschengedenken hat es hierzulande nicht mehr einen solchen Sommer gegeben. Viele kleine Bäche vertrockneten ganz und gar, und selbst der Rhein und andere große Flüsse wurden zu spärlichen Rinnsalen.

Die vielen Stürme sorgten für weitere Probleme: Kleine Brände in den trockenen Waldgebieten weiteten sich rasch zu verheerenden Flächenbränden aus. Jetzt aber endlich kann der angestaute große Durst ausgiebig gestillt werden. Der neue Weinjahrgang verspricht hervorragend zu werden - und die beste Nachricht: Es gibt sogar sehr viel Wein in diesem Jahr!

Diese Urkunde befreit die Magd Luduwar von der Leibeigenschaft.

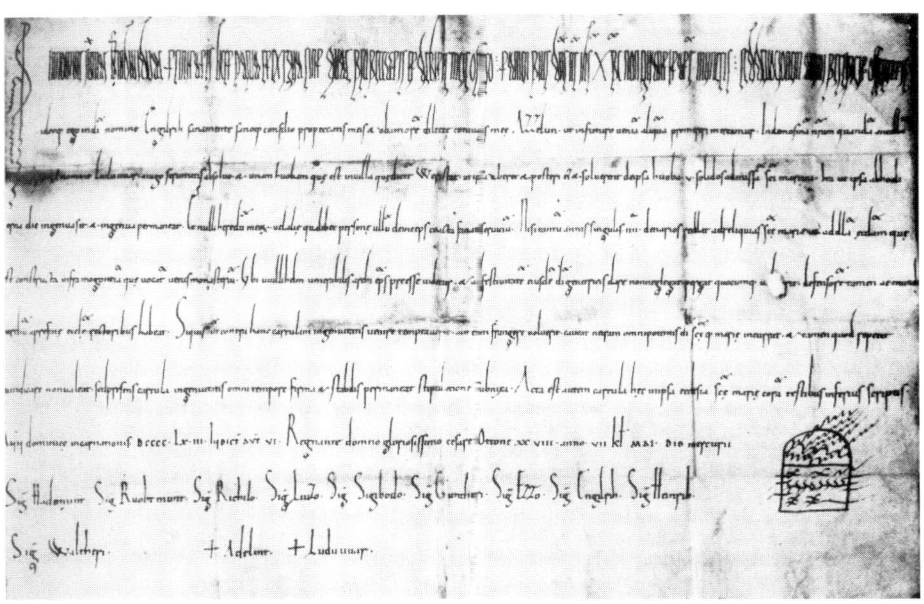

Weinklassifikation:

Einteilung in hunnischen und fränkischen Wein

Mainz, um 1200 - rw. Da die Endverbraucher schon seit Jahrzehnten den Rebensaft je nach Qualität in hunnischen und fränkischen Wein unterscheiden, sind auch die Weinerzeuger hierzulande dazu übergegangen, diese Begriffe quasi offiziell zu verwenden. Vinum hunicum, auch huntschen, hynß oder hunnisch genannt, ist der minderwertige Wein. Vinum francium, der im Volksmund auch frentschen, frenß oder fränkischer Wein heißt, ist der wertvollere, für den man auch etwa das Doppelte zahlen muß.

In diesem Zusammenhang sei darauf hingewiesen, daß diese Bezeichnungen nicht die Farbe des Weines betreffen. Auch handelt es sich dabei nicht etwa um Synonyme für bestimmte Rebsorten, denn in letzter Zeit wird der Silvaner fälschlicherweise pauschal als fränkisch bezeichnet. Wie schon oben gesagt, fränkisch und hunnisch sind lediglich Bezeichnungen für die Qualität des Weines.

Tod im Turnier - zeitgenössische Darstellung des Kampfes zwischen Volker von Alzey und einem hunnischen Ritter. Rechts im Bild: König Etzel und Kriemhild schauen aus dem Fenster zu.

Ausdruck neuen Selbstbewußtseins

Städtebund gegründet

Mainz, 1254 - rw. Mainz, Worms und Oppenheim haben sich zu einem Städtebund zusammengeschlossen. Durch diesen demonstrativen Schulterschluß der drei hiesigen Metropolen wird in der Politik des Reiches eine neue Epoche eingeläutet. Die Städte sind zu einem Machtfaktor geworden, der nicht länger unbeachtet bleiben darf.

Vorbei sind die Zeiten, da sich selbstgefällige Herrscher, ob kirchliche oder weltliche, ungeniert aus den Taschen der Städter bedienten. Dieser erste Städtebund ist ein Zeichen des Widerstandes gegen die Standespolitik und arrogante Willkür eines sich in Sicherheit wähnenden Staatsapparates. Sicherlich werden diesem Vorbild bald weitere Städte folgen, um so ihre politischen und wirtschaftlichen Interessen nach außen hin deutlicher zu demonstrieren. Dies wird allen Menschen und natürlich den Zünften Vorteile bringen - auch dem Weinbau.

Die kleinen Kniffe der kleinen Winzer:

Winzer wehren sich auf besondere Weise

Die guten ins eigene, die schlechten in des Zehntherrn Töpfchen

Großraum Mainz, um 1250 - rh. Die kleinen Winzer haben es schwer. Die besten Weinlagen sind von alters her im Besitz der Geistlichkeit, Mißernten bedrohen die Existenz, schließlich fordern die Herren beharrlich ihren Zehnten ein - und sie wollen immer genauer überprüfen, welchen Wein man ihnen als Zehntwein anliefert.

In unseren Weinbergen stehen edle und weniger edle Rebsorten nebeneinander. Die edlen Sorten (Gänsfüßer, Muskateller, Burgunder, Traminer) sollen den Wein wohlschmeckend machen - die weniger edlen Sorten sorgen für reicheren Ertrag. Schätzungen zufolge ist nur etwa ein Viertel der Rebfläche am Rhein mit edlen Rebsorten bepflanzt.

Für die kleinen Winzer liegt die Versuchung nahe, bei der Weinlese zu sortieren: Der Herr erhält seinen Zehnten vom Elbling, Traminer und Muskateller aber wandern in den eigenen Keller. Kein Wunder, daß sich über unsere Winzer eine Flut von Verordnungen und Vorschriften ergießt, wie zu lesen, was zu lesen, wann zu lesen ist.

Der erbittert geführte Kleinkrieg zwischen findigen Winzern und gestrengen Zehntherren wird uns wohl noch lange erhalten bleiben.

Wieder Mißernte

Viel Wein aber schlechte Qualität

Rheinhessen, 1258 - rh. Stöhnen bei Winzern und Zehntherren. Nach vier schlechten Weinjahren schon wieder ein Mißjahr!

Zwar wird es heuer viel Wein geben - aber so schlechten, daß ihn kaum einer wird trinken wollen. Das nasse Wetter in Frühling und Sommer ließ die Trauben einfach nicht ausreifen. Einige Äußerungen von Winzern: "Da war das große Ungewitter von Kalte und Regende ... und die Trübel bliebend unzeitig." - "Wir mußten diesjahr mit Schuhen keltern, barfuß getretene Trauben gaben keinen Saft." - "Die Trauben aus manchen Wingerten haben wir im Sack nach Hause getragen, unreif und zudem noch gefroren."

Bekanntmachung

Oppenheim, 1282 - rw. Rudolf von Habsburg hat seinen Untertanen in Oppenheim folgendes bekanntzumachen: "Wir verbieten, daß ein Fremder in eben dieser Stadt Oppenheim Wein nach Zeit oder Maß verkauft, sondern nur in ganzen Fässern oder Fudern, denn wir wollen, daß dergleichen nur durch die Bürger selbst geschehe und behalten ihnen das ausdrücklich vor. Zuwiderhandlungen stehen unter schwerster Strafe."

Nr. 3
Ausgabe
1300-1500

IN VITE VITA ... IN VINO VERITAS

Jahrhundertpost

Die Zeitung im
GESAMTWERK
DEUTSCHER WEIN

Nierstein wechselt erneut den Besitzer

Nierstein, 1315 - rw. Was wollen die selbstgefälligen Herrscher denn noch alles mit ihren Untertanen anstellen? Nicht genug damit, daß sie die Landbevölkerung und die Winzer wie Sklaven in Unfreiheit halten, ihnen bis zum Existenzminimum alles in Form von Steuern und Abgaben wegnehmen. Sobald es ihnen paßt, sei es aus Geldnot oder politischer Vorteile wegen, verpfänden sie auch ganze Dörfer. Die Kaiser machen bei diesem niederträchtigen Spiel keine Ausnahme.

Die Niersteiner merken es wieder einmal am eigenen Leibe. Nachdem das Dorf unter den Hohenstaufen kaiserlicher Besitz geworden war, verpfändete Kaiser Adolph von Nassau den Ort an den Grafen von Katzenellenbogen - einer Schuld wegen. Und heuer ist es Kaiser Ludwig der Bayer, der Nierstein an den Mainzer Erzbischof Peter verleiht. Sicherlich nicht um seines Seelenheils willen.

Bekanntmachung

Kaiser will Geld sehen

Oppenheim, 1357 - rw. Kurz vor der Jahreswende erreicht uns folgende Mitteilung unseres Kaisers an die Bürger der Stadt Oppenheim: "Daz alle lut...die win oder bir zu zapfen haben oder schenken in der genanten stat zu Oppenheim, da selbst ungelt on all widderede, verzug und hindernus in kunftigen ziten geben sollen und bezalen."

Preisbindung als Verbraucherschutz?

Erster Weimarkt nicht ohne Kritik

Gau-Algesheim, 1339 - bd. Bereits im ersten Jahr bezeichnen die Händler den Weinmarkt in Gau-Algesheim als Erfolg. Das schöne Wetter lockte viele Besucher in die Stadt, was sich positiv auf den Umsatz auswirkte. Allerdings wurde auch Kritik laut gegen die von der Obrigkeit festgesetzten Durchschnittspreise, zu denen alle Weine verkauft werden mußten.

Diese Festpreise begünstigen vor allem unlautere Geschäftemacher, die so zu hohen Preisen schlechte Qualitäten verkaufen können. Seriöse, auf Qualität bedachte Weinhändler sehen sich durch diese Preispolitik ungerecht behandelt, weil sie ihre besten Weine oft weit unter Preis verkaufen müssen. Viele lukrative Geschäfte wurden daher dieses Jahr nach dem offiziellen Marktende abgewickelt. Dann unterliegen die Händler keiner Preisbindung mehr und können ihre Restbestände frei nach dem Motto "Angebot und Nachfrage bestimmen den Preis" verkaufen. Es bleibt zu hoffen, daß sich die Preisbindung nicht insgesamt nachteilig auf den Qualitätsweinbau auswirkt.

Wein für die Nordlichter

Weinexport in den Norden floriert

Großraum Mainz, 1350 - rw. Immer häufiger hört man auf den Weinmärkten unserer Heimat einen eigenartigen, fremdländischen Dialekt. Die so sprechen, sind meist gutbetuchte, also fein gekleidete Herrschaften, denen man ihre Wohlhabenheit schon von weitem ansieht.

Niederländisch heißt die Sprache, und die Holländer entwickeln sich von Jahr zu Jahr zu besseren Kunden für die hiesigen Weine. Wenn sie sie auch nicht allesamt selbst trinken, so betreiben sie doch mit den Weinen einen florierenden Handel. Über den Rhein kommen die Weine an die Küste, wo dann ein Teil, auf Seeschiffe verladen, weitertransportiert wird. So gelangen die Weine aus Rheinhessen zum Beispiel auch nach Skandinavien und an den russischen Hof.

"Trinkt Rathsmann und Ihr behaltet einen klaren Kopf"

Alzey, 1392 - ck. Ein früher Frost, der schon Ende September unversehens einsetzte, hat die reiche Weinernte in Rheinhessen und anderen Gebieten verdorben. Den Winzern blieb nichts, als die Trauben mit Stößeln im Mörser zu zerquetschen. Der erzeugte Wein wird zu Recht "Rathsmann" genannt. Man kann davon trinken, so viel man will, man behält doch immer einen klaren Kopf, wie in auch die Ratsleute haben sollten.

Unser Kommentar:

Weinmärkte werden zum Hemmschuh für die Qualität

rw. - Die einst allseits als positiv empfundenen Weinmärkte in vielen Orten lösen bei einer zunehmenden Zahl von Experten große Bedenken aus. Standen diese Märkte in der Vergangenheit vielfach für mehr Transparenz in der Weinbranche, so scheinen sie heute einer Entwicklung Vorschub zu leisten, die den Winzern, vor allen Dingen den Kleinwinzern, nicht recht sein kann.

Durch die Reglementierungen und die straffe Preisbindung, denen sich alle Aussteller und Anbieter bei einem Weinmarkt zu unterwerfen haben und die die heimischen vor den auswärtigen Weinen schützen sollen, kommt es zu starken Wettbewerbsverzerrungen und damit einhergehend zu einem Qualitätsverlust auf breiter Front. So jedenfalls die Kernaussagen verschiedener Fachleute, die die Jahrhundertpost zu diesem Thema befragt hat.

Warum sollte ein Winzer sich beim Ausbau seiner Weine auch besondere Mühe geben, wenn er sein Produkt letztendlich zu einem vorher festgelegten Einheitspreis anbieten muß. Auch kann der qualitätsbewußte Winzer sein Heil nicht auf auswärtigen Märkten suchen, da ihn hier die oben angesprochenen Auflagen arg beuteln würden. Selbst der Verkauf an Privatleute bleibt nicht als Ausweg, denn diese Marketingwege sind durch die Weinmärkte so gut wie beseitigt worden.

So bleibt den Winzern eben nur, zusammen mit ihren Konkurrenten auf der Masse-Welle mitzuschwimmen - möglichst viel Wein bei möglichst wenig Aufwand zu erzeugen. Aus diesen Gründen fordern viele Experten heute schon ein Ende der Weinmärkte und mehr Freiheit auf dem Weinmarkt!

Stadtansicht von Mainz

Hauptumschlagplatz für Rheinwein:

Köln - die Weinmetropole

Eigenversorgung unterbindet auswärtige Konkurrenz

Köln, um 1400 - rh. Die Städte, besonders die reichen und mächtigen, legen Wert auf eine geschlossene Stadtwirtschaft. Möglichst alles, was die Bürger der Stadt brauchen, soll in der Stadt oder in deren Besitzungen erzeugt werden. Damit soll verhindert werden, daß Fremde am Wohlstand teilhaben.

Bei einigen Produkten ist das allerdings schwer möglich: Das reiche Köln besitzt keine Abbaustätten für Salz, Fisch (Heringe, Bücklinge, Stockfisch) muß ebenfalls importiert werden - und natürlich Wein. Viele Kölner Klöster besitzen ausgedehnte Weinberge in oft weit entfernten Anbaugebieten, vor allem in der Gegend um Bingen, Alzey und Mainz. Dieser Wein bleibt jedoch der Kölner Bürgerschaft vorenthalten, sie muß sich bei Weinhändlern eindecken.

Aber nicht allein für die Stadtbevölkerung werden diese Güter nach Köln gebracht - Köln ist vor allem Umschlagplatz. Fisch ist als Fastenspeise im ganzen süddeutschen Raum gefragt - Wein ein wertvolles Produkt im norddeutschen Raum und darüberhinaus in ganz Nordeuropa.

Der Großteil der nach Köln importierten Weine kommt aus den Rheingegenden. Nierstein, Ingelheim und Bacharach sind die wichtigsten Verschiffungshäfen. Besonders den fremden Weinhändlern sieht die Stadt auf die Finger, damit ja kein Wein ohne Besteuerung in Umlauf kommt. Die Hafengebiete für Oberländer und Niederländer sind genau abgegrenzt. Die Besitzer der Ladungen aus den Weingegenden dürfen nicht mit denen zusammenkommen, die den Niederrhein heraufsegeln. Der Handel ist nur eingeschworenen Bürgern erlaubt - wehe, wenn zwei Ortsfremde in einer Wirtschaft versuchen, unter der Hand einen Handel abzuschließen!

Ein Kaufmann, der mit unverkauftem Wein die Stadt verlassen will, muß angeben, wohin er den Wein führt, er muß schwören, daß er keine Geheimabsprache über den Verkauf in der Stadt getroffen hat. Auf solche Vergehen stehen strengste Strafen. Auch Kölner Bürger, die rheinaufwärts fahren und sich mit Wein eindecken, werden mit Strafen bedroht: Drei Monate soll so ein illegaler Weinhändler im Stadtturm liegen - und ein weiteres Jahr von jedem Handel innerhalb der Stadt ausgeschlossen sein.

Neue Glocke für Albig

Albig, 1380 - rh. Stolz sein können die Albiger auf ihre Kirche. Schon 300 Jahre ist ihr Kirchturm alt, und seit diesem Jahr hängt eine neue Glocke darin. Sie wurde in Oppenheim gegossen und trägt die Inschrift "Meister Heinrich der Junge von Oppenheim goss mich, Osanna (Hosianna, Anm. d. Red.) heisse ich". Möge die Glocke in den folgenden Jahrhunderten nie ein Opfer von Raub, Zerstörung oder Plünderung werden!

Neues Gerichtsbuch

Strafmaß wird in der Antwort festgelegt

Sulzheim, 1392 - rh. Ein neu erschienenes Gemark- und Gerichtsbuch regelt Besitz- und Rechtsverhältnissse im Ort. Das umfangreiche Werk ist eine Sammlung von Anfragen der Sulzheimer Schultheißen an den Oberhof in Eltfeld (Eltville).

Zwei der interessantesten Anfragen: Ob (wenn) ein Weibsbild ihren ehelichen Mann oder einen anderen Mann ermordet? So eine Frauensperson einen Mann also vom Leben zu Todt bringt, die hätte sich selbst verurteilt. Ihr Hab und Gütern seien den Gerichtsherren verfallen, doch soll nichts mehr davon genommen werden, als die darauf gegangenen Kosten, sonderlich dem Scharfrichter sein Lohn, und daß diese Fraunsperson lebendig an der Statt, da der Galgen steht, begraben werden soll.

Ob sich ein Mensch selber hinge und den Todt abzuthede? So sich ein Person selbst von Leben zum Todt brächte, hat er sich selbst geurteilt, aber alle seine verlassene Habe seindt den Gerichtsherren verfallen, doch darf nit mehr davon genommen werden, denn allen ufgewendter Kosten.

Strafen verringert

Zecher müssen weniger zahlen

Bingen, 1382 - rh. Die Strafen, die Binger Wirte und Zecher zu entrichten haben, wenn sie nach dem Läuten der Weinglocke noch Wein ausschenken oder trinken, sind herabgesetzt worden.

Natürlich hat der Turmwächter eigentlich wichtigere Aufgaben, als das Signal für die Sperrstunde zu geben. Er soll die Binger Bürger vor Überfall, Feuer und anderen Gefahren warnen - aber auch das Weinglockenläuten hat seine Bedeutung, sorgt doch diese Maßnahme für Ruhe und Frieden in den Nachtstunden.

Nach der Verordnung von 1356 mußte der Wirt alles Geld, das er nach dem Läuten der Weinglocke einnahm, an den Rat abliefern. Der Gast hatte entweder vier Goldgulden (eine Menge Geld!) zu zahlen oder auf die Dauer von vier Wochen die Stadt zu verlassen.

Ganz so hart wird man in Bingen nun nicht mehr mit den übereifrigen Zechern umspringen: Fünf Schillinge müssen Wirt und Gast gleichermaßen berappen, wenn sie nach der Sperrstunde erwischt werden. Erst wenn sie diese Summe nicht bezahlen können, erfolgt die Verbannung für vier Wochen.

Geblieben sind die Zeiten, zu denern die Weinglocke geläutet wird: im Sommer um neun Uhr, im Winter um acht Uhr.

Drei Schätzer werden vereidigt. Sie müssen die Preise für die Waren festlegen.

Neue Rebsorte sorgt für Furore

Worms, 1490 - rw. Erstmals taucht in den Fachbüchern hierzulande eine Rebsorte auf, von der sich Kenner für die Zukunft noch sehr viel erhoffen - der Rüssling (manche nennen ihn auch Rissling oder Riesling). Es ist eine Rebsorte, die weniger durch hervorstechende Merkmale brilliert als vielmehr durch ihre Ausgewogenheit. Man sagt ihr große Robustheit, besonders Kälteunempfindlichkeit, nach und der aus ihr erzeugte Wein soll in Feinheit und Rasse unübertroffen sein.

Ob sich die Rebsorte allerdings schnell durchsetzen wird, darf bezweifelt werden; denn erstens ist ihr Ertrag nur mittelmäßig, zudem reift sie auch noch spät aus und stellt hohe Ansprüche an die Lage.

Ein Unruhestifter wird vom Stadtknecht "gestellt". Ruhe und Ordnung werden zur Zeit großgeschrieben.

Die Saulheimer streiten gern

Das Gericht als Ratgeber in Lebensfragen

Saulheim, 1443 - rh. Das Dorfgericht in Saulheim wird oft in Anspruch genommen, immer wieder werden jedoch besonders schwierige Fälle vor dem Obergericht in Ingelheim verhandelt. Einige Fälle aus den Gerichtsakten der vergangenen Jahre:

Herman Gudgesell hat ein herrenloses Schwein in den Äckern gefunden. Er habe es in der Kirche, unter dem Lettner und an allen Enden des Dorfes bekannt gemacht. Niemand wollte das Schwein nehmen. Der Metzger habe das Schwein genommen und abgeschätzt. Er fragt, was er mit dem Geld tun solle.

Sententia: Er soll das Geld beim Gericht hinterlegen und wenn es Jahr und Tag (ein Jahr, sechs Wochen und drei Tage) gelegen hat, so soll er es wieder fordern.

Eine Frau hat sich selbst erhängt. Die Schwiegersöhne fragen, was sie mit ihr tun sollen: Sie sollen bestellen, daß sie abgeschnitten werde, der Strang ihr am Hals bleibe und sollen sie dann unter der Haustürschwelle hinausschleifen, in ein Faß stecken und in den Rhein werfen. Wollen sie es nicht selber tun, sollen sie den Henker bestellen.

Gutenberg - ein echter Rheinhesse

Straßburg, Juli 1439 - ck. Der aus seiner Vaterstadt geflohene Mainzer Johann Gutenberg kann seine Herkunft nicht verleugnen, er scheint dem Wein durchaus zugetan. Jedenfalls zahlte er am 9. dieses Monats die Steuer für annähernd 2000 Liter Wein.

Ob er diese Menge allein, mit seinem Diener und dessen Frau oder aber mit den in der Anzahl wechselnden Gehilfen, die er in einer geheimen Kunst unterweist, genossen hat, wird wohl weder der Zeitgenosse noch die Nachwelt je erfahren.

Vom Weinmarkt:

Weinkäufer sind sauer

Beispiellose Selbsthilfeaktion der Weinhändler

Bodenheim, um 1450 - bd. Auch auf dem Bodenheimer Weinmarkt setzt sich mehr und mehr das Prinzip der "Gabelung" als Marktbrauch durch. Danach werden die Weine der Händler in zwei Kategorien klassifiziert. Wer ein höherwertiges Gewächs kauft, muß nach der Ordnung ein minderwertiges Gewächs des gleichen Händlers hinzunehmen.

Durch diese Maßnahme werden die Anbieter vor allzu großen Verlusten geschützt.

Bisher war es so, daß alle Weine zu einem festgesetzten Preis verkauft werden mußten. Das hatte zur Folge, daß die Händler ihre guten Gewächse weit unter Preis verkaufen mußten, auf den schlechteren Weinen aber sitzen blieben. Die Selbsthilfe der Weinhändler nivelliert so den Preis aller Weine.

Die Kunden dürften von den Durchschnitts-Qualitäten zu Durchschnittspreisen nicht so angetan sein. Sie kommen durch die neuen Maßnahmen nicht mehr so leicht an preiswerte Schnäppchen, sprich, an hochwertige Gewächse zu Dumping-Preisen. Die Territorial- und Stadtherren unternehmen nichts gegen die Selbsthilfe der Händler, da ihre Einnahmen auch weiterhin gleich hoch bleiben.

Nr. 4
Ausgabe
1500-1600

IN VITE VITA IN VINO VERITAS

Jahrhundertpost

Die Zeitung im
GESAMTWERK
DEUTSCHER WEIN

Die Bundschuhfahne weht überall in Deutschland.

Kommt es zum offenen Kampf?

Unruhe unter Bauern

Solidarität mit der Landbevölkerung wächst

Pfeddersheim, März 1525 - rh. In ganz Rheinhessen, besonders in den Dörfern und kleinen Städten gärt es. Seit Jahrzehnten mehren sich die Klagen der Bauern über die Unzumutbarkeit der Lasten, die sie zu tragen haben. Und immer mehr Bürger solidarisieren sich mit den Bauern.

Die Gründe dafür sind einfach nachzuvollziehen. In Pfeddersheim zum Beispiel gehört mehr als die Hälfte der Gemarkung Adligen oder der Geistlichkeit - nur 44 Prozent der Fläche sind in bürgerlichem Besitz, und nur diese 44 Prozent kann die Stadt besteuern. Damit sind die öffentlichen Ausgaben kaum zu finanzieren.

Ein weiteres Problem ist die starke Parzellierung des Besitzes. Durch ständige Erbteilungen wurden die Grundstücke immer kleiner. Fast die Hälfte der Pfeddersheimer Grundbesitzer nennen weniger als fünf Morgen ihr eigen. Die Unzufriedenheit wird noch angeheizt durch die sich zuspitzende Wirtschaftskrise. Die gereizte Stimmung fand in den letzten Tagen ihren Ausdruck in einer Schrift, erschienen in Württemberg, die aber auch von unseren Bauern und Bürgern begierig gelesen und diskutiert wird. Die zwölf Artikel der schwäbischen Bauern fordern die Aufhebung ungerechter Abgaben und Leistungen, die Herabsetzung der Gülten, Zinsen und Frondienste.

Vor allem aber fordern die Bauern die Aufhebung der Leibeigenschaft, "weil der Bauer so gut wie der Herr mit Christi Blut erlöst worden." Überhaupt sind die Bauern unzufrieden mit der Geistlichkeit: Sie wünschen eine freie Wahl des Pfarrers, eine lautere und klare Predigt des Evangeliums ohne menschliche Zutaten, da in der Schrift steht, daß wir allein durch den wahren Glauben zu Gott kommen.

Kein Zweifel, wo solch aufbegehrendes Gedankengut herrührt - fast wörtlich findet es sich in den Schriften des Dr. Martin Luther. Während es ihm allerdings um das Ewige Leben geht, scheinen die Bauern und kleinen Bürger sehr viel mehr mit ihrem ärmlichen irdischen Leben zu hadern.

Ungleicher Kampf: Mit Mistgabeln gegen gut bewaffnete Soldaten.

Einfuhrstop für Südweine

Mainz, um 1500 - rw. Mit den verstärkten Importen von süßen Weinen aus südlicheren Regionen werden die durch eine kräftige Säure geprägten heimischen Gewächse mehr und mehr verdrängt. Die Schuld an der Misere gibt man der mächtigen Hanse, die mit den Süßweinen den Binnenmarkt überschwemmt - so jedenfalls die Weinerzeuger hierzulande.

Den Verbraucher juckt das jedoch wenig. Ihm schmecken die lieblicheren Weine sichtlich besser, wie die neuesten Statistiken deutlich zeigen. Außerdem passen sie zu den stark gewürzten Speisen, die im Moment "in" sind wesentlich besser als die herben einheimischen Gewächse.

Pfeddersheimer lassen Aufständische herein

Pfeddersheim, Juni 1525 - rh. Die Pfeddersheimer Bürger haben sich entschieden. Sie öffneten "uff blose Erforderung" hin dem Bauernheer ihre Tore. Dabei hätten sie die Aufständischen durchaus vor den Mauern der Stadt stehen lassen können. Denn, als die Bauern in Pfeddersheim einzogen, stand der Pfalzgraf mit seinen Truppen schon in Westhofen - also in Sichtweite. Doch die Sympathie mit den Bauern ist einfach zu groß und läßt die zu erwartenden Repressalien durch die gestrengen Herrscher vergessen.

Vor knapp zwei Monaten, am Sonntag, den 30. April 1525 hatte sich in Bockenheim der Kern des Bauernhaufens zusammengefunden. Die Aufständischen wuchsen schnell an Zahl und Entschlossenheit. Schon nach einer Woche waren aus 300 Mann 3.000 geworden.

Man hört viel von Greueltaten der Bauern, zügellos seien sie über Klöster, Burgen und Herrenhöfe hergefallen - als das Bauernheer jedoch auf Pfeddersheim zumarschierte, geschah das in wohlgeordneten Reihen und unter der Führung von Bürgermeistern, Schultheißen und selbst einigen Pfarrern. Nach ihren Raubzügen durch das südliche Rheinhessen und die nördliche Pfalz mußten die Bauern natürlich mit einem Gegenschlag des pfälzischen Kurfürsten rechnen. So beschlossen sie, sich in eine wohlbefestigte Stadt zurückzuziehen.

Die Wahl fiel auf Pfeddersheim, weil man sich hier der Sympathien der Bürger sicher war und die Mauern der Stadt als besonders stark galten.

In der Stadt lagerten übrigens 240 Mann kurfürstlicher Truppen, zusammengewürfelt aus Bauern der Gegend. Sie schlossen sich sofort den Aufständischen an - ein sinnloses Unterfangen: Bauern gegen Bauern in den Kampf zu schicken.

Oppenheimer Ehrentrunk

Menge wird vom gesellschaftlichen Rang bestimmt

Oppenheim, 1550 - rh. Die Oppenheimer brauchen mit ihrem Wein nicht zu geizen. Auf den gesegneten Hängen um die reiche Stadt wächst genug davon. Wichtige politische Gäste begrüßt man deshalb mit einem Ehrentrunk - und wieviel jeder davon erhält, bestimmt der politische oder gesellschaftliche Rang: Ein weltlicher oder geistlicher Fürst erhält vier Viertel, ein Abt, Graf, Johanniterherrenmeister und Freiherr zwei, ein Ritter oder angehender Amtmann ein Viertel. Dem Pfandherren jedoch, dem Kurfürsten von der Pfalz, stehen zehn Viertel zu - so viel, wie früher der Kaiser oder König erhielt.

Pfarrei aufgelöst - Jahrmarkt bleibt

Immer weniger Wallfahrts-Teilnehmer

St. Johann, 1556 - rh. Die seit über hundert Jahren selbständige Pfarrei St. Johann wird aufgelöst, die Kirche wird Filialkirche der Pfarrei Sprendlingen. Vor knapp 200 Jahren hatten die Grafen von Sponhein in der Nähe des kleinen Ortes Megelsheim bei Sprendlingen eine Johannes dem Täufer geweihte Wallfahrtskirche erbauen lassen. Zwar war die Kirche nie ganz fertig geworden - sie war eigentlich viel größer geplant - aber sie gewann für das kleine Megelsheim schnell große Bedeutung.

Zweimal im Jahr, am 24. Juni, dem Geburtstag Johannes des Täufers, und am 29. August, seinem Todestag, war die Kirche Ziel von etwa 1.000 Wallfahrern aus der näheren und weiteren Umgebung.

An beiden Wallfahrtstagen fanden bei der Kirche Jahrmärkte statt, die sehr beliebt waren - bald benutzte niemand mehr den alten Ortsnamen, die Leute sagten einfach nur: "Wir gehen zum Sankt Johann."

Seit sich in den letzten Jahren die Lehre Martin Luthers in der Gegend durchgesetzt hat, kommen immer weniger Menschen zur Wallfahrt. Deshalb wohl auch der Beschluß der Kirchenleitung, die Pfarrei St. Johann aufzulösen.

Doch die Alt-Megelsheimer können sich trösten: Der Sankt Johanner Markt am Johannistag bleibt ihnen weiter erhalten. Einer Kurzumfrage bei Gewerbetreibenden und Bewohnern in St. Johann zufolge, gewinnt der Markt sogar immer mehr an Bedeutung. Vor allem als Tuchmarkt ist er bekannt - und als wirtschaftlicher und gesellschaftlicher Treffpunkt der Zunft der Keßler (der Pfannenmacher).

Kalenderweisheiten

Buch gibt Ratschläge für den Weinmonat

Oppenheim, 1522 - ck. Der Oppenheimer Jakob Köbel rät in seinem zu Jahresbeginn erschienenen Kalender für die Zeit der reifen Trauben folgendes:

Herbstmond:
Trauben mach ich die Züber vol/ Der Wein der ist gekochet wol/ Schweinfleisch schmackt mir wol gesotten/ Trauben eß ich ongetrotten.

Man meide in dieser Zeit neue Früchte, halte sich stattdessen an Weinbeeren, Most und Meerrettich. Ein Aderlaß könne unbeschadet durchgeführt werden.

Rechts: eine Abbildung der Verlegermarke von Jacob Köbel. Der vielbeschäftigte Oppenheimer Autor befaßt sich mit Sach- und Lehrbüchern.

Bauernaufstand gescheitert:

Tausende hingemetzelt

Kurfürst demonstriert Macht: Hinrichtung als Abschreckung

Pfeddersheim, 24. Juni 1525 - rh. Der Aufstand der Bauern und Bürger gegen die Herrschaft von Adel und Geistlichkeit endete in einem Blutbad. Seit Wochen verfolgte die Bevölkerung in Rheinhessen den Zug des Bauernheeres - teils voller Angst, zumeist jedoch mit großer Sympathie.

Zuletzt hatten sich an die 8.000 Bauern in der befestigten Stadt Pfeddersheim verschanzt (wir berichteten). Aber in nur zwei Tagen entschied sich ihr Schicksal: Gestern endete ein Ausfallangriff der Bauern in einer Katastrophe. An die 4.000 Fliehende wurden von den erfahrenen Berufssoldaten des kurfürstlichen Heeres niedergemetzelt. Heute mittag ergaben sich die übriggebliebenen Bauern und die Bürger der Stadt auf Gnade oder Ungnade.

Der siegreiche Kurfürst teilte die Bauern sofort in nichtpfälzische Bauern und pfälzische Untertanen. Die nichtpfälzischen Bauern, 3.000 an der Zahl, führte man auf den Platz beim Kloster. Man hatte sie vor einem Fluchtversuch gewarnt, aber die verängstigten Aufständischen versuchten trotzdem, der Strafe zu entkommen. Und wiederum verbluteten 800 Männer unter den Hieben der kurpfälzischen Truppen.

Es ist geplant, einige der Überlebenden demonstrativ hinzurichten, die restlichen jedoch, nach dem Bezahlen einer gebührenden Strafe, laufenzulassen.

Die pfälzischen Untertanen haben eine schlimme Nacht vor sich. An die tausend von ihnen werden die Nacht in der Kirche eingesperrt verbringen müssen - voller Ungewißheit, was ihr künftiges Schicksal angeht. Wie aus gut unterrichteten Kreisen um den Kurfürsten verlautete, plant er, schon morgen 24 Rädelsführer hinrichten zu lassen. Die anderen werden wohl, gegen Zahlung einer empfindlichen Buße, begnadigt werden.

Auch die Stadt Pfeddersheim wird ihre Untreue bereuen. Die kurpfälzischen Freiheitsbriefe wird ihr der Fürst für die nächste Zeit wegnehmen, und darüberhinaus müssen sich die Pfeddersheimer auf beträchtliche Geldbußen gefaßt machen.

Weinfälscherin vor Gericht

Ingelheim, 1550 - rh. In den letzten Jahren häufen sich die Prozesse gegen Weinfälscher. Von einem neuen Fall wird uns aus Ober-Ingelheim berichtet.

Eine Frau aus Caub steht vor dem Gericht des Oberhofs zu Ober-Ingelheim, weil sie einen Alaunstein mittels eines Fadens in ein Faß Wein hängte. Die Kaufleute, die den Wein abgenommen hatten, fanden den Stein, verweigerten daraufhin die Übernahme der Ware und verklagten die Winzerin. Wie nun konnte das Gericht feststellen, ob der Alaunstein schädlich sei?

Die Herren Richter fanden eine einfache Lösung: Der Stein wurde zerrieben, in ein Glas Wein geschüttet und der Frau zu trinken gegeben. Im Beisein des Gerichts mußte die Frau das Glas austrinken. Bekommt ihr der Trank, so wird sie freigesprochen - bekommt er ihr nicht, nun, dann hat sie ihre gerechte Strafe.

Drastische Strafen für Andersdenkende: In Alzey werden Mennoniten hingerichtet.

Verordnung wider die Völlerei

Saulheim, 1577 - rh. Eine neue Polizeiverordnung der Saulheimer Obrigkeit regelt das Verhalten während Hochzeiten im einfachen Volk. Ohne Maß wird bei den Festen gegessen und getrunken, sei es bei Fürsten oder beim einfachen Mann.

Von nun an dürfen höchstens 4 Tische mit je 10 Personen bewirtet werden, die Brautgeschenke dürfen nicht übermäßig sein, die Gelage nicht über zwei Tage dauern, arme Leute allein ihre Blutsverwandtschaft bewirten und die Hochzeitsgäste müssen stets in Sittsamkeit tanzen.

Adel und Fürsten bieten dem Volk allerdings kein gutes Beispiel. Erst neulich, bei der Verlobung Friedrichs von Simmern mit der Gräfin von Brandenburg, wurde - bei drückender Hitze - so viel getrunken und so leidenschaftlich getanzt, daß fast alle Gäste erkrankten. Mehrere von ihnen, darunter der Lehrer des jungen Albrechts und einige Beamte, büßten ihre Ausgelassenheit mit dem Tode. Der junge Prinz selbst erkrankte lang und hartnäckig und rang schwer mit dem Tode.

Auch über die Herren von Saulheim erzählt man sich so manches. Im Dorf geht folgender Spruch um: Der Hundt von Saulheim soff den Wein/Bei Sonn- und Mondenschein./Und wenn er nicht beim Trinken war,/ So schenkte er sich ein.

Wiedertäufer in Gau-Bickelheim

Leben wie Heilige - Ohne die Weinseligen?

Gau-Bickelheim, 1553 - js. Hat denn die Reformation nicht schon genug Durcheinander in den christlichen Glauben gebracht? Seit einiger Zeit treiben die Wiedertäufer ihr Sektenunwesen. Von ihren Mitgliedern verlangen sie, das sündhafte Leben ganz hinter sich zu lassen. Ein lückenloser Überwachungsapparat kontrolliert das Leben der Täufer. Fehltritte werden rigoros geahndet.

Nachdem solche Umtriebe aus Mainz, Bingen und Büdesheim bekannt geworden sind, bringt man dem Kurfürst jetzt auch aus Gau-Bickelheim die gleiche Nachricht. Den beunruhigen die selbsternannten Heiligen jedoch nicht so sehr, sondern er zeigt Verärgerung darüber, daß sich das Domkapitel übereilig und kompetenzbeflissen eingeschaltet hat, ohne den korrekten Instanzenweg zu beachten.

Die Aufregung scheint auch unbegründet zu sein, denn die tiefverwurzelten Laster der Gau-Bickelheimer lassen diese nur wenig Interesse an der neuen Religion im Dorf finden. So gut kennt der Kurfürst, der auch gerne von dem edlen Gau-Bickelheimer Wein kostet, seine Untertanen. Die braven Winzer gehen ihrer Arbeit nach, und der Wein fließt nach wie vor reichlich. Daß aus ihrem blühenden Weinland eine Antialkoholiker-Wüste werden soll, vermögen nur sehr wenige der lebenslustigen Zecher zu glauben.

Letzte Meldung

Mähren, 1555 - Von unserem Korrespondenten erfahren wir: Die Täufergemeinde, die noch vor zwei Jahren auch in Gau-Bikkelheim ihr Unwesen trieb, ist in Mähren aufgetaucht. Offenbar fiel ihre Lehre vom HEILIGmäßigen Leben bei den weinSELIGEN Rheinhessen auf keinen fruchtbaren Boden.

Unzucht in Wörrstadt

Wörrstadt 1587 - rh. Schwer hat es die Wörrstadter Geistlichkeit mit der Moral der ihr anvertrauten Schäfchen. Vor allem Otilia, die Frau des Pleinichers, macht ihnen Ärger. An drei aufeinanderfolgenden Sonntagen stand sie mit Moritz Eberlein unter der Kanzel. Zur ihrer Schande mußten die beiden, solange die Predigt dauerte, die Lastersteine tragen - die ortsübliche Strafe für Ehebrecher.

Gefruchtet hat diese Strafe allerdings kaum, wenige Wochen später stand Otila wieder unter der Kanzel - diesmal mit dem Jost Knoß. Und als ob das Maß damit nicht voll wäre - Ende Dezember fand sich Niclas Raydel dort mit derselben Frau unter den gleichen Bedingungen ein.

Ein Bild von der letzten Hinrichtung in Westhofen unter der "dreiherrischen" Gerichtsbarkeit der Pfalzgrafen, der Herren von Hohenfels-Reipoltskirchen und der Grafen von Nassau. Links oben erkennt man den Galgen, an dem ein Verurteilter baumelt.

Nr. 5
Ausgabe
1600-1700

IN · VITE · VITA ··· IN · VINO · VERITAS

Jahrhundertpost

Die Zeitung im
GESAMTWERK
DEUTSCHER WEIN

Harte Strafe für Exhibitionisten

Wörrstadt, 1611 - rh. Von einem schockierenden Vorfall wird uns aus Wörrstadt berichtet. Unser Gewährsmann:

In der Morßhube fand eine Versammlung mit einem Umtrunk statt. Bei dieser Gelegenheit exhibierten zwei Leute ihre Glieder und legten sie bei Brot und Wein. Das machten sie so lange, bis ein dritter mit einem Vater-unser-Beten fertig war. Wobei dem Beter noch zugerufen wurde, möglichst langsam zu beten. Die beiden Exhibitionisten wurden mit je einem Ohm Wein und der Beter mit 4 Gulden als Buße bestraft.

Nierstein und Schwabsburg sind aus den Händen der Spanier befreit worden. Im benachbarten Oppenheim fand die gesamte spanische Besatzung der Burg Landskrone bei der Erstürmung den Tod.

Keine Spielleute mehr bei Festen

Wörrstadt, 1609 - rh. Bei allen Festlichkeiten, ob Taufe, Hochzeit oder Beerdigung, darf in nächster Zeit kein Spielmann mehr die Gäste unterhalten, so ein Erlaß der Rheingräfin Juliane. Ihr Gatte, Rheingraf Adolf Heinrich, ist erst vor kurzem verstorben, und der Gräfin scheint die gebührende Trauer in der Bevölkerung zu fehlen. Mit Tränen in den Augen erklärte sie auf einer Pressekonferenz: "So vernehmen wir nit ohn sonderbar Vermehrung gegenwärtiges unsers Leidts, daß sich die Untheren wenig darum kümmerten."

Ein Trost bleibt den Untertanen: Das Weintrinken ist ihnen nicht verboten - schon deshalb hoffen alle auf einen guten Jahrgang.

Rubens über Elsheimer:

Keiner tat ihm gleich

Wörrstadt, 1610 - rh. Ein großer Sohn unserer Stadt ist tot. Adam Elsheimer, das älteste von neun Kindern des Schneiders Anton Elsheimer, wurde 1578 in Frankfurt geboren. Er wurde nur 32 Jahre alt und hinterläßt gerade 50 Gemälde - trotzdem gehört er zu den größten Malern unserer Zeit.

Sein Malerkollege Rubens schreibt zu Elsheimers Tod: Nach einem solchen Verlust sollte sich unsere ganze Zunft in tiefe Trauer hüllen. Nach meiner Meinung gab es auf dem Gebiet der Landschaften niemals einen, der ihm gleich getan hätte. Ein großes Lob für den viel zu jung von uns gegangenen Künstler. Mit seiner Familie, sein Vater arbeitet noch immer als Schneider in Wörrstadt, trauert die gesamte Gemeinde.

Oppenheim wieder frei!

Gustav Adolph vertreibt Spanier

Nierstein, 1631 - ck. Geleitet von Niersteiner Schiffern setzte Gustav Adolph mit seinem Heer bei Erfelden auf Scheunentoren über den Rhein und befreite Oppenheim aus den Händen der Spanier. Ein Sieg für die Protestanten - doch die Bürger und Winzer sind nur aus dem spanischen Regen in die schwedische Traufe geraten.

Schlimme Kriegsfolgen:

Ganze Ortschaften entvölkert - Menschen flüchten in die Städte

Rheinhessen ist besonders hart betroffen - Friede in Sicht?

Mainz, 1642 - rh. Entsetzliche Folgen zeitigt der nun schon seit 1618 andauernde große Krieg in unserer Gegend. Im ganzen deutschen Reich leidet die Bevölkerung - aber wohl nirgends so furchtbar wie in der Pfalz und in Rheinhessen. In vielen Ortschaften dieser Regionen lebt nur noch ein Bruchteil der Vorkriegsbevölkerung, in manchen Orten - wie etwa in Wörrstadt - lebt gegenwärtig überhaupt niemand mehr.

Die wenigen Überlebenden haben sich in größere Städte geflüchtet, um dort vor den marodierenden Soldaten Schutz zu suchen. An Feldarbeit oder Weinbergsbestellung denkt kaum mehr einer. Wozu Rüben pflanzen, wenn sie der nächste Soldatenhaufen wieder herausreißt? Wozu Wein ausbauen, wenn der Feind die Fässer entzweischlägt?

Einzige Hoffnung der geplagten Menschen: Der Krieg hat seinen Sinn verloren. Wo nichts mehr ist, kann man nichts mehr rauben. Alle in den Krieg verwickelten Parteien - wer gegen wen kämpft interessiert die Bürger schon lange nicht mehr - sind kriegsmüde.

Vielleicht dauert es noch eine Weile bis zu einem Friedensschluß, aber er wird kommen. Eines allerdings können wir jetzt schon sagen. Es wird Jahrzehnte dauern, bis auch nur die schlimmsten Kriegsschäden an Menschen, Landschaft und Kulturgütern wieder behoben sind.

Neue Verordnung regelt Weinausschank

Kontrolleure sollen Dekret streng überwachen

Bingen, 1643 - rh. Nur sieben Straußwirtschaften dürfen in Bingen gleichzeitig betrieben werden, das bestimmt ein Dekret der Stadtverwaltung. Die Verordnung regelt auch genau die sieben Bezirke, in denen jeweils nur eine Ausschankstelle geöffnet sein darf - keine zwei Straußwirtschaften dürfen in Sichtweite voneinander bestehen.

Durch die Straußwirtschaften wird kleinen Winzern die Möglichkeit gegeben, ihren Wein zu ordentlichen Preisen zu verkaufen. Deshalb ist die Ausschankgenehmigung, der "Wisch", bei ihnen so beliebt.

Die Ausschankfrist ist normalerweise auf vier Wochen begrenzt, kann allerdings verlängert werden, wenn kein anderer Winzer im gleichen Stadtbezirk eine Ausschankgenehmigung erbittet. Natürlich müssen die Betreiber der Straußwirtschaften auch Steuern zahlen. Ihre Höhe richtet sich nach dem Weinkonsum der Gäste. Vor und nach der Ausschankzeit stellen städtische Kontrolleure die im Keller vorhandene Weinmenge fest. - Sehr beliebt sind diese Prüfbeamten bei den Winzern nicht, "Kellerratten" nennt man sie despektierlich.

Alzey reformiert

Glaubensverwirrung hat ein Ende

Alzey, 1649 - rh. Viele Alzeyer wissen schon gar nicht mehr, was sie glauben sollen. Die Nachreformationen durch die Obrigkeit und die zwangsweise Katholisierung im Dreißigjährigen Krieg haben ganze Generationen verwirrt.

1577 wurde Alzey lutherisch, 1584 reformiert, 1626 katholisch und heuer - so Gott und die Obrigkeit wollen - endgültig reformiert. Für diese Verwirrung sorgt der in Deutschland übliche Grundsatz, daß die Untertanen die Konfession des jeweiligen Herren anzunehmen haben. Ob damit wahrer Frömmigkeit Gerechtigkeit widerfährt, darf bezweifelt werden.

Bürger errichten Mahnmal

Bodenheim, 1666 - rh. Nachdem die Wunden, die der schreckliche Dreißigjährige Krieg geschlagen hat, gerade vernarbt waren, brach ein neues Unglück über die Einwohner Bodenheims und der umliegenden Orte herein: Im August und September dieses Jahres forderte die Pest viele Opfer.

Zur Erinnerung an die Toten und als Mahnung an die Lebendigen errichteten die Bodenheimer am Südende der Kirchbergstraße, am Wege nach Lörzweiler, ein großes Mahnmal, das Fieberkreuz.

Rowdies zwingen zum Handeln

Weniger Alkohol per Gesetz

Rheinhessen, 1648 - bd. Ausschweifungen wie Schlägereien und grobes Rowdytum nach allzu hohem Alkoholgenuß zwangen Erzbischhof Johann Philipp zu drakonischen Maßnahmen. Die Kurmainzer Verordnung von 1577 wurde auf seine Anweisung hin weiter verschärft.

So ist ab jetzt auch das Trinken bei privaten Feierlichkeiten wie Hochzeiten, Kindtaufen und Begräbnissen verboten. Bisher wurde Weintrinken bereits an Sonn- und Feiertagen und Markttagen sowie in Wirtshäusern durch die Kurmainzer Verordnung stark eingeschränkt.

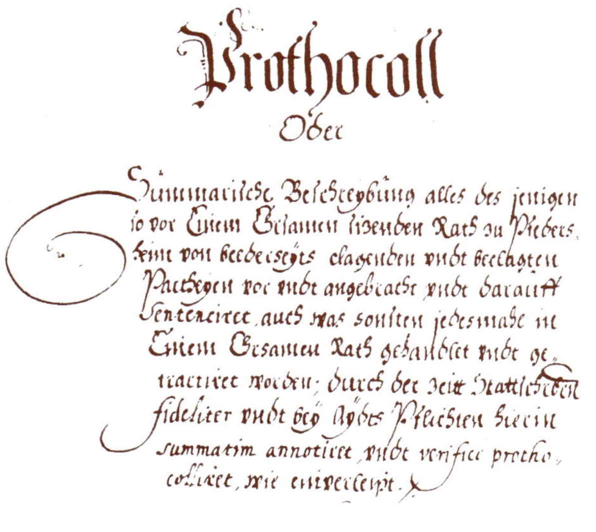
Prothocoll
Oder
Summarische Beschreibung alles des jenigen so vor Einem Erbaren Sitzenden Rats zu Pfeders. heim von beederseits clagenden undt beclagten Partheyen vor undt angebracht, undt darauff Sentenciret, auch was sonsten jedesmahl in Einem Gesamen Rath gehandlet undt ge- tractirt worden; durch der Zeit Stattschreiber fideliter undt bey Abbts Pflichten hierin summatim annotirt, undt verifice protho- collirt, wie hinverzeichnet.

Die Titelseite der gesammelten Ratsprotokolle der Stadt Pfeddersheim von1644 bis 1651

Französischer Gesandter mit Wirtschaftsspionage beauftragt

Zollstationen und Weinlagen sind besonders interessant

Mainz, 1669 - ck. Der am Hofe des Kurfürsten von Mainz und Fürstbischofs von Würzburg weilende französische Gesandte Abbé Jacques de Gravel ist offensichtlich von seinem Finanz- und Wirtschaftsminister Colbert beauftragt worden, Informationen über die Zollstationen am Rhein zwischen Breisach und der holländischen Grenze zu sammeln. Besonders über die Menge der verzollten Weinfässer sollte er sich informieren. Darüberhinaus scheint sich Minister Colbert auch für die besten und ertragreichsten Weinberge und deren Absatzmärkte zu interessieren.

Der Eindruck eines landläufig als Spionage bezeichneten Vorgehens drängt sich auf, angesichts der Ergebnisse, die Abbé Gravel von seiner unter dem Deckmantel einer politischen Mission begangenen Fahrt mitgebracht hat.

Er bereiste mit besonderem Augenmerk das Rheintal, dessen Wein als Hauptexportartikel verstärktes Interesse bei den Franzosen hervorrufen muß. Gravel konnte sich ein erstaunlich detailliertes Bild von den begehrtesten Hängen wie Hochheimer, Kostheimer, Casteler, Laubenheimer, Bodenheimer, von ihren guten Preisen und ihren Märkten verschaffen. Der um die Steigerung der französischen Wirtschaft intensiv bemühte Minister Colbert kann mit dem akribischen Bericht seines Spiones vollauf zufrieden sein. Zurück bleiben düpierte deutsche Winzer und Zollbeamte.

Kriegsbericht:

Dorfkirche in Hangen-Weisheim gebrandschatzt

Schlimmstes Jahr der Dorfgeschichte

Hangen-Weisheim, 1689 - rh. Seit der französische König Ansprüche auf die linksrheinischen Gebiete der Kurpfalz angemeldet hat, kommt das Dorf nicht mehr zur Ruhe. Es gibt einen bestimmten Grund, daß dieser Ort besonders unter dem Pfälzischen Erbfolgekrieg zu leiden hat: Die Post von Thurn und Taxis erhob 1672 die alte Poststelle zur Postmeisterei, dadurch wurde Hangen-Weisheim Abzweigungspunkt einer Linie nach Mainz - und, was die Weisheimer damals noch nicht ahnten, zum Zielpunkt feindlicher Truppen.

Dieses Jahr war das bisher schlimmste für die Ortsansässigen, denn nicht nur die Kirche wurde geplündert und angezündet, auch viele private Gebäude befinden sich nun in einem beklagenswerten Zustand.

Lonsheim wird kurpfälzisch

Viele Einwohner erwarten mehr Sicherheit

Lonsheim, 1679 - rh. Wie viele Orte der Umgebung wurde jetzt auch Lonsheim Teil der Kurpfalz. Viele Alteingesessene begrüßen diese Entwicklung, denn sie bringen dem neuen Herren, Kurfürst Karl Ludwig, großes Vertrauen entgegen.

In den vergangen Jahrhunderten war Lonsheim oft Tauschobjekt seiner jeweiligen Herren. Das kleine, landwirtschaftlich orientierte Dorf diente im Mittelalter als begehrtes Pfandobjekt, wenn der jeweilige Besitzer in finanzielle Schwierigkeiten geraten war. Das ewige Hin- und Hergeworfensein zwischen den vielen Grundherren hat die Entwicklung des Ortes oft behindert. Die Bürger erhoffen sich von der pfälzischen Zugehörigkeit daher vor allem größere politische Stabilität.

Tot vom Baum gefallen

Mosbach, 1690 - rh. Vor den heranrückenden französischen Truppen haben alle Angst. Für Johann Lentz aus Wörrstadt wurden sie noch schneller gefährlich, als er ahnen konnte. Um die aufmarschierenden Truppen rechtzeitig erkennen zu können, hatte er sich hoch in die Äste des Spiesheimer Baums gesetzt - und stürzte zu Tode. Die aus Wörrstadt fliehende Bevölkerung nahm ihn tot mit sich. Er soll auf dem Kirchhof zu Mosbach beigesetzt werden, und sein selbstloser Einsatz zum Wohle der Allgemeinheit in dankbarer Erinnerung bleiben.

Die Karte des Gouvernements Worms: Sie zeigt ein Gebiet, das vom westlichen Pfälzer Wald bis zum östlichen Rand des Odenwalds reicht.

Nr. 6
Ausgabe
1700-1800

Jahrhundertpost

IN VITIS VITA – IN VINO VERITAS

Die Zeitung im
GESAMTWERK
DEUTSCHER WEIN

Bekanntmachung

Bingen, 1712 - rb. Da bei nächtlichem Trinken und Gassenschwärmen mehrenteils die größten Ungelegenheiten, auch Leibes- und Todesgefahren zu entstehen pflegen und ohnehin in einer christlichen Gemeinde solche Exzesse sehr ärgerlich sind, ist es der ausdrückliche Befehl der Stadt zu Bingen, daß keiner sich gelüsten lasse, im Sommer nach zehn und im Winter nach acht Uhr gemeine Wirtshäuser zu betreten oder auf offener Straße bei Verübung von Insolvenzen sich antreffen zu lassen.

Daß sogar Einheimische, oder dero übel geartete Söhne, und Nachtschwärmer nach gegebenem Glocken-Zeichen die Wirtshäuser ungescheut besuchen, darinnen ganze Nächte hindurch mit Sauffen, Fressen, Juchzen und dergleichen Untaten verharren, auf den Strassen ungeziemlich sich aufführen, weshalb ewige Landesverweisung und selbst Leibes- und gar Lebensstrafe für solche Fälle angedroht werden. Das Geringste was für das Übersitzen in Schänken droht, ist die Turm- oder Geldstrafe.

Die zur Zeit modernste Art und Weise, Wein zu keltern: die Baumkelter

Der Pfarrer konnte nicht läuten

Lutheraner haben Glockenschwengel abmontiert

Biebelsheim, 1713 - rh. Der katholische Pfarrer Benedikt Gebhardt aus Planig hat es nicht leicht, wenn er seine wenigen Schäfchen in Biebelsheim betreuen will. Die Lutheraner haben ihm wieder einmal einen Streich gespielt.

Der alte Zwist zwischen Protestanten und Katholiken im Ort wird verständlicher, wenn man die Reformationsgeschichte des Ortes kennt: Vor knapp 200 Jahren, als die herrschenden Grafen von Daun in ihren Besitzungen die Reformation einführen wollten, hatten sie schon Probleme mit ihren Untertanen. Der Planiger Pfarrer Nikolaus Theobaldi, der Biebelsheim mitbetreute, ging nämlich auf die Weisung der Grafen nicht ein.

In einem Brief an den Abt des Klosters St. Jakobusberg bei Mainz, dem seine Pfarrei unterstand, machte Theobaldi deutlich, nicht vom katholischen Glauben abrücken zu wollen. Die Biebelsheimer stellten sich voll und ganz hinter ihren aufmüpfigen Seelsorger. Sie hätten das wahre katholische Christentum und wollten deshalb keinen Pfarrer, der der neuen Lehre zugetan sei. Vor dem guten Pfarrer Nikolaus Theobaldi könne man nur den Hut ziehen, daß er nicht willens sei, von der katholischen Lehre abzugehen.

Trotzdem wollten die Biebelsheimer einige Neuerungen aus Luthers Lehre übernehmen: Auch ungeweihte Personen sollten predigen dürfen - aber das stieß ebenfalls auf den erbitterten Widerstand des beherzten Pfarrers.

Auf längere Sicht hin war die Reformation jedoch nicht zu verhindern. Zusammen mit den Planigern wurden auch die Biebelsheimer protestantisch. Für die etwa zwanzig Katholiken, die in den letzten Jahrzehnten im Ort wohnten, war die Kirche erst in der Franzosenzeit, mit der Simultanverordnung von 1682, wieder zugänglich.

Auf diese Verordnung beruft sich auch heute noch Pfarrer Gebhardt. Seiner Meinung nach steht es den ortsansässigen Katholiken zu, in ihrer Kirche die Heilige Messe zu hören. Nur die starrköpfigen Lutheraner im Ort hindern ihn daran, seinen Pflichten nachzukommen: Sie ließen ihn neulich bei seinem Besuch in Biebelsheim einfach nicht in die Kirche!

Pfarrer Gebhardt gelang es in einem unbeobachteten Augenblick jedoch, in die Kirche zu huschen, aus der ihn die sturen Lutheraner ja wohl kaum mit Gewalt herauszerren konnten. Aus der Messe wurde trotzdem nichts. Als der Pfarrer seine Schäfchen mit Glockengeläut zur Kirche rufen wollte, mußte er feststellen, daß die Glocken nicht zum Läuten zu bringen waren. Die schadenfrohen Protestanten lachten sich unterdessen ins Fäustchen: Sie hatten die Schwengel der Glocken abmontiert!

Mautgebühren aufgehoben

Dalsheim, 1700 - ih. Auf eine Geschichte mit furchtbaren Folgen zurückblickend, ist es jetzt beschlossene Sache, künftig die Stadttore offenzuhalten und keine Mautgebühren mehr zu erheben. Das bezeugte Geschehen gibt Anlaß genug, fürderhin auf solche Art bürgerfeindlicher Maßnahmen zu verzichten.
Der Anlaß zur Wende: Vor einiger Zeit hat einer der Türmer, der die verschlossenen Tore der Stadtmauer bewachte, einen Dalsheimer Burschen, der nachts von der Kerwe kam und in weintrunkenem Zustand mutig die Mautgebühr verweigerte, in seinem Zorn darüber erschlagen. Nach dieser schrecklichen Tat floh der Türmer, entsetzt über die eigene Handlungsweise und aus Angst vor Strafe.

Tapferer Schultheiß in Biebelsheim

Biebelsheim, 1731 - rh. Die Grafschaft Falkenstein, und damit Biebelsheim, wurde an Herzog Franz Stephan von Lothringen verkauft. Damit ist wohl auch das Ende der ständigen Streitereien um die Besitzrechte im Ort abzusehen, die in der Vergangenheit so oft zu Unfrieden geführt haben.

Lange geschwelt hatte der Streit vor allem zwischen dem Prinzen von Vaudemont und den Grafen von Löwenstein-Manderscheid. So kam Schultheiß Emmerich in die Zwickmühle, als beide Herrschaften die gleichen Abgaben forderten. Wollten die Biebelsheimer nicht zweimal zahlen, mußten sie sich auf eine Seite schlagen. Emmerich entschied sich, an die vaudemontschen Rechenführer in der Pfalz zu zahlen, was ihn beinahe sein Amt gekostet hätte. Der löwenstein-manderscheidsche Amtmann Plücker wollte ihn nämlich wegen seiner fürsetzlichen Halsstarr und Ungehorsam absetzen.

Doch Frankreichs König Ludwig XIV fühlt sich nach der von ihm verfügten Reunion der linksrheinischen Teile der Pfalz als oberster Lehensherr in Biebelsheim. Und so hatte Schultheiß Emmerich noch einmal Glück: Die Franzosen entschieden den Konflikt zugunsten des Prinzen mit den französischen Vorfahren.

Natürlich ist der Streit damit noch lange nicht ausgestanden, denn die Grafen von Löwenhaupt-Manderscheid melden ab und zu immer wieder Ansprüche an. Die Biebelsheimer können nur hoffen, daß solche Streitereien in Zukunft unterbleiben.

Die Ansicht (oben) und der Grundriß (unten) einer fränkischen Hofanlage. Diese Bauweise, die schon eine lange Tradition besitzt, hat sich für landwirtschaftliche Betriebe mittlerweile durchgesetzt.

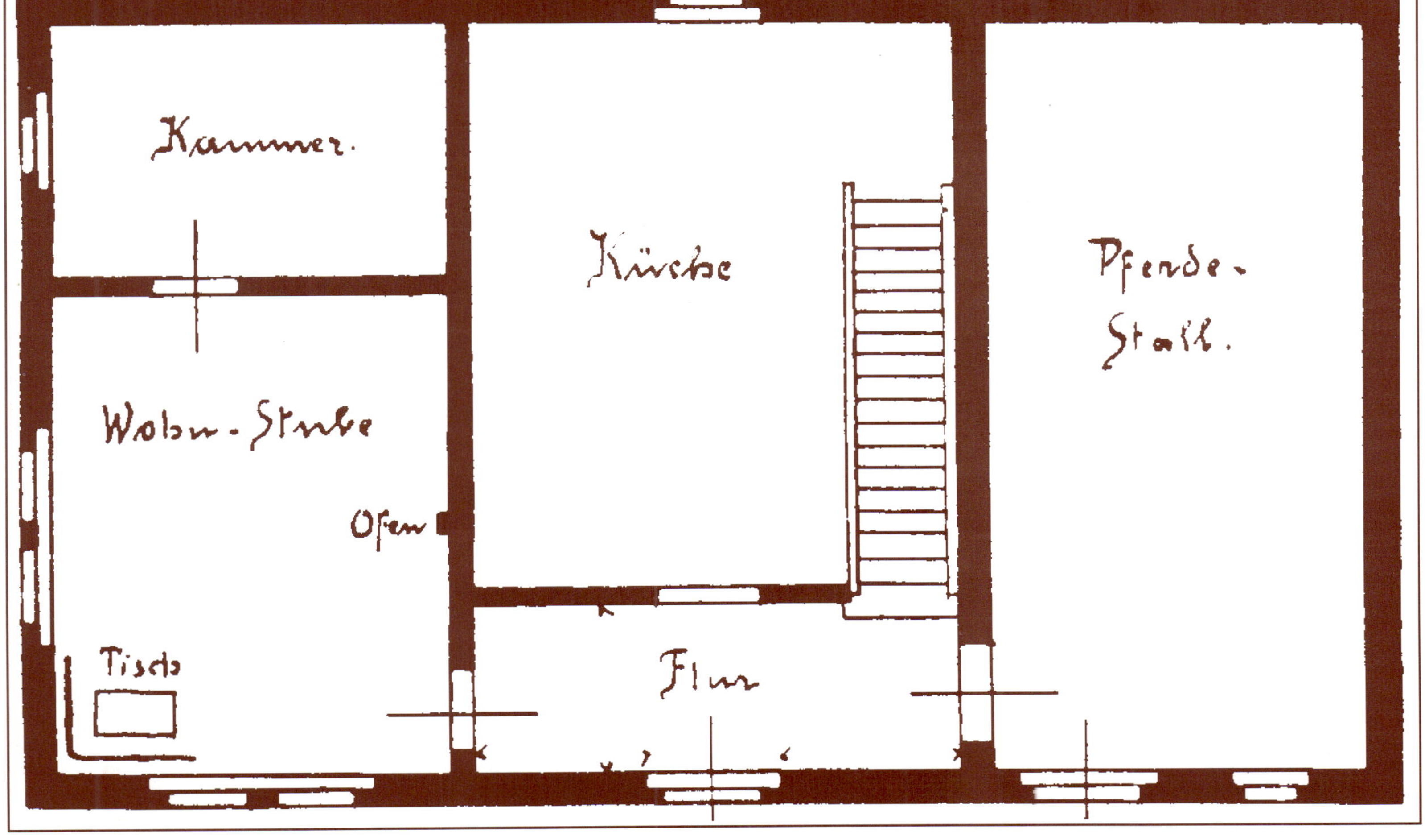

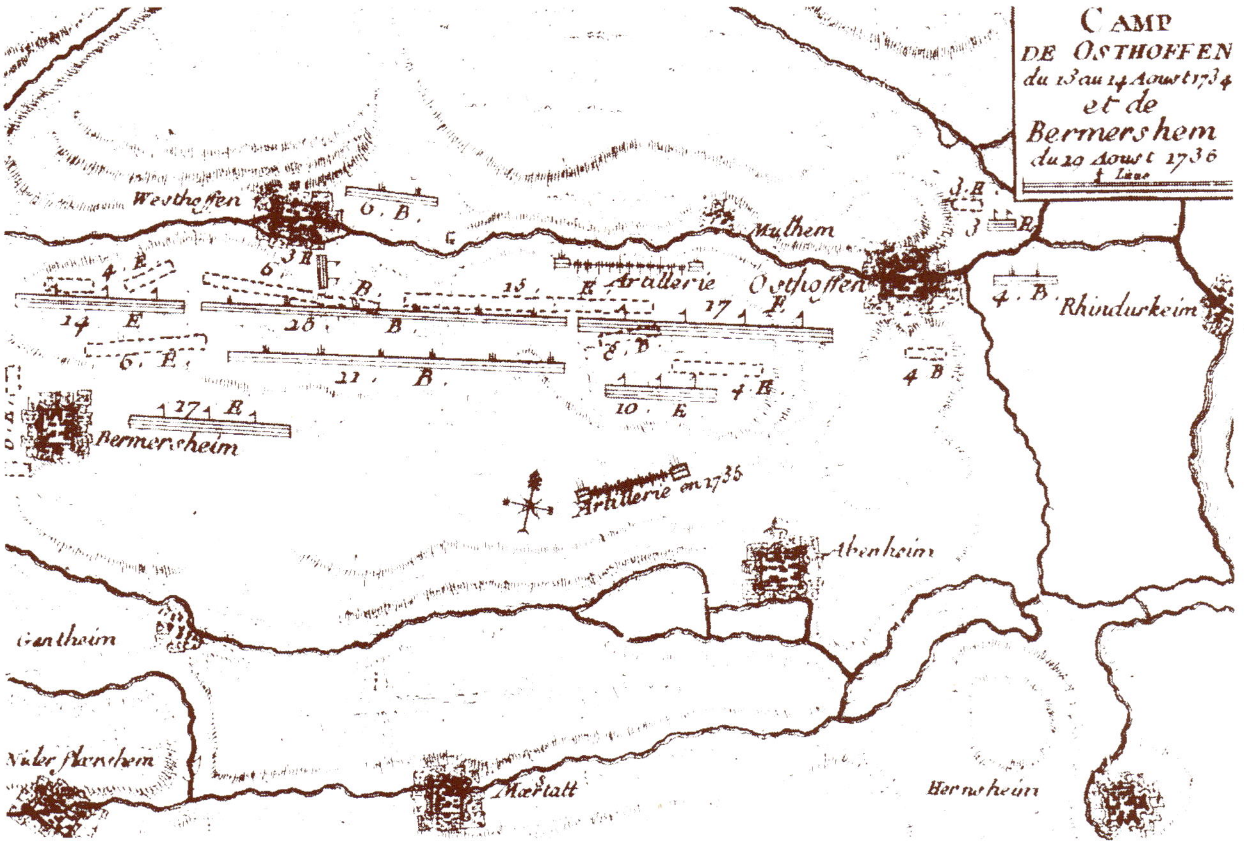

Der Situationsplan des Lagers der französischen Truppen bei Osthofen und Bermersheim in den Jahren 1734 und 1736. In der Mitte ist die genaue Stellung der Artillerie nordwestlich von Abenheim auszumachen.

Nothochzeit in Wörrstadt

Wörrstadt, 1736 - rh. Von einer merkwürdigen Begebenheit wird uns aus Wörrstadt berichtet: Zwei katholische Wörrstädter Bürger wurden vom evangelischen Pfarrer getraut - ohne vorhergegangene Proklamation, denn die Frau war von dem Mann schwanger. So ganz zuständig fühlte sich der lutherische Pfarrer jedoch nicht, denn, so der Geistliche zu unserem Reporter, wegen der Kirchenbuß wurden sie an ihren katholischen Geistlichen verwiesen.

Eine Magd in typischer Tracht bei der Arbeit

Das Oberamt griff durch:

Harter Schlag gegen das organisierte Verbrechen

Auch von Korruption bei Beamten ist die Rede

Alzey, 1750 - rb. Die Plünderungen und Überfälle der letzten Zeit haben jetzt ein Ende gefunden. Dem Kurpfälzer Oberamt Alzey gelang ein großer Schlag bei der Bekämpfung der Gaunerbanden und Galgenvögel, die im hiesigen Raum immer mächtiger geworden sind.

Nachdem auch der Räuberhauptmann Schinderhannes Unterschlupf in der Nähe von Alzey gefunden hatte, beauftragte das Oberamt den Rheingrafen persönlich mit der Verbrechensbekämpfung. Dieser jedoch, so stellte sich nun heraus, tat nur zum Schein so, als wolle er das Unwesen bekämpfen, in Wirklichkeit aber geschah nichts.

Da vermutlich einige korrupte Beamte und kleine Fürsten in die Gaunereien verstrickt sind, schritt jetzt das Oberamt Alzey ein, ließ die Gaunerbande ergreifen und vor das kurpfälzische Gericht in Alzey stellen, wo diese Freibeuter eine harte Strafe erhielten. Der Schinderhannes selbst konnte leider nicht dingfest gemacht werden.

Neue Verordnung:

Reben nur in gute Lagen

Edelsorten werden bevorzugt - Nichtbeachtung wird bestraft

Bechtheim, 1780 - rh. Nur noch Riesling und Traminer dürfen in der Bechtheimer Gemarkung angerottet (angelegt) werden - und auch nur in guten Lagen. So will es jedenfalls das Fürstlich-Leiningensche Amt bei Strafandrohung durchsetzten.

Nachdem man, nicht ohne äußeres und gerechtes Mißfallen, hat wahrnehmen müssen, daß mehrere dahiesige Einwohner und Begüterte, in Untergrabung ihres eignen Nutzens, und insbesondere auch zum größten Nachteil des dahiesigen, eine Zeit immer mehr emporsteigenden Weinhandels, also dem gemeinen Besten "e diametro" zuwider sich auf eine schon mehrmalen untersagte Weise einfallen und beygehen lassen, auf solchen Plätzen Weinberge anzurotten, wo der Boden solches entweder schlechterdings nicht erleidet, oder doch wenigstens kein gutes und, nach den Weinlagen abgezogenen, kaufmännisches Gewächs hervorbringt...

Das soll anders werden. Sogar alte Anlagen geringerer Rebsorten sollen die Winzer aushacken. Kein Wunder, wenn man bedenkt, wie stark die Rebflächen in den letzten Jahren ausgedehnt wurden.

Die Franzosen sind da:

Kriegswirren in Alsheim

Bürger erhoffen sich sogar Vorteile

Alsheim, 1793 - rh. Die Pfälzer Herrschaft in Rheinhessen geht zu Ende, die Region ist zum Tummelplatz von Soldaten aus Frankreich, Preußen und Österreich geworden. Die Alsheimer Bevölkerung mußte unter dem Krieg bisher nicht allzu sehr leiden, durch die Aufhebung des Zehnten hat sie sogar Vorteile.

Von Plünderung und Mißhandlung ist nichts bekanntgeworden. Nur Bürgermeister Johann Hirsch, ein einsichtsvoller, allgemein geachteter Biedermann, der zugleich in seinem Haus "Zum Löwen" eine Gastwirttschaft betreibt, war groben Unbilden ausgesetzt, nicht jedoch durch feindliche Franzosen, sondern durch Preußen.

Eine Anzahl Franzosen kam in den von den Preußen verlassenen Ort und tat sich bei einem Glase Wein im Löwen gütlich. Ein Durchreisender teilte dies den auf den sogenannten Bergdörfern stationierten Preußen mit. Diese sprengten in den Ort, verjagten oder fingen die sorglosen Zecher - griffen sich den Gastwirt und banden ihn unter wütenden Beschimpfungen an den Schweif eines Pferdes. Für einige Taler ließen sie den so Mißhandelten, den sie schon bis in den nächsten Ort geschleift hatten, schließlich laufen.

Proteste gegen den Zehnten

Badenheim, um 1750 - rh. Eindringlich schildert der Badenheimer Bauer und Dichter Maus die Nöte der hiesigen Bauern und Winzer in einer Flugschrift an den Kurfürsten. Sehr drastisch beschreibt er vor allem das Verhalten der Abgesandten der Grundherren in schlechten Zeiten. Ohne Rücksicht fordern sie die gleichen Abgaben wie in guten Jahren. Maus beklagt, daß der Kurfürst uns und unser sauer erworbenes Eigentum einer Rotte von adligen und unadligen Dieben, Kammerdienern, Dirnen und Projektmachern preisgibt.

Bekanntmachung

Große Versteigerung

Nierstein, 1797 - rw. Im Zuge der Gesetze, die nach der Machtübernahme durch die Revolutionstruppen auch in Rheinhessen gelten, werden in Nierstein sämtliche kirchlichen und adeligen Güter versteigert.

Auf besonderes Interesse bei den Steigerern dürften die ehemals geistlichen Besitztümer stoßen: die Collectur, das Gut der Karthäuser aus Mainz, die Domgüter Mainz, die Besitzungen des Katharinenstifts aus Oppenheim und des Klosters Marienbronn.

Da sich die Adligen klammheimlich aus dem Staub gemacht haben, werden ihre nunmehr freien Besitze bei dieser Gelegenheit gleich mit meistbietend unters Volk gebracht.

Adam Philipp Custine,
geb. in Metz am 4. Februar 1740, hingerichtet am 28. August 1793.

General Graf Custine, der "Revolutionsgeneral" wurde er auch genannt, ist tot. Er ist unter dem Verdacht des Hochverrats ein Opfer der Guillotine geworden. Die Rheinhessen haben mit dem gestrengen Feldherrn nur sehr schlechte Erfahrungen gemacht, denn im vorigen Jahr hatte Custine mit seinen Truppen die Städte Speyer, Worms und Mainz im Handstreich genommen.

"Maire" zieht in das neue Rathaus ein

Macht des Adels auch in Uelversheim zu Ende

Uelversheim, 1797 - rh. Das neuerbaute Rathaus in Uelversheim wurde jetzt vom neuen Maire Georg Stark bezogen. Geplant und gebaut wurde es noch unter dem leiningischen Schultheiß Anton Stepp, dessen Herren jahrhundertelang die Besitzer des Ortes waren.

Daß sie noch jetzt, in diesen unsicheren Kriegszeiten, ein neues Rathaus erbauen ließen, sollte ihre ungebrochene Macht dokumentieren. Doch der Bau zeigt vielmehr, wie wenig sich die deutschen Adligen vorstellen konnten, daß ihre über Generationen unangefochtene Macht ernsthaft gefährdet sein könnte.

Dieses Jahr jedoch wurde im Frieden von Campo-Formio Frankreich das gesamte linke Rheinufer zugesprochen - und so wurde auch Uelversheim ein französisches Dorf. Zum zweiten Mal übrigens, denn von 1681 an gehörte Uelversheim schon einmal 15 Jahre lang zu Frankreich.

Es ist den Uelversheimern zu wünschen, daß ihnen nun friedlichere Zeiten vergönnt sind. Seit dem Einmarsch der französischen Revolutionsarmee in Leiningisches Gebiet im Jahre 1792 fand der Ort - wie die ganze Region - keine Ruhe. Abwechselnd kontrollierten französische, preußische und österreichische Truppen die Gegend.

Der Krieg nahm öfters kuriose Formen an. 1795 befreite eine österreichische Armee das Mainzer Umland. In Uelversheim wurden gefangene Franzosen in der Kirche eingesperrt, wo sie, wie uns der Küster, noch immer sichtlich entrüstet, erzählte, Fuß- und Sitzbänklein ganz und gar ruinierten.

Nr. 7
Ausgabe
1800-1900

IN VITE VITA IN VINO VERITAS

Jahrhundertpost

Die Zeitung im
GESAMTWERK
DEUTSCHER WEIN

Ein Freiheitsbaum wird gepflanzt! Was als Ausdruck der Freude über die Abschaffung der Herrschaft des Adels und der Kirche gedacht ist, kommt so mancher rheinhessischen Gemeinde teuer zu stehen.

Teure Feier in Monzernheim:

Der Freiheitsbaum kostete die Gemeinde fast hundert Gulden

Monzernheim, 1800 - rh. In allen jetzt französichen Gemeinden werden geräuschvolle Feste veranstaltet, um den Anschluß an die französische Republik zu feiern. Nicht überall kommt die Initiative zu diesen Festlichkeiten aus der Bevölkerung. Die neue Verwaltung hilft öfters nach, auch mit dem Ausschank von Frei-Wein.

Höhepunkt ist immer das Pflanzen des Freiheitsbaums. Er wird mit Bändern in den Farben der Trikolore verziert und von einer roten Jakobinermütze, "Freiheitskapp" genannt, gekrönt. Der Maire von Monzernheim zeigte uns die Aufstellung der Kosten, die das Fest verursachte:

Verzeichnis der Kosten, was by Pflanzung des Freiheitsbaums vor Ausgaben bestritten wurden, als

1. für eine neue Fahne samt Stange 6 Gulden 3 Kreuzer,
2. für ein blechenes Freiheitskäppchen, so an die Fahnenstange gekommen, 2 Gulden 57 Kreuzer,
3. für den Freiheitsbaum, so von Valtien Stübenauer gegeben worden 4 Gulden,
4. für Krönung des Freiheitsbaumes und 2 Fahnen an das Rathaus 28 Gulden,
5. für Wein, so der Jugend zur Lustbarkeit gegeben, 27 Gulden,
6. für Wein by der Feyer des republikanischen Neujahrs des 9. Jahres (23. Sept. 1800) 29 Gulden,

Thut: 97 Gulden.

Straßen zu Alleen machen

Neues Gesetz regelt Bepflanzung

Paris, den 9ten Ventose, Jahr XIII (28.2.1805) - rh. Die unbepflanzten großen Straßen des Reichs, welche bepflanzt werden können, sollen mit wilden oder Obstbäumen, je nach den Orten, von den anstoßenden Eigenthümern bepflanzt werden.

Die anstoßenden Eigenthümer besitzen das Eigentum der Bäume und ihrer Früchte; sie dürfen sie indessen weder abhauen, niederreissen noch ausgraben, es sey denn auf eine von der zu Bewahrung der Strassen vorgesetzten Verwaltung gegebenen Ermächtigung und mit der Bedingung, andere zu setzten.

Conscription in Rheinhessen

3500 Franken für einen "Stellvertreter"

Saulheim, 1809 - rh. Napoleon braucht Soldaten! Und da das ganze linke Rheinufer seit dem Frieden von Luneville von 1801 endgültig zu Frankreich gehört, braucht er sie auch aus Saulheim. 1802 wurde die Aushebung für den französischen Heeresdienst, die Conscription, im Departement Donnersberg eingeführt. Nieder-Saulheim allein hat 300 Conscripierte für Frankreich gestellt.

Nicht alle, die für tauglich befunden wurden, müssen auch dienen. Manch einer macht von dem Recht Gebrauch, einen Stellvertreter zu benennen. 1802 kostete so ein Stellvertreter 200 Franken, in diesem Jahr sind es schon 3500!

Unser Kommentar:

Wozu brauchen wir Alleen?

Mainz, 1805 - rh. Die Regierung des großen Kaisers in Paris hat gesprochen. Im ganzen Reich, also auch in den deutschsprachigen linksrheinischen Gebieten Frankreichs sollen an allen Straßen Bäume gepflanzt werden.

Was will Napoleon mit dieser Anordnung bezwecken? Will er die Landschaft verschönern? - Sicherlich nicht! Geht es ihm um den Ertrag, den diese Bäume bringen können? - Wohl auch nicht, denn dieser soll ja nicht dem Staat, sondern den Anliegern zukommen. Was also soll dieser Erlaß?

Der hochfliegende Ehrgeiz unseres Kaisers ist noch lange nicht befriedigt. Zwar dominiert er ganz Mitteleuropa, aber der Osten, Rußland, und auch die Seemacht England beugen sich seiner Macht noch nicht. Und mit der schlagkräftigsten Armee der Welt im Rücken wird Napoleon diese Gegner sicherlich auch noch angehen.

Keine Armee der Welt marschiert jedoch gern in praller Mittagshitze auf staubigen Straßen. Daher also weht der Wind: Napoleon verwandelt Frankreichs Straßen in Alleen, um seinen Soldaten den Aufmarsch zu erleichtern.

Die Conscriptionen der letzten Zeit, auch in unserer Gegend, haben gezeigt, daß neue militärische Aktionen bevorstehen. Nicht zuletzt deshalb hat sich der anfängliche Jubel über die Erlösung aus tausendjähriger Adelsherrschaft in den deutschsprachigen Gebieten Frankreichs gelegt.

Ein Gutes hat die neue Anordnung jedoch: In der sanft hügeligen Gegend im Bogen des Rheines werden lange Baumreihen das Bild der Landschaft sicherlich verschönern. Hoffen wir, daß uns wenigstens diese positive Auswirkung der Franzosenzeit lange erhalten bleibt.

Au nom du Peuple Français.

Bonaparte, premier Consul de la République Française.

Sur le compte qui nous a été rendu de la capacité du C.en Burkhardt, ... de ses bonnes mœurs, de son attachement aux lois de la République, ...

nous l'avons nommé par ces présentes, scellées du petit sceau de l'État, Président de l'Assemblée du canton de ... arrondissement de ... département de ... pour en remplir les fonctions aux termes du Sénatus-consulte du 16 thermidor an 10, et du règlement du 19 fructidor suivant, jusqu'au 1.er vendémiaire de l'an 16.

A la charge par lui de prêter, avant d'entrer en fonctions, devant le C.en ... que nous commettons à cet effet, et qui en dressera procès-verbal, le serment de maintenir le Gouvernement institué par la Constitution de la République, d'observer les lois et règlemens; de se conformer aux instructions qui lui seront données pour leur exécution; de maintenir l'ordre dans l'Assemblée qu'il présidera; de ne pas permettre qu'elle s'occupe d'aucun autre objet que de ceux prescrits par la lettre de convocation; de ne tolérer aucune coalition tendant à capter ou gêner les suffrages des citoyens, et de ne rien faire par haine ou par faveur; de dissoudre l'Assemblée aux époques indiquées pour sa clôture; enfin d'exercer ses fonctions avec zèle, exactitude, fermeté et impartialité.

Donné à Saint-Cloud, sous le petit sceau de l'État, le 13 jour du mois de ... l'an XII. de la République française.

Par le premier Consul:

Le Ministre de l'Intérieur,

Le Secrétaire d'État,

Dieses von Napoleon persönlich unterzeichnete Dokument ernennt den Bürger Burkhard zum Friedensrichter im Canton Wörrstadt. Unten: Seite aus einem Soldbuch.

Brief eines Soldaten Napoleons:

"Morgens nichts wie ein Stückel Brod und ein viertel Schoppen Wein"

So sieht es für Conscripierte in der "grande armée" wirklich aus

Dalheim, 1809 - rh. Viele Conscripierte aus unserer Gegend dienen in der französischen Armee. Einer von ihnen ist Johann Kaspar Buttenbender aus Dalheim. Sein Brief aus Toulon an den Freund Georg Konrad Sibecker in Dalheim soll hier in voller Länge abgedruckt sein, um das ganze Elend zu dokumentieren, das der kriegerische Geist Napoleons über unsere Landsleute im Waffendienst gebracht hat:

Gott zum Gruß und Jesus zum Beistand.

Viel geliebter Bruder Georg Konrad, ich grüße dich viel tausend mal. Wenn dich mein bißchen Schreiben bei guter Gesundheit antreffen sollte, soll es mir von Herzen lieb sein. Was mich anbelangt, bin ich allweil Gott sei Dank noch frisch und gesund, solang als der liebe Gott will. Aber mein lieber Bruder ich hab was ausgestanden in dem Spital, da war ich so fertig, daß ich nicht mehr gehen hab können, so bitte ich dich lieber Bruder, wenn du mir etwas Geld schicken könnst, so viel als du nur magst, denn ich brauche es alleweil sehr notwendig.

Lieber Bruder, du kannst dir einbilden, daß ich es sehr notwendig brauch, denn ich war vier Wochen in dem Spital, da ich jetzt essen kann, da krieg ich nichts als wie Morgens ein Stück Brod und ein viertel Schoppen Wein. Das Brod wird uns hingeschnitten als wie bei uns dem Bettler und mittags von den großen Saubohnen und wieder ein Stückel Brod und abends weiße Bohnen und wieder so viel Brod. Lieber Konrad, wann ich gewußt hätt, daß mir so gehen tät, so wäre ich gleich zu Mainz geblieben und hätte mir eine Kugel an das Bein machen lassen und hätte den Schubkarg gedrückt.

Lieber Bruder. Ich muß dir auch zu wissen tun, daß ich vier Monat auf der Insel Bordesvol war und von der Insel sind wir abmarschiert nach Deichland (?) dann sind wir acht Tag gemarschieret, da haben wir wieder andere Order gekriegt und haben wieder nach Tulon marschieren müssen und danach sind wir ein Batieret worden auf das Schiff Austerlitz und da sind hundertdreißig Kanonen darauf, das ist das größte Kriegsschiff, wo der Kaiser auf dem Meer gehen hat und das lauft so stark, daß kein Vogel in der Luft so stark fliegen kann, dann wir waren draus auf dem hohen Meer und haben wollen nach Spanien fahren. Es waren unser sieben Schiff beieinander und da sind die Engländer gekommen und haben vier Schiff gefangen und zwei verbrannt und wir sind wieder nach Tulon gefahren in den Seehafen: ich muß dir auch zu wissen tun, daß der Christian Hofeller von Weinolsheim hier ist.

Lieber Bruder, grüße mir meine Kameraden, wenn du meinen Brief erhalten tust, so schreibe mir doch was es für Neuigkeiten gibt bei euch, es heißt, es wär wieder Krieg mit dem deutschen Kaiser und die Adreß schreib du auf das Schiff Austerlitz a Toulon 5. Bataillon, 3. Compagnie 16. Regiment der Linie. Ich verbleibe dein getreuer Bruder bis in den Tod. Kasper Buttenbender.

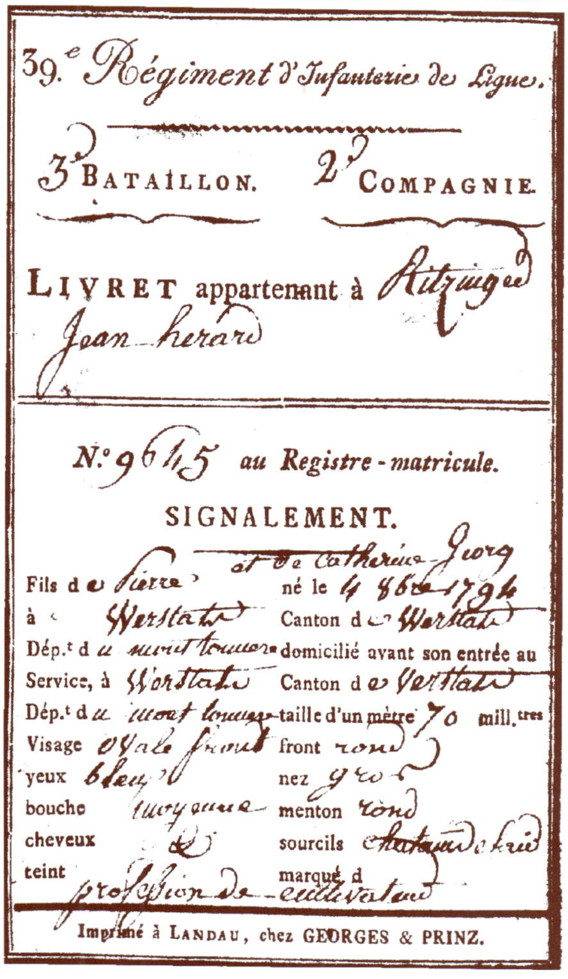

39.e Régiment d'Infanterie de Ligne.

3.e Bataillon. 2.e Compagnie.

Livret appartenant à Ritzinger Jean Gerard

N.° 9615 au Registre-matricule.

SIGNALEMENT.

Fils de Pierre et de Catherine Georg né le 4 8bre 1794

à Werstatt Canton de Werstatt

Dép.t du Mont-tonnerre domicilié avant son entrée au

Service, à Wörstatt Canton de Verstatt

Dép.t du Mont tonnerre taille d'un mètre 70 mill.tres

Visage ovale front rond

yeux bleus nez gros

bouche moyenne menton rond

cheveux ... sourcils châtain clair

teint ... marqué d ...

profession de cultivateur

Imprimé à Landau, chez Georges & Prinz.

Das Fahndungsfoto zeigt Johann Peter Hassinger. Ihm wird zur Last gelegt, zur Bande des "Schinderhannes" zu gehören. Die Anklage lautet: mehrfacher bewaffneter Raubüberfall, Hehlerei und Mord an dem Juden Wendel Löw in Sötern.

Unser Kommentar:

Verdorben von der französischen Herrschaft

Mainz, 1816 - rh. Der Großherzog von Hessen-Darmstadt hat in der Tat ein gutes Geschäft gemacht: das fruchtbare, dicht besiedelte Hügelland im Rheinknie getauscht gegen das kalte Westfalen. Noch dazu liegen seine neuen Besitzungen nicht weit von seiner Residenz Darmstadt entfernt. - Warum also will bei unserm neuen Herren keine rechte Freude aufkommen?

Die französische Herrschaft habe die Untertanen verdorben, so ist aus Hofkreisen zu hören. Was damit gemeint ist, weiß jeder. Die Franzosenzeit, von der Revolution bis zum Ende der Kaiserzeit, hat das Bewußtsein der Bevölkerung verändert.

Die Menschen haben viel gelitten, vor allem unter den Kriegszügen Napoleons. Viele unserer Männer verbluteten in Waterloo und erfroren vor Moskau, trotzdem spricht kaum einer schlecht von der Zeit unter dem großen Kaiser. Für seine Kriegsveteranen ist er immer noch der größte Feldherr. Und für das zivile Leben brachte einheitliches französiches Recht vielerlei Vorteile gegenüber den oft willkürlichen Entscheidungen der jeweiligen alten Ortsherren.

Bessere Rechtsprechung, Gleichberechtigung der Konfessionen, Toleranz, einfachere Herrschaftsverhältnisse, mehr persönliche Freiheit für den Einzelnen - das sind Errungenschaften, auf die keiner gern verzichten wird. Das also stört den Großherzog, und das ist es, was der Hof meint, wenn er verlautbaren läßt, die neuen Untertanen seien in der Franzosenzeit verdorben worden!

Nach dem Kongreß:

Neue Grenzen in ehemals französischen Gebieten

Großherzog mit Entscheidung unzufrieden

Wien, 1816 - rh. Neue weitreichende Beschlüsse auf dem Wiener Kongreß: Die linksrheinischen, ehemals französischen Gebiete werden neuen Herren zugeteilt. Besonders wichtige Entscheidungen betreffen das Gebiet der alten Kurpfalz. Der südliche Teil, die eigentliche Rheinpfalz, fällt an Bayern, der nördlichere Teil, das Hügelland um Worms, Alzey, Bingen und Mainz fällt an Hessen-Darmstadt.

Wie aus gewöhnlich gut unterrichteten Kreisen zu vernehmen war, hätte der hessische Großherzog zwar viel lieber die ihm 1803 zugesprochenen Teile von Westfalen behalten, aber das scheiterte am Widerspruch Preußens, das Westfalen selber beanspruchte. Freiherr Hans von Gagern versuchte den Großherzog brieflich zu trösten:

Sie werden künftig die edelsten Teile nicht nur in Deutschland, sondern von Europa besitzen. Ich darf sie nur in sehr wohlbekannten Namen nennen, um verstanden zu werden: die Wetterau, die Bergstraße, die Pfalz. Nach meiner innigsten Überzeugung und soviel ich von der Sache weiß, werden Sie ansehnlich gewinnen. Was die Untertanen betrifft, so war es ehemals einer der besten Schlag Leute. Die französische Herrschaft mag sie verdorben haben, aber der Kern ist doch gut.

Hungerjahr

Mainz, 1817 - rh. Noch selten ist in unserer Gegend so viel gehungert worden wie in diesem Jahr. Das Unglück begann im Juni 1816. Bis dahin war das Wetter gut gewesen, doch dann begann es zu regnen. Das Heu wurde fortgeschwemmt, das Getreide knickte um und wurde nicht reif. Erst Anfang Oktober ließ der Dauerregen nach - empfindliche Kälte folgte und dann wieder Regen. Auch die Winzer ernteten kaum je genießbare Tropfen.

Unser Kommentar:

Der Hunger und die neue Regierung

Mainz, 1817 - rh. Der Regierungssprecher machte es sich einfach in seiner Regierungserklärung: Die katastrophalen Witterungsverhältnisse hätten zu den bedauerlichen Engpässen bei der Lebensmittelversorgung der Bevölkerung geführt.

Doch das ist nicht die ganze Wahrheit. Während der napoleonischen und auch der nachfolgenden Zeit wurden die Lebensmittelpreise künstlich niedrig gehalten, um die städtische Bevölkerung nicht zu verärgern. Für viele Bauern lohnte es nicht mehr, schwierig zu bestellende Äcker zu bepflanzen - so fehlten die Überschüsse, um die staatlichen Magazine zu füllen.

Wenn jetzt das Volk in Mainz gegen die Kornwucherer vorgeht, dann prügelt es die Falschen.

Buntes Treiben in Alzey bei der Landwirtschaftsausstellung im Jahre 1838

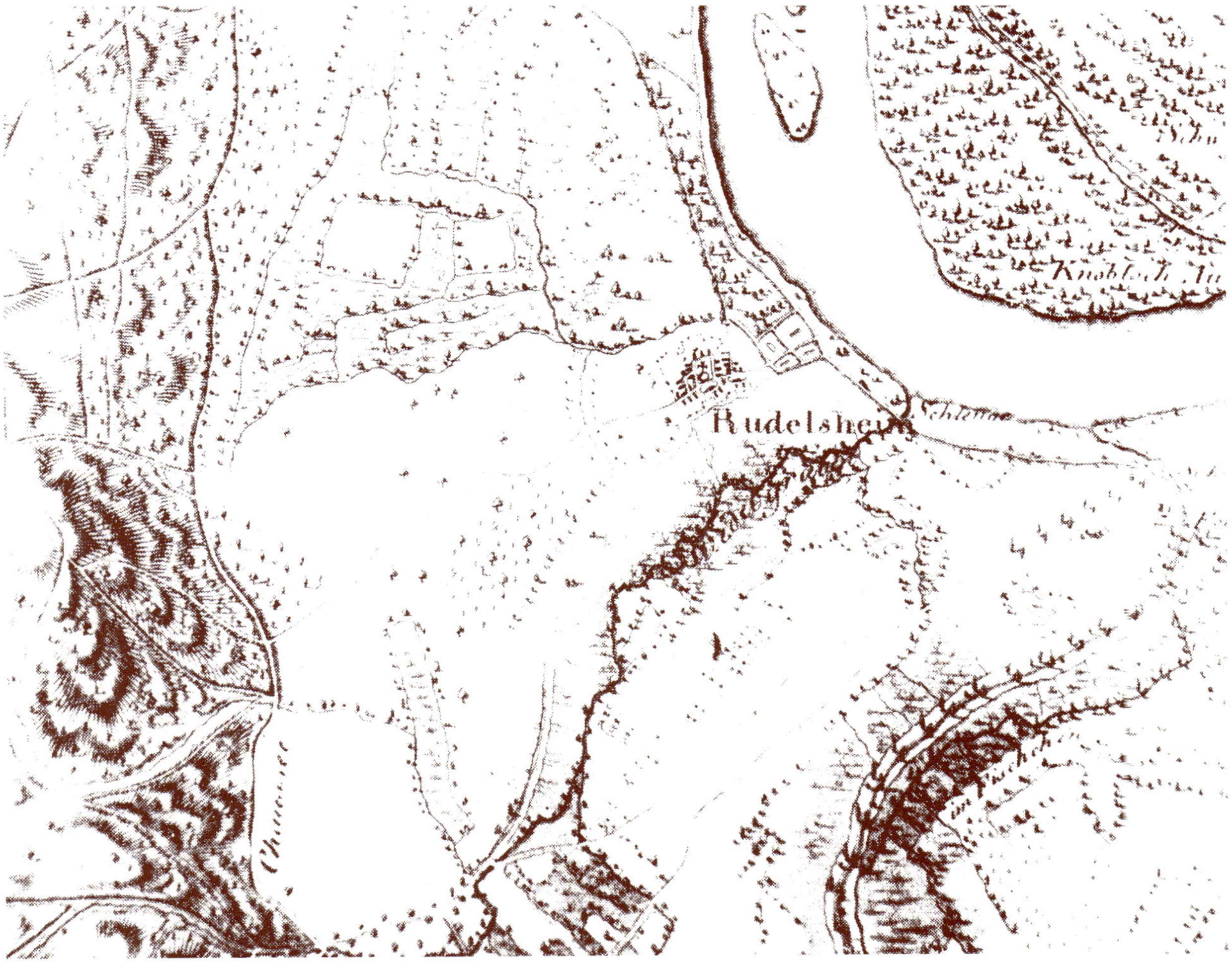

Die nebenstehende Karte aus dem 17. Jahrhundert zeigt das ursprüngliche Rudelsheim. Aus ihr geht besonders deutlich hervor, wie hochwassergefährdet die Lage des Ortes war: direkt am Rhein hinter einer Flußbiegung gelegen, waren die Bewohner Rudelsheims die ersten, die unter den Launen des Flusses zu leiden hatten. Kein Wunder also, daß sich die Rudelsheimer nach einem sichereren Standort für ihr neues Dorf umgesehen haben. Bleibt zu hoffen, daß sie in Ludwigshöhe ihr Glück finden.

Das Ende von Rudelsheim

Ludwigshöhe, 1837 - rh. Die alte Kirche, das letzte noch stehende Gebäude der alten Ortschaft Rudelsheim ist ein Opfer der Flammen geworden. Über tausend Jahre lang lag die Ortschaft Rudelsheim am Rhein südlich von Oppenheim. Doch die jährlich wiederkehrenden Überschwemmungen haben die Einwohner mürbe gemacht.

Vor 15 Jahren zogen die ersten Rudelsheimer in eine neugegründete Ortschaft, die in sicherer Entfernung vom Rhein am Hang liegt. Nach dem hessischen Großherzog nannten sie ihren neuen Ort Ludwigshöhe; der liegt auch näher an den Weinbergen, und so bleibt viel Lauferei erspart. Mit der Zeit wurden alle Häuser des alten Ortes abgetragen, die Fachwerkbalken der alten Höfe wurden wiederverwendet. Zunächst blieben noch Schule und Kirche erhalten, aber nachdem die Schule 1829 abgebrochen wurde, wartete nur noch die alte Dorfkirche auf die sonntäglichen Kirchgänger.

Die Kirche wird nach dem Brand nicht wiederaufgebaut werden, die Ludwigshöher planen stattdessen, eine Kapelle in ihrem neuen Zuhause.

Rheinhessen

Mainz, 20.4.1818 - rh. Daß nach dem Ende der Franzosenzeit die alten Rechtsverhältnisse wiederhergestellt würden, damit hat keiner mehr gerechnet. Auch das Hügelland zwischen Worms und Bingen hat neue Herren gefunden. 1816 wurde es der Provinz Hessen zugeschlagen und jetzt gehört es zum überwiegend jenseits des Rheines gelegenen Großherzogtum Hessen-Darmstadt. Die Menschen in der Gegend werden sich an eine neue Bezeichnung gewöhnen müssen, seit heute sind sie offiziell Rheinhessen.

Probleme bei der Ernährung

Bevölkerungsexplosion

Auf 700 Einwohner über 300 Kinder

Heppenheim im Loch (Gau-Heppenheim), 1831 - rh. Immer schneller wächst die Bevölkerung Heppenheims. In der Zukunft sehen Experten für Heppenheim und ähnliche Orte große Probleme voraus.

Noch 1791 hatte der Ort 380 Einwohner, 1815 schon 501 und gegenwärtig werden jedes Jahr 50 bis 60 Kinder geboren - von den jetzt 719 Einwohnern sind 311 Kinder unter 14 Jahren!

Die Probleme, die das Bevölkerungswachstum mit sich bringt, sind offensichtlich. Die gleiche Gemarkung muß heute doppelt so viele Menschen ernähren, und seit die Realteilung in dem durch Napoleon eingeführten Code Civil festgeschrieben wurde, wird die landwirtschaftliche Nutzfläche darüberhinaus immer mehr zersplittert. - Kein Wunder, daß viele Heppenheimer sich mit dem Gedanken an eine Auswanderung nach Amerika tragen.

Zu viele Weinberge!

Neues statistisches Jahrbuch

Mainz, 1824 - rh. Rund 6.500 Hektar Weinberge gibt es zur Zeit in Rheinhessen. Es gab schon Zeiten, in denen diese Fläche viel größer war, aber neue Bearbeitungsmethoden, besonders der gezielte Einsatz von Dünger, haben zu einer erheblichen Ertragssteigerung geführt.

Daher rühren wohl die Bedenken, die der Herausgeber des Jahrbuches, der großherzogliche Regierungssekretär Jerôme, anführt: Unsere Weinberge verzehren zu viel Dünger, und es scheint, wir haben im Vergleich unserer Felder zu viel Weinberge, besonders in einer Zeit, wo die Ausfuhr des Weins überall erschwert ist.

Weinbautechnik heute

Mit rund 500 Gulden ist man dabei

Rheinhessen, 1835 - rh. Eine neue statistische Erhebung hat die durchschnittliche Ausrüstung von Weinbaubetrieben zum Gegenstand; die wichtigsten Ergebnisse:

Ein mittlerer Weinbaubetrieb verfügt heute über eine Kelter, eine Kelterbütte, einige Mostbütten, eine Feldbütte nebst Schöpfkübel, eine Mosterbütte, eine Butt für den Austräger, ein Ladfuß, zwei Zuber, einen messingnen Kranen, einen Faßtrichter und einige Halbstück- und Stückfässer. Der Wert dieses Inventars macht etwa 470 Gulden aus.

Wenn man bedenkt, daß pro Stück etwa 300 Gulden erlöst werden, sieht man, daß mit doch recht geringem Kapitaleinsatz gearbeitet werden kann.

Obwohl die Zeiten unruhig sind - besonders hierzulande -, solche Bilder ländlicher Idylle finden sich in Rheinhessen immer noch: friedlich liegt Osthofen inmitten seiner Felder und gepflegten Weinberge.

80 Gulden pro Jahr

Neuer Nachtwächter von der Gemeinde eingestellt

Man fand einen gesunden und ehrlichen Mann

Gau-Heppenheim, 1865 - rh. Noch vor 30 Jahren hatten die Gau-Heppenheimer zwei Nachtwächter beschäftigt - jede Nacht drehten sie ihre Runden, um die friedlichen Bürger vor Dieben und vor allem vor Feuersbrünsten zu bewahren.

In diesem Jahr wurde, nachdem eine Weile kein Nachtwächter beschäftigt war, ein neuer Mann für dieses verantwortungsvolle Amt gesucht. Die Gau-Heppenheimer hatten Glück, denn sie fanden einen gesunden, braven, ehrlichen, in jeder Beziehung ordentlichen Mann - so jedenfalls ein Gemeinderatsmitglied zu unserem Berichterstatter. Der neue Nachtwächter verlangte ein jährliches Gehalt von 80 Gulden.

Große Hitze - viele Brände:

1857 - ein merkwürdiges Jahr

Trockenperiode von Juni bis Oktober sorgte für außergewöhnlich guten Wein

Sulzheim, 1857 - rh. Unser Korrespondent war bei einer Jahresabschlußversammlung der Sulzheimer Bauern und Winzer - hier sein Stimmungsbericht:

Ein gar merkwürdiges Jahr war das Jahr 1857. Sehr häufig brachen Feuersbrünste aus, bei welchen halbe, ja ganze Ortschaften dem Feuer zum Opfer fielen. In Nieder-Olm brannten im August 1857 über 200 Häuser nieder. So auch in anderen Ländern und Gegenden.

Ferner war dieses Jahr reich an Hagelschlag und Überschwemmungen, dabei hat es aber vom 1. Juni bis Herbst nicht geregnet und selbst im Herbst nur sehr wenig. Auch die sonst so regenreichen Monate November und Dezember brachten keinen Niederschlag. Da der Sommer des Jahres 1857 sehr trocken und heiß war, gab es einen sehr guten Wein, der dem bekannten 1811er gleichkam. 10 volle Jahre hatten allerdings die Winzer auf einen guten Weinherbst warten und hoffen müssen. Die Weinlese in Sulzheim fand am 19. Oktober statt. Allein, obwohl es einen guten und dabei auch vielen Wein gab, so kostete ein Ohm Most doch nur 22 Gulden. Nach dem ersten Abstich war der Preis für ein Ohm 40 Gulden. Da war seit langer Zeit zum ersten Male wieder Freude und Heiterkeit unter den Weinproduzenten.

Weinpreise in Rheinhessen

Nierstein und Bodenheim deutlich vorn

Rheinhessen, 1865 - rh. Für ein Stückfaß zu 600 Maß werden im rheinhessischen Weinbaugebiet durchschnittlich 300 bis 400 Gulden bezahlt. Besser bezahlt werden Weine aus Kostheim (670 Gulden), Oppenheim (720), Osthofen (750). Beinahe so teuer wie die besten Rheingauer sind die Weine aus Bingen (800), Worms (850), Büdesheim (900), Bodenheim (950) und Nierstein (1000 Gulden).

Sensationelle Funde bei Grabungen im Weinberg

Worms, 1848 - ih. Der ehemalige Bäcker und jetzige Weingutsbesitzer Johann Philipp Bandel hat ausgerechnet in seinen eigenen Weinbergen bedeutende geschichtliche Funde ausgegraben. Der als leidenschaftlicher Sammler und Hobbyforscher bekannte Bürger der Stadt Worms stieß bei Weinbergsarbeiten auf die Reste frühchristlicher Grabsteine aus dem fünften bis achten Jahrhundert. Diese Funde sind die einzigen ihrer Art in unserem Lande.

Johann Philipp Bandel hat die Aufmerksamkeit seiner Mitbürger schon auf andere Art und Weise erregt. Immer wieder ist er mit seinen fortschrittlichen Ideen an die Öffentlichkeit gegangen und hat die Gemüter bewegt. Nach seiner inzwischen berühmt gewordenen Rede auf dem Hambacher Fest im Jahre 1832 gilt er heute als die führende revolutionäre Kraft in Worms.

Deutsche Wein-Zeitung.

Wochenschrift für Weinkunde und Weinhandel.

Hier der Titelkopf der neuen Weinzeitung

Neue Weinzeitung aus Mainz

Mainz, 1864 - rw. Für die Weininteressierten gibt es eine neue Informationsquelle, die Deutsche Wein-Zeitung aus Mainz ist seit dem 4. November mit ihrer ersten Nummer auf dem Markt. Sie soll wöchentlich erscheinen und ist sowohl über die Postämter im Abonnement als auch im Buchhandel erhältlich.

Wir dürfen aus dem Vorwort zur Startauflage zitieren: Der Weg, den eine technische Zeitung einzuschlagen hat, kann nur der des entschiedenen Fortschritts sein, sie wäre sonst überflüssig... Die Natur thut nicht überall und immer Alles! Darum muß ihr der Weinbauer wie der Weinerzeuger zu Hülfe kommen... Wir möchten die Resultate der wissenschaftlichen Forschung auf dem Gebiete der Weinkunde für die Praxis nutzbar und zum Gemeingute derjenigen Weinproduzenten machen, die einsehen gelernt, daß wer stille steht, zurücke geht!

Aus diesen Zitaten geht schon die Intention der Blattmacher hervor: Der technische Fortschritt soll auch im Weinberg verstärkt Einzug halten.

Dies kann man sicherlich einerseits begrüßen, doch sollte man andererseits auch von dieser Stelle auf die Gefahren hinweisen, die ungehemmter Fortschrittsglaube für die gesamte Winzerschaft und Weinwirtschaft bringen kann.

Tanzerlaubnißschein.

STEMPEL PAPIER
4 fl.
30 kr.
No 16.a

Dem Wirth Georg [illegible]
zu Abenheim wird die Erlaubniß ertheilt,
den 28 ten August 1848 von vier Uhr
bis zwei Uhr unter Beobachtung der polizeilichen
Vorschriften und unter Zuziehung
Tanzmusik zu halten.

Abenheim den 28 ten August 1848

Der Großherzogl. Hess. ... rath und

Wegen Kürze der Zeit und [illegible]
von der Regierungskommission.
Der Bürgermeister.
[illegible]

Durch dieses Dokument erhält ein Abenheimer Wirt die Erlaubnis, am 28. August 1848 Tanzmusik zu halten. Natürlich nur unter Beachtung der polizeilichen Vorschriften.

Wechsel der Rebsorten in Rheinhessen

Rheinhessen, 1875 - rh. Die Orléansrebe, die früher im Rheingau und in Rheinhessen häufig angepflanzt wurde, wird wegen ihrer extrem späten Reife immer unbeliebter. An ihre Stelle tritt verstärkt die Rieslingrebe, die allerdings hohe Ansprüche an die Lage stellt. In weniger guten Lagen wird hauptsächlich Österreicher (Silvaner) neu angelegt - die Sorte ist weniger empfindlich gegenüber Heu- und Sauerwurm, bringt außerdem deutlich höhere Erträge.

In den Lagen im Hinterland wird vielfach der Kleinberger (Elbling) angebaut, der zwar reichen Ertrag, selten jedoch hohe Qualität bringt. Der Blaue Burgunder (Spätburgunder) wird in letzter Zeit immer mehr durch den Portugieser verdrängt, auch der Traminer wird seines launischen Ertrags wegen seltener.

Regierung nimmt Stellung:

Weinbau in der Krise

Reformen sind geplant - Weinfachschulen sollen eingerichtet werden

Rheinhessen, um 1890 - bc. Schon seit Jahrzehnten befindet sich der rheinhessische Weinbau in einer tiefen Krise. Wie kam es dazu, und - was uns natürlich noch viel mehr interessiert - sieht die jetzige Regierung einen Ausweg?

Zu beiden Fragen nahm der Regierungssprecher des Großherzogtums Hessen-Darmstadt in einem Gespräch vor Ort eingehend Stellung. In seinen Ausführungen wies er zunächst darauf hin, daß die Regierung seit ihrer Amtsübernahme erhebliche Anstrengungen zur Förderung des rheinhessischen Weinbaus unternommen habe. Die Rebfläche sei durch ausgedehnte Waldrodungen sowie die Erweiterung des Straßen- und Schienennetzes beachtlich vergrößert worden. Um das Qualitätsniveau der einheimischen Weine zu steigern, habe man darauf eingewirkt, bei der Festsetzung des Lesetermins stärker den Reifegrad der Trauben zu berücksichtigen.

Daß diese, für den Export rheinhessischer Weine eigentlich förderlichen, Maßnahmen nicht den gewünschten Erfolg gebracht haben, dafür macht der Regierungsvertreter mehrere Faktoren verantwortlich:

Zum einen die hohen Schutzzölle, die der Staat Preußen seinen Weinbaugebieten Rheingau, Mittelrhein, Mosel, Nahe und Ahr gewährt. Dadurch seien die rheinhessischen Weine nicht konkurrenzfähig, zumal das Großherzogtum Hessen-Darmstadt selbst leider nur über einen begrenzten Markt verfüge. Zum andern habe die Einfuhr ausländischer Weine sowie die, seit zehn Jahren vermehrt auftretenden, Schädlingskrankheiten zu weiteren starken Absatz- und Ertragseinbußen geführt.

Um die Krise des rheinhessischen Weinbaus künftig in den Griff zu bekommen, müssen - so der Regierungssprecher - tiefgreifende strukturelle Veränderungen durchgeführt werden. Die Regierung erwäge unter anderem eine gründliche Selektion der Rebsorten, die Verwendung amerikanischer Unterlagsreben sowie eine umfassende Grundstücksumlegung. Ferner überlege man, Domänen und Weinfachschulen einzurichten, die durch Forschung, Lehre und Beratung dem rheinhessischen Weinbau zusätzlich positive Impulse geben sollen.

Es bleibt abzuwarten, ob die seitens der Regierung erwogenen Maßnahmen ausreichen werden, um die wirtschaftliche Lage der Winzer sowie das Ansehen unserer Weine entscheidend zu verbessern.

Bei der Schatzsuche:

Von Hinkelstein erschlagen

Saulheim, 1883 - rh. Der Lange Stein ist für Jakob Köster aus Ober-Saulheim zum Verhängnis geworden. Er glaubte, daß unter dem etwa 2,50 Meter hohen Stein ein Schatz verborgen sei. Bei seinen Grabarbeiten ist er von dem umstürzenden Steinklotz erschlagen worden.

Der Lange Stein gibt den Forschern schon seit Generationen Rätsel auf. Er steht etwa einen Kilometer südöstlich von Ober-Saulheim an der Straße zwischen Mainz und Alzey. Das Steinmaterial kommt in Rheinhessen nicht vor, der Stein wurde also von Menschenhand - wohl aus dem Hunsrück - hierhergeschleppt. Am oberen Ende ist ein Heiligenhäuschen eingebaut, in dem irgendwann einmal wahrscheinlich eine Heiligenfigur stand.

Ähnliche Felssäulen finden sich auf dem Schulhof in Nierstein und in Monsheim. Viele Forscher sehen in den Monumenten (Hinkelsteinen) heilige Stätten der Menschen aus der Jungsteinzeit oder glauben, diese Steine seien Kultstätten der Kelten. Andere Theorien gehen davon aus, daß diese Steine als Grenzmarkierung zwischen den Siedlungsgebieten der Franken und der Alemannen gedient haben.

Trotz des Unglückes, das der Stein gebracht hat, wird er bald wieder an seinem, seit Urzeiten vertrauten, Platz stehen. Der Staat hat das Gelände angekauft. Es ist geplant, den Stein unter Denkmalschutz zu stellen.

Ein Bild des ländlichen Rheinhessens: die Neumühle bei Wörrstadt

1,70 Mark Tageslohn

Löhne in Landwirtschaft und Weinbau

Bodenheim, 1885 - rh. Land- und Weinbauarbeiter in Bodenheim sind vorwiegend Saisonarbeiter. Sie finden nur Arbeit, wenn es die Zeit erfordert - und wenn das Wetter es erlaubt. Die normale Arbeitszeit im Sommer dauert morgens von sechs bis elf und von ein bis sieben Uhr nachmittags, im Winter wird von Tagesanbruch bis um elf und dann von halb eins bis zur Dunkelheit gearbeitet.

Ein gesunder Vollarbeiter verdient dabei eine Mark und siebzig Pfennige am Tag, eine Frau eine Mark. Ständig Beschäftigte gibt es sehr wenige, für sie gibt es einen Wochenlohn von 9 Mark, dazu kommt jedoch Fütterung und Pflege eines Pferdes.

Viele Tagelöhner ziehen es vor, bei der Eisenbahn zu arbeiten, hier verdienen sie ebenfalls 1,70 Mark - sie bleiben eher vor Arbeitsmangel, Regen und Frost bewahrt, müssen jedoch andere Schattenseiten auf sich nehmen: Morgens müssen sie mit dem Zug um 5 Uhr 30 abfahren und kommen erst um 18 Uhr 45 zurück. Die Güterbodenarbeiter müssen sogar bis 19 Uhr arbeiten, sie kommen erst mit dem nächsten Zug um 20 Uhr 45 zurück nach Bodenheim.

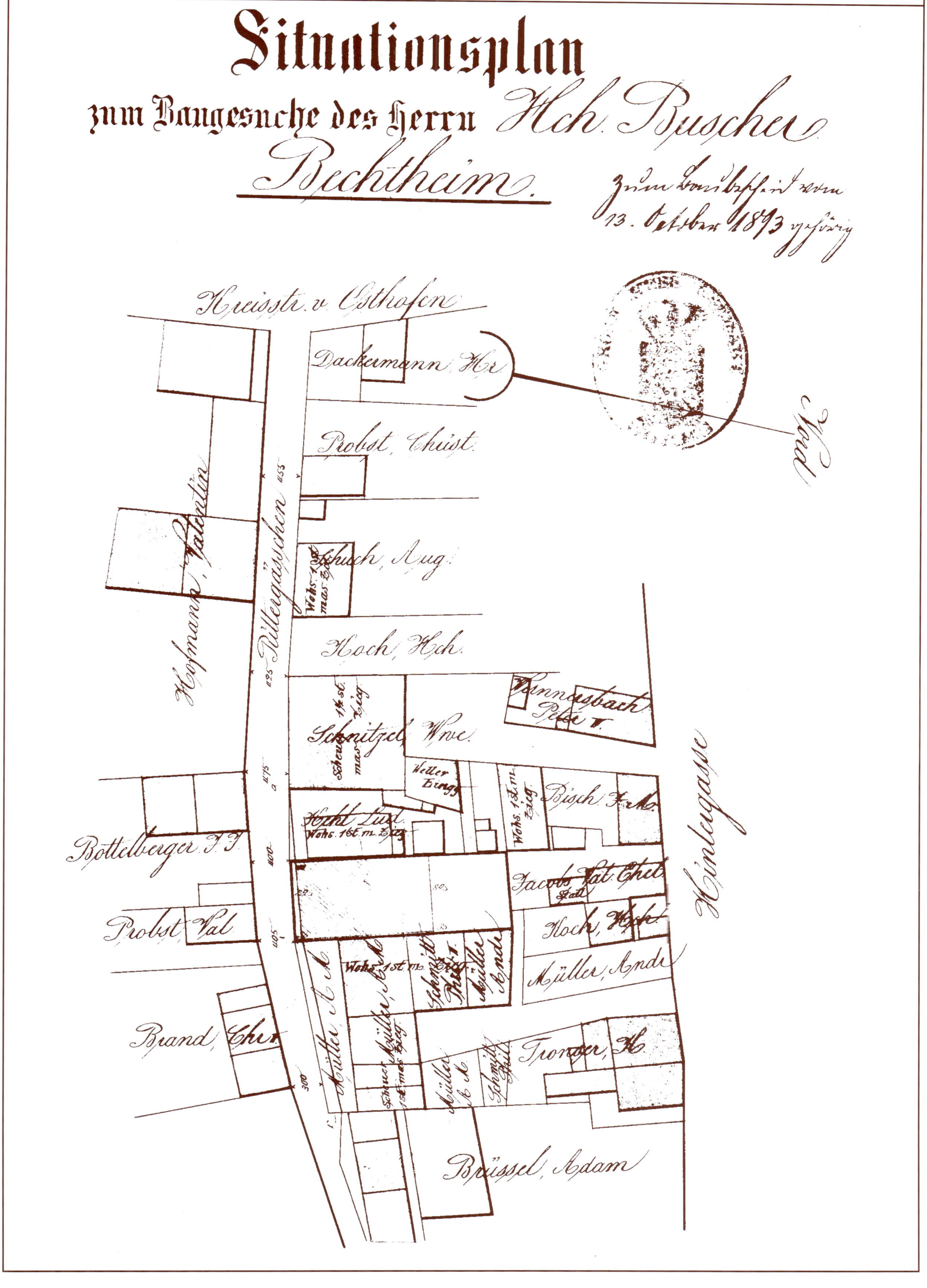
Situationsplan
zum Baugesuche des Herrn Hch. Buscher
Bechtheim.
zum Bauschein vom 13. October 1893 gehörig
Kreisstr. v. Osthofen
Dackermann, Hr
Probst, Christ.
Schuch, Aug.
Koch, Hch.
Hofmann, Valentin
Rittergäßchen
Schnitzel, Wwe.
Bischof
Böttelberger P. J.
Probst, Val.
Jacobs, Val. Christ.
Koch
Müller, Andr.
Brand, Chr.
Müller, A. M.
Tronser, H.
Müller
Brüssel, Adam
Hintergasse
Nord

Nr. 8
Ausgabe
1900-2000

IN VITIS VITA · IN VINO VERITAS

Jahrhundertpost

Die Zeitung im
GESAMTWERK
DEUTSCHER WEIN

Der letzte Beller Markt

Eckelsheim, 1903 - rh. Seit Jahrhunderten wurde er gefeiert, der Beller Markt bei der Kirchenruine südlich von Eckelsheim. Die heute noch erhaltenen Mauern dieser einst stattlichen Kirche stammen aus dem 15. und 16. Jahrhundert - damals gab es schon eine große Wallfahrt auf Maria Geburt (8. September) zur Kirche. Mit der Wallfahrt verbunden war der weit über die umliegenden Ortschaften berühmte Markt. Und während die Wallfahrt schon in der Reformationszeit erlosch, und die Kirche spätestens im Dreißigjährigen Krieg zerstört wurde, blieb das jährliche bunte Treiben bestehen.

Früher veranstalteten die Orte Eckelsheim, Wonsheim, Wendelsheim und Stein-Bockenheim den Markt gemeinsam - zuletzt ging die Initiative nur noch von Eckelsheim aus. Schade, daß eine so alte Tradition erlischt. Wenn man dann in Zukunft die idyllisch in den Weinbergen gelegene Ruine besucht, wird man sich kaum vorstellen können, wie lebendig es hier oft zuging. Wenn Kinder besonders laut und unartig sind, sagt man in der Gegend noch heute: Seid nicht so laut, man meint ja gerade, es wäre Beller Markt!

Die Binger Winzer sorgen für das Wohl der Stadt (Büdesheimer Winzer bei der Lese).

Der Weinhandel ist wirtschaftliches Standbein

Die Weinwirtschaft Bingens blüht

Die Wein-Versteigerungen sind stets gut besucht

Bingen, 1912 - rb. Eine führende Rolle im Binger Wirtschaftsleben nimmt heute der Weinanbau und -handel ein. Bei rund 10.000 Einwohnern hat die Stadt heute 120 Weingutsbesitzer und Weinhändler, sowie 75 Gastwirte. Dadurch ist die wirtschaftliche Lage und Entwicklung jedoch auch besonders abhängig vom Wetter. Gerät der Wein nicht gut, dann macht sich dies auch bei jedem einzelnen in der Geldbörse bemerkbar.

In den letzten Jahren hatten die Binger Winzer allerdings keinen Grund zur Klage, im Gegenteil. Bei den letzten Weinversteigerungen sind bis heute bei jedem Termin mehr als 1.200 Fuder, also 1,2 Millionen Liter, angeboten und auch verkauft worden.

Die Versteigerungen sind jedoch nicht mehr nur reine Handelsmärkte, sie vermitteln mittlerweile auch den zahlreichen Reisenden und Gästen fröhliche rheinhessische Lebensart. Aus allen Teilen Deutschlands kommen die Weinkenner und Händler, um hier ihre Gebote abzugeben, Proben zu kosten und schließlich zu kaufen.

Eichlocher werden Rommersheimer

Neuer Ortsname wegen Falschaussprache

Rommersheim, 1931 - rh. Mit Regierungsbeschluß vom 15. Januar 1931 hat der rheinhessische Weinort Eichloch einen neuen Namen: Rommersheim. Der Entscheidung liegt ein Antrag der Gemeinde Eichloch vom Juni 1930 zugrunde, der allerdings zunächst abgelehnt worden war. Das Kreisamt Oppenheim unterstützte jedoch den Antrag. Wir zitieren aus seiner Stellungname:

Es ist richtig, daß es oft bei Festen, Kirchweihen und dergleichen zu Reibereien und sonstigen unangenehmen Vorfällen kommt, die auf eine falsche Aussprache des Ortsnamens Eichloch zurückzuführen sind. Eine Umbenennung, wie sie die Gemeinde beantragt, halten wir für erwünscht. Ein Dorf Rommersheim gab es früher in der Nähe von Eichloch.

Die Gemeinde führte noch andere Argumente ins Feld: Die Bezeichnung Eichlocher Wachstum führe beim Weinkäufer zu falschen und dem Absatz abträglichen Vorstellungen, denn zum einen habe die Eiche nichts mit Wein zu tun und zum anderen gedeihe der Wein auch nicht in Löchern, sondern am besten an recht sonnigen Hügeln.

Agrarkrise in Rheinhessen

Reine Weinbaubetriebe besonders gefährdet

Rheinhessen, 1932 - rh. In den letzten drei Jahren hat sich die Situation der landwirtschaftlichen Betriebe Rheinhessens immer weiter verschärft.

Besonders schlimm hat es dabei die reinen Weinbaubetriebe erwischt, die kein zweites Standbein in der relativ ertragssicheren Landwirtschaft haben. Sie sind eben in hohem Maße von Witterungs-, Markt- und Wirtschaftsentwicklung abhängig. Reine Weinbaubetriebe sind aus diesem Grund im Durchschnitt auch sehr viel höher verschuldet als Gemischtbetriebe.

Rheinhessische Originale

Diese sieben Herren haben nach Erhebungen in ihrem langen Winzerleben - sie sind im Alter zwischen 86 und 94 Jahren - zusammen schätzungsweise mehr als 300.000 Liter Wein verkonsumiert. Sie sind allesamt noch äußerst rüstig und somit der beste Beweis dafür, daß der Wein jung, frisch und gesund erhält. Diese Winzer sind derart auf der Höhe, daß sie fast alle noch im Weinberg arbeiten und an den Belangen, der ihnen lieb gewordenen Kultur regsten Anteil nehmen.

Sie sind nicht etwa aus der gesamten Region Rheinhessen zusammengesucht, sondern stammen aus zwei Dörfern, und zwar aus Dienheim und Gau-Odernheim. Auch sind sie nicht die einzigen Altersgenossen in diesen Gemeinden, Dienheim hat fast 60 Einwohner, die das 70. Lebensjahr hinter sich haben und Gau-Odernheim derer über 60. In den anderen Orten Rheinhessens ist es ebenso.

Sollten diese sieben Weinrecken den Weingegnern nicht beweiskräftig genug sein, so könneten diesen noch Hunderte weiterer solcher rheinhessischer Winzergestalten zur Seite gereiht werden. Am besten wird es aber letzten Endes sein, wenn sich die, welche es angeht, einmal von der Rüstigkeit dieser Männer persönlich überzeugen, dann würden am raschesten die unhaltbaren Anfechtungen gegen den Weingenuß in sich zusammenbrechen.

Oppenheim
und seine Weine
Den Vertretern der norddeutschen Presse
anläßlich ihres Besuches in der Stadt Oppenheim am 29. Juli 1927
Ueberreicht von der Stadtverwaltung

Oppenheimer Berg
Entwurf von Otto Hupp
Verlag von Wilh. Gerstung, Offenbach a. M.

Linke Seite: Die Oppenheimer wissen, ihrem Wein eine gute "PR" zu verschaffen - hier das Titelblatt der umfangreichen Pressemitteilung für die Vertreter der norddeutschen Presse anläßlich ihres Besuches am 29. Juli 1927.

Winzer in Sorge

Rheinhessen, 1951 - rw. Mit Sorge blicken die rheinhessischen Winzer dem kommenden Herbst entgegen. Denn hier, im mit 13.800 Hektar größten zusammenhängenden Weinbaugebiet Deutschlands, wartet immer noch über die Hälfte der 1950er Weine auf Abnehmer. Rund 350.000 Hektoliter Wein des Vorjahres blockieren die Fässer in den Kellern der Winzerbetriebe, so daß der neue Jahrgang nicht eingelagert werden kann.

Viele Winzer haben erkannt, daß es so nicht weitergehen kann. Eine schlagkräftige Institution muß her, die eine entscheidende Menge Wein pro Jahr einlagern kann, um so markt- und preisregulierend zu wirken. Die 1946 gegründete Zentralkellerei könnte diese Rolle übernehmen. Allerdings sind ihre Möglichkeiten momentan noch begrenzt, besonders was die Lagerkapazität betrifft.

Auch Nichtchristen bekommen Geläut:

Glocken und Klagen

Bundesverwaltungsgericht in Berlin wies Revision ab

Bechtolsheim, 1957 - rb. Ob es der evangelischen Kirche nun paßt oder nicht, die Glocken der rheinhessischen Gemeinde Bechtolsheim werden auch in Zukunft Christen wie Nichtchristen zur letzten Ruhe läuten.

Mit dieser Entscheidung des Bundesverwaltungsgerichtes haben die dickschädeligen Weinbauern des 1400-Seelen-Dorfes einen siebenjährigen Rechtsstreit gegen die Kirchenleitung von Hessen-Nassau gewonnen, die durch drei Instanzen gegen eine alte Bechtolsheimer Tradition zu Felde gezogen war.

Seit einem knappen Jahrhundert hatte niemand etwas gegen den Brauch, verstorbenen Bürgern ohne Ansehen ihrer Konfession durch Glockengeläut die letzte Ehre zu erweisen. 1954 jedoch ging der Glockenfrieden in die Brüche. Damals läutete der Bechtolsheimer Gemeindediener den Bürger Thomas Zimmermann zu Grabe, dem ein freiprotestantischer Geistlicher das letzte Geleit gab.

Der evangelische Pfarrer Hans Hörr, damals seit zwei Jahren im Ort, erhob Einspruch. Da es weder vor dem Gemeinderat, noch vor dem Rechtsausschuß des Kreistages zu einer Einigung kam, erhob Pfarrer Hörr, unterstützt durch seine vorgesetzte Behörde, die Kirchenleitung von Hessen-Nassau, Klage vor dem Neustädter Verwaltungsgericht.

Hörr predigt seither in seiner Kirche vor fast leeren Bänken, und ein unbekannt gebliebener Bechtolsheimer nutzte die Jagd auf Spatzen, um auch eine Kugel im Pfarrhaus zu plazieren. Der geistliche Herr konterte, indem er in öffentlichen Anschlägen über Nachtschattengewächse, Lumpen, Totengräber, echte Lebens- und Brunnenvergifter wetterte.

Die Darmstädter Kirchenleitung brachte nach der kompletten Niederlage in den ersten beiden Instanzen den Glockenkrach schließlich in die dritte und letzte Instanz, vor das Berliner Bundesverwaltungsgericht.

Die Berliner Bundesrichter sahen im Bechtolsheimer Glockenbrauchtum keinerlei Eingriff in den Lebensbereich der Kirche und wiesen die Revision der Kirchenleitung kostenpflichtig zurück.

Erfolgreiche Neuzüchtungen der Landesanstalt für Rebzüchtung in Alzey

Alzey, 1976 - rh. Im Vergleich zu den Standardsorten (Riesling, Silvaner und der alten Neuzüchtung Müller-Thurgau) werden die Alzeyer Neuzüchtungen in Rheinhessen immer beliebter. Noch 1965 waren über 96 % der rheinhessischen Rebfläche mit Standardsorten bepflanzt. In nur 1,6 % der Weinberge standen Alzeyer Züchtungen, der Anteil anderer Neuzüchtungen betrug 2 %. Letztes Jahr (1975) stellten Neuzüchtungen fast jeden 4. Rebstock in Reinhessen - und mehr als die Hälfte davon waren Alzeyer Neuzüchtungen.

Die erfolgreichsten Reben aus Alzey: Faberrebe, Scheurebe und Huxelrebe. Die Sorten Siegerrebe, Kanzler und Septimer dagegen konnten nur eine geringe Verbreitung erreichen.

Tiefgreifende Änderungen:

Neues Weingesetz

Deutscher Wein wird in drei Qualitäten eingeteilt

Bonn, 1971 - rh. Der - hervorragende - Weinjahrgang 1971 wird der erste sein, der nach den Maßgaben des neuen deutschen Weingesetzes in den Handel kommt. Das neue Weingesetz ist aus vielen Gründen nötig geworden: Regelungen, die für die ganze Europäische Gemeinschaft gelten, mußten beachtet werden, und das alte Weingesetz ist für viele Weinfreunde unverständlich geworden.

Einige wichtige Neuerungen: Deutscher Wein wird zukünftig in drei Qualitätsstufen erhältlich sein: Tafelwein, Qualitätswein bestimmter Anbaugebiete und Qualitätswein mit Prädikat. Alle Weine der letzten beiden Gruppen tragen eine neu eingeführte amtliche Prüfnummer, und bevor ein Wein diese Nummer erhält, wird er von einer unabhängigen Kommission blind verkostet.

Innerhalb der Gruppe der Qualitätsweine mit Prädikat gibt es jetzt eine klar definierte Reihe von Prädikaten, die an festgelegte Mindestmostgewichte gebunden sind: Kabinett, Spätlese, Auslese, Beerenauslese und Trockenbeerenauslese. Früher gab es eine ganze Reihe weiterer Bezeichnungen (Goldbeerenauslese, Hochgewächs, feinste Auslese usw.), diese dürfen nicht mehr verwendet werden. Ebenfalls abgeschafft wurden die Bezeichnungen naturrein und Originalabfüllung (ersetzt durch Erzeugerabfüllung).

Es wird auch keinen Strohwein mehr geben, das neue Weingesetz erlaubt diese Art der Weinproduktion, bei der die Trauben auf Stroh zu Rosinen eingetrocknet werden, um höhere Mostgewichte zu erreichen nicht mehr. Der Eiswein, die klassische deutsche Spezialität, die andere Weinbauländer nicht nachahmen können, weil die Winter dort zu mild sind, wird jedoch auch weiterhin zu haben sein.

Weitere wichtige Neuerungen betreffen die Lagebezeichnungen. Viele alte Namen fallen weg. Das mag mancher bedauern, aber für den Weintrinker war die ungeheure Zahl (einige tausend!) der verschiedenen Herkunftsangaben nicht mehr nachvollziehbar. Im Weinbaugebiet Rheinhessen gab es vor der Zusammenfassung der kleinen Lagen über 1.800 verschiedene Bezeichnungen - auch jetzt sind es noch über 500. Schade, daß einige der originellsten Namen wegfallen, der Paternoster (Engelstadt), der Schwellkopf (Lörzweiler) oder auch der Geierscheiß (Ludwigshöhe und Uelversheim).

Neu eingeführt wurden die Großlagen - sie fassen zahlreiche Einzellagen zusammen und sollen den Winzern die Möglichkeiten geben, größere Mengen eines Weines produzieren zu können. Vor allem die Übersichtlichkeit des Angebots für Gelegenheitsweintrinker und für den Export erforderten diese Maßnahme.

Im Weinbaugebiet Rheinhessen sind solche Großlagen zum Beispiel die im Ausland schon lange bekannten Namen Oppenheimer Krötenbrunnen und Niersteiner Gutes Domtal. Die Ausdehnung des Bereiches dieser einstmals hochgelobten Einzellagen ist nicht überall auf ungeteilten Beifall gestoßen. Manch einer in Nierstein oder in Oppenheim fragt sich, ob hier nicht mit einem guten Namen Massenwein vermarktet werden soll - und ob nicht die klassischen Weine aus den berühmten Weinorten unter diesem Image zu leiden haben werden.

Schützt Wein vor Herztod?

Englisches Ärzteteam mit sensationeller Studie

Worms, 1979 - rb. Aus einer jetzt veröffentlichten Studie eines Ärzteteams aus Cardiff, England, geht hervor, daß Weinkonsum möglicherweise vor dem Herzinfarkt schützt. Bei der vorliegenden Untersuchung bezog man sich auf die Herzinfarktsterblichkeit bei Männern zwischen 55 und 64 Jahren und ihren Weinkonsum.

Dabei kam man zu dem überraschenden Ergebnis, daß die Bewohner Italiens, Frankreichs und der Schweiz von allen untersuchten 18 Ländern die niedrigste Herztod-Rate aufwiesen, jedoch mit am meisten Wein konsumierten. Die meisten Menschen starben an Herz- und Kreislauferkrankungen in den Vereinigten Staaten, Finnland, Schottland und Kanada, wo der Weinkonsum weit hinter dem des Bier- und Whiskeykonsums liegt.

Für die niedrigeren Todesraten ist aber auf keinen Fall der Alkohol im Wein verantwortlich. Die Ärzte vermuten vielmehr, daß die positive Folge des Konsums von Rebensaft eine Auswirkung der im Wein enthaltenen aromatischen Verbindungen ist.

Eintrag ins Guiness-Buch

Weltrekord im Weinfaß-Rollen

Quer durch Deutschland in 21 Tagen

Albig, 1981 - rb. Unter dem Motto "Ein Weinfaß rollt durch Deutschland", startete die Rheinhessische Landjugend am 15. August 1981 eine über 1.135 km lange Werbetour für das rheinhessische Weinparadies und seine Erzeugnisse.

Quer durch Deutschland, von Schleswig-Holstein bis nach München, rollten die Mädchen und Jungen in 21 Tagen das auf Räder montierte Faß und erzielten damit einen Weltrekord, der auch in das Guiness-Buch der Rekorde eingetragen werden soll.

Neben der bewundernswerten sportlichen Leistung ging es den jungen Winzern jedoch in erster Linie um die Werbung für den rheinhessischen Wein.

Ichunmoiböbbchertringerhoihesseschöppcher

Karlmoitrobbe!Moinrhoihessewoischoppe

Ohnerhoihessewoiwersdegradverrickt

Dodidawaanerdoderwolltrhoihessewoiho

Woiisnetgleichwoirhoihessewoisollssoi

Weruffgudewoivesessekaaftenimmerinrhoihesse

Guckschorschschunwidderrhoihessewoi

Kommtemolzuunsenoimerdringegradrhoihessewoi

Inrhoihessebeimwoidoläßdesojesojesoi

Wergeladehotdersolltrhoihessesilvanergeladehabbe

Daß die Rheinhessen nichts vom "Bierernst" halten, sondern sich lieber "weinfröhlich" geben, dafür sollen das Etikett der Alsheimer Feuerwehr (oben, mit Rückenetikett) und die prämierten Sprüche zum "Rhoihessewoi" beredte Beispiele sein. Viel Spaß beim Enträtseln!

Bereich Bingen

Bingen · Kempten · Gaulsheim · Büdesheim

Bingen bei Nacht mit hell erleuchtetem Mäuseturm

Bingen
24.000 Einwohner
360 Hektar in den Lagen Kirchberg, Kapellenberg, Osterberg, Rosengarten, Scharlachberg, Schelmenstück und Schwarzenberg (Großlage Sankt Rochuskapelle)
Hauptrebsorten: Riesling, Silvaner, Müller-Thurgau, Huxelrebe und Kerner

Zu Drusus Zeiten hieß ein römisches Kastell über der Nahemündung am Rhein Binginum. Aus Binginum entwickelte sich eine lebendige Stadt, die Verbindung von zwei so verschiedenen Landschaften wie Hunsrück und Rheinhessen. Die Einwohner nutzten den Rhein als Verkehrsader und kultivierten den Weinbau. Binginium wurde Handels- und Weinstadt. Heute erhebt sich an Stelle des Kastells die Burg Klopp, die nach den römischen Herrschern nun die Stadtverwaltung beherbergt.

Das Wahrzeichen der Stadt Bingen liegt auf einer Felsenklippe mitten im Rhein: der Mäuseturm. Er entstand im 14. Jahrhundert als Wartturm der Zollburg Ehrenfels; seine heutige Form mit Eck- und Treppentürmchen im neugotischen Stil erhielt er 1856, als er zum Signalturm für die Rheinschiffahrt umgebaut wurde. Doch woher hat der Turm seinen Namen? Sprachwissenschaftlich läßt er sich von Mautturm ableiten, aber auch die folgende Sage erklärt den Namen anschaulich: Bischof Hatto von Mainz hielt von sozialen Leistungen nicht viel und verbrauchte alle gezahlten Steuern für seine Lebensführung. Eine Hungersnot ließ nicht lange auf sich warten und deckte die Mißwirtschaft des Bischofs auf. Die Kornspeicher waren leer. Schuld daran, so der Bischof, seien die Mäuse, sie hätten alles aufgefressen. Solche Verleumdungen konnten diese nicht auf sich sitzen lassen, und der Rachefeldzug begann. Bischof Hatto versuchte, auf dem Mautturm im Rhein dem Zorn der Mäuse zu entkommen, doch sie wichen ihm nicht von den Fersen, bis sie ihn schließlich in dem Turm getötet hatten.

Wie dem auch sei, in Bingen erzählt man sich diese Begebenheit noch heute, vielleicht auch nur um die Zeitgenossen vor den Folgen der Habgier zu warnen.

Zurück zu den Römertagen. In dieser Zeit verband eine hölzerne Brücke Bingen mit den Heereswegen nach Trier, Mainz und Koblenz. Die bis heute erhaltene Nahebrücke ist die älteste Steinbrücke der Bundesrepublik. Sie wurde im elften Jahrhundert gebaut und legt, auf mächtigen Pfeilern, einen Weg über sieben Halbkreisbögen von Ufer zu Ufer. In einem der Pfeiler befindet sich eine Kapelle, die die Brücke und ihre Benutzer nach mittelalterlicher Auffassung vor Bösem bewahren sollte. Die Drususbrücke war bei Fürsten und Rittern beliebt als willkommene Einnahmequelle für Zölle. Um dem neuzeitlichen Verkehr standzuhalten, wurde die Brücke verbreitert, aber in ihrer ursprünglichen Form nicht verändert.

Folgt man der Nahe zu ihrer Mündung ruht der Blick bald auf dem mächtigen spätgotischen Bau der katholischen Pfarrkirche St. Martin. Sie wurde 1006 erstmals als Stiftskirche erwähnt und gilt als eine Gründung von Willigis, dem Erzbischof von Mainz.

Er war jedoch nicht der Erste, der diesen Platz mit dem Bau einer Kirche würdigte. Hinweise auf eine römisch-heidnische Kultstätte gibt der Grabstein des Aetherius aus dem fünften oder sechsten Jahrhundert. Die heutige Basilika wurde im 15. und 16. Jahrhundert erbaut.

Im elften Jahrhundert legte Erzbischof Willigis auch den Grundstein für die Burg Klopp. Sie wurde 1875-79 im rheinisch-romanischen Burgenstil des 15. Jahrhunderts erneuert. Im Burgturm ist das Heimatmuseum mit zahlreichen Exponaten aus der Römerzeit untergebracht. Sehenswert sind auch die Ausstellungsstükke aus dem 18. und 19. Jahrhundert, die die Weinkultur des Binger Raumes dokumentieren.

Stadtansicht Bingens

Ein weiteres historisches Bauwerk ist die großartige neugotische Anlage auf dem Rochusberg zu Ehren des Heiligen Rochus, des Pestheiligen. Die Rochuskapelle wurde mehrfach zerstört. Der heutige Bau stammt aus dem Jahre 1896.

Der Rochusberg ist nicht nur wegen seiner Kapelle so bekannt, sondern auch als Weinlage viel geachtet. Bingen ist als Schnittpunkt von vier Weinanbaugebieten zweitgrößter Umschlagplatz für Wein in der Bundesrepublik. Hatten nicht schon die Binger Ratsherren 1752 bei einer Sitzung keinen Bleistift, sondern einen Stopfenzieher in ihren Taschen? Es muß aber doch auch fleißige Handelsleute gegeben haben, die den guten Tropfen über die Grenzen Bingens zum Verkauf brachten. Sichtbare Erfolge prägen noch heute das Stadtbild. Die Häuser in der Stilvielfalt des 19. Jahrhunderts spiegeln den Ideenreichtum ihrer Bauherren.

Aber Bingen hat sich neben dem Flair einer Handelsstadt auch den eines gemütlichen Weinortes erhalten. Stellte die Heilige Hildegard von Bingen schon im elften Jahrhundert die heilende Wirkung des heimischen Weines fest, so läßt sich dies in den geselligen Weinstuben Bingens jederzeit überprüfen.

Kempten
Ortsteil von Bingen
2.000 Einwohner
120 Hektar in den Lagen Kapellenberg, Kirchberg und Pfarrgarten (Großlage Sankt Rochuskapelle)
Hauptrebsorten: Müller-Thurgau und Silvaner

Der heutige Binger Ortsteil Kempten liegt am östlichen Abhang des Rochusberges. Schon von weitem ist der Blick auf das Dorf einprägsam. Ganz oben auf dem Berg thront die Rochuskapelle mit ihrem gotischen Turmhelm und den Maßwerkspitzen, den Hang herunter schwingen sich die Rebzeilen der besten Kemptener Lagen, zu Füßen des Berges liegt der Ort. Besonders die wuchtige gelbe Kirche, inmitten von Dorfstraßen und Weinbergen gelegen, fällt auf.

Diese Dreikönigskirche ist ein Bau aus unserem Jahrhundert, lediglich der zierliche Turm, vom restlichen Bau etwas abgesetzt, stammt aus romanischer Zeit. Eine kleine Kapelle neben dem Turm bewahrt sogar noch ältere Denkmäler: einen Grabstein aus frühester christlicher Zeit, unbeholfen behauen, aber als seltenes Dokument aus früher Zeit nicht weniger beeindruckend, und eine römische Säule, vielleicht ein ehemaliger Altar.

Vom Kirchturm abgesehen haben nicht viele historische Bauten überlebt, trotzdem findet sich in Kempten ein interessantes architektonisches Kuriosum. In den zwanziger Jahren entstand eine malerische Gruppe von fünf Häusern, um einen kreisrunden Innenhof erbaut und durch bogenförmige Durchfahrten verbunden - eine schiefergedeckte Idylle.

Gaulsheim
Ortsteil von Bingen
25 Hektar in der Lage Pfarrgarten (Großlage Sankt Rochuskapelle)

Büdesheim
Ortsteil von Bingen
6.800 Einwohner
300 Hektar in den Lagen Schloßberg-Schwätzerchen, Bubenstück und Schloßberg (Großlage: Sankt Rochuskapelle)
Hauptrebsorten: Riesling, Silvaner, Müller-Thurgau, Kerner und Scheurebe

Büdesheim ist der größte der insgesamt sieben Ortsteile der Stadt Bingen. Einst ein reines Agrardorf, entwickelte es sich, seit seiner Eingemeindung im Jahre 1929, zu einem aufstrebenden Gemeinwesen mit städtischem Charakter. Ein Hindernis für die Expansion von Büdesheim war stets der Rochusberg. Die allmähliche, in den vergangenen Jahren vorangetriebene Vergrößerung der Wohnflächen in traditionellem Weinbergsgelände führte zu einem starken Verlust an Rebfläche. So war die Ausweitung der Neubaugebiete Grund dafür, daß die Stadt Bingen die kleinste Zuwachsrate an Rebfläche aller rheinhessischen Gemeinden hat. Durch zahlreiche Eingemeindungen von Orten aus dem Binger Land wuchs die Gesamtrebfläche jedoch wieder an.

Wenn der Name Büdesheim genannt wird, dann heute zunächst im Zusammenhang mit Wein. Die hier erzeugten Kreszensen haben weit über die Ortsgrenzen einen anerkannt guten Ruf. Aber auch Obst- und Spargelanbau werden intensiv betrieben. Sie haben in den letzten Jahrzehnten die Nutzung der Felder durch Kartoffeln, Getreide und Futtermittel weitgehend verdrängt.

Über die recht wechselvolle Geschichte von Büdesheim ist reichlich urkundliches Material vorhanden. Zahlreiche Funde aus der vorrömischen Zeit begründen die Annahme, daß schon vor unserer heutigen Zeitrechnung dort, wo der Ort Büdesheim heute liegt, Siedlungen vorhanden waren. Aus den Funden, Gefäße und römische Münzen, die das Museum in Mainz besitzt, kann man schließen, daß sich römische Kaufleute in dem Gebiet niedergelassen hatten und auch Teile einer römischen Garnison in Büdesheim stationiert waren.

Die geschichtlichen Daten über den Büdesheimer Weinanbau reichen zurück bis in die Zeiten Karls des Großen. Im Jahre 779 schenkte der Kaiser dem Kloster Fulda einen Weinberg in der Büdesheimer Gemarkung. So kann die Gemeinde also auf eine über 1200 Jahre alte Weinbautradition zurückblicken.

Die Burg von Büdesheim erhielt im Jahre 1300 durch eine Urkunde den Namen Wieneck, gleich Weinecke. Einige Jahre später, 1321 überträgt das Stephansstift dem Johann de Bienchen alle seine Güter in Budensheim gegen eine jährliche Abgabe von neun Karaffen Hunnenwein, drei Karaffen Frankenwein, 132 Malter Korn und andere Güter in flüssiger Form. Immer wieder also: Büdesheim und Wein.

Um den einstigen Dorfkern spannen sich heute in weitem Bogen saubere und behagliche Wohnviertel. Aus vergangenen Jahrhunderten ragt noch manches bedeutende Merkmal in die heutige Zeit hinein. Erwähnenswert ist unter anderem die katholische Pfarrkirche mit dem romanischen Turm im Ursprung aus dem 12. Jahrhundert, sowie Burg Wieneck. Das Rathaus aus dem Jahre 1539 ist ein bedeutender Profanbau der Spätgotik, dessen Ecktürme ursprünglich durch einen Wehrgang verbunden waren und im Barock durch ein Walmdach mit Dachreitern ersetzt wurden.

Villa Sachsen

Die Geschichte von der unzureichenden Wegzehrung

Der Stadtrat von Bingen war frühmorgens in Angelegenheiten des Stadtwaldes zur Lauschhütte hinaufgestiegen. Wider Erwarten hatte der mitgeführte Mundvorrat, namentlich der Wein, nicht gereicht. Am Nachmittag traf ein unbekannter Schelm im Binger Wald den Rathausdiener mit einem Zettel in der Hand, worauf bei den Namen der einzelnen Stadtväter die Zahl der von den Frauen nachzuliefernden Weinflaschen verzeichnet war. Der Schelm schaltete sofort und ließ sich von dem arglosen Rathausdiener den Zettel geben und ohne daß dieser es merkte, änderte er die Zahlen, indem er rechts neben jede 1 eine 0 und links neben jede 2 eine 1 schrieb. So wurden aus einer Flasche deren 10 und aus zweien wurden zwölf.

Man kann sich vorstellen, welche Gefühle diese Extrapost bei den Frauen ausgelöst haben mag, zumal das damalige städtische Budget für diese Zehrung der Stadtväter keinen Kredit aufzuweisen hatte.

Weingut Villa Sachsen
BINGEN AM RHEIN
1986
Binger Scharlachberg
RIESLING
TROCKEN
QUALITÄTSWEIN MIT PRÄDIKAT
SPÄTLESE
0,75 l
ERZEUGERABFÜLLUNG RHEINHESSEN

Weinkellerei P. J. Valckenberg Worms-Rhein
RHEINHESSEN
Dalsheimer Burg Rodenstein
Portugieser Weißherbst
-halbtrocken-
ABFÜLLER: P. J. VALCKENBERG GmbH, WORMS/Rh.
Qualitätswein b. A.
A. P. Nr. 4333247/30/84
0,7 l

RHEINHESSEN
1986er Gewürztraminer/Scheurebe
Auslese
Ludwigshöher Teufelskopf
ERZEUGERABFÜLLUNG
0,7 l
BÜRGERMEISTER
Herm. Weber Erbe
6501 LUDWIGSHÖHE

Rheinhessen · Qualitätswein mit Prädikat
Ockenheimer Klosterweg
Gewürztraminer Spätlese
0,7 l

Rheinhessen
Weingut Jägerhof
1985er
0,7 L
Westhofener Kirchspiel
Riesling Spätlese trocken
WEINGUT JULIUS GRÜNEWALD · WESTHOFEN

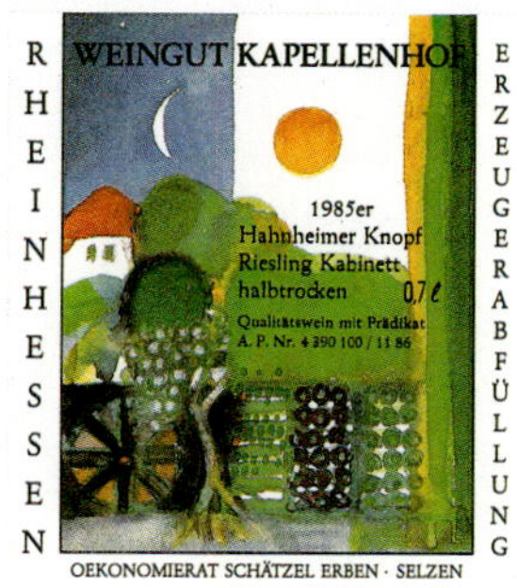
WEINGUT KAPELLENHOF
RHEINHESSEN
ERZEUGERABFÜLLUNG
1985er
Hahnheimer Knopf
Riesling Kabinett
halbtrocken
0,7 l
Qualitätswein mit Prädikat
OEKONOMIERAT SCHÄTZEL ERBEN · SELZEN

Weingut Hermann Fitting
Anbaugebiet Rheinhessen
0,7 L
1986er
Mauchenheimer Sioner Klosterberg
Bacchus Kabinett - trocken
Winzermeister H. Fitting · 6719 Mauchenheim · Tel. 06352-4713

Weingut Illian-Arnd
BECHTHEIM/RHH.
RHEINHESSEN
1986er Bechtheimer Heilig-Kreuz
Riesling Kabinett halbtrocken
Qualitätswein mit Prädikat A.P.Nr. 4 257 250 14 87
Erzeugerabfüllung
0,7 l
WINZERMEISTER H.J. ARND

Friedrich Baumann
Weingut Oppenheim
TROCKEN TROCKEN
1985er
Oppenheimer Sackträger Spätlese
Riesling
Erzeugerabfüllung
RHEINHESSEN
0,7 l

Rudolf Blasius Weingut
HOHEN-SÜLZEN BEI WORMS
1983 er
Hohen-Sülzer Sonnenberg
Ruländer Spätlese
Qualitätswein mit PRÄDIKAT A. P. Nr. 4 296 008 06 85
Erzeugerabfüllung
0,7 l
RHEINHESSEN

ERZEUGERGEMEINSCHAFT
Ritter Hundt
VON SAULHEIM
RHEINHESSEN
1985er
Saulheimer Hölle
Ortega Auslese
Qualitätswein mit Prädikat
0,7 L
ERZEUGERABFÜLLUNG
SAULHEIM/RHEINHESSEN

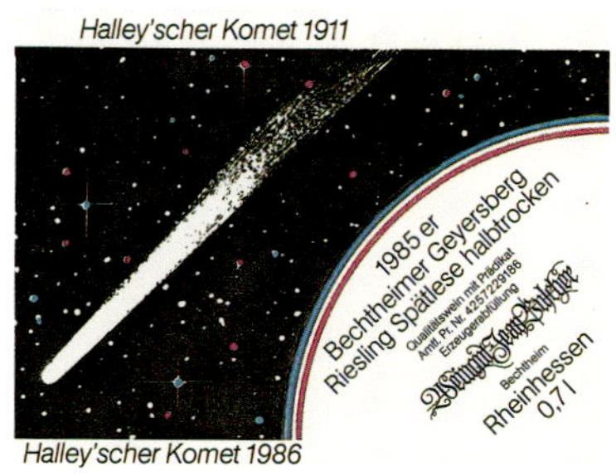
Halley'scher Komet 1911
1985 er
Bechtheimer Geyersberg
Riesling Spätlese halbtrocken
Rheinhessen
0,7 l
Halley'scher Komet 1986

Weingut Helenenhof
Roland Himmler
WEINKÜFERMEISTER
Osthofen am Rhein
Qualitätswein mit Prädikat
1986er Westhofener Rotenstein
Kerner Spätlese
0,7 l
RHEINHESSEN

Schloss Westerhaus
1986er
Ingelheimer
Schloss Westerhaus
Weißer Burgunder
TROCKEN
QUALITÄTSWEIN
0,7 l
RHEINHESSEN

Weingut Rappenhof
Dr. Reinhard Muth
Alsheim, Rheinhessen
1985er Guntersblumer Bornpfad
Spätburgunder Rotwein Spätlese Trocken
Qualitätswein mit Prädikat Produce of Germany Erzeugerabfüllung
A. P. Nr. 4252175 2186
Rheinhessen
e 700 ml

Weingut Wolfgang Janson
Vendersheim
WJV
WEINBAU SEIT 1790
e 0,7 l
RHEINHESSEN
1985er Vendersheimer Sonnenberg
Ehrenfelser · Spätlese · halbtrocken
Qualitätswein mit Prädikat

Grolsheim · Dietersheim · Sponsheim · Dromersheim · Ockenheim

Die Rochuskapelle

Die Zechfreudigkeit der Büdesheimer ist allgemein bekannt. Sie formte die Menschen und den Ort. Schon seit dem Jahre 1490 gibt es Beinamen wie Dorscht und Saufaus. Von einem Zugereisten, der sich der Trinkfestigkeit angepaßt hat, sagt man hier er sei gebingert. Selbst Goethe stellte beim Besuch des Rochusfestes im Jahre 1814 fest: Niemand schämt sich hier der Weinlust.

Grolsheim
Ortsteil von Bingen
800 Einwohner
40 Hektar in der Lage Ölberg (Großlage Sankt Rochuskapelle)
Hauptrebsorten: Müller-Thurgau, Silvaner, Scheurebe und Neuzüchtungen

Grolsheim liegt reizvoll am Ufer der Nahe. Es ist allerdings eben die Nahe, die den wenig fruchtbaren Boden um Grolsheim angeschwemmt hat: Kies, Sand, wenig Löß. So war Grolsheim nie ein ausgesprochen reiches Dorf, auch der Weinbau konnte sich nicht sehr weit ausdehnen, denn viele Lagen sind - vor allem im Mai - frostgefährdet. Aus diesem Grund haben viele Grolsheimer die Landwirtschaft aufgegeben und pendeln in die Stadt.

Um so erstaunlicher ist der Erfolg einiger ehrgeiziger Winzer im Ort. Immerhin gibt es neben einem großen selbstmarktenden Weingut ein halbes Dutzend weiterer Gemischtbetriebe mit Flaschenvermarktung.

Dietersheim
Ortsteil von Bingen
15 Hektar in der Lage Schelmenstück (Großlage Sankt Rochuskapelle)

Weinlandschaft bei Dromersheim

Sponsheim
Ortsteil von Bingen
25 Hektar in der Lage Palmenstein (Großlage Sankt Rochuskapelle)

Dromersheim
Ortsteil von Bingen
220 Hektar in den Lagen Honigberg, Klosterweg und Mainzerweg (Großlage Sankt Rochuskapelle)

Ockenheim
2.100 Einwohner
450 Hektar in den Lagen Hockenmühle, Laberstall, Klosterweg, Kreuz, Jakobsberg und Schönhölle (Großlage Sankt Rochuskapelle)
Hauptrebsorten: Müller-Thurgau, Riesling, Kerner, Silvaner und Portugieser

Wenn Bäume erzählen könnten, dann wäre der 400 Jahre alte Kastanienbaum am Ortseingang von Ockenheim neben einem Naturdenkmal auch ein wertvoller Zeitzeuge. Die Pestkreuze auf dem nahegelegenen Friedhof sind ebenfalls stille Zeichen der vergangenen Zeit. Sie mahnen auch an die Folgen des Dreißigjährigen Krieges. Als die Ockenheimer unter Not und Angst der Kriegswirren litten, kam auch noch der schwarze Tod ins Dorf. Lediglich 30 Menschen überlebten die furchtbare Pestseuche.

Alte Häuser und Höfe fehlen in der Gemeinde, und das nicht etwa als Folge neuzeitlicher Bausünden. Sie wurden während der Kriege immer wieder gründlich zerstört. Das einzige erhaltene historische Gebäude ist die katholische Kirche. Erbaut wurde sie im 17. Jahrhundert. Sehenswert sind die Rokoko-Kanzel und die renovierte Stumm-Orgel.

Fehlen auch weitere sichtbare Zeichen aus früheren Zeiten, so ist doch bekannt, daß sich um 893 hier eine Siedlung mit dem Namen Huckenheym befand, die seit dem Jahre 1299 den Namen Ockenheim trägt. Wechselnde Besitzverhältnisse der Patronats- und Zehntherren schlugen den Ort Mainz, Köln oder Baden zu. Im 16. Jahrhundert wurde er als strategisch wichtiger Punkt für Bingen befestigt und ausgebaut.

Die Zeiten haben sich auch hier gewandelt, es steht nicht mehr der Schutz vor möglichen Feinden im Mittelpunkt des Dorfgeschehens. Es ist ruhig in den Gassen. Viele der Bewohner arbeiten in Bingen, Mainz oder Frankfurt. Deshalb ist Ockenheim aber keine Pendler-Schlafstätte geworden. Die Lebendigkeit eines blühenden Gemeinwesens ist deutlich zu spüren. Das liegt am Weinbau, der immer noch, wenn er auch größtenteils im Nebenerwerb betrieben wird, die Bewohner beschäftigt.

Die weiten, nur leicht ansteigenden Weinberge ermöglichen den Einsatz modernster Technik. Die Frage, ob die Pflückmaschine zur Weinlese eingesetzt werden soll, erregt jedoch die Gemüter. Die traditionsbewußten Winzer fürchten um die Qualität ihres Weines, wogegen vor allem die Nebenerwerbswinzer auf die Güte des Rebensaftes nach der maschinellen Lese schwören, sie überlassen das Buckeln dem technischen Fortschritt. Bei der Weinprobe sind sie sich jedoch wieder einig, stolz präsentieren sie das Ergebnis ihrer Arbeit. Ebenso stolz erstreckt sich an der Straße zum Jakobsberg ein Neubaugebiet mit prächtigen Häusern. Von hier aus überblickt man das Dorf inmitten des Rebenmeers im nördlichen Rheinhessen. Vereinzelt wechseln Obstanbauflächen mit den Rebparzellen ab. Die ländliche Ruhe wird nur von den Hupsignalen der Schiffe auf dem nahen Rhein unterbrochen. Vielleicht war diese ländliche Idylle der Grund, warum 1921 holländische Trappisten hier ein Zisterzienserkloster gründeten, das jedoch 1951 schon verpachtet werden mußte, da sich kein Nachwuchs mehr fand. Vom Einsturz bedroht, mußte das Kloster abgerissen werden. Heute erinnert nur noch ein Stein am Rande des steil abfallenden Jakobsberges an den Standort des Klosters.

Die Wallfahrtskirche der vierzehn Nothelfer auf dem Jakobsberg ist heute noch das Ziel vieler Pilger. Sie wurde im 18. Jahrhundert von einem Ockenheimer Pfarrer gegründet. Die besondere Verehrung der heiligen Helfer sollte die herrschende Not lindern.

Ob mit oder ohne heilige Hilfe, die Ockenheimer haben ihre Gemeinde gestaltet und es verstanden, den wertvollen Boden zu nutzen. Beim heimischen Wein kann man sich jederzeit davon überzeugen.

Ockenheim

Auch so kennt man Bingen: mit eisführendem Fluß und bei Hochwasser.

Aspisheim · Horrweiler · Gensingen · Welgesheim · Biebelsheim

Aspisheim
850 Einwohner
180 Hektar in den Lagen Sonnenberg und Johannisberg (Großlage Sankt Rochuskapelle)
Hauptrebsorten: Müller-Thurgau, Scheurebe, Silvaner, Bacchus, Faberrebe, Riesling und Huxel

Im Schutz der zweithöchsten Erhebung Rheinhessens, dem 269 Meter hohen Hungerberg, liegt Aspisheim. Von dort oben zeigt sich das Dorf als eine verträumte Idylle inmitten von Weinbergen, an denen die Flurbereinigung vorübergegangenen ist. Es liegt wie die Bühne eines Amphitheaters, und im elliptischen Zuschauerraum stehen die Rebstöcke stellvertretend für Zeitzeugen der bewegten Vergangenheit.

768 wird Aspisheim erstmalig urkundlich als zum Kloster Lorsch gehörend genannt. Seine Gründung ist jedoch durch den Fund eines fränkischen Friedhofs auf die Zeit der fränkischen Landnahme zwischen 500 und 600 n. Chr. zu datieren. Ein weiterer Fund hat 1984, die 1200-Jahrfeier war gerade 16 Jahre zuvor, die Gemüter bewegt: Beim Ausbau der Einmündung Kirchgasse/Wassergasse tauchte ein römisches Bad auf. Damit dürfte Aspisheim um etwa 400 Jahre älter sein, als es andere Quellen bisher auswiesen. Die Aspisheimer hat es gefreut. Gefeiert wurde immer schon gerne, einem neuen Anlaß steht man sehr offen gegenüber: 1600 Jahre Aspisheim - eine revidierte Jahresfeier?

Obwohl nun der römische Ursprung Aspisheims feststeht, seinen Namen hat es doch erst von Ascmund, einem ortsansässigen fränkischen Hof- und Grundbesitzer.

Oben: Fröhlich grüßt Aspisheim.

Rechts: Prächtiges Fachwerk in Horrweiler

Den Dorfmittelpunkt bestimmt die - heute evangelische - Kirche, von deren romanischer Grundform aus dem 13. Jahrhundert nur noch der Turm erhalten ist. Im 14. Jahrhundert wurde das Kirchenschiff im gotischen Stil erneuert. Die restaurierten

Stille Gassen in Aspisheim

Wandmalereien jener Zeit, insbesondere das schmückende Rankenwerk auf der Rückseite des Chorbogens, lassen auf das schon damals durch Weinbau bestimmte Ortsbild schließen.

Ein weiteres historisches Gebäude, das Rathaus, erbaut im Jahre 1585, wurde im Zweiten Weltkrieg so stark beschädigt, daß es abgerissen werden mußte. Auf überwiegend schweren Lettenböden wird hier, zum größten Teil im Nebenerwerb, Wein angebaut. Der tonige Boden bringt für die Arbeit im Wingert, besonders bei häufigen Regenfällen ein Problem, das ein Winzer auf Rheinhessisch so kommentierte: "Do kriet mer Schlappe an die Fieß."

Horrweiler
622 Einwohner
180 Hektar in den Lagen Gewürzgärtchen und Goldberg (Großlage Sankt Rochuskapelle)
Hauptrebsorten: Müller-Thurgau, Silvaner und Neuzüchtungen

Fast alle rheinhessischen Dörfer waren seit dem Mittelalter befestigt, denn die Zersplitterung der Besitzrechte auf viele kleine Herren und die Rivalität der großen Mächte - der Kurfürsten in Mainz und der Pfalz - waren ständige Anlässe für kriegerische Auseinandersetzugen. Im Dreißigjährigen Krieg (1618-1648) erwiesen sich die alten Befestigugen als bitter notwendig - und nur zu oft als unzureichend. Auch in den folgenden Jahrhunderten war es den rheinhessischen Bauern und Winzern selten vergönnt, in Frieden zu leben - vor allem die Franzosen wurden zu gefürchteten Invasoren.

In der Regel war ein Dorf durch einen Graben und einen Baumring geschützt, zwischen die Bäume pflanzte man Büsche oder machte den Durchgang mit Balken, Ästen und Steinen unmöglich. Über diesen Dorfgraben hinaus besaßen manche Orte noch weitere Befestigungen oder Zufluchtsstätten. Oft war das die herrschaftliche Burg oder, wie in Horrweiler, die Kirche mit dem umgebenden Friedhof. Uns erscheint der Gedanke, ausgerechnet Gotteshaus und Begräbnisstätte als Festung zu benutzen, vielleicht als unangemessen - für die Menschen des Mittelalters lag der Gedanke nahe: In kleinen Ortschaften war die Kirche in der Regel das einzige massive, aus Stein gebaute Gebäude, sie lag zentral im Ort, und in gewissem Sinne gehörte sie allen.

Die Horrweiler Wehrkirche, günstig auf einer kleinen Anhöhe gelegen, war von vornherein als Gotteshaus und Befestigung geplant. Der Glokkenturm ist vom Kirchenbau abgetrennt und dient gleichzeitig als Torturm - oder sollen wir sagen, das Obergeschoß des stark befestigten Eingangs in den mit Graben und Ringmauern geschützen Friedhof diente gleichzeitig als Glockenstube?

Über dem Tor prangt immer noch das kurpfälzische Wappen, Signum des einstigen Landesherren - und auch die starken Mauern haben zum Teil die Zeitläufe überdauert.

Aus dem Barock stammen die eindrucksvollsten Wohnbauten Horrweilers. Große Fachwerkhäuser, teilweise mit geschnitzen Balken und - selten in Rheinhessen - schiefergedeckten Türüberdachungen. Das schönste Haus dieser Art wurde vom ehemaligen Schultheißen Daudistel im 18. Jahrhundert erbaut.

Schon vor sechzig Jahren betrug die weinbaulich genutzte Gemarkungsfläche um 125 Hektar. Damals dominierte die Silvanerrebe - vier Fünftel des Horrweiler Weines wurden aus diser Rebsorte gewonnnen. Durch den Erfolg des Müller-Thurgaus nach dem Zweiten Weltkrieg und das Aufkommen vieler neuer Rebsorten in den siebziger Jahren wurde der Anteil des Silvaners immer kleiner. Inzwischen ist er, zusammen mit den Rotweinreben, wieder im Kommen.

Gensingen
2.600 Einwohner
150 Hektar in der Lage Goldberg (Großlage Stankt Rochuskapelle)
Hauptrebsorten: Müller-Thurgau, Silvaner und Neuzüchtungen

Die Nähe zu den Städten Bad Kreuznach und Bingen sowie einige Gewerbebetriebe am Ort haben den Charakter Gensingens gründlich verändert. In der ehemaligen Bauern- und Winzergemeinde verdienen die meisten Einwohner inzwischen ihr Geld in anderen Berufen.

Die Weinbergsfläche ist deshalb nicht zurückgegangen, allerdings auch nicht wesentlich angewachsen. Vor sechzig Jahren waren hier auch schon gut über 100 Hektar Weinberge angepflanzt - damals zu 80 Prozent mit Silvaner, der klassischen Rebe Rheinhessens. Die Rebsortenpalette ist inzwischen deutlich breiter geworden, so können sich weinkundige Besucher in den flaschenweinvermarktenden Betrieben durch eine umfangreiche Weinkarte hindurchprobieren.

Erinnerung an das alte dörfliche Gensingen stellen die kleine protestantische Kapelle mit ihrer barocken Zwiebelhaube und schöne Fachwerkhäuser aus der Zeit um 1800 dar.

Welgesheim
425 Einwohner
75 Hektar in der Lage Kirchgärtchen (Großlage Sankt Rochuskapelle)

Biebelsheim
580 Einwohner
160 Hektar in den Lagen Honigberg und Kieselberg (Großlage Sankt Rochuskapelle)
Hauptrebsorten: Müller-Thurgau, Silvaner und Neuzüchtungen

Die Biebelsheimer Gemarkung hat eine Größe von 333 Hektar, knapp die Hälfte dieser Fläche wird weinbaulich genutzt. So ist es natürlich, daß der Wein wichtigster Wirtschaftsfaktor des kleinen Örtchens ist. Biebelsheim liegt am Rand des Weinbaugebietes Rheinhessen, und viele Winzer haben auch Weinbergsbesitz in Nachbarorten. Und weil diese Orte teilweise zum Weinbaugebiet Nahe gehören, ergibt sich die Kuriosität, daß viele Winzer Weine aus zwei Weinbaugebieten anbieten können.

Vor 25 Jahren gab es in Biebelsheim noch fast ausschließlich Gemischtbetriebe: Neben dem Weinbau waren Tierhaltung, Ackerbau und Obstbau wichtige Einnahmequellen. Inzwischen hat sich vieles geändert: Die Rebsortenpalette wurde um zahlreiche Neuzüchtungen erweitert - früher pflanzte man vorwiegend Müller-Thurgau und Silvaner an, und viele Betriebe sind dazu übergegangen, ihren Wein auf Flaschen zu füllen und selbst zu vermarkten.

Wann der Ort urkundlich erstmals genannt ist, wird wohl nie ganz zweifelsfrei festzustellen sein, denn Verwechslungen mit Orten ähnlichen Namens (Biebelnheim bei Alzey oder Biebesheim bei Groß-Gerau) sind bei der Freiheit, die sich mittelalterliche Schreiber in der Orthografie herausnahmen, nie ganz auszuschließen. Die ältesten noch stehenden Gebäude stammen aus dem 15. Jahrhundert: ein noch sehr wehrhaft anmutendes Steinhaus und die Kirche. Der zierliche, einschiffige Kirchenbau stammt aus dem Jahr 1498. Seine alte Ausmalung ist zwar nicht mehr sichtbar, aber ein Marienbild an der Außenseite der Kirche legt noch Zeugnis von der Kunstfertigkeit der Erbauer ab.

Biebelsheim war immer eine Filiale der Pfarrei Planig, und als dort (gegen den Widerstand des damaligen Pfarrers übrigens) die Reformation eingeführt wurde, traten auch die Biebelsheimer zum Protestantismus über. Heute können wir die kleinlichen Streitereien des 17. und 18. Jahrhunderts zwischen Protestanten und den wenigen verbliebenen Katholiken nur noch belächeln - wenn etwa die Evangelischen den katholischen

Gartenidylle in Pfaffen-Schwabenheim

Zotzenheim · Pfaffen-Schwabenheim · Badenheim · Gau-Algesheim Appenheim · Nieder-Hilbersheim · Ober-Hilbersheim

Priester am Glockenläuten hinderten, indem sie den Glockenschwengel abmontierten - tatsächlich so geschehen im Jahr 1713!

Daß man sich in Biebelsheim nicht nur gegen interne Streitigkeiten schützen mußte, belegen noch Straßennamen wie Grabengasse und Ringstraße. Diese beiden Straßenzüge decken sich etwa mit dem alten Ringwall um den Ortskern. Nur durch zwei Tore konnte man bis in das 19. Jahrhundert den Ort betreten. Als zusätzlichen Schutz vor feindlichen Übergriffen hatten sich die Einwohner geheime Kellergewölbe unter dem Ringwall gebaut, Franzosenkeller nannte man sie, aus Furcht vor den jahrhundertelang drohenden Übergriffen des starken Nachbarn. Noch in den fünfziger Jahren unseres Jahrhunderts wurde ein solcher Keller entdeckt: Er brach unter der Last eines obstbeladenen Lieferwagens zusammen.

Zotzenheim
470 Einwohner
70 Hektar in den Lagen Johannisberg und Klostergarten (Großlage Sankt Rochuskapelle)

Pfaffen-Schwabenheim
930 Einwohner
165 Hektar in den Lagen Sonnenberg, Hölle und Mandelbaum (Großlage St. Rochus-Kappelle)
Hauptrebsorten: Müller Thurgau, Silvaner, Dunkelfelder und Dornfelder

Pfaffen-Schwabenheim hat gegenüber seinen Nachbarorten eine Besonderheit aufzuweisen: sein Kloster und die katholische Pfarrkirche. Beides erinnert an die Zeit, als hier eines der bedeutendsten Klöster des Naheraumes lag - das Augustiner-Chorherrenstift Schwabenheim. Der Name des Klosters weist auf eine fränkische Neugründung hin, obwohl wahrscheinlich schwäbische Bauern die vorherigen Siedler waren und den Namen des Ortes Pfaffen-Schwabenheim mitbestimmt haben. Gründer des Klosters war Graf Eberhard V, der Selige, von Nellenburg, der das Kloster mit seiner Mutter Hedwig im Jahre 1040 stiftete. Im Jahre 1124 wurde das Kloster dem Erzbischof von Mainz übertragen. Das Kloster war Ursache für den Zusatz zum Namen Schwabenheim (Pfaffen), um dieses Dorf vom nicht allzuweit entfernten Schwabenheim an der Selz zu unterscheiden. Das Ortswappen symbolisiert die Entstehung des Ortes: eine Traube über dem gräflichen Wappen. Von Pfarrern und und Mönchen sagt man bekanntlich, daß sie einen guten Tropfen zu würdigen wüßten. Deshalb sind die Pfaffen-Schwabenheimer auch davon überzeugt, daß Kloster und Dorf vermutlich dem Wein, der am Bosenberg wächst, ihr Dasein zu verdanken haben.

Unter den Klosterleuten machte damals eine Rebenlegende die Runde: Ein Mönch begegnete einem Ungläubigen, der meinte: Herr, euer Glaube ist unnütz, so ihr ihn nicht anwendet; denn wenn ihr wirklich Glauben habt und diesem Berg sagen werdet: - Hebe dich auf, Berg, und stürze ins Tal -, dann wird er es tun; und ich bitte euch, saget diesem Berge: - Berg, stürze dich ins Tal!-. Da antwortete der Augustiner: Sicherlich sprichst du Wahrheit, der Glaube hat eine solche Kraft in sich; aber du siehst, der Berg ist voller Weinberge, und stürzt der Berg ins Tal, so könnte der Tisch des Herrn nicht mehr mit Wein beschickt werden. Und das wäre eine Sünde, und darum darf ich solches nicht tun.

Altar in Pfaffen-Schwabenheim

Der Weinanbau spielt im Leben des Dorfes auch heute noch eine bedeutende Rolle. Der Ortskern ist geprägt von Land- und Weinbaubetrieben mit alter Bausubstanz in überwiegend gutem Zustand. So wurden unter anderem auch ein bereits 1685 erbautes Fachwerkhaus sowie die Klosterkirche vor wenigen Jahren gründlich restauriert. Am Ortsrand von Pfaffen-Schwabenheim, gegen Süden und Westen, entstanden verschiedene Neubaugebiete und ließen die Bevölkerungszahl in den letzten Jahren von 700 auf über 900 ansteigen.

Badenheim
470 Einwohner
105 Hektar in den Lagen Römerberg und Galgenberg (Großlage Sankt Rochuskapelle)
Hauptrebsorten: Riesling, Müller-Thurgau, Silvaner, Scheurebe, Kerner, Ruländer und Bacchus

Badenheim ist eine ländliche Wohngemeinde, nicht weit von Bad Kreuznach in einem schönen Wiesental gelegen. Dominante und das Ortsbild prägende Gebäude, wie zum Beispiel die für Rheinhessen typischen Dreiseithöfe, finden sich vor allem an der Hauptstraße. Auffallend ist der geschlossene Ortscharakter: Die Bauweise und die harmonische Reihung von Wohnhaus, Hoftor und Nebengebäude sind durch Neu- oder Umbauten kaum gestört. Der Ort ist von Landwirtschaft und Weinbau geprägt. Von den 37 Vollerwerbsbetrieben vermarkten 22 Winzer ihre Faß- und Flaschenweine selbst, der übrige Teil der Weinbauern hat sich einer Erzeugergemeinschaft oder Genossenschaft angeschlossen.

Badenheims Geschichte geht zurück bis in die Merowingerzeit. Schon damals muß eine kleine Ansiedlung bestanden haben, denn beim Ausbau eines Neubaugebietes konnten bisher 81 Gräber eines fränkischen Friedhofs freigelegt werden. In einem der Gräber fand man die Überreste eines Franken, der an seiner rechten Hüfte ein Langschwert, an seiner linken ein breites Kurzschwert trug. Neben ihm lag ein Schild, von dem allerdings nur noch die eisernen Beschläge erhalten, und darunter eine Lanze.

Berühmtester Sohn des Ortes ist Isaak Maus, geboren 1748, der nicht nur Bürgermeister und Landwirt, sondern vor allem auch Bauerndichter war. Neben politischen Betrachtungen charakterisierte er auch die Mentalität seiner Landsleute in treff-lich-ironischen Versen. Bekannt wurde Isaak Maus jedoch vor allem durch seine weinbezogene Lyrik. Heute erinnert eine Gedenktafel an seinem Geburtshaus an den Philosophen im Bauernkittel.

Ein Blick in die Vergangenheit der Gemeinde trifft mitten in das bunte Mosaik der Territorialgeschichte, das schließlich durch die Französische Revolution beendet wurde. Der Ort gehörte bis 1730 zur Herrschaft des Freiherrn Faust von Stromberg und danach den Grafen von Schönborn-Heusenstamm. Aus dieser Zeit stammt das prächtige, viergeteilte Badenheimer Wappen, das den Ort als ehemaliges Gebiet der rheinischen Reichsritterschaft ausweist. Bis 1814 dauerte die Zugehörigkeit zu Frankreich. Danach bestand eine gemeinsame kaiserlich-österreichische und königlich-bayerische Verwaltung, die 1816 durch das Großherzogtum Hessen abgelöst wurde.

Wie viele Gemeinden im rheinhessischen Hügel- und Tafelland nutzt auch Badenheim die guten Böden und günstigen klimatischen Bedingungen für einen intensiven Weinanbau. Es ist eine Wander-Landschaft, und so hat der Naturfreund und Weininteressierte die Möglichkeit, sich auf einem Weinwanderweg die Landschaft und den Wein zu erschließen. Die ansässigen Winzer übernehmen auf Wunsch gerne selbst die Führung und informieren über traditionelle sowie neugezüchtete Rebsorten. Für tatkräftige Gäste besteht auch die Möglichkeit, an einer Weinlese teilzunehmen. Im Anschluß daran kann man sich beim Bremser-Ball, dem Ball des jungen Weines, den Genüssen des Lebens hingeben und sich bei aller Gemütlichkeit und einem guten Glas Wein von den ungewohnten Strapazen erholen.

Gau-Algesheim
5.400 Einwohner
365 Hektar in den Lagen Goldberg, Johannisberg, Rothenberg, Sankt Laurenzikapelle und Steinert (Großlage Abtei)
Hauptrebsorten: Müller-Thurgau, Silvaner, Riesling, Kerner, Faberrebe und Portugieser

Am Gau-Algesheimer Marktplatz steht eines der schönsten Rathäuser Rheinhessens. Die mächtigen Mauern des Untergeschosses stammen noch aus gotischer Zeit; das zierlichere, figurengeschmückte Obergeschoß ist ein Werk des Barock. Der elegant geschwungene Giebel wird von einem reizvollen Dachreiter bekrönt.

Natürlich beherrscht das rotbraune Rathaus den Platz - andererseits könnte es ohne die neu hergerichtete Umgebung nicht seine ganze malerische Wirkung entfalten. Rund um den Platz stehen gepflegte Bürgerhäuser, in der Mitte sprudelt ein neu angelegter Brunnen, eine interessant gestaltete Bepflasterung bereichert das Bild. Den Verkehr möchten die Gau-Algesheimer aus diesem beschaulichen Ortszentrum möglichst heraushalten, Sitzbänke laden stattdessen zum Verweilen ein.

Zweimal der Marktplatz in Gau-Algesheim: oben mit den "Überresten" der Hexennacht

In der Nähe des Marktplatzes steht - leicht erhöht - die auffallend große katholische Kirche des Ortes. Sie wurde Ende des vergangenen Jahrhunderts erbaut, interessanterweise nicht, wie sonst üblich, in West-Ost, sondern in Nord-Süd-Richtung. Das hat einen ganz bestimmten Grund: Der Neubau führt quer durch die Überreste des Vorgängerbaus hindurch. So konnten die historisch und künstlerisch bedeutendsten Bauteile der alten Kirche, Chor und Turm, erhalten bleiben.

Das Untergeschoß des Turmes ist das wohl älteste Bauwerk im Ort, es stammt aus der Zeit noch vor dem Jahr 1000. Mit seinen hochaufragenden Spitzen bestimmt der Kirchturm das Ortsbild aus der Fernsicht. Der alte Chor, jetzt eine Seitenkapelle, bewahrt noch Ausstattungsteile - Altäre und Grabmäler - aus dem Vorgängerbau. Der Boden des Chores steigt steil an; nicht erstaunlich, wenn man den Bau von außen betrachtet: Unter dem Chor können Fußgänger durch einen gewölbten Gang hindurchlaufen.

Es gibt noch weitere sehenswerte Gebäude im Ort, den Graulturm etwa, den nordöstlichen Eckturm der mittelalterlichen Stadtbefestigung - 1332 wurde Gau-Algesheim zur Stadt erhoben und anschließend befestigt - oder Schloß Ardeck, Sitz von Behörden und Vebandsgemeindeverwaltung. Es geht auf ein Wasserschloß zurück, das ursprünglich unmittelbar südlich der Stadt, aber außerhalb der Stadtmauern lag. Dieser Bau wurde im Dreißigjährigen Krieg zerstört und 1803 endgültig abgerissen. Das heutige Schloß ist ein Nachbau aus dem frühen 19. Jahrhundert.

Schon im Mittelalter war Gau-Algesheim nicht nur bedeutender Produzent, sondern auch Handels- und Umschlagplatz für die Weine aus dem Hinterland. Der Gau-Algesheimer Weinmarkt war einer der bekanntesten der Region. Auch das imposante Gebäude der kurmainzischen Kellerei erinnert an die lange Weintradition.

Neben selbstmarktenden Weingütern gibt es hier auch eine Sekt- und wichtige Weinkellereien, denn, wie allgemein in Rheinhessen, viele Winzer verkaufen ihren Wein im Faß an Großkellereien, die Abfüllung und Vermarktung übernehmen.

Gau-Algesheim liegt am Ausgang des vom Weinbau dominierten Welzbachtales, gegen den Rhein zu erstrecken sich ausgedehnte Obstbaumkulturen, deren Blütenpracht einen Besuch in der Frühlingszeit zu einem besonderen Erlebnis machen.

Appenheim
1.150 Einwohner
125 Hektar in den Lagen Daubhaus, Drosselborn, Eselspfad und Hundertgulden (Großlage Abtei)
Hauptrebsorten: Müller-Thurgau, Silvaner, Kerner, Bacchus und Portugieser

Am Talabhang des Welzbachtals liegt der Weinort Appenheim - an klaren Tagen schweift der Blick das Tal hinunter über Gau-Algesheim und den Rhein auf die Reben und Wälder des Rheingaus.

Unter den älteren Häusern des Ortes fällt das Fachwerkrathaus aus dem 16. Jahrhundert auf. In jüngster Zeit wurde es renoviert und ist jetzt wieder der Stolz des Ortes. Das Erdgeschoß war früher offen, hier war Platz für öffentliche Veranstaltungen und Debatten. Die rundbögigen Öffnungen sind heute allerdings teilweise zugemauert. Nach historischen Befunden hat man das Balkenwerk in seiner ursprünglichen Farbe - grau - gestrichen, lediglich ein reich geschnitzter Eckbalken hebt sich durch seine farbige Fassung ab. Dem Rathaus gegenüber steht die kleine katholische Kirche aus der Barockzeit mit ihrem wertvollen Altar. Er stammt von jenseits des Rheines aus dem Kloster Nothgottes, das 1813 aufgehoben wurde.

Die weinkundigen Freiherren von Greiffenclau, ihr Sitz war schon damals auf Schloß Vollrads im Rheingau, besaßen in Appenheim seit dem 16. Jahrhundert Weinberge und einen Zehnthof. Erst mit der Säkularisation in der Franzosenzeit erlosch diese Verbindung.

Heute spezialisieren sich immer mehr alte Mischbetriebe auf den Weinbau und die Flaschenvermarktung, so daß ein jeder Besucher seinen Wein in seinem Weingut finden kann.

Nieder-Hilbersheim
430 Einwohner
80 Hektar in den Lagen Honigberg, Mönchspforte und Steinacker (Großlage Abtei)
Hauptrebsorten: Müller-Thurgau, Silvaner, Portugieser, Kerner und Bacchus

Auf einer Anhöhe steht die kleine protestantische Kirche des Ortes, dahinter die katholische Kapelle - nicht klein, sondern winzig. Nieder-Hilbesheim ist ein beschauliches Dörfchen im idyllischen Welzbachtal. Nicht allein der Weinbau bestimmt hier das Landschaftsbild, Obst und Spargelanbau sind ebenfalls wichtige Erwerbszweige. Am schönsten ist ein Besuch im Ort deshalb zur Zeit der Obstblüte im Frühjahr.

Ober-Hilbersheim
770 Einwohner
20 Hektar in der Lage Mönchspforte (Großlage Sank Rochuskapelle)

Die Geschichte vom allzu wäßrigen Mönchstrunk

Seit je sehen die Menschen das Brot, das Öl und den Wein als die erhabensten und nützlichsten Segensgaben an. Alle drei tragen zur Erhaltung des Lebens bei. Aber dem Wein allein ist die Kraft vorbehalten, Gemüt und Geist zu erheben und zu beleben.

Das wußten bestimmt schon die Pfaffen-Schwabenheimer Mönche, denn sie fühlten sich als Nachkommen des Erzwinzers Noah. Ohne ihre Wingertskarste gäbe es manche Weinbergslage nicht. Ohne ihre geschulte Kellermeisterzunge könnten wir uns der herrlichen Gewächse nicht erfreuen.

Wie weinbehaglich es in den Cellarien (den Kellern), den Refektorien (den Speisesälen) oder auch in den Dormitorien (den Schlafräumen) zuging, sollen uns die Klosterleute selbst erzählen. Da ging bei den Mönchen ein Scherz um, der mit viel Beifall aufgenommen wurde: Ein Prior ließ in asketischer Anwandlung - gegen Klosterbrauch und Mönchsregel - den Tischwein mit kräftigen Wassergüssen taufen. Der Gottesmann befleißigte sich auch sonst frommer Entsagung und hielt einmal einem Mitbruder seine Geschwätzigkeit vor, indem er scherzte: "Bruder, wann wird wohl endlich deine Mühle stille stehen?". "Sie kann nicht", hallte es zurück, "solange ihr so viel Wasser darauf gießt!"

K300

Partenheim · Wolfsheim · St. Johann · Sprendlingen

Partenheim
1.130 Einwohner
150 Hektar in den Lagen Steinberg und Sankt Georgen (Großlage Abtei)
Hauptrebsorten: Müller-Thurgau, Silvaner, Bacchus, Scheurebe und Kerner

Schon von weitem besticht das Dorf durch seine idyllische Lage. In eine Talmulde geschmiegt, die nach Nordosten hin zum Selztal abfällt, wird Partenheim von üppigen Obstgärten und Weinbergen umgeben. Der geschlossene Ortskern wird von der auf dem höchsten Punkt des Dorfes stehenden, ehemaligen Wehrkirche einerseits und vom mittelalterlichen Schloß Wallbrunn andererseits eindrucksvoll geprägt.

Sehenswert sind aber auch der Fachwerkbau des früheren Pfarrhauses sowie der aus der Mitte des 18. Jahrhunderts stammende Wamboldsche Hof, ursprünglich ebenfalls ein Schloß. Kein Wunder also, wenn die Partenheimer, auf Grund ihrer von Adelsgeschlechtern bestimmten Geschichte, ihre alljährlich stattfindenden Festivitäten mit dem Schloßfest am letzten Sonntag im Mai beginnen. Im August und September folgen, jeweils am ersten Sonntag des Monats, das Hintergassen- und das Kirchweihfest. Und wenn sich in den verwinkelten Gäßchen rund ums Schloß urwüchsiger Humor und unbeschwerte Lebensfreude ausbreiten, dann fühlt sich auch der auswärtige Besucher schnell heimisch.

Wer erst einmal von den guten Qualitätsweinen, die hier erzeugt werden, gekostet hat, der wird die örtlichen Lagen Steinberg und Sankt Georgen nicht so schnell vergessen. Müller-Thurgau und Silvaner sind immer noch die dominierenden Rebsorten, wobei sich allerdings Bacchus und Scheurebe zunehmender Beliebtheit erfreuen. Um gemeinsam besser neue Weinfreunde gewinnen zu können, vermarkten die meisten Partenheimer Winzer ihre Gewächse über die Erzeugergemeinschaften in Sprendlingen und Bornheim.

Sanft gewellte Rebhänge bei Sprendlingen, im Herzen des Hügellandes.

Links: Die Partenheimer Kirche vor stahlblauem Winterhimmel

Wolfsheim
600 Einwohner
140 Hektar in den Lagen Götzenborn, Osterberg und Sankt Kathrin (Großlage Abtei).
Hauptrebsorten: Müller-Thurgau, Silvaner, Bacchus, Faberrebe und Kerner

In reizvoller Lage, an einem sanft geneigten Südhang zwischen Wißberg und Napoleonshöhe, empfängt der schmucke Winzerort seine Besucher. Auf schweren, fruchtbaren Lehmböden gedeihen die Neuzüchtungen Faberrebe und Bacchus besonders gut, aber auch Müller-Thurgau und Silvaner bringen hier bemerkenswerte Qualitätsweine hervor.

Daher ist es nur allzu verständlich, wenn so mancher Weinfreund von der Sankt Kathrin schwärmt, zum Osterberg pilgert oder sich vom Götzenborn angesprochen fühlt, so heißen nämlich die drei bekannten Weinlagen des Ortes. Und daß in Wolfsheim der Wein schon früh zu Ehren gekommen ist, beweisen die sogenannten Nuppengläser, von denen die ältesten aus der Römerzeit stammen. Hierbei handelt es sich um zweihenklige Stengelbecher mit brauner Randspirale sowie grünen und braunen aufgeschmolzenen Glastropfen, sprich Nuppen.

Diese Wolfsheimer Gläser wurden 1934 in einem fränkischen Sarkophag als Grabbeilage entdeckt und befinden sich heute im Mittelrheinischen Landesmuseum von Mainz. Auch wenn die wertvollen Trinkgefäße nicht mehr an Ort und Stelle sind, die Wolfsheimer Qualitätsweine allein lohnen schon den Besuch des kleinen Weindorfs. Übrigens: Der Ort ist leicht zu finden, dafür sorgt der auf einer nahegelegenen Anhöhe postierte, 160 Meter lange Sendemast des Südwestfunks.

St. Johann
600 Einwohner
300 Hektar in den Lagen Geyersberg, Klostergarten und Steinberg (Großlage Abtei)
Hauptrebsorten: Müller-Thurgau, Silvaner, Portugieser, Bacchus, Kerner, Scheurebe und Faberrebe

Megelsheim - so der alte Name von St. Johann - wurde wahrscheinlich im siebten Jahrhundert von Sprendlingen aus gegründet, zu dem es noch jahrhundertelang gehörte. Erst 1860 wurde St. Johann selbständige Gemeinde.

In der zweiten Hälfte des 14. Jahrhundert ließen die Ortsherren, die Grafen von Sponheim, unweit des Dorfes eine Johannes dem Täufer geweihte Wallfahrtskirche erbauen, die für die weitere Entwicklung des Ortes von entscheidender Bedeutung wurde.

Die St. Johanner Kirche wurde schnell das neue Zentrum des Ortes. Die Wallfahrt und der damit verbundene Markt waren ein wichtiges Ereignis für die ganze Region. Bald bürgerte sich statt des alten Ortsnamens die Bezeichnung St. Johann ein. Auch nachdem im Zuge der Reformation die Wallfahrten aufhörten, behielten die St. Johanner ihren Markt bei. Im 16. und 17. Jahrhundert hatte er große wirtschaftliche und kulturelle Bedeutung als Tuchmarkt und als Treffpunkt der Zunft der Keßler. Diese Funktionen hat der Markt längst verloren, er ist zu einem Wein- und Volksfest geworden. Neuen Aufschwung erlebt er seit 1980. Eine Interessengemeinschaft ortsansässiger Weingüter betreibt ihn jetzt als St. Johanner Jahr- und Weinmarkt.

Die St. Johanner Wallfahrtskirche wurde nie ganz fertig. Gewölbeansätze an der Westseite zeigen, daß hier noch weitergebaut werden sollte, vielleicht eine Westfassade mit Turm geplant war - nach dem Tod der Stifter fehlten dazu jedoch die Mittel. Von der mittelalterlichen Innenausstattung haben sich Teile der prächtigen ursprünglichen Ausmalung erhalten.

St. Johann ist heute ein gemütlicher Weinort mit vielen gut erhaltenen historischen Gebäuden, vor allem im Ortszentrum um die Kirche auf ihrem baumbestandenen kleinen Platz. Hier sieht man Häuser mit all dem, was alte Häuser so anheimelnd macht: Fachwerk, große Hoftore mit einem kleinen Personentürchen, Fensterläden mit ausgesägten Herzchen, windschiefe Ziegeldächer.

In der Durchgangstraße zeigt St. Johann ein anderes Gesicht: Hier stehen die stattlichen, aus Ziegelsteinen gebauten Höfe gutgestellter Bauern und Winzer aus der Zeit der Jahrhundertwende. Viele Betriebe haben sich inzwischen ausschließlich auf den Weinbau spezialisiert und laden Besucher gern zur Verkostung in ihre Weinprobierstuben.

Sprendlingen
3.370 Einwohner
370 Hektar in den Lagen Hölle, Honigberg, Klostergarten, Sonnenberg und Wißberg (Großlage Abtei)
Hauptrebsorten: Müller-Thurgau, Silvaner, Portugieser und Neuzüchtungen

Wer durch die Straßen und Gassen von Sprendlingen schlendert, den überkommt ein eigenartiges Gefühl von Nostalgie. Viele der Häuser und Gehöfte, der Gasthäuser und Geschäfte machen einen Eindruck, als sei die Zeit stehengeblieben. An diesem Eindruck ändert auch die Tatsache nichts, daß die Sprendlinger dabei sind, ihrer Gemeinde ein neues, moderneres Gesicht zu geben, ein Gesicht eben, wie es der Sitz einer Verbandsgemeinde heute verlangt.

Die Sprendlinger gehen dabei sehr behutsam vor. Einzelne Gassen werden neu gepflastert, allzu verbrauchte Häuser von Grund auf saniert und die wertvollen älteren Bauwerke herausgeputzt. Schmuckstück des Ortes ist sicherlich der Marktplatz mit dem stattlichen und treppengiebelgeschmückten Rathaus, der etwas höher stehenden Kirche mit ihrem markanten Turm und den älteren Bauten, die den Platz begrenzen.

In dieses Ensemble wurden einige zeitgemäße architektonische Tupfer eingefügt, ohne das kleinstädtische Bild zu stören. Heute ist der Marktplatz mit seinem modernen Brunnen und den Ruhebänken unter den neugepflanzten Bäumen wieder das Herz der Stadt.

Mag die Stadt auch auf den ersten Blick im besten Sinne verträumt wirken, wenn es um den Wein geht, dann sind die Sprendlinger hellwach. Davon zeugt das Weinmeer ringsum und die riesige Rebfläche auf der eigenen Gemarkung. Sprendlingen gehört zu den absoluten Weinhochburgen

Heidesheim · Wackernheim · Ingelheim

Ingelheim - Abendromantik

Rheinhessens. Aber das ist kein Wunder, denn der Rebstock findet hier ideale Wachstumsbedingungen vor: vorzügliche Böden, gut geschützte Lagen, die sich meist in südliche Richtungen neigen und das richtige Klima eben.

Das haben bereits die alten Franken gewußt. Schon in der ersten Urkunde über Sprendlingen aus dem Jahre 767 taucht ein Weinberg auf, natürlich handelt es sich dabei um ein Geschenk an ein Kloster, nämlich das in Lorsch. Solche Schenkungen wiederholten sich dann in den darauffolgenden Jahren, so daß man annehmen darf, daß Sprendlingen schon damals ein angesehener Weinort war, denn auf den guten Weingeschmack der Mönche konnte man sich zu jener Zeit verlassen.

Lange Zeit waren die Grafen von Sponheim die Herrscher im Ort. Aus dieser Zeit ist ein wichtiges Ereignis überliefert. Johann I von Sponheim zettelte aus Wut darüber, daß er von seinem Bruder Heinrich in der Erbfolge übergangen worden war, eine Schlacht mit dem Erzbischof Wernher von Eppstein an, der sich mit Heinrich alliiert hatte. Aus dieser brenzligen Situation wurde er von einem Trupp Kreuznacher Soldaten unter der Führung von Michel Mort befreit und in Sicherheit gebracht - allerdings mußte Michel Mort bei dieser waghalsigen Aktion sein Leben lassen.

Noch heute ist dieser mutige ud treue Gefolgsmann eine der Symbolfiguren der Sprendlinger Geschichte und man hat nach ihm eine Flur auf der Gemarkung benannt, auf der jetzt die Erzeugergemeinschaft Winzersekt ihre Produktionsstätten hat. Über deren Mutprobe kann man an anderer Stelle dieses Buches lesen.

Als die Dynastie der Sponheimer im 15. Jahrhundert ausstarb, fiel Sprendlingen in den gemeinschaftlichen Besitz von Kurpfalz und Baden. Der Markgraf von Baden übernahm dann zu Beginn des 18. Jahrhundert die alleinigen Ortsrechte. Aus dieser Zeit stammt auch das Badische Amtshaus in der Schmittstraße, das bereits 1708 vom neuen Herrscher errichtet wurde.

Heidesheim
6.000 Einwohner
30 Hektar in den Lagen Geißberg, Steinacker und Höllenberg (Großlage Kaiserpfalz)

Wackernheim
1.880 Einwohner
30 Hektar in den Lagen Rabenkopf, Schwalben und Steinberg (Großlage Kaiserpfalz)

Ingelheim
21.519 Einwohner
415 Hektar in den Lagen Burgberg, Höllenweg, Horn, Kirchenstück, Lottenstück, Pares, Rabenkopf, Rheinhöhe, Rotes Kreuz, Sonnenberg, Sonnenhang, Schloß Westerhaus, Steinacker und Täuscherspfad (Großlage Kaiserpfalz)
Hauptrebsorten: Spätburgunder, Portugieser, Müller-Thurgau und Riesling

Weit oberhalb des Rheins wechseln Rebzeilen mit Feldern und Obstgärten auf fruchtbarem - aber auch geschichtsträchtigem - Boden. Man blickt auf weites Land, durchzogen von einem Tal, dem Selztal oder Selzbachtal, sanft und lieblich anzuschauen. Ein Ort am Bachlauf heißt recht beeindruckend "Das Tor zum Selzbachtal". Dieser Ort, Groß-Winternheim (!), ist Stadtteil von Ingelheim, der vergleichsweise kleinen Stadt, die ungebrochen so viel Bedeutung hat, daß viele Deutsche sie gut beim Namen kennen. Warum?

Warum kommen so viele Touristen - meist Tagesreisende - nach Ingelheim, daß man sie nach hunderttausenden zählen muß? Was zieht sie her? Ist es die schöne Landschaft, der Rhein, die bäuerliche Bachtalromantik? Bei den Weinfreunden kommt noch mehr dazu: Ingelheim ist Spätburgunder-Insel im rheinhessischen Rebenmeer. Von den 600 Hektar Rebland der Gemeinde tragen immerhin 200 Hektar rot. Und während noch anfangs unseres Jahrhunderts der Frühburgunder den größten Flaschenanteil hatte, ist heute der hochwertige Spätburgunder die Nummer eins unter den Roten des Ortes.

Es könnte noch viel mehr davon geben, und die Nachfrage wäre immer noch nicht befriedigt. Der Ingelheimer Spätburgunder, wie er pauschal genannt wird, ist sehr beliebt, seine Preise sind gut für die Winzer, aber nicht überzogen für den Weinfreund. Die besten Gewächse haben die angenehme Eigenschaft, in Würde reifen und lange lagern zu können, und dabei an Qualität noch zu gewinnen.

Karl der Große war es, der die prächtigen Reben in Ingelheim anbauen ließ. Mit ihm und seinem Sohn Ludwig dem Frommen begann vor rund 1200 Jahren die goldene Ära der Stadt. Kaiser Karl wohnte gern in

Durchblick auf die Ingelheimer Burgkirche

Winterliche Dorfidylle - im Hintergrund die "Waldeck"

ihren Mauern, und er wäre wohl nicht nach Aachen gezogen, hätte ihn in seinen späteren Jahren nicht die Krankheit so bös erwischt. Auch die Herrscher, die nach ihm kamen, blieben jahrhundertelang ihrem Ingelheim treu. So wurde Ingelheim zu einem der frühen deutschen politischen und kulturellen Zentren.

Für das kulturelle, das wissenschaftliche Ingelheim steht ein großer Sohn der Stadt. Sein Bildnis kennt nahezu jeder Bundesbürger, denn es ziert die am häufigsten genutzte Banknote der Bundesrepublik, den Hundertmarkschein. Daß es sich bei dem älteren Mann mit der dunklen Mütze um Sebastian Münster, den großen Humanisten und Universalgelehrten handelt, wissen sicherlich einige, daß dieser Pionier des modernen Denkens aber in Nieder-Ingelheim im Jahre 1488 zur Welt kam, ist nur den allerwenigsten bekannt.

Münster verfaßte die Cosmographia universalis, eine Enzyklopädie des ausgehenden Mittelalters. Diesem Lebenswerk widmete er sich über 20 Jahre seines Lebens und sammelte das Wissen seiner Zeit. Bundespräsident Richard von Weizsäcker urteilte über dieses Werk, es sei in seiner Zeit für das Weltverständnis von entscheidender Bedeutung gewesen. Die erste Auflage erschien 1544 in Basel.

In diesem Nachschlagewerk wird erklärt, warum die Erde rund ist und trotzdem niemand auf dieser Kugel auf dem Kopf zu stehen braucht, und daß die Ozeane nicht irgendwo abbrechen und ins Weltall fließen. Auch wußte Münster bereits um die Klimazonen auf der Erde und erläuterte die Gezeiten. Daneben ist dieses Werk mit zahlreichen Stichen und Grafiken reich und sehr liebevoll bebildert. Mit Stolz begingen die Ingelheimer im Januar 1988 den 500. Geburtstag Münsters.

Viele Besucher kommen, um in den Mauern von heute ein wenig aus jener großen Zeit der Kaiserpfalz zu erahnen, wenn auch einige der ältesten Baudenkmäler nicht mehr existieren. Immerhin reichen die Anfänge der Saalkirche, die auf den Grundmauern der Pfalzkapelle gebaut wurde, in das zehnte Jahrhundert zurück. Und einige Ruinen, etwa von einem karolingischen Bad, erinnern ebenso an die bewegte Vergangenheit wie die Reste einer römischen Wasserleitung. Natürlich, die Römer waren auch schon da: bis zum Rhein waren sie eigentlich überall, wo Wein wachsen kann.

In den alten Mauern Ober-Ingelheims residieren auch heute noch einige jener Weingüter, die in Sachen Rotwein den guten Ruf des Ortes begründet haben. Mächtige Höfe sind das, Denkmäler für Winzerstolz und Winzerfleiß - vor allem aber für eine erfolgreiche, glänzende Wein-Zeit, die 1880 begann.

Die Patina des Alters ist da, aber auch das junge Leben fröhlichen Weingenießens in engen Straßen, auf Höfen und in den Probierstuben. Der gute Weinname, den heute das aus Nieder- und Ober-Ingelheim, Frei-Weinheim und Groß-Winternheim gewachsene Ingelheim trägt, stammt aus Ober-Ingelheim.

Keine Frage also, daß viele Weinfreunde nach Ingelheim und in das Selzbachtal pilgern, um dort ihren Wein zu trinken - entweder im historischen Ingelheim oder in der eher ländlichen Atmosphäre der kleineren Orte des Selztales.

Touristen sollten sich für eine Fahrt dorthin Zeit nehmen: Nach der Weite und Großartigkeit des Rheintales erlebt man hier eine kleine, beschauliche Landschaft. Am besten erkundet man sie zu Fuß - von Weinquelle zu Weinquelle.

Man kann auch zum Spargelessen herkommen, aber da sind wir ebenfalls wieder beim Wein. Denn was soll der schönste Spargel ohne einen feinen Wein, der den Eßgenuß hebt und weder mit zuviel Alkohol noch zuviel Aroma dem zarten Spargelgeschmack zuwiderläuft. In diesen Orten kennt man seit vielen Jahren die besten Wein- und Spargel-Kombinationen. (Die Rotweininsel bietet auch Weißwein!).

Wein-Zeit und Spargel-Zeit, ein großes kulturelles Angebot, Internationale Tage im Frühjahr, Weinstuben, die auch im Winter geöffnet sind: Ingelheim bietet Aktivitäten zu jeder Jahreszeit für jeden Besucher.

Da wäre zum Beispiel die Zeit zu nennen, wenn die ersten jungen Weine aus dem vergangenen Herbst trinkbar werden. Wer noch keine Weinberge im Schnee gesehen hat, kann im Selztal diesen Reiz im Winter entdekken - wenn er Glück hat, denn allzu häufig bleibt der Schnee hier nicht liegen. Das Klima ist halt zu mild, zu südlich. Es ist eine Landschaft, die historische Gegensätze erlebbar macht.

Man kann nostalgisch mit dem Schiff von weither anreisen oder mit der Rheinfähre, die fast geradewegs vom berühmten Johannisberg gegenüber aus dem Rheingau herüberschwimmt. Man kann aber auch per Eisenbahn und Autobahn kommen, denn Ingelheim und das Selztal liegen wie zu Karls Zeiten an den großen Verkehrswegen.

Die Kirche in Groß-Winternheim

Groß-Winternheim · Schwabenheim a. d. Selz · Bubenheim · Engelstadt

Groß-Winternheim
Stadtteil von Ingelheim
140 Hektar in den Lagen Bockstein, Heiligenhäuschen, Klosterbruder und Schloßberg (Großlage Kaiserpfalz)
Hauptrebsorten: Müller-Thurgau, Portugieser, Silvaner und Kerner

Heute ist Groß-Winternheim ein Stadtteil von Ingelheim, doch der Ort im Selzbachtal zeigt immer noch das Gesicht eines lange gewachsenen wohlhabenden Dorfes. Quellen des Wohlstandes waren, wie im nahegelegenen Ingelheim, natürlich der Weinbau, Spargel- und Obstanbau.

Lange gewachsen: Der gedrunge Turm der weißen katholischen Kirche stammt noch aus früher romanischer Zeit, und auch zahlreiche stattliche Adelshöfe aus späteren Zeiten haben überdauert. Da ist das Haus Obentraut, ein Renaissance-Anwesen mit Treppenturm und gewaltigem Staffelgiebel, oder das Johann-von-Waltmann-Haus, laut Inschrift 1574 erbaut, dessen Treppenturm noch an Formen der späten Gotik erinnert. Das Haus Wallbrunn nahe bei der Kirche stammt aus dem Barock, ein richtiges kleines Schlößchen, komplett mit Schloßhof und Seitengebäuden.

Jünger ist die große protestantische Kirche, im späten 19. Jahrhundert in reich geschmückten Formen erbaut - die Menschen der Gegend nennen sie den Dom des Selzbachtales.

Von Klein-Winternheim aus geht der Blick weit das Tal hinunter nach Ingelheim oder auch über den Ingelheimer Grund hinüber auf Schloß Westerhaus mit seinen prächtigen Bauten aus der Renaisssance und seiner breiten Barockfassade.

Schwabenheim an der Selz
1.750 Einwohner
170 Hektar in den Lagen Klostergarten, Sonnenberg und Schloßberg (Großlage Kaiserpfalz)
Hauptrebsorten: Müller-Thurgau, Kerner und Silvaner

Das Dorf Pfaffenhofen ist untergegangen, aber sein uraltes Kirchlein steht noch, jetzt am Ortsrand von Schwabenheim an der Selz. Sicherlich ist diese winzige Kirche eine der ältesten der Region. Schon in der frühesten Zeit der Christianisierung Deutschlands wurde sie von iro-schottischen Mönchen erbaut. Der mit naiv anmutenden Steinmetzarbeiten verzierte Türsturz einer heute vermauerten Tür verweist am deutlichsten auf die Entstehungszeit des Gotteshauses, das in späterer Zeit natürlich mannigfaltige Umbauten erfuhr. Jahrhundertelang diente die Kirche den Mönchen eines kleinen Klosters, das zur Trierer Abtei St. Maximin gehörte. Diese hatte ausgedehnten Landbesitz weit in Rheinhessen verstreut.

Der Schwabenheimer Marktplatz ist ungewöhnlich groß, die protestanti-

Links: "Winterliche Reflexe" bei Schwabenheim an der Selz

Oben: Sommerliche Stimmung und perlendes Wasserspiel in Schwabenheim

sche Kirche, viele Bäume und ein idyllischer Brunnen mit zwei großen Brunnenschalen und vielen Putten finden auf ihm Raum. Um den Marktplatz stehen die stattlichsten Häuser im Ort, darunter das Rathaus von 1742 mit seiner offenen Halle im Erdgeschoß.

Zur Unterscheidung von Orten ähnlichen oder gleichen Namens (Pfaffen-Schwabenheim z.B) trug der Ort lange Zeit den Namen Sauer-Schwabenheim (nach einem kleinen Bächlein durch den Ort) - auf Antrag der Gemeinde durfte dieser dem Weinabsatz nicht sehr förderliche Zusatz jedoch wegfallen. Seit 1904 trägt die Gemeinde ihren neuen Namen. Und mit sorgfältig gepflegten Weinen sorgen die Schwabenheimer Winzer heute dafür, daß der Ruf ihres Ortes nicht zu Schaden kommt.

Bubenheim
530 Einwohner
115 Hektar in den Lagen Honigberg und Kallenberg (Großlage Kaiserpfalz)
Hauptrebsorten: Müller-Thurgau, Silvaner, Kerner, Bacchus und Portugieser

Im Talgrund des Selztales gedeihen auf fruchtbaren Böden Früh- und Spätkirschen, am Talhang wachsen die Reben. Dazwischen liegt das ehemalige freie Reichsdorf Bubenheim. 1407 wurde es an die Kurpfalz verpfändet und blieb pfälzisch bis in die Zeit der Französischen Revolution.

Die Flaschen in den Schaukästen der Weingüter machen Lust auf eine Probe der hier wachsenden Weine - und die ebenso fachmännisch wie unterhaltsam kommentierenden Winzer machen sie tatsächlich zu einem Erlebnis.

Engelstadt
550 Einwohner
160 Hektar in den Lagen Adelpfad und Römerberg (Großlage Kaiserpfalz)
Hauptrebsorten: Müller-Thurgau, Silvaner, Kerner, Bacchus und Portugieser

Er war immer der letzte Zufluchtsort der Bewohner, und er steht immer noch: der romanische Turm der Engelstädter Kirche. Sein mit Steinmetzarbeiten verziertes Südportal ist noch älter, geht zurück auf die Zeit vor dem Jahr 941, in dem der Ort zum ersten Mal urkundlich erwähnt wird.

Jugenheim von Reben eingerahmt

Zuflucht haben die Engelstädter wohl häufiger suchen müssen, nicht umsonst hatten sie ihren Ort mit Wall und Graben und einem Ring Effen (Ulmen) gegen Eindringlinge geschützt. Kirche und Friedhof waren darüber hinaus noch einmal von Mauer und Türmen umgeben und nur über eine Zugbrücke zu erreichen. Überreste dieser Befestigung wurden erst 1830 abgerissen.

Lese in Engelstadt (Weingut Reinhold Hoch) zu Beginn unseres Jahrhunderts

Nicht immer haben diese Befestigungen genutzt. 1620, im Dreißigjährigen Krieg, wurde das ganze Dorf von den Spaniern unter Spinola wegen der gewaltigen Schwierigkeiten, die die Einwohner ihm und seinen Soldaten bereiteten, in Brand gesteckt und total zerstört. Noch sieben Jahre später muß es in Engelstadt, dem Bericht der Kirchenvisitatoren zufolge, schlimm ausgesehen haben: Gott verzeihe denen, die verpflichtet sind, die Kirche wieder aufzubauen. Daß die Untertanen Turm und Friedhof bauen, ist fast unmöglich, da wir nirgendwo einen Platz oder eine Stadt gesehen haben, die erbarmungswürdiger war als diese.

Auch der Dreißigjährige Krieg ging vorbei - und die Engelstädter kamen wieder zu bescheidenem Wohlstand. Großen Anteil daran hatte der Weinbau, der auch früher schon auf ein wichtiger Erwerbszweig war. Während der Flurbereinigung, seit 1951, wurde daher die ausgewiesene Weinbaufläche kaum noch ausgedehnt. Dennoch gibt es heute mehr Rebstöcke, weil die Lücken im Weinbergsgelände - Wiesen, Felder, Obstbaum-

Jugenheim · Vendersheim · Gau-Weinheim · Gau-Bickelheim

stücke, unbebaute Flächen - geschlossen worden sind. Man mag bedauern, daß auf diese Weise das abwechslungsreiche Landschaftsbild verloren gegangen ist, aber erst die Flurbereinigung erlaubt dem Winzer, qualitätsbewußt und rationell zugleich zu arbeiten.

Jugenheim
1.080 Einwohner
110 Hektar in den Lagen Goldberg, Hasensprung, Heiligenhäuschen und Sankt Georgenberg (Großlage Kaiserpfalz)
Hauptrebsorten: Müller-Thurgau, Silvaner und Kerner

Jugenheim liegt idyllisch zwischen kleinen Wäldchen, Obstbaumstükken, Wiesen und Weinbergen. Schon von weitem grüßt die durchbrochene Turmhaube den Besucher.

Der Kirchturm ist das älteste Gebäude am Ort, im Innern sind noch Reste der mittelalterlichen Ausmalung erhalten. Ansonsten jedoch wurde die Jugenheimer Kirche im späten 18. Jahrhundert erbaut. Es ist eine sehr große Saalkirche - viel zu groß eigentlich für die Ortschaft. Die Herren von Nassau-Saarbrücken, von 1393 bis in die Zeit der Französischen Revolution Besitzer des Ortes, ließen dieses eindrucksvolle Gotteshaus hier erbauen, da Jugenheim für sie Zentralort ihrer Besitzungen in der Region war.

Sie waren Lutheraner, ihre Untertanen daher natürlich auch - und diese wollten deshalb keinen Gottesdienst in reformierten Kirchen besuchen, um sich bewußt von dieser Gruppe der protestantischen Kirche abzugrenzen. So war die Jugenheimer Kirche Sammelort für alle Lutheraner in der Gegend.

Die Jugenheimer bemühen sich auf vielfältige Weise um die Gäste, die hierher kommen, um Wein bei ihrem Weingut zu kaufen. Viele Einzelheiten summieren sich zu einem stimmigen Gesamteindruck: schön renovierte Fachwerkhäuser, eine liebevoll wiederhergerichtete Haustüre aus dem Barock, ein aufwendig gestaltetes Wirtshausschild (auch wenn die Gastwirtschaft gar nicht mehr besteht), eine alte Holzkelter als Blickfang am Straßenrand.

Beschaulichkeit in Gau-Weinheim

Vendersheim
400 Einwohner
180 Hektar in den Lagen Goldberg und Sonnenberg (Großlage Kurfürstenstück)
Hauptrebsorten: Müller-Thurgau, Silvaner, Bacchus und Portugieser

Die nach Südwesten liegenden Vendersheimer Rebenhänge bringen eine beachtliche Vielfalt guter Qualitätsweine hervor. Das liegt zum einen an den fruchtbaren Löß-Lehmböden, zum andern an der hohen Sonnenscheindauer von über 1.500 Stunden pro Jahr.

Besondere Wertschätzung finden bei den Weinfreunden der fruchtig-würzige Müller-Thurgau sowie der feinblumige, harmonische Silvaner. Aber auch der vollmundige, milde Portugieser kommt allmählich wieder zu alten Ehren. Zwar liegt sein Rebflächenanteil derzeit noch bei acht Prozent, aber der Aufwärtstrend ist unverkennbar.

Bei solch vielfältigem und qualitativ überdurchschnittlichem Angebot, ist es nicht verwunderlich, daß die Probierstuben des schmucken Weindorfes viele Gäste haben. Vor dem Genuß der Weinfreuden sollte man den herrlichen Blick ins Wiesbachtal nicht versäumen. Sehenswert sind auch die katholische Kirche aus dem 18. Jahrhundert sowie das urige Gebäude der eigenständigen Winzergenossenschaft, welche 1902 gegründet wurde und mittlerweile vierzig Mitglieder zählt.

Zusammen mit den ortsansässigen Weingütern hat sie wesentlich mit dazu beigetragen, daß die Vendersheimer Qualitätsweine überregionale Anerkennung gefunden haben.

Gau-Weinheim
480 Einwohner
150 Hektar in den Lagen Wißberg, Kaisergarten und Geyersberg (Großlage Kurfürstenstück)
Hauptrebsorten: Müller-Thurgau, Silvaner, Scheurebe, Riesling, Bacchus und Faberrebe

Kippt er oder kippt er nicht? - so fragen sich die Einwohner Gau-Weinheims. Gemeint ist hier der alte Eckturm der ehemaligen Friedhofsbefestigung, der sich allmählich zur Seite neigt und - in Anlehnung an das berühmte Vorbild von Pisa - nur noch der schiefe Turm genannt wird.

Im 18. Jahrhundert wurde er zum Glockenturm umgebaut und bildet heute, zusammen mit der Barockkirche, eine stimmungsvolle Dorfkulisse. Überhaupt liegt der kleine, von Weinbergen eingerahmte Ort am Fuße des Wißberges sehr malerisch.

Schon in vorgeschichtlicher Zeit waren die Höhen und Hänge rund um Gau-Weinheim besiedelt. Auf der Hochfläche des Wißberges wurden zwischen 1920 und 1922 Wohngruben der steinzeitlichen Michelsberger und ein Hallstattdorf freigelegt. Aber auch Spuren römischer Besiedlung konnten ausgemacht werden. Daneben hat der Berg, dessen Name auf seine weiße Muschelkalk-Substanz hinweist, der Paläontologie reiche Tier- und Pflanzenreste geliefert, die heute im Naturhistorischen Museum von Mainz aufbewahrt und zu sehen sind. Gau-Weinheim ist wegen dieser Funde in Fachkreisen bekannt und wird daher auch immer wieder von Studiengruppen besucht, die hier auf ideale Weise das Angenehme mit dem Nützlichen verbinden können. Denn sowohl das Innere des Wißberges als auch das, was auf seinen fruchtigen Böden in sonnenbegünstigter Südwestlage gedeiht, ist einen Besuch wert.

Der gute Ruf Gau-Weinheimer Qualitätsweine führt immer wieder Weinfreunde hierher, die vor allem von der Geschmacksvielfalt der einheimischen Gewächse angetan sind. Die beste Gelegenheit zu einer umfassenden Probe von Müller-Thurgau, Silvaner, Scheurebe und weiteren Neuzüchtungen bietet sich dem Weinliebhaber alljährlich am zweiten September-Wochenende, wenn Gau-Weinheim sein Kirchweihfest veranstaltet. Und während um den alten Gemeindeturm ausgelassen gefeiert wird, stellt man sich unwillkürlich wieder die Frage: Kippt er oder kippt er nicht?

Gau-Bickelheim
1.760 Einwohner
240 Hektar in den Lagen Bockshaut, Saukopf und Kapelle (Großlage Kurfürstenstück)
Hauptrebsorten: Müller-Thurgau, Silvaner, Scheurebe, Bacchus, Kerner und Riesling

Die Kreuzkapelle am Hang des Wißbergs, in der Sonne glitzernde Aluminiumtanks, ein alles überragender Kirchturm und ein mittelalterliches Häusergewirr bieten sich dem Blick des Besuchers.

Hier in Gau-Bickelheim beginnt die Rheinhessische Schweiz, mit Eigenschaften, die man diesem Land und seinen Bürgern nachsagt. Nicht nur die vorwiegend angebaute Rebsorte Müller-Thurgau, deren gelungene Kreuzung aus Riesling und Silvaner Herrn Müller aus dem Schweizer Kanton Thurgau zu verdanken ist, soll hierfür als Symbol stehen, auch Geschäftigkeit und Romantik verbinden sich auf eigentümlich-schweizer Weise miteinander.

Die Kreuzkapelle im Wißberghang erreicht man beispielsweise über einen Wirtschaftsweg der Weinbauern. Begleitet wird der Aufstieg durch die Weinberge mit bildhaften Darstellungen der Leidensstationen von Jesus Christus. Doch, daß dieser Weg nur den Weinbauern und praktizierenden Christen von Nutzen sein sollte, war den Gau-Bickelheim-Schweizern nicht genug. Zusätzlich wurde für den wissenshungrigen Weinfreund ein Weinlehrpfad eingerichtet. Wer wird sich da nicht von Andacht und Beschaulichkeit anregen lassen? Gedanken über Gott und die Welt lassen sich nicht mehr verdrängen.

Ein solch harmonisches Miteinander von Winzern, Gläubigen und Weinfreunden ist hier noch nicht lange möglich. Denn bis vor wenigen Jahren gab es zwei konkurrierende Winzergenossenschaften, die ursprünglich der unterschiedlichen Konfessionen wegen entstanden sein sollen, die Vereinigten Weinbergsbesitzer und der Winzerverein. Heute gehört der 1897 gegründete Winzerverein zur Zentralkellerei Rheinhessischer Winzergenossenschaften. Diese übernahm den Weinkeller des Vereins, der damals schon ein Fassungsvermögen von einer Million Liter hatte, als sie ihren Hauptsitz 1955 nach Gau-Bickelheim verlegte.

Das Genossenschaftshaus der Vereinigten Weinbergbesitzer, deren Geschichte 1980 zu Ende ging, wurde dann von der Gemeinde gekauft und zu einem Bürgerhaus umgebaut. Damit ist ein wichtiger Beitrag zum harmonischen Dorfbild gelungen. Barocke Wohnhäuser, zum Teil noch mit Fachwerk, das Rathaus und das neue Bürgerhaus säumen nun den Römer, den ältesten Dorfplatz in schöner Harmonie.

Manches im Dorf hat sich seit 1200 Jahren kaum gewandelt. So hält sich heute noch die Straße Hinter den Hecken in ihrem Verlauf an einen bewachsenen mittelalterlichen Dorfwall. Der wehrt zwar keine Fremden mehr ab, aber das Dorf hat sich nicht wesentlich über diesen Wall ausgedehnt.

Doch nicht alleine durch Gräben und Wälle schützte sich die Bevölkerung. Auch die um 1100 erbaute Wehrkirche, ein Steinbau im romanischen Stil, nahm die Schutzsuchenden auf. Wegen mehrmaliger Zerstörung wurde sie immer wieder aufgebaut und hat dabei kaum etwas von ihrer dominierenden Erscheinung eingebüßt.

Die am Anfang erwähnte Kreuzkapelle im Wißberg wurde 1755 zum ersten Mal erbaut, nachdem Oberschultheiß Johann Jakob Heus einen wertvollen Weinberg zur Verfügung gestellt hatte. Die zu Ehren des Heiligen Kreuzes errichtete Kapelle wurde während der Französischen Revolution zerstört und 1856 wieder aufgebaut, wobei auch die 14 Kreuzwegstationen am Wegrand entstanden. Nachdem sie 1893 nochmals, diesmal jedoch durch rutschenden Untergrund Schaden nahm, wurde sie 1907 wiederhergestellt.

Wie wertvoll das Stück Wingert des Oberschultheiß gewesen sein muß, läßt sich an dem Erlös beim Zehnttausch messen. Weine aus dem Wißberg waren im 18. Jahrhundert viel teurer als Weine von den Rheinorten.

Dennoch scheint die an sich fruchtbare Gegend nicht für alle ihre Bewohner ein genügendes Auskommen geboten zu haben. 1845 setzte im Ort eine große Auswanderungswelle nach Amerika ein.

Die verbleibenden Gau-Bickelheimer haben es verstanden, ihrem traditionsreichen Ort einen bedeutenden Platz unter Rheinhessens Gemeinden zu sichern - nicht zuletzt auch ihres guten Weines wegen.

Oben: Die Kreuzkapelle - im Hintergrund Gau-Bickelheim

Unten: Abendstimmung in den Weinbergen über Gau-Bickelheim

Wallertheim · Gumbsheim · Pleitersheim · Hackenheim

Wallertheim
1.250 Einwohner
230 Hektar in den Lagen Heil und Vogelsang (Großlage Kurfürstenstück)
Hauptrebsorten: Müller-Thurgau, Silvaner, Scheurebe, Faberrebe und Kerner

Wallertheim ist durch historische Funde aus der mittleren und jüngeren Bronzezeit, der Hallstatt- und der keltischen Latenezeit weit über seine Grenzen bekannt. Besonders im Bereich der alten Ziegelei lassen die Funde auf eine Besiedelung schon in diesen Zeiten schließen. Urkundlich wurde Wallertheim jedoch erst im Jahre 1250 erwähnt, als das Patronat der Kirche der Abtei Eberbach geschenkt wurde.

Die Kirche mit ihrem massiven, wuchtigen gotischen Turm aus dem 15. Jahrhundert ragt weit über die Dächer hinaus. Früher diente der Turm auch als Wehrturm. Die Einwohner suchten dort Schutz vor einfallenden Soldaten. Heute erscheint er als standhafter und ruhender Dorfmittelpunkt, und es scheint, er wolle sagen: Hier bleibt die Kirche im Dorf.

Nicht nur von außen erscheint die Kirche als imposantes Bauwerk. Sie beherbergt eine Orgel des berühmten Orgelbaumeisters Stumm aus dem Jahre 1745, deren schönes Gehäuse noch erhalten ist.

Die unverfälschte Atmosphäre der Gemeinde im Wiesbachtal lädt ein zu Entdeckungsreisen durch enge Gassen und Spaziergängen in die nur leicht ansteigenden Weinberge, die im Sommer mit dem leuchtenden Gelb der Sonnenblumenfelder ein wunderschönes Bild ergeben.

Gumbsheim
75 Hektar in der Lage Schloßhölle (Großlage Kurfürstenstück)
Hauptrebsorten: Müller-Thurgau, Silvaner und Neuzüchtungen

Gumbsheim ist ein kleiner Weinbauort in der Rheinhessischen Schweiz. Die Landschaft wird geprägt durch lange Pappelreihen und die weite Hügellandschaft der rheinhessischen Weinberge. Im Weinbau sind nur noch ein Teil der Gumbsheimer beschäftigt, der überwiegende Teil der Bevölkerung arbeitet außerhalb des Örtchens

Pleitersheim
20 Hektar in der Lage Sternberg (Großlage Rheingrafenstein)

Hackenheim
110 Hektar in den Lagen Galgenberg, Gewürzgarten, Kirchberg, Klostergarten und Sonnenberg (Großlage Rheingrafenstein)
Hauptrebsorten: Müller-Thurgau, Silvaner, Kerner, Bacchus und Faberrebe

Nur wenige Autominuten sind es von Hackenheim nach Bad Kreuznach. Die Nähe zur Stadt hat das Gesicht des Dorfes in der Nachkriegszeit gründlich verändert. Neubaugebiete haben das Dorf anwachsen lassen. Die Hauptstraße in der Talmulde hat ihren dörflichen Charakter jedoch erhalten. An ihr liegt auch die alte Kirche - seit Jahren nicht mehr genutzt, ihre Funktion hat ein Kirchenneubau in den modernen Wohnvierteln übernommmen. Eines aber hat sich seit der Gründung des Ortes nicht geändert: Nach wie vor wächst an den Hängen um den Ort der Wein - zur Freude der alteingesessenen und auch der zugezogenen Bürger.

Volxheim im Herbst

Die Geschichte vom Schwätzerchen

Als zu längst vergangenen Zeiten die Stadt Bingen mit einer benachbarten Staat in Fehde lag, sollte eine wehrhafte Mannschaft aufgeboten werden, um einen Krieg gegen jene Widersacher führen zu können. Als man zur Musterung der Leute schritt, war plötzlich über Nacht ein angesehener Bürgerssohn, der auch mitziehen sollte, taubstumm geworden. Über diese plötzliche Krankheit war man entsetzt, nur der Stadtchirurgus, der die tauglichen Krieger mustern sollte, lächelte. Er ließ den Taubstummen in das Hospital bringen, legte ihn zu einigen lustigen Gesellen, die sich im Rausch die Köpfe zerschlagen hatten und malträtierte die ganze Gesellschaft mit einem herrlichen Binger Gewächs, das bis dato noch keinen Namen hatte. Als die Krankenwärter, denen die Sache übrigens sehr komisch vorkam, den Patienten die zwölfte Kanne gebracht hatten, erschien unser Chirurgus, lauschte an der Tür und strich sich vergnügt den Bart. Als er die Tür nämlich öffnete, sah er, daß der Wein auch die Zunge des Taubstummen gelöst hatte und dieser in der Runde am lautesten schwatzte. Als die anderen Patienten die Geschichte vernahmen, riefen sie dem Chirurgus zu: Der Wein muß Schwätzerchen heißen und bring noch mehr davon.

Volxheim · Wöllstein · Frei-Laubersheim · Neu-Bamberg Siefersheim · Eckelsheim

Volxheim
224 Hektar in den Lagen Mönchberg, Alte Römerstraße und Liebfrau (Großlage Rheingrafenstein)
Hauptrebsorten: Müller-Thurgau, Silvaner und Neuzüchtungen

Auch Lagebezeichnungen können Geschichte erzählen, im Fall der Volxheimer Lagen aus der Römerzeit (Alte Römerstraße) und aus dem Mittelalter. Die noch heute benutzte Bezeichnung Mönchberg taucht schon 1468 auf: uff den monichberg. Man weiß sogar, welche Mönche hier gemeint waren, nämlich die Augustiner aus dem Kloster im nahen Pfaffen-Schwabenheim. Auch die dritte Volxheimer Lage, Liebfrau, verweist auf kirchlichen Besitz. Ein hier gelegener Weinberg war früher einmal einem Marienaltar oder einem Kloster zugeordnet.

Anheimelnd ist das Ortszentrum. Hier stehen protestantische und katholische Kapelle dicht beieinander, beide stammen sie aus der Barockzeit und beide sind in warmen Beige- und Brauntönen gestrichen. Das stimmungsvolle Bild wird abgerundet von sorgfältig renovierten Fachwerkhäusern, von denen eines durch geschnitzten Zierrat auf den alten Balken bezaubert.

Ein Bild, das man in Rheinhessen immer häufiger sieht: ausgedehnte Sonnenblumenfelder wie hier bei Siefersheim. Der Sonnenblumenanbau entwickelt sich zu einem wichtigen Erwerbszweig der Landwirtschaft.

Wöllstein
215 Hektar in den Lagen Haarberg-Katzensteg, Ölberg, Äffchen und Hölle (Großlage Rheingrafenstein)
Hauptrebsorten: Müller-Thurgau, Silvaner und Neuzüchtungen

Wöllstein ist eine gewachsene Gemeinde im Appelbachtal. Der Ort entstand entlang des Baches, und die schönsten Winkel Wöllsteins finden sich auch heute noch zur Seite des Bachlaufs: alte Steinbrücken, das muntere Bächlein und die Rückfassaden stattlicher Fachwerkhäuser.

Wöllstein ist ein alter Ort mit wechselhafter Geschichte - im frühen Mittelalter gehörte der Ort dem Trierer Kloster St. Maximin, später wechselten die Herren häufig. Dies ist sicher mit ein Grund dafür, daß bedeutende Baudenkmäler in Wöllstein kaum zu finden sind. Einige Wohnhäuser aus dem 18. Jahrhundert, ein spätgotischer Taufstein in der evangelischen Kirche - bedeutendere Zeugnisse haben die früheren Herren nicht hinterlassen.

Im Appelbachtal in Richtung Neu-Bamberg, dort, wo sich heute Sportplatz und Schwimmbad befinden, stand früher eine große Burg. Der Legende nach soll diese Burg sogar durch einen unterirdischen Gang mit der Nachbarburg in Neu-Bamberg verbunden gewesen sein. Erbauer der Burg waren jedenfalls in beiden Fällen die Wildgrafen. Schon im 16. Jahrhundert verfiel die Burg jedoch teilweise. 1690, in der Zeit der französischen Kriegszüge brannte die leerstehende Burg ab. Und als man 1827/28 neue Brücken und Chausseen baute, wurden die Mauerreste der Ruine abgebrochen und für diese friedlicheren Zwecke verwendet.

Die oft wechselnden Herrschaftsverhältnisse und die kleinlichen Streitereien der Herren untereinander waren sicher ein Grund, daß viele Wöllsteiner Bürger mit der Französischen Revolution eine neue, bessere Zeit anbrechen sahen. Wie sonst nirgends in Rheinhessen wurden hier 1792 die französischen Revolutionstruppen begrüßt. Wöllstein wurde zu einem revolutionären Musterdorf. Kaum hatte die Stadt Mainz im Oktober nach dreitägiger Belagerung den Franzosen die Tore geöffnet, verweigerten die Wöllsteiner Bauern und Winzer ihre Abgaben an Adel und Geistlichkeit. Die Ideen von Freiheit, Gleichheit und Brüderlichkeit waren auf fruchtbaren Boden gefallen. Im Wöllsteiner Zirkel schlossen sich die örtlichen Revolutionäre zusammen, auch im Mainzer Jakobinerklub wurden einige Wöllsteiner Mitglied. Schon zwei Monate nach dem Beginn der Mainzer Republik errichteten die Wöllsteiner Patrioten einen "Freyheidsbaum" mit Mütze und farbigen Bändern. Kein Wunder, daß die Preußen vor dem endgültigen Sieg der Franzosen 1797 auch den Wöllsteiner Demokraten übel mitspielten: Ein Wöllsteiner ist unter ihren Stockhieben gestorben, drei weitere an den Folgen.

Heute geht es in Wöllstein sehr viel friedlicher zu: Ansässige und Besucher schätzen den Wein und die schöne Umgebung. Der Höllberg wird nicht nur für den Weinbau genutzt, auch selten gewordene Pflanzen haben hier eine Heimstatt behalten, und er ist ein beliebtes Wandergebiet.

Frei-Laubersheim
125 Hektar in den Lagen Fels, Kirchberg, Reichskeller und Rheingrafenberg (Großlage Rheingrafenstein)
Hauptrebsorten: Müller-Thurgau, Silvaner und Kerner

Viele Dörfer, nicht nur in Rheinhessen, sind um ihre Kirche gewachsen, nicht so Frei-Laubersheim. Die alte, heute protestantische Kirche mit ihrem romanischen Turm steht genausowenig im eigentlichen Dorfkern wie die moderne katholische Kirche. Die Ortsmitte, der Dorfplatz, wird von dem Röhrenbrunnen aus dem letzten Jahrhundert geschmückt, gleich nebenan steht in einer ansteigenden Gasse das beeindruckendste Gebäude des Ortes, das alte Rathaus von 1603.

Der gewaltige achteckige Fachwerkerker lehnt sich weit über die Straße hinaus. Unter ihm steht immer noch ein Steinklotz: der alte Pranger. Hier mußten erwischte Übeltäter den Spott der Laubersheimer über sich ergehen lassen. Aber auch ansonsten war das heute wunderschön renovierte Rathaus Zentrum des Dorflebens, in der offenen Halle im Erdgeschoß wurden sogar einige Geschäfte betrieben.

Sehenswert sind auch die überdachte Freitreppe, die ins Obergeschoß führt, und der gewaltige Wappenstein, der die Machtverhältnisse zur Zeit der Erbauung festhält: dominierend das Wittelsbacher Blau-Weiß und der Pfälzer Löwe, das Wappen der Pfälzer Kurfürsten.

Der Namenszusatz "Frei" wurde schon im 13. Jahrhundert dem Ortsnamen beigefügt, um Verwechslungen mit anderen Orten ähnlichen Namens (etwa Waldlaubersheim an der Nahe) vorzubeugen. Die Bewohner der Nachbarorte allerdings benutzen noch häufig die Bezeichnung Kappes-Laubersheim, denn Kappes, Weißkohl, wurde hier früher sehr viel angebaut. Das inzwischen wichtigste Produkt der Laubersheimer Gemarkung ist auch das edelste: der Wein.

Neu-Bamberg
82 Hektar in den Lagen Eichelberg, Heerkretz, Kirschwingert und Kletterberg (Großlage Rheingrafenstein)
Hauptrebsorten: Müller-Thurgau und Kerner

Wenige Orte in Rheinhessen liegen so schön wie Neu-Bamberg: Ein steiler Bergkegel in einer weiten Talsenke in der Rheinhessischen Schweiz, obenauf mächtige Mauerreste einer starken Burg, daneben eine weiße Kapelle und, auf einer Seite des Kegels emporwachsend, das Städtchen.

Neu-Bamberg wuchs um eine Burg. Um 1250 hatten die Raugrafen, sie residierten auf der alten Baumburg (Alten-Baumburg im Alsenztal), diese Festug auf dem strategisch günstigen Berg bei ihrem Dorf Sarlesheim erbaut. Recht schnell siedelten sich viele der Sarlesheimer Bürger in der Nähe der neuen Burg an, denn sie bot mehr Schutz als ein kleines Dorf. Schon bald wurde Neu-Bamberg Marktort und Anfang des 14. Jahrhunderts wurde es durch Kaiser Ludwig von Bayern zur Stadt erhoben. Das Mutterdorf Sarlesheim ist heute fast ganz verschwunden, nur die alte Dorfkirche steht noch.

Neu-Bamberg war eine der wichtigsten Besitzungen der Raugrafen, ihre finanziellen Probleme behinderten aber oft die Entwicklung der Stadt. Mehrfach wurde der Ort verpfändet, bis er ihnen schließlich verloren ging. 1714 kam Neu-Bamberg zu Kurmainz, von der Zeit der Französichen Revolution an teilte es das Schicksal des übrigen Rheinhessen.

Die abwechlungsreiche Geschichte hat viele Spuren hinterlassen. Nicht nur die Mauerreste hoch oben auf dem Berg geben Zeugnis von der wehrhaften Vergangenheit, auch von den Befestigungsanlagen rund um den Ort blieb viel erhalten. Und wie vor hunderten von Jahren ist die Kandelpforte Hauptzugang zum Ortskern. Dieser schön renovierte Torturm wird von einem Dachreiter aus der Barockzeit gekrönt.

Lohnend ist ein Spaziergang durch die engen Gassen Neu-Bambergs, die alle nach oben, zur Burg, zu streben scheinen. Immer wieder neue Ausblicke eröffnen sich, sehenswert auch die stattlichen Häuser verschiedener Bauepochen - am schönsten ist vielleicht das barocke Kurmainzer Amtshaus mit seinem großen Walmdach.

Nur eines sollte man bedenken: Die mittelalterlichen Bauherren wußten

Für Forscher immer noch rätselhaft: die Ruine der "Beller Kirche"

noch wenig von Autos und moderner Verkehrsführung. Und wenn vorhin gesagt wurde, daß in Neu-Bamberg alle Straßen zur Burg zu führen scheinen, so muß das eingeschränkt werden. Schon mancher Autofahrer, der eines der engen Gäßchen hochbrauste, fuhr den gleichen Weg bald darauf im Rückwärtsgang mühsam wieder zurück - es gibt in Neu-Bamberg auch Sackgassen.

Siefersheim
130 Hektar in den Lagen Goldenes Horn, Heerkretz, Höllberg und Martinsberg (Großlage Rheingrafenstein)
Hauptrebsorten: Müller-Thurgau, Silvaner, Riesling und Neuzüchtungen

Neben Weintraube und Weinglas zeigt das Siefersheimer Ortswappen auch einen Weinbergsturm. Diesen auffallend großen, mit Zinnenkranz bewehrten Turm gibt es wirklich. Er steht in der steil abfallenden Siefersheimer Spitzenlage Heerkretz.

Errichtet wurde dieser Turm 1865 als Erinnerung an eine unglückliche Liebesgeschichte: Der Sohn eines Siefersheimer Bauern liebte die Tochter des Müllers, der seine Tochter jedoch mit einem, als Trunkenbold verrufenen, Weinhändler verheiratete. Der unglücklich und unverheiratet gebliebene Liebende ließ den Turm über dem idyllischen Appelbachtal errichten.

Siefersheim war Sitz eines römischen Gutshofes, und die Funde römischer Ziegel sowie eines Säulenfußes auf dem Martinsberg weisen darauf hin, daß hier sehr wahrscheinlich schon eine römische Kultstätte bestand. Die Franken errichteten später an gleicher Stelle eine Kapelle, und ein Franke - Siegfried, kurz Siefert - war es auch, der dem Ort den Namen gab.

Der Chorturm der kleinen Kirche von 1569 stammt noch aus romanischer Zeit. Seine starken Mauern deuten an daß er ursprünglich auch als Wehrturm, als letzte Zuflucht in Kriegszeiten, erbaut wurde.

Zurück zum Wein: Nur mühsam zu bearbeitende steile Hänge und der oft steinige Boden erschweren die Weinbergsarbeit in den Siefersheimer Lagen, dafür genießen Siefersheimer Weine schon seit jeher einen guten Ruf. Wie berechtigt er ist, das kann jeder selbst bei einer Weinprobe überprüfen. Lohnenswert ist auf jeden Fall auch eine Wanderug durch diesen reizvollen Teil der Rheinhessischen Schweiz.

Eckelsheim
450 Einwohner
145 Hektar in den Lagen Eselstreiber, Kirchberg und Sonnenköpfchen (Großlage Rheingrafenstein)
Hauptrebsorten: Silvaner, Müller-Thurgau, Kerner, Bacchus und Faberrebe

Das kleine Eckelsheim hat sich seine typisch fränkische Dorfform erhalten. Die drei Zugangsstraßen sind auch heute noch die Hauptstraßen, früher waren sie mit Pforten versehen, und Wall und Graben schützten vor Eindringlingen.

Wie so viele Orte in Rheinhessen ist auch Eckelsheim eine fränkische Gründung - die Namensendung "heim" weist das aus - die erste urkundliche Erwähnung stammt jedoch erst aus dem Jahr 1291. Das ganze Mittelalter hindurch, bis zur Reformationszeit hatte der Ort keine eigene Kirche, die Einwohner zählten zur Pfarrei Gosselsheim. Dieses Dorf ging jedoch im 16. Jahrhundert unter, lediglich die Kirche blieb zunächst stehen, ihre letzten Mauern stürzten erst 1765 ein.

1727 bis 1741 erbauten die Eckelsheimer ihr eigenes Gotteshaus. Diese Kirche der vorwiegend evangelischen Gemeinde wurde im sogenannten Saalstil der Barockzeit erbaut. Bei diesen für den Protestantismus charakteristischen Kirchen stehen im Gegensatz zu mittelalterlichen Kirchen, die auf den Chor ausgerichtet sind, Altar und Kanzel in der Mitte, die Sitzbänke für die Gläubigen gruppieren sich um dieses Zentrum.

Die Fassade der Kirche wird von einem Dachreiter gekrönt und von einer großen Uhr geziert - originellerweise sitzt diese Uhr nicht in der Achse unter dem Dachreiter: Mit Blick fürs Praktische ließen die Ekkelsheimer die Uhr nach links versetzt anbringen, denn so ist die Uhrzeit von der Straße aus leichter abzulesen.

Die größte Sehenswürdigkeit Eckelsheims liegt in der Gemarkung südlich des Ortes, an der Straße nach Wendelsheim. Hier steht die Ruine der Beller Kirche, einer spätgotischen Wallfahrtskirche. Daß sie nur noch Ruine ist stört die Spaziergänger nicht, der sommerlich blaue Himmel ersetzt das fehlende Gewölbe vortrefflich. Und wenn die Sonne durch das Maßwerk der Spitzbogenfenster scheint, vermißt niemand die alte Bleiverglasung.

Entstehungsgeschichte und Name der Kirche geben Kunsthistorikern und Heimatforschern immer noch Rätsel auf, denn Urkunden über Baugeschichte und Bedeutung sind nicht aufzufinden. Lediglich die Jahreszahl 1519 über dem Portal gibt einen Hinweis auf die Erbauungszeit. Ob sich der Name Beller Kirche von der Namenspatronin Bella Maria, von der volkssprachlichen Bezeichnung Bellen für Pappeln oder von einem untergegangenen Dorf Böllen ableitet, ist immer noch ungeklärt.

Wonsheim · Stein-Bockenheim · Fürfeld · Tiefenthal · Sulzheim Wörrstadt · Rommersheim · Armsheim

Als Wallfahrtskirche hat die Kirche wohl nicht sehr lange gedient, denn schon bald nach ihrer Erbauung wurde in der Gegend die Reformation eingeführt. Auf eines allerdings wollten die Eckelsheimer und die Bewohner der umliegenden Orte damals nicht verzichten: Mit der Wallfahrt waren immer auch ein Markt und ein beliebtes Volksfest bei der Kirche verbunden, und diese feierte man noch jahrhundetelang zum gewohnten Termin. Aus dem Jahr 1707 ist überliefert, daß der Eckelsheimer Pfarrer die Marktpredigt zu halten hatte, daß er dem Marktherren eine gebratene Gans stiften mußte (einen Gulden bekam er dafür) und an diesem Tag mit Weib und Kind gastfrei gehalten wurde. Der bunte Markt mit Zelten und Buden war ein wichtiger Tag für die ganze Region. Der Bellermarkt wurzelte so tief im Bewußtsein, daß Auswanderer aus der Gegend am Tag des Marktes in New York zusammenkamen und ein paar Flaschen Wein auf die alte Heimat tranken. Zum letzten Mal wurde der Markt 1902 gefeiert.

Rund um die Beller Kirche wächst Wein, und sie ziert so manches Weinetikett. Auch die Interessengemeinschaft Eckelsheimer Weingüter benutzt die idyllische Ruine als Markenzeichen, mit anderen Worten: Sie ist mit Ort und hiesigem Wein aufs engste verbunden.

Wonsheim
90 Hektar in den Lagen Hölle und Sonnenberg (Großlage Rheingrafenstein)
Hauptrebsorten: Müller-Thurgau, Silvaner und Neuzüchtungen

Wonsheim ist ein kleiner Ort in der Rheinhessischen Schweiz - wenn man die Neubauten um den alten Kern abzieht ein sehr kleiner Ort. Aber es ist eine Ortschaft mit langer Geschichte und einem berühmten Sohn: Hier wurde der Pfarrer und Heimatdichter Heinrich Bechtolsheimer (1868 - 1950) geboren, der die Tradition in Erzählungen zu fassen wußte.

Anders als der andere große Dichter Rheinhessens, der Nackenheimer Carl Zuckmayer, der nur gelegentlich Ausflüge in die volkstümliche Literatur unternahm, blieb Bechtolsheimer immer ein echter Volksschriftsteller. Seine Bücher wurden in Rheinhessen viel gelesen - und sie lohnen auch heute noch die Lektüre.

Die meisten Geschichten Bechtolsheimers spielen in der faszinierenden Epoche des Umbruchs, der Franzosenzeit und der nachfolgenden Neuordnung des Landes zwischen Rhein und Donnersberg.

Das ist auch der Titel einer Erzählung, in der sein Geburtsort als Degenheim literarisch verewigt wird. Die Zeit zwischen 1808 und 1814 wird hier in vielen Szenen und Idyllen lebendig: Bauern diskutieren über die Errungenschaften der französischen Herrschaft, Soldaten für Napoleons Armeen werden ausgehoben und dazwischen gibt es immer wieder Berichte über gute und schlechte Wein- und Erntejahre.

Ein anderes - berüchtigtes - Jahr, das Hungerjahr 1816/17 behandelt Bechtolsheimer in seiner Erzählung gleichen Namens. Die Nöte der bitterarmen Bevölkerung, die Unzufriedenheit mit der neuen Regierung und die oft einzige Konsequenz - Auswanderung nach Amerika - werden nacherlebbar. Aber es gibt auch immer wieder ergötzliche Episoden aus dem Alltagsleben der Bauern und Winzer und auch Feste, wie etwa ein Besuch auf dem Beller Markt zu Eckelsheim. Bechtolsheimer liegt auf dem Friedhof seiner Heimatgemeinde begraben, auch eine Straße wurde nach ihm benannt.

Ältestes Gebäude in Wonsheim ist der romanische Kirchturm. Im vergangenen Jahrhundert entdeckte man anläßlich einer sorgfältigen Restaurierung einen bisher unbekannten Raum unter dem Kirchturm, wohl eine alte Kapelle. Die hier verborgene romanische Säule mit ihrem zierlich behauenen Kapitell schmückt heute den Altarraum der Kirche. In Wonsheim gibt es eine ganze Reihe von Weingütern, die ihren Wein auf Flaschen füllen. Dem Besucher bleibt es überlassen, sich zu seinem persönlichen Lieblingswein durchzuprobieren.

Stein-Bockenheim
60 Hektar in der Lage Sonnenberg (Großlage Rheingrafenstein)
Hauptrebsorten: Müller-Thurgau und Silvaner

Fürfeld
90 Hektar in den Lagen Eichelberg, Kapellenberg und Steige (Großlage Rheingrafenstein)
Hauptrebsorten: Müller-Thurgau, Silvaner und Kerner

Ganz ohne englische Untertreibung, dafür aber mit viel Humor nennen die Rheinhessen den westlichsten Teil ihres Weinbaugebietes Rheinhessische Schweiz. In der Gegend um Fürfeld scheint diese Bezeichnung gar nicht so abwegig. Hier zeigt die Landschaft ein anderes Gesicht. Die Hügel sind steiler und rücken enger zusammen als sonst im Hügelland zwischen Worms und Bingen, die Täler sind tiefer eingeschnitten, die Weinbergsflächen werden kleiner und auch sehr viel steiler.

Gleich bei der Ortseinfahrt wird der Weinfreund mit einer erfreulichen Alternative bekanntgemacht: Gute und beste Rheinhessen-Weine verspricht die Werbung der örtlichen Genossenschaft auf einer Hauswand. Einige schöne Fachwerkbauten, die katholische Kirche mit ihrer imposanten Barockfassade sowie die hochgelegene und umfriedete protestantische Kirche verschönern einen Gang durch den Ort.

Die größte Sehenswürdigkeit Fürfelds findet sich jedoch drei Kilometer vom Ort entfernt: Einsam liegt hier der Hof Iben - jetzt nur noch ein landwirtschaftlicher Betrieb, im Mittelalter ein kleines Dörfchen rund um eine Wasserburg, später ein Schlupfwinkel der Schinderhannes-Bande. Seit 1240 gehörte die Burg dem Templerorden und aus dessen Zeit stammt die kleine, erhalten gebliebene Kapelle.

Ein eigenartiges Bild bietet sich dem Betrachter: der landwirtschaftliche Betrieb in einem abgelegenen Tal, Gehege mit Pferden, im Hof moderne Maschinen, freilaufende Hühner - und mittendrin ein Kleinod gotischer Architektur, wie es in Rheinhessen selten zu sehen ist. Die noch erhaltene frühgotische Kapelle ist eigentlich nur der Chor, der an das ältere romanische Langhaus angebaut worden war. Abenteuerlich weit steht daher heute der achteckige, steinerne Dachreiter über, als ob er jeden Moment herunterfallen wollte. Durch ein später eingesetztes Barockportal betritt der Besucher die Kapelle und - vorausgesetzt er ist ein Weinfreund - wird er sogleich bemerken, daß sorgfältig gemeißeltes Reblaub um die Kapitelle auf die uralte Weinbautradition der Region verweist.

Tiefenthal
15 Hektar in der Lage Graukatz (Großlage Rheingrafenstein)
Hauptrebsorten: Müller-Thurgau und Silvaner

Sulzheim
700 Einwohner
120 Hektar in den Lagen Greifenberg, Honigberg und Schildberg (Großlage Adelberg)
Hauptrebsorten: Müller-Thurgau, Silvaner und Neuzüchtungen

Sulzheim wächst, rund um das alte Dorf entstehen neue Straßen und Häuser. Aber auch im Ortskern wird viel gebaut: Ein neuer Straßenbelag kommt auf die alten Gassen, Fachwerkhäuser werden renoviert, der Kirchenvorplatz wird umfassend neu gestaltet.

Ältestes Gebäude im Ort ist die Sakristei der kleinen Barockkirche. Sie ist ein Relikt des gotischen Vorgängerbaus. Sulzheim war immer ein katholischer Ort, und der Bilderreichtum des Katholizismus belebt auch heute noch das Ortsbild: Heiligenbilder an den Wohnhäusern, Heiligenhäuschen an Straßen und in den Weinbergen, Kruzifixe in der Gemarkung.

Sulzheims Herren saßen seit dem Jahre 1360 in Mainz. Der Zehnte und viele weitere Rechte standen der Domkirche zu, die Ortshoheit gehörte Kurmainz.

Als die Dompräsenz 30 Jahre im Besitz des Orts war, wurden die Sulzheimer bei ihr vorstellig. Man sei ganz ohne Gesetz und Ordnung, ohne Gericht, das sei dem gemeinen Nutzen nicht förderlich. Daraufhin gab die Dompräsenz 1392 dem Dorf ein Weistum, ein mittelalterliches Gesetzbuch, das glücklicherweise erhalten geblieben ist.

Es ist ein merkwürdiges Buch, auf 26 große Folioblätter geschrieben, auf zwanzig Fragen ebensoviele Antworten gebend. Nur: Die gestellten Fragen sind so speziell, die erteilten Antworten so kurios, daß dieses Gesetzbuch schwerlich geholfen haben dürfte, das Zusammenleben im Ort zu regeln.

Zwei Beispiele: Wie ein Fälscher zu bestrafen sei, wird angefragt. Den Fälscher theilt man mit dem Kessel darin zu sieden. - so die Antwort. Und auch für Noth-Züchter steht die gerechte Strafe fest. Man deilt ihn, mit dem Pfall Ihm durch den Bauch zu schlagen.

Weinbau ist in dem kleinen Ort noch immer ein wichtiger Erwerbszweig. Eine Reihe von Weinbaubetrieben vermarkten ihren Wein auch direkt an den Verbraucher. Besucher sind zu Weinproben in den Weingütern herzlich willkommen.

Der "Neunröhrenbrunnen" ist eine der Sehenswürdigkeiten von Wörrstadt, er wird geziert von dem Ortswappen über dem Treppenpodest und reichen Ornamenten.

Wörrstadt
5.500 Einwohner
160 Hektar in den Lagen Rheingrafenberg und Kachelberg (Großlage Adelberg)
Hauptrebsorten: Müller-Thurgau, Bacchus, Silvaner, Scheurebe, Faberrebe und Kerner

Gelassene Betriebsamkeit, gewürzt mit einer Prise Humor und einem Schuß Schlagfertigkeit, so in etwa dürfte die Kurzcharakteristik Wörrstädter Lebens und Treibens aussehen. Der Alltag verläuft hier noch in gleichmäßigem Rhythmus und bietet dem Besucher einen angenehmen Kontrast zum hektischen Großstadtgetriebe.

Das heißt nun aber nicht, daß in Wörrstadt die Zeit stillsteht, ganz im Gegenteil. Seit 1972 ist hier der Verwaltungssitz einer Verbandsgemeinde beheimatet, der 13 Orte angegliedert sind. Auf Grund dessen strahlt der Ort ein gewisses Kreisstadtflair aus. Die verkehrsgünstige Lage mit eigenem Autobahnanschluß hat sicher mit dazu beigetragen, daß die Einwohnerzahl in den vergangenen Jahren stetig zugenommen hat. Zahlreiche Pendler nach Alzey oder Mainz haben hier ein angenehmes Domizil gefunden.

Die Besiedlungsgeschichte Wörrstadts reicht bis in die Jungsteinzeit zurück, als auf dem klimabegünstigten Höhenrücken der jetzigen Hochstadt die ersten Wohngruben entstanden. Auch die Römer und Franken siedelten bereits in diesem fruchtbaren Landstrich, wie zahlreiche Funde aus jener Zeit belegen.

Urkundlich erwähnt wird Wörrstadt erstmals im achten Jahrhundert, als der fränkische Gutsbesitzer Moricho dem Kloster Lorsch Grundbesitz vermachte. Kriege, Epidemien und Hungersnöte haben die nachfolgende Entwicklung des Ortes bis in unser Jahrhundert hinein entscheidend geprägt. Im frühen Mittelalter wurde Wörrstadt zum Streitobjekt zwischen den Rheingrafen und den Herren von Löwenstein, woraufhin der Ort mehrmals den Besitzer wechselte.

Wenn man heute durch die Pariser Straße schlendert, denkt man wohl kaum an jene Zeit zurück, da Wörrstadt noch zum Departement Donnersberg gehörte und für das Heer Napoleons Rekruten abzustellen hatte. Der große Kaiser war es, der damals den Befehl gab, die Straße nach Mainz durch Wörrstadt zu führen, da er in Abständen von etwa 12 Kilometern, sprich einem halben Tagesmarsch, Raststätten für seine Truppen benötigte. Zugleich kam dem damaligen Kantonshauptort als Sitz einer unteren Verwaltungsbehörde besondere Bedeutung zu. Hier dürften die historischen Wurzeln für die heutige Verwaltungsfunktion Wörrstadts liegen.

Doch trotz des relativ großen Dienstleistungsangebots hat sich der Ort seinen ländlichen Charme bewahrt. Da gibt es beispielsweise den Ulmengraben, der den alten Ortskern fast ganz umschließt und zum Spazierengehen einlädt. Da gibt es die zahlreichen Brunnen, von denen der "Neunröhrenbrunnen" als Wahrzeichen der Stadt besondere Beachtung verdient.

Dieser wohl schönste und größte Dorfbrunnen in Rheinhessen stammt ebenso aus dem 18. Jahrhundert wie die gegenüberliegende evangelische Laurentiuskirche, in der es unter anderem die im Jahre 1759 erbaute Orgel der Gebrüder Stumm zu bewundern gibt.

Auch das leibliche Wohl kommt in Wörrstadt nicht zu kurz. Urige Lokale und Weinstuben laden den Gast zum Verweilen und Probieren der einheimischen Weine ein. Auf 160 Hektar werden zahlreiche Rebsorten angebaut, wobei die Neuzüchtungen vornehmlich auf schweren Lehm- und Tonböden zu finden sind. Beim alljährlichen Weinfest der Verbandsgemeinde am ersten Juni-Wochenende kann sich der Besucher am besten ein Bild von der Geschmacksvielfalt der hier erzeugten Weine machen.

Besonders ausgiebig tat dies in früherer Zeit ein Schmied, der daher ständig betrunken war, und dem zu Ehren man im Jahre 1977 den Brunnen "Der trunkene Schmied" aufgestellt und eingeweiht hat. Wahrscheinlich besaß jener wackere Handwerksmann selbst einen kleinen Weinberg, in dem er einen Teil seiner Freizeit verbrachte.

Heute trifft man in Wörrstadt und den umliegenden Gemeinden reine Weinbaubetriebe nur in geringem Maße an. Meistens handelt es sich um gemischte Betriebe, die Acker- und Weinbau gleichermaßen betreiben. Sehr viele Feierabend-Winzer liefern ihre Trauben direkt an die Bezirksgenossenschaft Wörrstadt, die mittlerweile 158 Mitglieder zählt. Die Vermarktung über die Flasche ist dann Angelegenheit der Zentral-Winzergenossenschaft in Gau-Bickelheim.

Auf einer genossenschaftlichen Weinbergsfläche von 74 Hektar stehen fast ausschließlich Weißweinsorten, wobei der Müller-Thurgau mit einem Anteil von 31 Prozent eindeutig an der Spitze liegt, gefolgt von Bacchus, Silvaner und Scheurebe. Die Qualitätsweine geben in ihrem Charakter ein getreues Spiegelbild des rheinhessischen Hügellands ab: zum einen leicht und weich, zum andern frisch, erdig und rassig. Wer könnte sich da nicht in die Rolle des trunkenen Schmieds hineinversetzen?

Rommersheim (Ortsteil von Wörrstadt)
55 Hektar in der Lage Kachelberg (Großlage Adelberg)

Armsheim
mit dem Ortsteil Schimsheim
1.561 Einwohner
300 Hektar in den Lagen Geiersberg, Goldstückchen und Leckerberg
(Großlage Adelberg)
Hauptrebsorten: Silvaner, Müller-Thurgau und Scheurebe

Das Wahrzeichen der im Wiesbachtal gelegenen Gemeinde ist zweifelsohne der weithin sichtbare Turm der evangelischen Kirche Zum heiligen Blut. Das Gotteshaus wurde Mitte des 15. Jahrhunderts erbaut und gilt heute als eines der schönsten gotischen Baudenkmäler in Rheinhessen. Neben der imposanten Dorfkirche, die das Ortsbild entscheidend prägt, gibt es in Armsheim weitere interessante Sehenswürdigkeiten.

Vor allem die Bahnhofstraße sei hier genannt, in der reich verzierte Fach-

Schimsheim · Ensheim · Flonheim · Uffhofen

werkhäuser dem Besucher eine stimmungsvolle Atmosphäre vermitteln. Auch der Renaissance-Ziehbrunnen in der Nähe der Kirche weist in die Vergangenheit des Ortes zurück, der erstmals im Jahre 775 urkundlich erwähnt wird. Besonders hervorzuheben sind in Armsheim einige Urnenfelder, ein ausgedehntes Gräberfeld der mittleren Bronzezeit, ein keltisches Fürstengrab mit Streitwagen, ein Gutshof bei Schimsheim sowie - aus römischer Zeit - sowie die Funde von Goldmünzen und einer Weinamphore. Letztere beweist eindrucksvoll, daß schon damals in dieser Region Wein angebaut wurde.

Welch große Bedeutung der Weinbau heute für die Gemeinde hat, zeigt ein Blick auf das Ortswappen: dort ist der Arm eines Winzers abgebildet (wohl in Anlehnung an den Ortsnamen), der einen Rebzweig mit Traube und Rebblatt hält.

Auf den sanft geneigten Hängen der Umgebung nehmen Silvaner und Müller-Thurgau die größten Rebflächen ein, obwohl die Scheurebe, aber auch Faberrebe und Bacchus stark im Kommen sind. Gerade die Neuzüchtungen bewähren sich im Erzielen höherer Qualitätsstufen.

Abgesehen von einigen selbstvermarktenden Weingütern liefern die Winzer ihren Most an die örtliche Bezirkswinzergenossenschaft, oder aber sie vermarkten den Wein über die Erzeugergemeinschaften in Sprendlingen und Bornheim.

Das gleiche gilt für ihre Kollegen aus dem benachbarten Ortsteil Schimsheim. Unbedeutend und kaum bekannt wäre das kleine Winzerdorf wahrscheinlich heute, besäße es nicht das wohl älteste, über tausend Jahre zählende Naturdenkmal Deutschlands, die "Schimsheimer Effe".

Bereits im 14. Jahrhundert diente die Effe, die Ulme, als Gerichtsbaum und muß daher schon damals ein sehr auffallender, mächtiger Baum gewesen sein. Außerdem kam der Ulme durch ihren Standort in unmittelbarer Nähe des Kirchhofs, an einer öffentlichen Straße vor einer Weggabel, wohl die Funktion eines Wegweisers zu.

Doch leider ging die Zeit an diesem Baumriesen nicht spurlos vorbei, und so ist heute nur noch der mächtige, von bizarren Auswüchsen zerklüftete Stumpf am alten Standort zu sehen. Dennoch lohnt es sich, vor der Weiterfahrt nach Armsheim hier kurz zu verweilen.

Die "Schimsheimer Effe" einer der mächtigsten Bäume Deutschlands

Schimsheim
Ortsteil von Armsheim
395 Einwohner
57 Hektar in der Lage Leckerberg (Großlage Adelberg)
Hauptrebsorten: Silvaner, Müller-Thurgau und Scheurebe

Ensheim
369 Einwohner
160 Hektar in der Lage Kachelberg (Großlage Adelberg)
Hauptrebsorten: Müller-Thurgau, Silvaner, Scheurebe, Bacchus und Faberrebe

Malerisch schmiegt sich das Winzerdorf an die nach Südwesten gerichteten Hänge, die den Blick auf das Alzeyer Hügelland bis hinüber zu den Ausläufern des Donnersbergs freigeben. Ensheim bietet dem Besucher ein friedliches Bild, und an dieser Dorfidylle vermag selbst die am östlichen Ortsrand vorbeiführende Bundesstraße wenig zu ändern. Der alte Ortskern mit seinen engen, verwinkelten Gäßchen, der Dorfplatz mit seinen alten Fachwerkhäusern, das alles strahlt eine gewisse Wärme aus, wirkt ursprünglich und natürlich.

So ist es nur allzu verständlich, wenn der Ort immer wieder Besucher aus nah und fern anlockt, die jedoch nicht allein wegen der Dorfromantik, sondern natürlich auch wegen der großen Auswahl guter Qualitätsweine anreisen. Ob die Wahl nun auf einen eleganten Silvaner, einen Müller-Thurgau oder eine ausdrucksvolle Scheurebe fällt, bleibt ganz dem individuellen Geschmack des Weinfreundes überlassen. Wer in Ruhe und mit Bedacht seine Wahl treffen möchte, der sollte keinesfalls auf eine Weinprobe verzichten.

Zwar werden die Weine der ortsansässigen Winzer zu etwa 90 Prozent über die Erzeugergemeinschaft Goldenes Rheinhessen in Bornheim vermarktet, doch die übrigen zehn Prozent bleiben für den Endverbraucher reserviert. Die günstigste Gelegenheit für eine ausgiebige Probe Ensheimer Gewächse bietet sich am dritten Wochenende im Juli, wenn die Gemeinde ihr großes Brunnenfest veranstaltet.

Flonheim
2.000 Einwohner
410 Hektar in den Lagen Geisterberg, Klostergarten, Bingerberg, Rotenpfad, La Roche und Pfaffenberg (Großlage Adelberg)
Hauptrebsorten: Müller-Thurgau, Scheurebe, Silvaner und Kerner

Wer nach Flonheim kommt, darf auf Besonderes hoffen. Schon allein die reizvolle Lage unterhalb eines ausgedehnten Landschaftsschutzgebietes erklärt den Beinamen des Ortes: Tor zur Rheinhessischen Schweiz. Dieser stattliche Marktflecken im schönen Wiesbachtal hat in der Tat einiges zu bieten und ist wohl auch deshalb zu einem beliebten überregionalen Treffpunkt für Natur- und Kulturfreunde gleichermaßen geworden.

Neben Wein-, Wald- und Wanderfreuden erwarten den Besucher des Ortes zahlreiche kulturhistorische Sehenswürdigkeiten. Wen das "Es war einmal" interessiert, der sollte sich auf einer Bank am Brunnen des malerischen Marktplatzes niederlassen und in Ruhe umschauen: da fällt zunächst das gelb leuchtende, im Jahre 1733 erbaute Rathaus ins Auge, dessen Turm samt steinerner Wendeltreppe noch etwa ein Jahrhundert älter ist.

An der Südseite des Marktplatzes schmücken zwei leere Wappenfelder über einem Torbogen das 1712 aus Sandsteinquadern erbaute wildgräfliche Amts- und Landgerichtshaus. Das prächtige Verwaltungsgebäude dokumentiert die Bedeutung Flonheims im 18. Jahrhundert, als es mit Uffhofen, Bornheim und Lonsheim ein gräfliches Amt bildete. Die anderen großen Barockhöfe rund um den Markt sind ehemalige Wirtshäuser, die von einer Zeit künden, da hier noch der Pferdewagenverkehr von sechs einmündenden Landstraßen die Gassen belebte. Die vermauerten Bögen in der am Markt beginnenden Obergasse sind die letzten Hinweise auf Ställe und Remisen, in denen die Fuhrleute und Leinereiter damals ihre Pferde und Wagen unterbrachten.

Leinereiter, so hießen jene Treidler, die mit Pferden die Rheinschiffe auf den Leinpfaden in zwei Tagen von Bingen über Mainz nach Worms zogen. Auf dem kürzeren Rückweg über Alzey nach Bingen übernachteten sie in Flonheim. Die 1825 einsetzende Dampfschiffahrt machte der Leinereiterei ebenso ein Ende, wie später die Kunststeinfabrikation dem durch Jahrhunderte hindurch blühenden Steinmetzgewerbe. Grundlage für diese Handwerkskunst bildeten die Flonheimer Sandsteinbrüche, die dem Ort bereits zur Römerzeit beachtlichen Wohlstand bescherten.

Als eindrucksvollstes Beispiel für die Verwendung dieses Natursteins gilt die doppeltürmige Marktkirche. An ihrer Stelle finden sich die ältesten Nachweise der Flonheimer Geschichte. Als nämlich dieser Dom des Wiesbachtals von 1883 bis 1885 erbaut wurde, stießen die Arbeiter auf ein um 500 n. Chr. angelegtes fränkisches Fürstengrab mit reich verzierten Waffen und Geräten. Heute ist besagter Schatz von Flonheim im Wormser Städtischen Museum zu bewundern. Dagegen steht die um 1300 errichtete Wehrmauer mit ihren Turmbasen und Schießscharten noch in großen Teilen an Ort und Stelle. Auf sie stößt der Besucher am Ende der Angelgasse sowie bei einigen Winzern, die das stimmungsvolle Mauerwerk als Kulisse benutzen, wenn sie in ihrem Garten Weinfreunde zur Probe empfangen.

Stein und Wein - das sind schon seit Jahrhunderten die wichtigsten Erwerbsquellen Flonheims. Was den Weinbau betrifft, so zählt der Ort heute mit einer Rebfläche von 410 Hektar zu den bedeutendsten rheinhessischen Weinbauorten.

Auf Löß- und Lehmböden wachsen überwiegend die für Rheinhessen typischen Neuzüchtungen wie Scheurebe und Kerner - neben dem Spitzenreiter Müller-Thurgau. In den gemütlich eingerichteten Probierstuben des Ortes kann sich der Gast einen geschmacklichen Überblick über die Sortenvielfalt Flonheimer Gewächse verschaffen. Darüber hinaus fließen die lieblichen bis trockenherben Weine natürlich auch bei zahlreichen Festen und Feiern.

Das beginnt schon im März, wenn die Flonheimer Weingüter im Rahmen einer musikalisch und literarisch bereicherten festlichen, offiziellen Weinprobe ein breites Spektrum an Qualitätsweinen vorstellen. Ebenso lockt die Weinwanderung am Adelberg, die alljährlich am zweiten September-Wochenende stattfindet, zahlreiche Gäste aus dem In- und Ausland an. Sie erleben eine wunderschöne Rundwanderung, die auf einem Weinlehrpfad an Ausschankständen der örtlichen Winzer vorbeiführt. Auf den Probiergläschen ist das Wahrzeichen des Flonheimer Weinbaus abgebildet, der sogenannte Trullo. Das sind nach apulischen Vorbildern benannte spitze, runde Weinberghäuschen aus Sandstein, die hier und da aus den Reben ragen. Und wer vor dem Gipfel-Trullo auf dem Adelberg steht, der wird eindrucksvoll an die traditionellen Grundlagen des Flonheimer Wohlstands erinnert: Stein und Wein.

Ein Faß wird beschriftet (Weingut Espenschied)

Uffhofen (Ortsteil von Flonheim)
140 Hektar in den Lagen Pfaffenberg und La Roche (Großlage Adelberg)
Hauptrebsorten: Müller-Thurgau, Silvaner, Neuzüchtungen, Portugieser und Dornfelder

Seit der Gemeindereform in den siebziger Jahren gehört Uffhofen zu Flonheim. Mit der Eingemeindung waren damals zwar nicht alle Uffhofener einverstanden, aber eigentlich gehörte das kleine Örtchen schon immer irgendwie zum größeren Nachbarn.

Das liegt an der unmittelbaren Nähe - ein eiliger Autofahrer wird gar nicht bemerken, wann er Flonheim veläßt und nach Uffhofen kommt - aber auch an der gemeinsamen Geschichte. Schon der Name Uffhofen bezieht sich auf den Nachbarort. Uff hieß so viel wie unterhalb, Uffhofen bezeichnete daher die Gehöfte unterhalb, oder bei, Flonheim. Wie in Flonheim waren auch hier die Wild- und Rheingrafen lange Ortsherren.

Ein altes Flonheimer Portal "im Streiflicht"

Uffhofen ist ein langgestrecktes Straßendorf, es folgt dem Lauf des Wiesbaches. Die Lage im Tal und der Wasserlauf sorgen für einen hohen Grundwasserspiegel, so daß es für viele Winzer im Dorf nicht möglich war, unter ihrem Haus ausreichend große Keller zu bauen. Das liefert die Erklärug für ein Kuriosum: Der hochgelegene Uffhofener Kirchhof um die barocke Kirche wird von einer Mauer eingefaßt, jedoch ist dies keine Wehrmauer wie in anderen Orten. Ganz im Gegenteil, in dieser Mauer reiht sich Tor an Tor, denn hier, unter der Kirche fanden die alten Uffhofener den richtigen Platz für ihre Weinfässer.

Nur ein kleiner Teil dieser alten Keller wird auch heute noch als Weinkeller genutzt, denn moderne Stahl- und Kunststofftanks erfordern mehr Platz, außerdem ist die Zahl der Weinbaubetriebe zurückgegangen. Hatte früher jede Familie im Ort wenigstens einen kleinen Weinberg, so konzentriert sich der Weinbau heute auf einige Betriebe. Nur eine Handvoll von ihnen vermarktet auf der Flasche, die kleineren Winzer sind Mitglieder der Erzeugergemeinschaften in Bornheim oder Sprendlingen.

Die Rebflächen um Uffhofen wurden in den letzten Jahrzehnten nicht mehr wesentlich ausgedehnt, vor 60 Jahren gab es nur um die 20 Hektar weniger Weinberge. Die beste Lage Uffhofens heißt, nach einer adligen Hugenottenfamilie, La Roche. Es ist die einzige französische Lagenbezeichnung im deutschen Weinbau - eine steile Südlage über dem idyllischen Wiesbachtal.

Zahlreiche Mühlen wurden einst vom Wasser dieses Bächleins angetrieben. Die vielleicht schönste davon ist die Geistermühle gleich hinter Uffhofen. Ihr Name läßt sich sprachgeschichtlich erklären - auf den Hang hinter der Mühle verwies die Gemarkungsbezeichnung "am gisstege", daraus wurde gistegen, gisterweg schließlich Geisterweg - aber viel einprägsamer sind die Grusel- und Gespenstergeschichten, die sich um die Mühle und ihre früheren Besitzer ranken.

An den Torbögen, Gebäuden und Seitengebäuden der Mühle finden sich Jahreszahlen von 1583 bis in 19. Jahrhundert eingemeißelt, ein Hoftorbogen trägt die Gravur 1837 Jakob Galle. Die Galles waren eine Hugenottenfamilie, Besitzer der Mühle von 1734 bis 1850 - auch über sie erzählen sich die alten Uffhofener eine schaurige Geschichte:

Bornheim · Bermersheim v. d. Höhe · Lonsheim · Wendelsheim Erbes-Büdesheim · Nack · Nieder-Wiesen

Lonsheim zwischen Feldern, Wiesen, Wald und Reben

Ein Sohn der Familie, nach Amerika ausgewandert und dort reich geworden, wollte nach langen Jahren sein Elternhaus wiedersehen - doch seine Eltern ließen den vermeintlich Fremden nicht ein, er gab sich auch nicht zu erkennen. Seine Mutter jedoch hatte von den Reichtümern des Fremdligs gehört und stiftete den Vater an, ihn zu ermorden. Erst als der Vater den Erschlagenen am nächsten Morgen genauer betrachtete, erkannte er ihn - und erhängte sich voller Verzweiflung in der Mühle.

Bei einem Spaziergang durch das Wiesbachtal oder die Weinberge an einem sonnigen Tag denkt man wohl nicht an solche Geschichten. Stattdessen genießt man die behäbige Beschaulichkeit der Geistermühle, entdeckt sogar einen kleinen Trullo, eines der originellen Weinbergshäuschen, die so typisch für die Gegend sind, und freut sich auf das nächste Gasthaus mit den charaktervollen Weinen der Gegend im Ausschank.

Bornheim
522 Einwohner
125 Hektar in den Lagen Schönberg, Kirchenstück, Hütte-Terrassen und Hähnchen (Großlage Adelberg)
Hauptrebsorten: Müller-Thurgau, Silvaner, Scheurebe, Bacchus, Ortega und Riesling

Als das Dorf der Rosen und des Weins erhielt die Gemeinde 1973 die Goldmedaille auf Bundesebene im Wettbewerb "Unser Dorf soll schöner werden". Der wohl regenärmste Weinbauort des Alzeyer Landes präsentiert sich dem Besucher in idyllischer Lage. Der Blick auf die geschlossene Dorfanlage mit ihren stattlichen Höfen ist von der Oswaldhöhe aus besonders schön. Die Franken gaben dem Örtchen seinen Namen offensichtlich nach einer Quelle. Und kaum ein anderer Name könnte heute besser passen, denn mitten im Ort plätschert immer noch ein romantischer Brunnen. Aus einer Sandsteinsäule, die mit dem Ortswappen geschmückt ist, ragt ein Rohr, und aus diesem tröpfelt beständig Wasser in den großen Steintrog darunter.

Die umliegenden Weinberge, die Nähe des Waldes und die Ruhe dieser ländlichen Gegend verleihen dem liebenswerten Ort zusätzliche Attraktivität. Wein- und Wanderfreunde fühlen sich hier gleichermaßen wohl. Und an eine ausgedehnte Rundwanderung im nahe gelegenen Landschaftsschutzgebiet Alzeyer Berg, schließt sich am Abend dann folgerichtig eine umfassende Weinprobe.

Wie aus Schenkungsurkunden hervorgeht, wurde in Bornheim bereits vor 1200 Jahren Wein angebaut, und dieser langen Tradition fühlen sich die heutigen Winzer natürlich verpflichtet. Die sanften bis steilen, von der Sonne begünstigten Hänge, auf denen das für Rheinhessen charakteristische Rebsortenspektrum vetreten ist sowie die sorgfältige Arbeit der Winzer in Weinberg und Keller bringen gute Qualitätsweine hervor.

Besondere Wertschätzung erfahren bei den Weinliebhabern Müller-Thurgau und Silvaner, die auch den größten Rebflächenanteil auf sich vereinen. Neben diesen beiden traditionellen Weinen werden in den gemütlichen Probierstuben des Dorfes ebenfalls zahlreiche Neuzüchtungen angeboten, wie zum Beispiel Bacchus und Ortega. Daher sollte der Weinfreund eine Menge Zeit mitbringen, um sich in Ruhe und mit Muße von der Geschmacksvielfalt der örtlichen Gewächse einen möglichst umfassenden Eindruck zu verschaffen.

Neben den traditionellen Weingütern basiert der gute Ruf Bornheimer Qualitätsweine auch auf der erfolgreichen Arbeit der Erzeugergemeinschaft Goldenes Rheinhessen, die im März 1979 gegründet wurde und seitdem das hohe Qualitätsniveau der rheinhessischen Gewächse entscheidend mitgeprägt hat.

Bermersheim v. d. Höhe
285 Einwohner
110 Hektar in den Lagen Hildegardisberg und Klostergarten (Großlage Adelberg)
Hauptrebsorten: Müller-Thurgau, Silvaner, Scheurebe, Bacchus und Riesling

Saubere, gepflegte Straßen und Gäßchen, helle, freundlich wirkende Sandsteinfassaden mit Blumen vor den Fenstern, in solch beschaulichem Bild präsentiert sich Bermersheim dem Besucher. Der erst im Jahre 1971 verliehene Zusatz "vor der Höhe" unterscheidet das nördlich von Alzey gelegene Winzerdorf vom gleichnamigen Weinbauort bei Worms.

Geschützt in einer Quellmulde liegend war das Dorf seit der Hallstattzeit ständig besiedelt. Wie so viele Dörfer Rheinhessens, deren Namen auf "heim" enden, ist auch Bermersheim v. d. Höhe eine fränkische Siedlung. Nachdem im Jahre 496 n. Chr. König Chlodwig die Alemannen bei Albig besiegt hatte, ließ sich hier einer der fränkischen Siedler mit Namen Bermar, ursprünglich wohl Vermar, nieder und nannte die Siedlung Vermar-Heim.

Urkundlich, wie häufig in Rheinhessen, wurde der Ort erstmals durch eine Schenkung an das Kloster Lorsch im Jahre 797 bekannt, als eine

Solch wundervoll geschnitzte Faßböden sind heutzutage eine Seltenheit geworden. Doch im Weingut Kirchenstück in Ingelheim wird diese alte Tradition noch lebendig gehalten: Jeder Jahrgang bekommt sein eigenes Motiv.

adlige Frau Hiltgart unter anderem einen Weinberg verschenkte.

Der heutige Bekanntheitsgrad des Ortes ist mit dem Namen Hildegard eng verknüpft. Denn hier in Bermersheim v. d. Höhe wurde 1098 die Heilige Hildegard - bekannt vor allem als Hildegard von Bingen - geboren. Kein Wunder, wenn Flurnamen und Weinberge der Umgebung nach ihr benannt sind. Vielleicht ist es auch diesem Umstand zu verdanken, daß der kleine Winzerort mit seinen beiden Lagen Klosterberg und Hildegardisberg über die Grenzen Deutschlands bekannt ist und der Wein mit gutem Erfolg nach England und Amerika exportiert wird.

Auf flurbereinigten Rebhängen gedeihen Neuzüchtungen, aber ebenso altbekannte Sorten wie Müller-Thurgau, Silvaner und Riesling gleichermaßen gut. Und da die meisten Winzerbetriebe des Ortes auch Flaschenweine anbieten, sollte sich der Besucher die Gelegenheit zur Probe keineswegs entgehen lassen. Die gelehrte Heilige Hildegard schrieb in einer ihrer medizinischen Schriften: Der Wein, vom Rebstock gewonnen, macht, wenn er rein ist, dem Trinkenden das Blut gut und gesund. Wie gesagt: Sie kam aus Bermersheim.

Lonsheim
450 Einwohner
120 Hektar in den Lagen Mandelberg und Schönberg (Großlage Adelberg)
Hauptrebsorten: Müller-Thurgau, Silvaner, Kerner, Faberrebe, Bacchus und Ortega.

Der zwanzig Meter hohe Aussichtsturm auf der Hemm, so heißt die von Ost nach West verlaufende Hügelkette bei Lonsheim, ist mittlerweile zum Wahrzeichen des schmucken Weindorfs geworden. Zum Gedenken an die Teilnehmer des Kriegs von 1870/71 errichtet, ist er heute ein beliebtes regionales Wander- und Ausflugsziel.

Und in der Tat wird derjenige, der die 72 Stufen des Turms erklommen hat, mit einem herrlichen Panoramablick bis hinüber zum Binger Loch oder den fernen Höhenzügen des Taunus belohnt. Der Rückweg zum Ort verläuft durch Wald und an Weinbergen vorbei.

Der Weinbau, der in dieser Region schon seit dem achten Jahrhundert betrieben wird, bildet auch heute noch das Fundament des Lonsheimer Wohlstands. Die im Jahre 1969 eingeleitete Weinbergsumlegung dauerte bis 1986. Neben der Flurbereinigung wurden umfangreiche Hochwasser-Schutzmaßnahmen durchgeführt, und ein großzügig geplantes, überwiegend betoniertes Wegenetz gewährleistet den rationellen und effektiven Einsatz des Maschinenparks.

Die aktive Gemeinde hat einen Wein-Lehrpfad angelegt. Und da neben der Theorie natürlich auch die Praxis zu ihrem Recht kommen sollte, empfangen die meisten Lonsheimer Winzer ihre Besucher in privat eingerichteten Probierstuben, um ihnen die Möglichkeit zu bieten, das umfangreiche Sortenspektrum einheimischer Gewächse kennenzulernen.

Etwa ein Dutzend Weinbaubetriebe hat sich zur Interessengemeinschaft Lonsheimer Weingüter zusammengeschlossen, die bei örtlichen Veranstaltungen sowie beim Alzeyer Winzerfest für die Lonsheimer Qualitätsweine wirbt. Vor allem das Kirchweihfest am letzten August-Wochenende bringt viele Weinfreunde in dieses sympathische Weindorf, das aber auch an normalen Tagen einen Besuch wert ist.

Wendelsheim
70 Hektar in den Lagen Heiligenpfad und Steigerberg (Großlage Adelberg)
Hauptrebsorten: Müller-Thurgau, Silvaner und Neuzüchtungen

Erbes-Büdesheim
1.000 Einwohner
55 Hektar in den Lagen Geisterberg und Vogelsang (Großlage Adelberg)
Hauptrebsorten: Müller-Thurgau, Silvaner, Bacchus, Kerner und Faberrebe

Auf schnurgeraden Alleen fährt man, vor allem aus Richtung Alzey kommend, auf Erbes-Büdesheim zu. Von weitem sieht man schon die barocke Zwiebelhaube des Turms der katholischen Kirche - eine in Rheinhessen gar nicht so häufige Form für eine Turmhaube.

Um den Ort erstrecken sich weite Ackerflächen, häufig von Buschrainen begrenzt. Die Weinberge liegen nördlich des Ortes gegen Uffhofen und Flonheim zu. Mehr noch als Weinbau war lange Zeit Landwirtschaft wichtigster Erwerbszweig der Bewohner, der recht hoch gelegenen Ortschaft.

Der Namenszusatz "Erbes-", wohl zur Unterscheidung von Orten mit ähnlichen Namen eingeführt, verweist wahrscheinlich auf Erbse. Die Felderbse wurde früher häufig angebaut - 1609 erscheint auch ein Erbsenstrauch im Gerichtssiegel.

An den verschiedenen Baustilen läßt sich das Wachstum der Ortschaft verfolgen. Im Ortskern dominieren kleine Fachwerkhäuser, um den eigentlichen Kern stehen die größeren Sandsteinhäuser aus dem vergangenen Jahrhundert und der Zeit um 1900, ganz außen neue Einfamilienhäuser. Drei Gebäude prägen das alte Zentrum: Die barocke Kapelle der Protestanten, die größere - schon erwähnte - katholische Kirche, deren Fassadenwand ein dolchbewehrter Heiliger bewacht, und das Büdesheimer Schloß.

Das Schloß, ein Herrenhaus aus der Barockzeit, rotbraun gestrichen, in einem kleinen Park gelegen, wird von einem mächtigen schiefergedeckten Dach gekrönt. Vor diesem Bau aus dem 18. Jahrhundert stand hier die Weiße Burg, eine Wasserburg, von der nur noch Mauerreste erhalten sind.

Nack
21 Hektar in der Lage Ahrenberg (Großlage Adelberg)
Hauptrebsorten: Müller-Thurgau und Silvaner

In der Ortsmitte stehen evangelische und katholische Kapelle einträchtig nebeneinander, ähnlich im Stil und etwa gleich groß. Sie stammen aus der Zeit um 1900, als Nack ein wichtiger Bergbauort war. In der Mitte des vergangenen Jahrhunderts hatte Nack eine bedeutende Steinindustrie, auch Zinnober und Quecksilber wurden abgebaut. Zeitweise verdienten über drei Viertel der Erwerbstätigen ihr Geld in den Nacker Steinbrüchen.

Nack liegt landschaftlich sehr reizvoll. Bei Spaziergängen rund um den Ort gibt es einiges zu entdecken: stillgelegte Stollen oder das Naturschutzgebiet Teufelsrutsch.

Nieder-Wiesen
2 Hektar in der Lage Wingertsberg (Großlage Adelberg)

Die Geschichte von der Auferstehung

In den frühen zwanziger Jahren waren Pferde- und Kuhfuhrwerke die Hauptverkehrsmittel. Für ein bis zwei Personen benutzte man gerne eine Gig, eine einachsige, leichte Kutsche. Mit einer solchen Gig fuhr der Landvermesser Dechent vom Vermessungsamt Wörrstadt nach Armsheim. Er nahm den Wörrstadter Pastor mit, der dort seinen Amtskollegen besuchen wollte. In Armsheim erledigten beide ihre Geschäfte, und man hatte vereinbart, daß die Rückfahrt um fünf Uhr vom Bürgermeisteramt aus erfolgen sollte. Sie trafen sich recht pünktlich. Herr Dechent hatte zur Vorsorge noch zwei gute Fläschchen Armsheimer Geiersberg mitbekommen, so daß man keinen Durst zu erleiden brauchte.

Die Gespräche der beiden Reisendenen wurden immer tiefgründiger, wie man es oft beobachten kann, wenn der Alkoholspiegel eine gewisse Marke überschritten hat. Wie nicht anders zu erwarten, unterhielten sich die beiden über die Religion. Schließlich kamen sie auf das Thema Auferstehung und handelten es nach der jeweiligen Einstellung ab. Kurz bevor sie nach Flonheim abbiegen wollten, fuhr ein Auto an ihnen vorbei und wirbelte eine mächtige Staubwolke auf. Das bis dahin friedlich dahintrabende Pferd verfiel über dieses plötzlich auftauchende, stinkende Ungeheuer in eine solche Erregung, daß es in einen ungewöhnlich schnellen Galopp verfiel. Die leichte Gig schwänzelte schleudernd hinterher. Schließlich schwenkte das Gefährt abrupt am Kronkreuz nach links Richtung Ensheim. Die Insassen konnten sich nicht mehr halten und fielen, relativ sanft, in den dicht mit Brenneseln bewachsenen Straßengraben.

Tief im Graben liegend, sich mühsam von dem unangenehmen Grünzeug befreiend, konnte es sich der Landvermesser nicht verkneifen, den Herrn Geistlichen zu fragen: "Nun Herr Parre, glaaben se jetzt noch an die Ufferstehung?" und prompt kam die Antwort des Pfarrers: "Vor morgen früh nicht!"

Bereich Nierstein

Klein-Winternheim · Ober-Olm · Essenheim · Stadecken-Elsheim

Die Kirchturmspitze von Stadecken-Elsheim einmal anders

Klein-Winternheim
3.100 Einwohner
50 Hektar in den Lagen Geiershöll, Villenkeller und Herrgottshaus (Großlage Domherr)
Hauptrebsorten: Müller-Thurgau, Silvaner, Kerner, Bacchus und Scheurebe

Die Lagenbezeichnung Villenkeller verweist auf die vielen Funde aus der Römerzeit, die auf Klein-Winternheimer Gemarkung gemacht wurden. Neben Spuren von Wohnbauten wurden auch die Überreste eines Tempels gefunden, ein weiterer Beleg dafür, wie intensiv Rheinhessen zur Zeit der Hochblüte des Römischen Reiches schon besiedelt war.

Der - für einen Weinbauort in einer der wärmsten Gegenden Deutschlands - überraschende Name rührt wohl von einem früheren adligen Besitzer namens Winter her. Später gehörte der Ort, anders als der kurpfälzische Namensvetter Groß-Winternheim, zum Erzstift Mainz.

Neben dem Weinbau ist der Obstbau von großer wirtschaftlicher Bedeutung, und noch häufiger als Schilder, die Flaschenweine zum Verkauf anbieten, sieht man das Schild Äpfel zu verkaufen.

Zur Verschönerung des Ortsbildes im Kernbereich unternahmen die Klein-Winternheimer eine beispielgebende Aktion: An fast jedem Haus blüht im Sommer ein Rosenstock.

Ober-Olm
3.250 Einwohner
70 Hektar in der Lage Kapellenberg (Großlage Domherr)

Essenheim
2.130 Einwohner
220 Hektar in den Lagen Römerberg und Teufelspfad (Großlage Domherr)
Hauptrebsorten: Müller-Thurgau, Portugieser, Kerner und Scheurebe

Im Zuge der Flurbereinigung wurden 1970 Überreste eines römischen Hofes entdeckt, damit ist eine Besiedlung der Gemarkung seit der Römerzeit nachgewiesen. Die Siedlung mit dem heutigen Namen entstand wohl im siebten Jahrhundert, als die Franken nach Rheinhessen kamen. Erstmals urkundlich erwähnt wird Essenheim 1279.

Essenheim gehörte, zusammen mit Stadecken und Mölsheim, zur Grafschaft Pfalz-Zweibrücken, später zur Kurpfalz, und die drei Orte sind auch die ersten Orte links des Rheines, in denen die Reformation eingeführt wurde. Von den Einwohnern der katholischen Nachbarorte wollten die Essenheimer lange nichts wissen. Heiraten in Orte, die zum katholischen Mainz gehörten, blieben jahrhundertelang fast ausgeschlossen. Ein Heimatforscher hat das überprüft: Über 300 Jahre lang heiratete kein Essenheimer und keine Essenheimerin in das nahe (aber katholische) Nieder-Olm.

Die besten Weinbaulagen Essenheims waren immer in geistlichem Besitz. Jahrhundertelang war das Rheingauer Kloster Eberbach der wichtigste Grundbesitzer. Ein Grenzstein mit dem Wappen des Klosters blieb erhalten. Außerdem waren Klöster in Mainz Weinbergsbesitzer, ebenso ein Domherrengut. Die alte Bezeichnung für die Lage Römerberg war Domherrenzwanzigmorgen. Mit Einführung der Großlagenbezeichnung Domherr wurde der alte Name abgeschafft, und die Essenheimer nahmen die römischen Funde als Namensgeber für den Römerberg.

Während der Säkularisation im Gefolge der französischen Herrschaft wurde aller geistliche Besitz verkauft und überwiegend in winzige Parzellen zu 40 Klafter zerlegt (ein Klafter hat 6 1/4 qm, die Parzellen maßen also um 250 qm). Überhaupt lebten die Essenheimer mit Kleinstweinbergen. Vor der Flurbereinigung, sie wurde 1979 abgeschlossen, war ihre Gemarkung die am stärksten parzellierte in ganz Rheinhessen, etwa 27 Besitzer teilten sich einen Hektar.

Die Böden um Essenheim sind recht schwer und sehr fruchtbar. Müller-Thurgau und Portugieser sind die wichtigsten Rebsorten. Vor der Flurbereinigung waren etwa 60 Prozent der Rebfläche mit Rotweinreben bepflanzt. Mancher Winzer hat es schon bedauert, daß er seine Weinberge nicht wieder mit roten Sorten angelegt hat, denn diese Weine sind zur Zeit gesucht.

Früher gab es in Essenheim kaum Weingüter, die auf der Flasche vermarkteten. Der Wein wurde im Faß verkauft und in anderen Weinorten abgefüllt. Wie damals üblich gelangte der Wein eher mit dem Namen des Verschiffungsortes denn mit der eigentlichen Ortsbezeichnung in den Handel.

Das heißt, der rote Essenheimer wurde für Ingelheimer, der weiße für Niersteiner getrunken. Das hat sich inzwischen geändert, zahlreiche selbständige Weingüter bieten eine reiche Auswahl an Essenheimer Weinen.

Stadecken-Elsheim
3.350 Einwohner
460 Hektar in den Lagen Blume, Bockstein, Lenchen, Spitzberg und Tempelchen (Großlage Domherr)
Hauptrebsorten: Müller-Thurgau, Silvaner, Kerner, Bacchus und Riesling

Die kleine Elsheimer Gemarkung, die Elsheimer Blumeschüssel, war oft Gegenstand des Spotts für die Bewohner der vorwiegend landwirtschaftlich orientierten Nachbargemeinden. Extensive Landwirtschaft war auf dieser Gemarkung nicht möglich, so machten die Elsheimer aus der Not eine Tugend und verlegten sich auf den arbeitsintensiven Weinbau.

Im Gegensatz zu den Nebenerwerbswinzern aus anderen Orten, die ihren Wein im Faß an Weinhändler verkauften, bemühten sich die Elsheimer früh darum, Weintrinker direkt anzusprechen. Während der Wein aus Nachbarorten oft verschnitten und unter anderen Bezeichnungen getrunken wurde, erwarb sich der Elsheimer schon früh einen guten Ruf.

Größte Sehenswürdigkeiten sind der sagenumwobene Elftausend-Mägde-Turm sowie eine mittelalterliche befestigte Brücke. Hier kreuzte die wichtige Handelsstraße von Kreuznach nach Mainz das Bächlein Selz. Ihren Namen verdankt die Turmruine einer frommen Legende: Die Heilige Ursula sei auf ihrem Marsch nach

Wintersonne über Stadecken-Elsheim

Saulheim im typisch rheinhessischen "Sommerlicht"

Saulheim · Udenheim

Köln mit 11.000 Jungfrauen auch durch Elsheim gekommen.

Die originelle Lagenbezeichnung Tempelchen rührt tatsächlich von einem klassizistischen Tempelchen her, das im ausgedehnten Park des Windhäuser Hofes über Elsheim steht.

Stadecken ist noch nicht so alt wie Elsheim. Es entstand um 1400 rund um die Wasserburg Stadeck. Die Einwohner des nahe gelegenen Dorfes Hedensheim verließen ihr altes Dorf und siedelten lieber im Schutz der festen Burg. Von dieser Burg sind noch einige Reste erhalten - jedoch so in die später entstandenen Gehöfte eingebaut, daß ein uneingeweihter Besucher kaum etwas von der einstmals mächtigen Burg (die eine zeitlang sogar Stadtrecht besaß) erahnt.

Zentrum des Ortes ist heute der ausgedehnte Platz vor der Kirche, in den zahlreiche Straßen einmünden. Es gibt in Stadecken eine ganze Reihe von erfolgreichen selbstvermarktenden Weingütern, nicht alle im alten Ortskern, einige auch in den jüngeren, großzügiger gebauten Backsteinhäusern aus der Zeit um die Jahrhundertwende.

Saulheim
Ortsteile Nieder- und Obersaulheim
5.500 Einwohner
500 Hektar in den Lagen Haubenberg, Heiligenhaus, Hölle, Pfaffengarten, Probstey und Schloßberg (Großlage Domherr)
Hauptrebsorten: Müller-Thurgau, Silvaner, Riesling, Bacchus und Kerner

Im weitläufigen Mühlbachtal, umschlossen von Rebstöcken soweit das Auge reicht, liegt Saulheim, zwar ein klein wenig abseits, aber dennoch verkehrsgünstig. Der Anschluß an bedeutende Verkehrswege war schon immer der Grund für die Aufgeschlossenheit der Bewohner. Schon vor 1300 Jahren zogen Soldaten, Kaufleute und Pilger aus aller Herren Länder auf wichtigen Straßen des Fernverkehrs nahe am Ort vorbei. Die Pariser Straße, gebaut von Napoleon, und die Autobahn sind die jüngsten überregionalen Verkehrswege.

Die Franken waren die ersten, die hier eine dauerhafte Bleibe fanden. Vermutlich war es der adlige Franke Sawalo, der sich am Mühlbach niederließ. Urkundlich wird Saulheim 763 erstmalig in den Annalen des Klosters Fulda genannt. Erst im zwölften Jahrhundert erscheinen die beiden heutigen Ortsteile als selbständige Gemeinwesen. Wahrscheinlich waren politische Gründe Anlaß für diese Aufgliederung. Heute gehören die Orte zur Verbandsgemeinde Wörrstadt. Politische Rivalitäten haben keine Spuren hinterlassen. Die Bewohner prägt eine gemeinsame Vergangenheit.

In Obersaulheim wurde 1274 ein geeigneter Platz für eine Gerichtsstätte gefunden. Die hohe Gerichtsbarkeit ließ sich am Langen Stein nieder. Aber nicht nur die wenig durchschaubaren Wege von Justitia brachten dem Stein seinen mystischen Ruf. So erzählt man sich heute noch in Saulheim, der Teufel habe den Stein geworfen, verärgert über den Bau der Udenheimer Bergkapelle, die er trotz List und Tücke nicht in ein Wirtshaus umfunktionieren konnte.

Da es sich bei diesem Stein aber um einen Menhir handelt, der Zeuge der Urzeit und nicht des Teufels Handwerk ist, muß man diese Geschichte doch der regen Phantasie der Saulheimer zuschreiben. Auch wenn der Stein lediglich ein Grenzstein zwischen Franken und Alemannen war, die Einheimischen haben ohne des Satans Hilfe gastliche Wirtshäuser errichtet.

Dennoch, der Teufel läßt sich nicht ganz ausschalten. Allzu ausschwei-

Saulheim

Das Wahrzeichen von Udenheim: die weithin sichtbare Bergkirche

fende Feste mit übermäßiger Völlerei und Sauferei mußten im 16. Jahrhundert durch eine Polizeiverordnung eingeschränkt werden. Mäßigkeit und Einfachheit waren bei den Rittern wenig ausgeprägt. In diesem Zusammenhang muß an Ritter Hundt erinnert werden, den berühmten Sohn Saulheims: Der Hundt von Saulheim soff den Wein bei Sonn- und Mondenschein. Und wenn er nicht beim Trinken war, so schenkte er sich ein.

Doch nicht nur der Teufel und der Wein belebten die Geschichte des Ortes. Auch die Reformation hinterließ ihre Spuren. Im Ortsteil Niedersaulheim liegen die Kirchen beider Konfessionen auf einem Kirchplatz. Ursprünglich stand hier die Bartholomäuskirche aus dem 16. Jahrhundert als Gotteshaus der Lutheraner. 1695 wurde auf Befehl des französischen Königs Ludwig XIV ein katholischer Pfarrer eingesetzt und sein lutherischer Vorgänger mußte das Pfarrhaus räumen.

Nach der Einigung 1705 sollten sowohl lutherische, als auch katholische Pfarrer im Ort predigen und die Bartholomäuskirche als Simultankirche benutzen. 1764 bauten die Reformierten ihr Gotteshaus, und hundert Jahre später errichteten dann die Katholiken ihre neue Kirche.

Die tiefe Kluft zwischen den Konfessionen scheint überwunden, friedlich liegen die beiden Kirchen dicht nebeneinander auf dem gemeinsamen Kirchplatz. Er ist noch immer Mittelpunkt des Ortes. Die Strukturen eines Haufendorfes sind sehr gut erhalten. Die vor 1800 gebauten Straßen werden gesäumt von Häusern, die, dicht an dicht, noch immer etwas von der mittelalterlichen fränkischen Festung ausstrahlen.

Einst kultivierten hier die Franken den Weinbau. Bis heute wurde er gründlich ausgeweitet. Anders als zu Ritter Hundts Zeiten können die Bewohner die Weinmenge nicht mehr alleine trinken. Doch in dieser freundlichen und aufgeschlossenen Gegend läßt man sich gerne zur Mithilfe überreden.

Es gibt in dem wichtigen Weinort Saulheim keine Genossenschaft. Dafür jedoch eine große Zahl von selbstmarktenden Weingütern und die Erzeugergemeinschaft Ritter Hundt von Saulheim. Die wurde 1975 von 35 Mitgliedern gegründet und wuchs in den darauf folgenden Jahren gewaltig. Vor allem die großen Weinernten der Jahre 1982 und 1983 brachten viele neue Mitglieder - über 200 sind es heute, und so erfaßt die Erzeugergemeinschaft die Ernte von 350 Hektar Weinbergen. Die meisten Mitglieder stammen aus Saulheim, einige jedoch auch aus den Nachbarorten.

Ein Großteil der Ernte geht an Kellereien, etwa 15 Prozent werden auf Flaschen gefüllt und unter eigenem Etikett vermarktet, vor allem über den Fachhandel. Für die Zukunft ist geplant, mehr Verbraucher direkt anzusprechen und den Verkauf ab Haus zu fördern. - Mit über 50 Weinen im Angebot hat man dazu sicher auch beste Voraussetzungen, hier sollte für jeden Geschmack etwas dabei sein.

Udenheim
229 Hektar in den Lagen Goldberg, Kirchberg und Sonnenberg (Großlage Domherr)
Hauptrebsorten: Müller-Thurgau, Silvaner und Neuzüchtungen

Wenn man das typische Rheinhessische Hügelland kennenlernen möchte, dann muß man hierher kommen. Die drei Orte Udenheim, Schornsheim und Gabsheim reihen sich nach Süden hintereinander wie Bojen in den Wellentälern zwischen den wogenden, rebenbestandenen Hügelketten.

Die Mulden bieten Schutz und eine gewisse Heimeligkeit, die wohl auch den ersten Siedlern sehr angenehm war. Wenn man auf eine der Höhen steigt, hat man einen herrlichen Blick über diese einzigartige, von Großzügigkeit geprägte Landschaft. Ihr Reiz liegt in diesem eigentümlichen Wechsel: abgeschlossene und geschützte Niederungen und Weitblick gewährende, den Horizonten zustrebende Hügelketten.

Überquert man von Saulheim kommend die Bundesstraße 40 so führt eine recht steil abfallende Straße direkt in den Ort. Auf den Betrachter wirkt das Dorf inmitten von Feldern und Reben fast südländisch. Die Giebel und Dachschrägen bieten ein geschlossenes Bild, aus dem der alleinstehende helle und für die Gegend ungewöhnliche Glockenturm herausragt.

Der schweifende Blick bleibt dann an der ebenfalls ungewöhnlichen Kirche auf der nächsten Anhöhe hängen. Was im Ort zu viel ist, fehlt ihr, nämlich der Glockenturm. Diese Bergkirche mit der einzigartigen abgestuften Anordnung von Altarhaus, Langhaus und Westturm ist das Wahrzeichen von Udenheim. Auf dem Höhenrücken gelegen, ist sie aus allen Richtungen schon von weither zu erkennen und zu einem markanten Blickfang für die Vorbeireisenden auf den Fernstraßen geworden.

Die Weinberge reichen auf der südlichen Seite unmittelbar an ihre Ummauerung, die einen alten Friedhof einfaßt. Funde weisen darauf hin, daß schon die alten Römer an dieser Stelle eine Kultstätte errichtet hatten. Ob sie schon auf heutigem Udenheimer Gebiet Reben gepflanzt haben, ist ungewiß.

Doch der Wein spielte schon sehr früh eine große Rolle. Selbst an der Kirche sind Traubenmotive als Steinmetzarbeiten zu finden ebenso in den zeitgenössischen Darstellungen der prachtvollen Verglasung.

Von der gleichen Gelassenheit, mit der sich an dieser alten Kirche Vergangenheit und Gegenwart zusammenfügen, scheint das Wesen der Menschen hier geprägt zu sein.

Auch wenn das Tempo der Vorbeireisenden auf den modernen Straßen zugenommen hat, den Rhythmus der meisten Udenheimer bestimmt nach wie vor die Natur. Die Frage nach der Qualität der Ernten und der Güte des Weines hat den gleich hohen Stellenwert wie schon in früheren Jahrhunderten.

Schornsheim · Gabsheim

Schornsheim, eingebettet in eine "grüne Mulde"

Schornsheim
180 Hektar in den Lagen Mönchspfad, Ritterberg und Sonnenhang (Großlage Domherr)
Hauptrebsorten: Müller-Thurgau, Silvaner und Neuzüchtungen

Noch kein Jahrhundert ist es her, daß das Herumlaufen von Gänsen auf den Schornsheimer Straßen an Sonn- und Festtagen unter Strafe gestellt werden mußte - so zahlreich war das Federvieh neben Rindern, Schweinen, Hühnern und Pferden vertreten. Heute kräht - sprichwörtlich - kein Hahn mehr danach.

Lebten die Menschen früher vornehmlich von der Landwirtschaft und dem Weinbau, so sind es heute vor allen Dingen die Industriebetriebe im Rhein-Main-Gebiet und um Worms, die für Arbeit und Brot sorgen. Schornsheim hat sich über die Jahrhunderte von einem rein landwirtschaftlich orientierten Gemeinwesen zu einem schmucken Wohndorf gewandelt.

Dazwischen setzten verschiedene Entwicklungen unterschiedliche Akzente: So war Schornsheim auch als Schneiderdorf bekannt. Bis zur Mitte des vorigen Jahrhuderts wurden in Schornsheim über 100 Familien gezählt, die dem Schneiderhandwerk, vornehmlich als Hausarbeit nachgingen.

Für die Geschichte des Ortes ist die Zeit Karls des Großen interessant. Er, der große Förderer des Weinbaus, war es, der der Heiligen Lioba die Kirche in Schornsheim zur freien Nutzung überließ. Es sollte der Alterssitz der einstigen Gefährtin des Bonifatius werden.

Lange konnte sich die fromme Frau allerdings nicht über dieses Geschenk freuen, denn schon zwei Monate nach der offiziellen Übereignung verstarb Lioba im Jahre 782 in Schornsheim.

Zeit ihres Lebens hatte sie sich vor allen Dingen um die Ausbildung des klösterlichen Nachwuchses verdient gemacht. Nach Liobas Tod fiel der Ort an das Kloster Hersfeld. Die Urkunde, in der diese Vereinbarung protokolliert ist, stellt auch das früheste Zeugnis der Existenz Schornsheims dar.

Der Ort hieß damals noch Scoronishaim. Der Name hat eine besondere Bedeutung: während er die geläufige "heim" Endung aufweist wie die meisten rheinhessischen Orte, die in der Zeit der fränkischen Landnahme gegründet wurden, stellt sein Bestimmungswort eine Besonderheit dar. Kein traditioneller Personenname oder der Name eines Geschlechts standen Pate, sondern eine Standesbezeichnung. Schorn geht zurück auf scoran, was soviel bedeutet wie der Geschorene (von der Tonsur herrührend). So wurden Knaben genannt, die für den geistlichen Stand bestimmt waren oder auch Priester und Mönche. Der Wortursprung ist also auf das engste mit der Kirche, einer damals noch sehr jungen, stürmischen und revolutionären Kraft, verbunden.

Mag sein, daß zu dieser Zeit schon der alte Heyerbaum in seiner ganzen Pracht gestanden hat, der das eigentliche Wahrzeichen des Ortes ist. Er war ein Baumriese, majestätisch und schön. Einsam stand er auf einem kleinen Hügel am nördlichen Dorfausgang und überragte alle anderen Bäume - ein wahrer Orientierungspunkt. Heute steht von ihm nur noch eine verkohlte Ruine. Zwei Blitzschläge, 1975 und 1977, waren sein endgültiges Ende, nachdem schon im Jahre 1921, ebenfalls in einem Gewitter, der Baumwipfel zerfetzt wurde.

Aber die Schornsheimer haben bereits einen Nachfolger für den Heyerbaum gepflanzt - wie es ein uralter Brauch vorschreibt: Nach dem germanischen Baumkult schützt der Heyerbaum die jeweilige Gemeinde, in der er steht, ja ihr Schicksal ist eng mit dem des Baumes verknüpft, Baumfrevler wurden früher äußerst hart bestraft.

Wie sehr der Heyerbaum das Leben der Schornsheimer beeinflußte, geht aus den vielen Gemarkungsnamen hervor, die zum Teil noch heute gebräuchlich sind: Uff dem Heyerberg, in der Heyer, vor der Heyer. Heyerbach und Heyerpforte finden sich in den Geschichtsbüchern, und es gibt die Heyergasse. Zu Beginn des Jahrhunderts gab der damalige Pfarrer Knodt eine Monatsschrift für seine Schornsheimer heraus, in der eine eigene Rubrik "Was der Heyerbaum rauscht" über Neuigkeiten im Ort informierte. Der Heyerbaum ist eben das Symbol für die Heimat geworden.

In der Historie der Gemeinde finden sich auffallend wenige Besitzänderungen. So konnte sich Schornsheim vergleichsweise ruhig entwickeln. Ausschlaggebend mag dabei gewesen sein, daß das Dorf lange in Ganerbschaft verwaltet wurde, was eine gewisse Kontinuität garantierte. Erste dramatische Ereignisse in der Chronik Schornsheims bringen der Dreißigjährige Krieg und die darauf folgenden Wirren, bis hin zur Franzosenzeit unter Napoleon.

Die Geschichte vom Testament

Im Selzbachtal unterhalb von Essenheim, etwa auf halbem Weg zwischen der Neumühle und Stadecken lagen die Ilbesheimer Höfe. Die letzten Besitzer waren zwei "weise" Damen, unverheiratet und ohne Nachkommen. Dem Chronisten zufolge sollen sie so rein gewesen sein, daß sie ihre Wäsche ganz hoch auf der Leine aufhängen konnten.

Diese Damen verfügten über ihren Besitz wie folgt: Nach ihrem Tode sollte ein Ochsengespann mit verbundenen Augen und ohne Führer losgeschickt werden und die Höfe samt den zugehörigen Feldern sollten der Gemeinde zufallen, in welche sich das Gespann ohne Beeinflussung begeben würde. Nach dem Tode der beiden Damen wurde tatsächlich so verfahren. Das Ochsengespann trottete zunächst nach Osten gegen Ober-Olm, kurz vor Ober-Olm änderten die Tiere jedoch die Richtung und begaben sich an den Hang wo heute der Fernsehturm steht. Dort grasten sie ausgiebig und legten sich erst einmal nieder. Seitdem heißt dieser Hang Osenberg (Ochsenberg). Gegen Abend erhoben sie sich und trabten nach Essenheim. Damit war das Testament vollstreckt und die Ilbesheimer Höfe kamen zu Essenheim.

Aus dieser Besatzungszeit sind in der Schornsheimer Chronik besonders viele Einzelheiten festgehalten, die ein umfassendes Bild der damaligen Zeit ergeben. Die meist von Pfarrern geführten und in unsere heutigen Sprachgewohnheiten übersetzten Berichte führen unterschiedlichste Begebenheiten auf. Zum Beispiel, daß 1865 der beste Wein seit dem denkwürdigen Jahrgang 1811 wuchs, daß 1822 der höchste Wasserstand des Rheins seit einem Jahrhundert gemessen wurde und daß 1889 zum ersten Mal in der Kirche in Schornsheim eine Heizung brannte.

Aus der Chronik des Dorfes geht auch hervor, daß der Weinbau nie die Haupteinnahmequelle des Dorfes gewesen ist. Immer spielten andere Erwerbszweige eine größere Rolle: erst die Landwirtschaft, dann die Leineweberei, die Heimarbeit im Schneiderhandwerk und in anderen Industrien, und in unserer Zeit gibt es die Pendler, die tagtäglich von Schornsheim aus in die Städte im Rhein-Main-Gebiet fahren, um zu arbeiten. Doch der Weinbau hat das Leben in Schornsheim immer begleitet, hat ihm die eine oder andere angenehme Seite gebracht und so mancher Familie ein einträgliches Zubrot geschaffen.

Auch heute noch wird in den Rebhängen, die Schornsheim wie ein Amphitheater umgeben, der Weinbau meist im Nebenerwerb betrieben. Der größte Teil des Schornsheimer Weines kommt im Faß zum Verkauf, die Vermarktung auf der Flasche betreiben nur wenige. Doch im Dorf ist man stolz auf die lange Weinbautradition. Deshalb haben die Schornsheimer an allen Dorfzufahrten geschnitzte Faßböden aufgestellt, die die Besucher grüßen und von der alten Weinliebe erzählen.

Gabsheim
120 Hektar in den Lagen Dornpfad, Kirchberg und Rosengarten (Großlage Domherr)
Hauptrebsorten: Müller-Thurgau, Portugieser, Dornfelder und Neuzüchtungen

Vor 60 Jahren hatte der Weinbau in Gabsheim nur eine untergeordnete Bedeutung. Ein Weinbuch aus dem Jahr 1927 berichtet uns von 24 Hektar Rebfläche, fast nur Weißwein, die Weine seien reintönig und angenehm. Auch heute noch prägen Bauernhöfe, die ja immer größer waren als Winzerhäuser, das Ortsbild.

Gabsheim liegt in einer Mulde, und von den Hügeln ringsum bietet sich eine unverfälschte Dachlandschaft dar: rotbraune Ziegeldächer, eng nebeneinander - die wenigen Neubauten fügen sich harmonisch in das Bild ein. Überragt werden die Dächer von der Kirche des vorwiegend katholischen Ortes. Sie stammt aus spätgotischer Zeit. Anna von Dalberg, aus der einflußreichen Familie derer von Dalberg, die jahrhundertelang Gabsheims Ortsherren waren, ließ das für den kleinen Ort ungewöhnlich prächtige Gotteshaus 1490 erbauen. Es ist bis auf den heutigen Tag unverändert und gut erhalten geblieben.

Ein Gabsheimer Winzer hat die im Zuge der Flurbereinigung in den sechziger Jahren funktionslos gewordenen alten Gemarkungssteine gesammelt. An ihnen allein ließe sich schon eine kleine Geschichte des Ortes ablesen: vom römischen Grenzstein aus dem dritten Jahrhundert, über einen mittelalterlichen Stein mit einem Drudenfuß (eine symbolische Darstellung einer Vogelkralle - ein Bann gegen böse Geister) bis zu den zahlreichen Grenzsteinen vom 16. bis ins 19. Jahrhundert. Gerade diese Grenzsteine waren wichtig, denn sie markierten ja nicht nur Ortsgrenzen, sondern in dem in kleinste Herrschaftsbereiche zerstückelten Rheinhessen bezeichneten sie auch unterschiedliche Besitzverhältnisse.

Eines der dunkelsten Kapitel aus der Geschichte Gabsheims sind die Hexenprozesse der Jahre 1588/89. Wir wissen sehr viel über diese grausamen Auswüchse des Aberglaubens, weil alle Gerichtsakten im Archiv der Dalberger zu Schloß Herrnsheim erhalten sind.

Zehn Frauen aus Gabsheim (das damals höchsens 100 Familien zählte) wurden in diesen beiden Jahren als Hexen verbrannt - mit ausdrücklicher Zustimmung des katholischen Ortsgeistlichen, des evangelischen Pfarrers Johannes Pracht aus Bechtolsheim und eines Gutachters, den die Herren von Dalberg bestellt hatten.

Was warf man den Hexen damals vor? Sie hätten für schlechte Ernten gesorgt, das Vieh verhext, Kinder krank gemacht und Umgang mit dem Teufel und bösen Geistern gepflegt. Die zur Hinrichtung notwendigen Geständnisse wurden erpreßt: Mit Daumenschraube, Spanischem Stiefel (der den Fuß zerquetschte) und auf der Streckbank - kein Wunder, daß fast jede Beschuldigte nach einer gewissen Zeit aufhörte zu leugnen.

Zurück zu einem erfreulicheren Thema. Heute bringt der Wein die Gabsheimer, die auch ansonsten nicht scheu sind, zum Reden. 120 Hektar Rebfläche bewirtschaften sie. Es gibt ein gutes halbes Dutzend Flaschenweinvermarkter und zahlreiche Winzer, die ihren Wein im Faß verkaufen - darunter ist übrigens kein einziger reiner Weinbaubetrieb, alle Gabsheimer Weingüter sind Mischbetriebe, alle Winzer auch Landwirte.

Mainz

Mainz
190.000 Einwohner
Weinbau in den Lagen Edelmann, Hüttberg, Johannisberg, Kirchenstück, Klosterberg, Sand und Weinkeller (Großlage Sankt Alban)
Hauptrebsorten: Müller-Thurgau, Silvaner und Riesling

Mainz ist Landeshauptstadt von Rheinland-Pfalz, daneben aber auch Weinland-Hauptstadt von Rheinhessen und gleichzeitig die deutsche Wein-Kapitale. Mainz ist also in mancher Hinsicht bedeutend. Dennoch hat diese Stadt wenig von der Würde und der Großartigkeit anderer Hauptstädte. Eher empfängt den Besucher in Mainz augenzwinkernde Fröhlichkeit. Man verbindet diese Stadt stets mit volkstümlichem Genießen und ungezwungenem Miteinander, das auch Fremde nicht ausschließt. Dabei bleiben die Mainzer immer echt, ohne Routine, nach dem Leitgedanken "Wir sind doch alle eine große, lustige Familie".

Dieser Eindruck mag kräftig von "Mainz wie es singt und lacht" beeinflußt sein, aber das Feiern nach Mainzer Art kommt ja auch nicht von ungefähr. Auch Jockel Fuchs, den langjährigen Oberbürgermeister, haben die Mainzer sicher nicht zufällig gewählt und so lange auf dem Thron gehalten. Er ist mit seiner Verschmitzheit, seinem Witz und der dem Leben und den Menschen zugewandten Art der Inbegriff des Määnzers. Kein Wunder, daß die Mainzer ihn als Patron für ihren neuen Typenwein erkoren haben. Der heißt Schoppenstecher und ist nach dem gleichnamigen Mainzer Denkmal benannt. Und so hat diese fröhlich zechende Steinfigur eine lebendige Würdigung im Wein gefunden. Jockel Fuchs, der Ex-OB, wurde somit zum obersten Schoppenstecher. Das Denkmal ist erweckt worden, ein Rheinland-Pfälzer als Rheinhess. Aber das ist schon der Name eines anderen Typenweins, und eigentlich eine ganz andere Geschichte, die allerdings auch in Mainz ihren Ursprung genommen hat.

Das Leben mit Wein hat in Mainz eine lange Tradition, bis heute verbunden mit ungebrochener Sinnenfreude. Spektakulär wurde sie sicherlich durch den telegenen Karneval, spektakulär aber war sie schon in früheren Jahrhunderten. Originalzitate aus Hermann Mostars Wein- und Venusbuch vom Rhein: ...und der gescheite und gerechte Johann Philipp von Schönborn galt sogar als ausgesprochen nüchtern; bei der Mittagstafel 'trank er aus seinem Glase nie mehr als ein Schlückchen von drei Fingern Breite'; weil solche Tafel aber von zwölf Uhr mittags bis sechs Uhr abends dauerte, weil er stets mit mindestens dreißig Gästen speiste und nicht nur deren Wohl, sondern auch das der Abwesenden auszubringen pflegte, deren es meist vierzig waren, 'so hat ihre Eminenz, wenn sie aufstehen, solchergestalt dennoch nie weniger, denn sechs Kannen getrunken, aber ohne aus seiner gelassenen Fassung nur im Geringsten zu kommen'. - Und weiter: Als der (...) Kurfürst, Joseph von Erthal, die Universität Mainz stiftete und in zwei aufgelassenen Nonnenklöstern unterbrachte, fand man in den Klosterkellern für eine halbe Million Taler Wein - er wurde verkauft und reichte aus, um den ganzen Lehrbetrieb zu finanzieren. Aus Wein wurde Weisheit.

Mag sein, daß es die Mainzer heute

Die eindrucksvolle "Skyline" von Mainz durch ein Weitwinkelobjektiv gesehen

Der Marktbrunnen vor dem Mainzer Dom

mit dem Wein nicht mehr ganz so üppig treiben, obwohl sie es noch immer üppig lieben. Vielleicht hat die Vergangenheit genauso wie das heutige Umfeld bei der Entscheidung mitgespielt, die Stadt nicht nur für die ZDF-Zentrale auszuwählen, sondern auch noch zum Sitz der zentralen deutschen Weininstitutionen zu machen. Stabilisierungsfond für Wein, Deutsches Weininstitut und Deutsche Weininformation residieren mitten in der Stadt, am alten Gutenbergplatz, und das Haus des deutschen Weins, gleich um die Ecke, bietet in seinen Gasträumen in guter Tradition Mainzer Üppigkeit gleich mehrere Dutzend offene Weine an.

Und folgerichtig ist Mainz auch Sitz des einzigen bundesdeutschen Weinministeriums.

Beim Stichwort Gutenberg wäre von diesem großen Erfinder zu erzählen, von seinem Wirken in Mainz und von dem zu seinen Ehren eingerichteten Johannes-Gutenberg-Museum. Das Werk dieses großen Mannes hat letztlich auch diese Zeilen erst möglich gemacht. Er ist einer der Mainzer Berühmtheiten vor Jockel Fuchs. Andere sind Diether von Isenburg, Erzbischof und Gründer der Mainzer Universität im Jahre 1477. Lothar Franz von Schönborn, ebenfalls Erzbischof und berühmter Baulöwe seiner Zeit. Ihm verdankt die Stadt Mainz einen Großteil ihrer prächtigen Bauten.

Zu nennen wären auch der Politiker und Publizist Ludwig Bamberger, der im vergangenen Jahrhundert wirkte oder der berühmte Schauspieler Curt

Hechtsheim · Laubenheim · Ebersheim · Bodenheim

Kunstvolles Schnitzwerk im Chorgestühl des Mainzer Doms

Goetz, der 1960 verstorben ist. Auch von der Hallstein-Doktrin wäre zu sprechen, denn ihr Begründer, Walter Hallstein, wurde in Mainz geboren.

Noch länger, als die Liste der bekannt und berühmt gewordenen Kinder von Mainz, ist diejenige der geschichtsträchtigen Bauwerke. Allen voran natürlich der Mainzer Dom. Er gehört zu den prächtigsten Bauwerken des Mittelalters und hat sein Vorbild in der konstantinischen Peterskirche in Rom. Er ist gleichzeitig eine der ältesten Kirchen der Romanik am Rhein.

Mehrfach schwer von Brand und Zerstörung beschädigt wurde er immer wieder und meist prächtiger renoviert und erweitert. An diesem Bauwerk vereinen sich heute zahlreiche architektonische Epochen, die auch so berühmte Baumeister wie Balthasar Neumann nach Mainz brachten.

Von den profanen Bauwerken sticht das kurfürstlische Schloß heraus, in dem heute das Römisch-Germanische Zentralmuseum untergebracht ist. Der Landtag von Rheinland-Pfalz befindet sich im Deutschordenshaus. Nachdem es seine Bedeutung als Palais des Deutschen Ritterordens eingebüßt hatte, residierte hier der Großherzog. Aufgezählt werden müssen: das Alte und das Neue Zeughaus, die Alte Universität, die 1618 errichtet wurde als Nachfolgebau der schon 150 Jahre früher gegründeten Institution, die vielen herrschaftlichen Adelshöfe und Brunnen, die Mainz ihren Stempel aufdrücken und natürlich auch die zahlreichen Kirchen, die die Skyline der Stadt bestimmen.

Und damit ist der architektonische Reichtum, den die Weinmetropole zu bieten hat, nur sehr unvollständig angesprochen. Um ihn kennenzulernen, muß man Mainz besuchen.

Mainz wird auch die "heimliche Hauptstadt der deutschen Weinlande" genannt, obwohl auf dem Stadtgebiet lange Zeit überhaupt kein Wein mehr wuchs. Zum Deutschen Weinbaukongreß im Jahr 1963 wurde der Michelsberg mit Reben angepflanzt, was Mainz wieder den Status einer weinbautreibenden Stadt einbrachte. Aber erst seit der Eingemeindung der drei Weinbauvororte Hechtsheim, Laubenheim und Ebersheim kann Mainz von sich behaupten, die deutsche Großstadt mit der ausgedehntesten Rebfläche zu sein - über 400 Hektar. Und das paßt auch wieder zu dieser Stadt, daß drei ehemalig selbständige Dörfer sie zur größten Weinmetropole Deutschlands machen.

Die im Süden gelegenen Vororte haben eigene Geschichten zu erzählen. Natürlich war ihr Schicksal stets mit dem der Domstadt aufs engste verbunden, doch haben sie sich ihre Selbständigkeit bis in die moderne Zeit hinein erhalten. Erst politische Zwänge und kommunale Notwendigkeiten machten eine Eingemeindung unumgänglich.

Der weinbaulich bedeutendste unter diesen Orten ist Laubenheim; hier, nur 5 Kilometer vor der eigentlichen Stadtgrenze von Mainz, stehen immerhin 140 Hektar unter Reben. Die Weinberge befinden sich vom Ort aus gesehen im Westen, am steilen Anstieg aus der Rheinebene. Die Gemeinde liegt direkt am Rhein und ihr Bild wird im Ortszentrum noch immer stark durch zahlreiche stattliche Hofanlagen und Herrenhäuser besonders aus dem 18. und 19. Jahrhundert geprägt.

Die Laubenheimer sind bekannt für ihre vielen Straußwirtschaften, in denen es zur warmen Jahreszeit hoch hergeht. Hier, wie in der Stadt selbst, fließt der Rebensaft meist aus der "Mainzer Stange" in die durstigen Kehlen. Dieses zylindrische Gefäß ist das traditionelle Weinglas der Mainzer. Früher faßte es einen halben, heute nur noch 0,4 Liter, doch wird es meist nur zur Hälfte gefüllt. Auch der "Schoppenstecher", das schon erwähnte Standbild auf dem Schillerplatz, "schlotzt" aus einem solchen Becher, der Solidität und Standfestigkeit symbolisiert - so wie ein "echter Määnzer" eben.

Hechtsheim
Ortsteil von Mainz
30 Hektar in der Lage Kirchenstück (Großlage Sankt Alban)

Laubenheim
Ortsteil von Mainz
140 Hektar in den Lagen Edelmann, Johannisberg unbd Klosterberg (Großlage Sankt Alban)

Ebersheim
Ortsteil von Mainz
90 Hektar in den Lagen Hüttberg, Sand und Weinkeller (Großlage Sankt Alban)

Bodenheim
6.150 Einwohner
500 Hektar in den Lagen Burgweg, Ebersberg, Heitersbrünnchen, Hoch, Kapelle, Kreuzberg, Mönchspfad, Reichsritterstift, Silberberg und Westrum (Großlage Sankt Alban)
Hauptrebsorten: Riesling, Silvaner und Müller-Thurgau

Bodenheim, wie es auf seinem markanten Hügel am Hang des rheinhessischen Hügellandes liegt, macht auf den Besucher sofort einen vornehmen Eindruck. Die Kirche, die den Ort überragt, die vielen stattlichen Gutshöfe, die historischen Gehöfte und Herrenhäuser sowie die große Zahl der Fachwerkbauten, allen voran das Rathaus, sind auffallend. Den Bodenheimern muß es in der Vergangenheit sehr gut gegangen sein - dieser Gedanke drängt sich einem spontan auf.

Ein Blick in die Geschichtsbücher bringt auch rasch die Erklärung für diesen offensichtlichen Wohlstand: Kaum ein bekanntes Adelsgeschlecht der näheren und weiteren Umgebung von Mainz, das nicht stolzer Eigentümer über Bodenheimer Land - fruchtbares Rebland vor allem - gewesen wäre. Die Liste der Bodenheimer Adligen liest sich wie ein "Who is Who" des späten Mittelalters und der Neuzeit im südwestdeutschen Raum: die Herren von Bolanden, die Grafen von Schönborn, Bassenheim, Breitenbach und Metternich und die Freiherren von Knebel, um nur einige zu nennen.

Daneben hatten die Bodenheimer ständig Besuch von erlauchten politischen Persönlichkeiten. Die waren zwar nicht allesamt freundlich gesinnt, doch dürften sie sich um die Verbreitung des guten Rufes von Bodenheim als Weindorf verdient gemacht haben. Als Prinz wohnte beispielsweise der spätere König Friedrich von Württemberg im Schönbornschen Barockhof. Kurz nach ihm, 1792, richtete sich Custine, General der französischen Revolutionsarmee, hier ein, bevor er ausgeruht und ohne große Mühe Mainz einnahm. Ein Jahr später quartierte der König von Preußen zusammen mit dem Kronprinzen im selben Haus, und wieder ging es anschließend den Mainzern an den Kragen.

Aber es gab auch erfreuliche Begebenheiten zu dieser Zeit in Bodenheim. Während der Herr Papa mit den Mainzern stritt, vergnügte sich der Kronprinz im Wonnemonat Mai mit seiner späteren Gemahlin, der Königin Louise von Preußen. Und auch die Muse küßte Bodenheim zweimal, in der Gestalt der Dichterfürsten Goethe und Schiller, die hier weilten.

Die Bedeutung Bodenheims wurde allerdings schon viel früher begründet, und dabei war der Wein mit im Spiel - wie könnte es auch anders sein. Nach der Machtübernahme der Römer am linken Rheinufer folgten den siegreichen Legionen Handwerker, Händler und Marketender, die sich zusammen mit ausgedienten Legionären auf den fruchtbaren Böden am Rhein niederließen. So wurde Mainz gegründet und vermutlich auch Bodenheim - wenn auch schon andere Menschen vorher in dieser Gegend gesiedelt hatten. Die Römer brachten die ersten Reben hierher, sie betrieben ausgiebig Handel mit anderen Völkern und erlebten eine erste wirtschaftliche Blütezeit.

Nach der Vertreibung der Römer traten die Franken an ihre Stelle, und auch sie förderten Weinbau und Handel. Aus dieser Zeit stammt auch die erste namentliche Erwähnung Bodenheims. Rantulf, ein Bürger des Ortes, schenkte im Jahre 754 n. Chr. dem Kloster Fulda einen Weinberg in Bodenheim. In der Folgezeit wechselten die Besitzverhältnisse einige Male, 1277 kam der Ort dann zum Kloster St. Alban nach Mainz, woran heute noch der Name der Großlage erinnert.

Im Jahre 1608 wurde das Rathaus erbaut, das zu den schönsten Fachwerkbauten Rheinhessens gezählt wird. Seine Vorderfront schmückt ein kunstreicher Erker, auf dem das Wappen des Ortes zu sehen ist: ein Esel, der unter einem Strauch Wasser aus einem Brunnen säuft.

Über diesen Esel, der als Wappentier erst später hinzukam, gibt es zwei Geschichten: Ein solches Tier soll nämlich durch sein jämmerliches Geschrei die Bewohner während einer Belagerung aufgeweckt und so vor einem Überfall bewahrt haben.

Die zweite Geschichte holt etwas weiter aus. Das Albanstift war sehr reich. Aus diesem Grund und der überregionalen Bedeutung wegen wollte der Probst, Melchior Pfinzing, vom Kaiser das Recht erbitten, eigene Münzen prägen zu dürfen. Er trug seinen Wunsch dem Kaiser vor, der jedoch für diese Anmaßung keinerlei Verständnis aufbrachte und dem Probst spöttisch entgegenhielt: Münzen will er prägen? Einen alten Esel soll er münzen! Der pfiffige Gottesmann ließ sich dadurch aber nicht beirren und tat wie ihm der Kaiser geheißen, er ließ Albansgulden mit einem Eselsbild prägen. Diese legte er dem Kaiser mit der Bitte vor, ihm doch das Münzrecht nun auch noch schriftlich zu bestätigen. Der Kaiser, vom listigen Probst übertölpelt, wies seinen Schreiber an, die verlangte Urkunde auszustellen, um wenigstens seinen guten Ruf nach außen zu wahren. So soll der Esel dann ins Wappen des Stifts gekommen sein, und die Bodenheimer übernahmen es von ihrem Ortsherrn.

Soviel zur Geschichte Bodenheims. Bis heute hat das Dorf vor den Toren von Mainz seine Attraktivität für die Einwohner bewahrt. Es ist nicht bloße Schlafstätte für die in die Ballungsräume pendelnden Arbeiter und Angestellten geworden, sondern es ist ein echtes und rechtes Weindorf geblieben, eine Heimat für die Menschen, die hier wohnen und arbeiten.

Bodenheim ist heute der Sitz der gleichnamigen Verbandsgemeinde, zu der die Orte Gau-Bischofsheim, Harxheim, Lörzweiler und Nackenheim gehören. Es gilt als das Weintor zu den Rheinterrassen und ist somit der Beginn der klassischen Rheinfront. Auf den über fünfhundert Hektar Rebfläche, die mittlerweile allesamt flurbereinigt sind, stehen neben den klassischen Rebsorten Silvaner und Riesling und dem ebenfalls etablierten Müller-Thurgau auch die für Rheinhessen kennzeichnenden Neuzüchtungen, die hier Jahr für Jahr

Stilleben in den Weinbergen über Bodenheim

Gau-Bischofsheim · Harxheim · Lörzweiler · Nackenheim

Oben: Das reichverzierte Fachwerk am schön renovierten Bodenheimer Rathaus ist außergewöhnlich für Rheinhessen

Unten: Diese Kapelle steht in den Weinbergen über Harxheim.

ganz erstaunliche Qualitäten entwickeln.

Daß man die Weinvielfalt Bodenheims keinesfalls bei einer einzigen Probe kennenlernen kann, ist den Bewohnern bewußt. Darum haben sie gleich drei Weinfeste in ihren Veranstaltungskalender aufgenommen: am ersten Wochenende im Juni wird das St. Albans-Fest gefeiert, dann folgt am dritten Wochenende im September die traditionelle Kerb und am Wochenende darauf die Nachkerb und die mittlerweile schon guter Brauch gewordene Weinprobe am Weinlehrpfad.

Gau-Bischofsheim
1.600 Einwohner
90 Hektar in den Lagen Glockenberg, Herrnberg, Kellersberg und Pfaffenweg (Großlage Sankt Alban)
Hauptrebsorten: Silvaner, Riesling und Müller-Thurgau

Von Bodenheim aus schwingt sich die Ringstraße, die vermutlich schon die Römer benutzt haben, hinauf durch die Weinberge des Gauberges nach Gau-Bischofsheim. Der Ort schmiegt sich in einen halbrunden Berghang, umgeben von Feldern, Wiesen und Weinbergen. Von hier oben hat man einen herrlichen Blick weit in die Rheinebene hinein bis zu den Ballungszentren des Rhein-Main-Gebietes.

Für einen Ort seiner Größe hat Gau-Bischofsheim erstaunlich viele ansehnliche Gutshöfe und Herrenhäuser vorzuweisen. Der Grund hierfür liegt sicherlich darin, daß der Ort vom hohen Mittelalter an bis zum Beginn des 18. Jahrhunderts direkt dem Erzbischof von Mainz unterstand und auch das Domkapitel hier über beträchtlichen Besitz verfügte. Schon damals muß Gau-Bischofsheim ein beliebter Sommersitz für so manchen geistlichen Herren gewesen sein - bestimmt war der vielgerühmte Gau-Bischofsheimer Wein ein zusätzlicher Anreiz, sich hier niederzulassen.

Nach der zwangsweisen Säkularisation durch die französischen Truppen im Zuge der Revolution waren es vorwiegend wohlhabende Mainzer Bürger, die die stattlichen Güter in Gau-Bischofsheim ersteigerten und weiter ausbauen ließen. Im Jahre 1826 erwarb selbst der Mainzer Oberbürgermeister, Nikolaus Nack, den Oberhof als Landsitz.

Die Mainzer Herren kamen über die oberhalb des Ortes verlaufende Gaustraße hierher. Von dieser Straße, der heutigen Landesstraße 425, führte dann ein enger Hohlweg zum Ort hinunter. Das war die direkteste Verbindung nach Mainz. Über diesen Weg mag auch die Orgel gekommen sein, die die Gau-Bischofsheimer 1773 von der Gemeinde St. Christoph in Mainz, der Taufkirche Gutenbergs, erstanden hatten. Hierbei handelt es sich um das einzige noch erhaltene Werk von Johann Peter Geissel, dem führenden Orgelbauer des 17. Jahrhunderts. Er soll sie bereits 1667 gebaut haben. Sie lockt jährlich Zuhörer von nah und fern zu den verschiedenen Orgelkonzerten nach Gau-Bischofsheim.

Ebenso anziehend sind die Feste, die die Menschen hier dem Wein zuliebe

Oben: Harxheim grüßt seine Gäste mit einem Faßboden.

Mitte: Das Rathaus in Nackenheim

veranstalten: die Kirchweih oder das Brunnenfest im Sommer oder später im Jahr die Tage der offenen Tür in den einzelnen Weingüter des Ortes. Dann kann man schon verstehen, warum sich so mancher gut betuchte Mainzer früher hier in Gau-Bischofsheim ein Ruheplätzchen gesucht hat.

Harxheim
1.600 Einwohner
75 Hektar in den Lagen Börnchen, Schloßberg und Lieth (Großlage Sankt Alban)

Lörzweiler
1.800 Einwohner
150 Hektar in den Lagen Königsstuhl (Großlage Gutes Domtal); Hohberg und Ölgild (Großlage Sankt Alban)
Hauptrebsorten: Silvaner, Müller-Thurgau, Scheurebe und Kerner

Der Lagennamen Königsstuhl steht für das bedeutendste Ereignis in der langen Geschichte des kleinen Dorfes abseits der Gaustraße. Im Jahre 1024 soll der Salierkönig Konrad II auf der Lörzweiler Gemarkung zum König gewählt und darauf von Erzbischof Aribo im Mainzer Dom gesalbt und gekrönt worden sein. Nahezu alle geistlichen und weltlichen Fürsten des Reiches versammelten sich zu dieser fünf Tage dauernden Zeremonie auf der Gauhöhe - die Vorstellung ist schon beeindruckend: Lörzweiler, fünf Tage lang Machtzentrum des deutschen Reiches.

Die Nähe zu den Städten Mainz und Oppenheim sowie zum Rhein ließen Lörzweiler zwar teilhaben an den wirtschaftlichen Vorteilen, die sich aus Handel und Verkehr der damaligen Zeit ergaben, doch bekam man auch die Nachteile zu spüren: Drangsale durch Kriege und durchziehende Truppen, Plünderungen und Seuchen. Besonders hart getroffen wurden die Bewohner von Lörzweiler 1688/89 nach der Zerstörung von Worms und Oppenheim, als die Franzosen Mainz und die umliegenden Orte plünderten und brandschatzten.

Doch die Gemeinde erholte sich von allen Schicksalsschlägen. Es gibt ein beschauliches Bild ab, wie sich die Häuser um die auf einer Anhöhe liegende Kirche scharen, selbst der moderne dreigiebelige Erweiterungsbau fügt sich ein. Er symbolisiert den Willen der Bürger, das Alte, Gewachsene, die Tradition mit dem Modernen, Herausfordernden, dem Fortschritt zu verbinden. Heute ist Lörzweiler ein lebendiges Dorf mit einem vielfältigen Vereinsleben und einer Infrastruktur, die das Leben hier angenehm macht. Zu diesen Annehmlichkeiten gehört natürlich auch der Wein, der auf den sanft gewellten Höhenzügen und in den lauschigen Mulden wächst. Er ist Mittelpunkt, wenn es am ersten Wochenende im Juli heißt, auf zum Weinfest nach Lörzweiler.

Nackenheim
3.714 Einwohner
150 Hektar in den Lagen Schmittskapellchen (Großlage Gutes Domtal); Engelsberg und Rothenberg (Großlage Spiegelberg)
Hauptrebsorten: Silvaner, Riesling und Neuzüchtungen

Nackenheim ist ein uraltes Wein- und Schifferdorf. Der Rhein und der Wein, dieser harmonische Zweiklang bestimmt wie schon seit Jahrhunderten das Leben der Menschen.

Wenn man in Nackenheim träumend am Mühlarm, einem Seitenarm des majestätisch vorbeifließenden Rheines sitzt, den Strom betrachtet, dann den Blick zum Ort wendet, der sich unter der gleichsam majestätisch thronenden Kirche vor seinen Weinbergen hin erstreckt, so fügt sich diese Idylle zu einem dichten Bild, und die Vergangenheit scheint wach zu werden: die Winzer, Schiffer und Leinreiter von einst, hart arbeitend im Weinberg die einen, die anderen in ihren Kähnen auf dem Fluß rackernd oder an seinen Ufern auf den Leinpfaden die kapitalen Rösser führend, die an Leinen die schweren Schiffe stromaufwärts zogen. Das war der Lebensinhalt der Menschen noch bis weit in unser Jahrhundert hinein, ein schweres Leben mit vielen Entbehrungen und harter Knochenarbeit, aber... Spätestens jetzt wird auch der nostalgischste Träumer sicherlich vom Lärm der Autos auf der dicht vorbeiführenden Bundestraße 9, dem Düsentriebwerk einer Frankfurt anfliegenden Verkehrsmaschine oder - noch am sanftesten - vom monoton stampfenden Motorengeräuch eines draußen vorbeifahrenden Schubschiffs auf den harten Boden der Realität zurückgeholt.

So wie der Rhein in seinem Bett, erst kanaltechnisch reguliert, dann vom Industriemüll endgültig entzaubert, dennoch unaufhaltsam dem Meer zustrebt, so beharrlich hat auch die moderne Zeit Einzug in Nackenheim gehalten. Das zeigt sich schon an den Ortsrändern in den adretten Neubauvierteln und auch daran, daß heute hier die größte Kapselfabrik für Weinflaschen angesiedelt ist.

Richten wir unseren Blick aber wieder auf das, was Nackenheim auch heute noch so liebenswert macht - und das sind die reichen Denkmäler, die bis in die heutigen Tage herüber gerettet wurden. Von der Kirche, die auf dem höchsten Punkt der Gemeinde Platz gefunden hat, war die Rede. Schon von weither ist sie sichtbar und der barocke Turm, der Querhausgiebel sowie die imposant sich nach oben windende Treppe ergeben ein prächtiges Bild.

Diese Kirche ist eine Tochter von St. Gereon in Köln. In der Mitte des siebten Jahrhunderts geriet Nackenheim, entstanden aus einem fränkischen Königsgut, nämlich in den Besitz des Kölner Bistums. Dessen Bischof machte dann im achten Jahrhundert das St. Gereons-Stift zum Herren über den Ort. Ein Grund für das Interesse der geistlichen Herren war sicherlich damals schon der Weinbau in Nackenheim. Im 13. Jahrhundert verkauften die Kölner ihren Besitz an das Mainzer Stift St. Stephan, und diese wiederum übertrugen ihre Rechte 1650 dem Mainzer Erzstift. Nunmehr unterstand Nakkenheim unmittelbar dem Mainzer Kurfürst-Erzbischof. Soweit zur älteren Vergangenheit des Ortes. Aus der jüngeren Historie sind vor allen Dingen zwei Männer zu nennen, die heute Ehrenbürger von Nackenheim sind: Prof. Dr. Matthias Pier, der 1882 hier geboren wurde und auf dem Gebiet der Kohlehydrierung und der katalytischen Synthese von Methanol forschte sowie der große deutsche Dichter Carl Zuckmayer. Er erblickte im Jahre 1896 hier das Licht der Welt. Immer wieder verarbeitete er Themen aus seiner Heimat in seinen Büchern, so wie in "Der fröhliche Weinberg", einem Schauspiel, mit dem sich heute der ganze Ort identifiziert. Das war nicht immer so, denn während einer Aufführung in Mainz stürmten die empörten Nackenheimer Winzer kurzerhand das Theater. Der Stolz der Nackenheimer auf ihren Dichter findet heute Ausdruck in einer von Ursula Bertram geschaffenen Büste, die das Rathaus ziert.

Der Titel jenes Schauspiels ist Motto für das im Juli stattfindende Weinfest und kann auch darüber hinaus als Überschrift für die Lebensart der Nackenheimer herhalten.

Zum Wein muß noch eine Besonderheit erwähnt werden. Jedem Besucher fällt die satte rote Erde auf, die so herrlich mit dem Grün der Reben kontrastiert. Der sich sehr schnell durch die Sonnenwärme aufheizende und diese dann speichernde Boden ist ein Gemisch aus rotem Sandstein und

Die hochgelegene Kirche bestimmt das Bild Nackenheims.

Nieder-Olm · Zornheim

"Weichgezeichnete" Landschaft bei Nieder-Olm

sandigem Ton. Es gehört zum Rotliegenden, das hier am Rheinufer aus dem rheinhessischen Hügelland emportaucht. Dieser Boden ist der ideale Untergrund für die Reben, er reagiert ebenfalls positiv auf den Dunst und die Wärme, die der Rhein als Zentralheizung abgibt und verleiht den Weinen ihren eigenen unverwechselbaren Charakter.

Nieder-Olm
6.370 Einwohner
103 Hektar in den Lagen Goldberg, Klosterberg und Sonnenberg (Großlage Gutes Domtal)
Hauptrebsorten: Müller-Thurgau, Silvaner, Riesling und Neuzüchtungen

Die Stadt Nieder-Olm, Sitz der gleichnamigen Verbandsgemeinde, liegt am Selztalknie nur wenige Kilometer vor den Toren der Metropole Mainz. Dieser Nähe zu Mainz verdankt der Ort auch seine bewegte Geschichte, denn die Mainzer Herren betrachteten Nieder-Olm stets als Bastion zur Verteidigung ihrer Stadt.

Schon die ersten Mainzer Kurfürsten bauten im Ort eine feste Burg. Im Jahre 1503 ließ dann Kurfürst Berthold von Henneberg ein neues größeres und ebenfalls wehrhaftes Schloß errichten, die Laurentzburg, die allerdings 1806 niedergerissen wurde und von der nur noch wenige Reste übriggeblieben sind.

Durch die Baulust der Mainzer Gebieter wurde dem Ort schon früh eine gewisse Großzügigkeit gegeben, die heute noch besonders rund um den Rathauplatz sichtbar ist. In dem zwar kleinstädtischen aber doch weltoffenen Milieu regten sich auch künstlerisches Schaffen und freiheitliches Denken. So hat Nieder-Olm einen der wichtigsten rheinhessischen Erzähler hervorgebracht, Wilhelm Holzamer, der 1870 hier geboren wurde. Er beschrieb mit Vorliebe die rheinhessische Lebensart in all ihren liebenswürdigen Schattierungen, aber keineswegs ohne Kritik. Holzamer fand für seine Bücher, Romane und Essays, Leser auch außerhalb Rheinhessens. Zu seinen Ehren wurde ein Wilhelm-Holzamer-Bund gegründet. Heute kümmert sich besonders die Firma Eckes, die mit mehreren Unternehmen hier ansässig ist, um die Kunst vor Ort - besonders um die Malerei. Als Mäzen veranstaltet sie vierteljährliche Kunstausstellungen, und einmal im Jahr werden einheimische Künstler der Öffentlichkeit vorgestellt.

Als halbe Mainzer - geschichtlich gesehen - ist es für die Nieder-Olmer klar, daß sie dem Wein zugetan sind. Dies geschieht aber auf eine selbstverständliche Art: Wein ist das Getränk der Region, das trinkt man, doch geredet wird ansonsten nicht darüber. Als eigentliche Weinstadt kann man Nieder-Olm heute allerdings nicht mehr bezeichnen, dafür hat die Rebfläche, gegenüber dem Mittelalter zum Beispiel, zu sehr abgenommen. Heute stehen nur noch die nach Westen geneigten Hänge hinauf in Richtung Zornheim unter Reben.

Es sind andere Wirtschaftszweige, die den Unterhalt der Nieder-Olmer sichern, allen Unternehmen voran die Getränkefirma Eckes, deren Produkte qualitativ höchstes Ansehen genießen.

Zornheim
3.140 Einwohner
185 Hektar in den Lagen Dachgewann, Guldenmorgen, Mönchbäumchen, Pilgerweg und Vogelsang (Großlage Gutes Domtal)
Hauptrebsorten: Müller-Thurgau, Silvaner, Riesling und Neuzüchtungen

Wo der zornige Name des Ortes herrührt ist nicht mehr nachzuvollziehen, und er ist sicherlich nicht auf einen bösen Vorfahren zurückzuführen. Auch ist der Zorn heutzutage keineswegs hier zu Hause, dafür haben es die Zornheimer viel zu gut getroffen.

Zornheim ist ein echtes Bergdorf - und das will im sanften rheinhessischen Hügelmeer schon etwas heißen. Die Topografie zeigt sich hier ganz unrheinhessisch und vielgestaltig, die Höhenunterschiede prägen das Dorf. Knapp zweihundert Meter hoch liegt der Ort, nur noch überragt vom Zornheimer Berg auf der einen und den Selzer Bergen auf der anderen Seite. In einem Halbkreis reihen sich die eigenen Weinbergslagen rund um den Ort, geschlossen wird dieser Reigen im Nordwesten von den Nieder-Olmer Lagen Gold- und Sonnenberg.

Ein Ort mitten im Wein also. Das gibt es des öfteren in Rheinhessen, wird man sagen. Stimmt, aber in Zornheim hat jede Lage ihre eigene, von der Topografie bestimmte Art, die man auch im Wein schmeckt. Besonders begünstigt sind die südlich gelegenen Parzellen, die auf den ebenfalls nach Süden hin abfallenden Hängen liegen. Hier wachsen die Weine, die Zornheim bekannt gemacht haben, und denen man schon früher nachsagte, daß sie besonders rassig und reintönig seien. Wer sich wandernd mehr Wissen über den Wein aneignen möchte, ist in Zornheim ebenfalls

Die Geschichte vom versteckten Pflug

Eine Geschichte, die weniger mit Hexen sondern eher mit Spitzbuben zu tun hat, ereignete sich einmal in der "Hexennacht" zum ersten Mai.

Da stehen doch im Morgengrauen zwei starke Gesellen auf freiem Feld, die gerade, beflügelt vom vorangegangenen nächtlichen Zechen, versuchen, einen Pflug auf einen Nußbaum zu heben. Nicht den eigenen, versteht sich, vielmehr handelt es sich um das unentbehrliche Arbeitsgerät eines ungeliebten Dorfgenossen. Und wie sich die zwei Verschworenen plagen, ihr freches Tun zu vollenden, kommt doch just in dem Moment der Besitzer des Pfluges vorbei, und der ist vor Staunen ganz baff. Auf seine mißtrauische Frage, was denn hier Seltsames vor sich gehe, schalten die beiden Missetäter blitzschnell. Sie überzeugen den armen Mann davon, es handele sich um den Pflug seines, wiederum ungeliebten, Nachbarn, und man wolle diesem einen Streich spielen. Und so geschah es, daß der Genasführte, in schadenfrohem Glauben, seinem Nachbarn mal so richtig "eins auszuwischen", mit Wonne mithalf, seinen eigenen Pflug auf den Nußbaum zu heben.

Sörgenloch · Mommenheim · Selzen

Winterlandschaft bei Mommenheim

Rechts: Gewitterstimmung über dem Selztal

richtig, denn die Winzer haben einen sehr schönen Weinlehrpfad angelegt.

Aus der Geschichte des Ortes ist zu berichten, daß die Grafen von Bolanden die Geschicke des Ortes lenkten bis die Herren von Hohenfels ihnen folgten. Im Jahre 1329 kommt der Ort dann für die Summe von 200 Heller an das einflußreiche Reichklarakloster in Mainz. Kurmainzisch wurde der Ort zum Ende des 16. Jahrhunderts und erlebte eine vergleichsweise ruhige Entwicklung, was sicherlich wiederum der einzigartigen Lage zuzuschreiben ist, denn marschierende Heerscharen scheuen einen beschwerlichen Aufstieg.

Sörgenloch
800 Einwohner
60 Hektar in der Lage Moosberg (Großlage Gutes Domtal)

Mommenheim
120 Hektar in den Lagen Kloppenberg, Osterberg und Silbergrube (Großlage Gutes Domtal)
Hauptrebsorten: Müller-Thurgau, Silvaner, Riesling und Neuzüchtungen

Von Lörzweiler aus führt eine schnurgerade Straße ins benachbarte Mommenheim. Sie durchquert eine weite, flache Mulde, an deren westlichem Rand Mommenheim auf einer Anhöhe liegt. Der höchste Punkt des Ortes wird von den beiden Kirchen markiert, die über das Dächergewirr des Dorfes herauslugen.

Die Rebflächen Mommenheims liegen im Westen am Hang, nur ein Teil der Lage Kloppenberg zieht sich auch in die Ebene hinein. Osterberg und Silberberg bilden mit den Lagen des Ortes Selzen eine gemeinsame, zusammenhängende Rebfläche. Hier wurde auch ein Rundwanderweg befestigt auf dem sich reizvolle Blicke ins Selztal auftun.

Die "heim" Endung weist den Ort zwar als Gründung aus der Zeit der fränkischen Landnahme aus, doch gibt es auch Hinweise darauf, daß schon ein römischer Feldherr möglicherweise hier eine Villa bewohnt hat. Mommenheim wird erstmals im Jahre 764 urkundlich erwähnt. In der Folgezeit lassen sich auch einige adlige Geschlechter am Ort nieder und sorgen dafür, daß Mommenheim an Bedeutung gewinnt. So wurde hier ein eigenes Gericht abgehalten, ein Privileg, das nicht vielen Dörfern der damaligen Zeit gegeben wurde.

Eine wichtige Figur in der Geschichte der Mommenheimer war Philipp von Hohenfels, der den Einwohnern angesichts des treuen und fruchtbringenden Gehorsams, den sie ihm oft und mit angestrengter Tätigkeit bewiesen das Dorf mit all seinen Rechten auf ewige Zeit zu Lehen gab.

Damit konnten die Mommenheimer fortan in einem gewissen Rahmen über ihr Schicksal selbst entscheiden, was sich natürlich auch auf ihre Mentalität positiv ausgewirkt haben dürfte.

Die heutigen Mommenheimer jedenfalls sind selbstbewußte Menschen, die auch um die Qualitäten ihres Weines wissen, der schon in früheren Zeiten hochgelobt wurde und von dem es in einem Weinbuch aus dem Jahre 1927 heißt, daß er ein leicht verkäuflicher, sich selbst weiterempfehlender Wein ist, daß man hier auch versteht, die Weine gut einzulegen und auszubauen. Ein Kompliment, dem nichts mehr hinzuzufügen ist.

Selzen
1.230 Einwohner
130 Hektar in den Lagen Gottesgarten, Osterberg und Rheinpforte (Großlage Gutes Domtal)
Hauptrebsorten: Müller-Thurgau, Silvaner, Kerner und Riesling

Ob die Selz, an deren östlichem Ufer der Ort liegt, dem Ort seinen Namen gegeben hat, oder ob es genau umgekehrt war, läßt sich heute nicht mehr beweisen. Doch das Flüßchen gab es schon, bevor Menschen das weite Tal bevölkerten.

Ein Sigibert sorgte für die erste urkundliche Erwähnung von Selzen, als er dem Kloster Lorsch seinen Besitz im Ort schenkte - so geschehen im Jahre 782.

Selzen liegt an der Landesstraße 425, der ehemaligen Gaustraße, die die Metropolen Mainz und Worms miteinander verband. Die Geschichte Selzens ist natürlicherweise auch mit dem historischen Auf und Ab dieser beiden Städte verknüpft. So unterstand der Ort der Vogtei des Wormser Domstifts, die hier einen Zehnthof, den sogenannten Domhof, unterhielt. Die Zehntrechte blieben auch bei den Wormsern, als die Kurpfälzer die Obrigkeit übernahmen.

Das heutige Selzen ist ein äußerst schmucker Ort, mit vielen stattlichen Anwesen, der schon mehrfach bei Dorfverschönerungs-Wettbewerben ausgezeichnet wurde. Unter den Hö-

Hahnheim · Köngernheim · Undenheim · Dexheim · Friesenheim Dalheim · Weinolsheim

fen sticht besonders der alte Domhof mit seiner imposanten Toreinfahrt hervor. Hier mußten die Selzener in früheren Zeiten den Zehnt an die Wormser Herren entrichten, bis zur Machtübernahme der französischen Revolutionstruppen.

Die Umgebung tut ein Übriges, daß sich die Selzener und natürlich auch ihre Gäste wohlfühlen: Da ist der Bachlauf, der in einer weiten Biegung nach Westen ausweicht, da sind die Hügel im Norden, die immer noch die besten Weinlagen tragen, und da ist nicht zuletzt der fruchtbare Boden im weiten Tal, der nach wie vor den Reichtum der Selzener darstellt. Hier gedeihen Zuckerrüben, Weizen, neuerdings vermehrt auch Sonnenblumen und Braugerste.

Hahnheim
1.320 Einwohner
80 Hektar in den Lagen Knopf und Moosberg (Großlage Gutes Domtal)
Hauptrebsorten: Müller-Thurgau, Riesling und Silvaner

Die kleine Selztalgemeinde liegt sehr idyllisch und fernab vom großen Verkehr. Das Landschaftsbild bestimmen die Wiesen und Felder im Süden, die im Norden recht imposant aus der Ebene herausragenden Hügel, die auch die Rebstöcke tragen, und das in einer weitausholenden Biegung gemächlich am Ort vorbeifließende Flüßchen, die Selz. Es ist fruchtbares Land, das man hier vor Augen hat. Dieser Boden war immer die Grundlage für das Wohlergehen der Menschen. So wie die reichtragenden Felder, das satte Grün der Wiesen und die prächtigen Rebgärten am Hang Zeugnisse der Fruchtbarkeit dieser Kulturlandschaft sind, so repräsentieren die stattlichen Gehöfte im Ort Hahnheim selbst, daß es den Leuten schon früher gut gegangen ist.

Hahnheim gehört zu den ältesten Weinorten Rheinhessens. Bereits für das Jahr 764 sind in den Urkunden des Klosters Lorsch Weingärten in Hahnheim besonders erwähnt - und man darf annehmen, daß Hahnheim schon damals ein angesehener Weinort war. Mit dem Kloster Lorsch verbindet die Gemeinde aber mehr als nur die große Weinliebe der Mönche. Die Gründer des Klosters, ein hochangesehenes Geschlecht aus dem oberen Rheingau, waren ebenfalls Herren über Hahnheim.

Ab Mitte des 16. Jahrhunderts lenkten die Herren von Dienheim dann die Geschicke des Ortes. Sie errichteten 1590 auch das wohl bedeutendste Gebäude Hahnheims, das Schlößchen - ein für das stark ländlich geprägte Rheinhessen auffallender Renaissancebau. Das prächtige Herrenhaus sollte vermutlich auch architektonisch klarstellen, wer die neuen Machthaber im Dorf waren.

Das Machtstreben und die Wirren vergangener Zeiten gingen nahezu 1000 Jahre lang spurlos am ältesten Zeugen Hahnheimer Geschichte vorbei - dem Angelbaum. Bis 1978 gehörte dieser ehemalige Gerichtsbaum zu den fünf ältesten Ulmen in Deutschland, dann wurde auch er vom Ulmensterben befallen. Heute kann nur noch der mächtige, konservierte Stumpf an der zur Ortsmitte führenden Hauptstraße besichtigt werden. Anhand seiner Größe kann man sich die Dimensionen, die der ganze Baum gehabt haben muß, immer noch gut ausmalen.

Die Angelbäume, ähnlich wie die Heierbäume, gab es in einigen Orten Rheinhessens und ihre Funktion ist noch nicht bis in die letzten Einzelheiten geklärt. Sicher ist, daß die Verehrung dieser Kolosse ihre Ursprünge im germanischen Baumkult hat. Die Menschen erhofften sich Schutz und Wohlergehen von den

Blick ins Selztal auf Hahnheim und Selzen

Effen, wie die Ulmen auch genannt werden, und noch heute verbindet die Bewohner Hahnheims eine eigentümliche Liebe mit ihrem Angelbaum.

Eine weitere Sehenswürdigkeit befindet sich außerhalb des Ortes in Richtung Sörgenloch: der Wahlheimer Hof. Dabei handelt es sich um ein ummauertes Einzelgehöft, das noch in der Art einer Siedlung aus der Zeit der fränkischen Landnahme erhalten ist. Es war eine der Hauptniederlassungen des Klosters Eberbach und gleichzeitig Station zwischen ihren Besitztümern in Heidesheim und Dienheim.

Köngernheim
715 Einwohner
41 Hektar in der Lage Goldgrube (Großlage Gutes Domtal)

Undenheim
1.550 Einwohner
65 Hektar in der Lage Goldberg (Großlage Guts Domtal)

Dexheim
980 Einwohner
120 Hektar in der Lage Doktor (Großlage Gutes Domtal)
Hauptrebsorten: Müller-Thurgau, Silvaner und Riesling

Wenn man die Bundesstraße 420 von Wörrstadt aus in Richtung Nierstein befährt, wenn man Köngernheim hinter sich gelassen hat und auf der nächsten Anhöhe nach Osten schaut, erblickt man Dexheim zusammen mit Dalheim in einer weiten Mulde liegend. Im Hintergrund erhebt sich eine weitere Hügelkette, an der der Dexheimer Wein wächst.

Das Dorfbild ist immer noch stark von der Landwirtschaft geprägt. Das mitten im Ort stehende, weißgetünchte Backhaus mit seiner eigentümlichen eckigen Form und dem pyramidenförmigen Haupt fällt besonders auf. Ein Relikt aus alten Zeiten, als die Bewohner noch gemeinsam ihre zu Hause geformten Brotlaibe in den aufgeheizten Ofen schoben. Und man kann sich heute noch gut ausmalen, welches Treiben an jenen Tagen rund um das Backhaus geherrscht haben muß.

Es sind vorwiegend Gemischtbetriebe, die den Boden der Dexheimer Gemarkung bewirtschaften. Die schweren Böden in der von Wassergräben durchzogenen Niederung eignen sich zum Rübenanbau, Weinbau ist hier eher Zuerwerb, auch wenn er nach wie vor in erheblichem Maße betrieben wird.

Das mittelalterliche Backhaus im schönen Weindorf Dexheim

Dexheim ist ein uraltes fränkisches Dorf. Es wurde 774 erstmals als Techidesheim erwähnt. Damals schenkte Karl der Große dem Kloster Lorsch ein Landgut. Auch hatte der Ort, wohl durch die strategisch bedeutende Lage vor den Toren der Orte Nierstein und Oppenheim, schon früh eine gewisse Bedeutung. Nicht umsonst wird Dexheim im 13. Jahrhundert Reichsgut und bekommt später sogar ein eigenes befestigtes Schloß, von dem allerdings heute nur noch der Bergfried erhalten ist.

Friesenheim
390 Einwohner
70 Hektar in den Lagen Altdörr, Bergpfad und Knopf (Großlage Gutes Domtal)

Dalheim
885 Einwohner
140 Hektar in den Lagen Altdörr, Kranzberg und Steinberg (Großlage Gutes Domtal)
Hauptrebsorten: Silvaner, Müller-Thurgau, Portugieser und Riesling

Das kleine Dorf liegt nur wenige Kilometer Luftlinie vom Rhein entfernt in einer Senke des rheinhessischen Hügellandes. Die Weinberge im Süden und die ausgedehnten Felder im Norden bestimmen das Bild, mittendrin liegt das Dorf. Kein Industriebau, keine Esse und keine moderne Architektur stören den ländlichen Eindruck.

Der Weinbau in Dalheim hat eine sehr alte Tradition, und er muß zu allen Zeiten hochgeschätzt worden sein. Jedenfalls hatten schon im Mittelalter die Lorscher Mönche Weinbergsbesitz in Dalheim zu verzeichnen, - und wer wußte damals besser als sie, wo ein guter Tropfen wächst?

Der Vermerk über die Dalheimer Besitzungen aus dem achten Jahrhundert ist auch die erste Erwähnung des Ortes.

Doch an diesem Platze haben schon sehr viel früher Menschen gesiedelt, Ausgrabungen von Gebrauchsgegenständen auf der Gemarkung lassen sich bis in das dritte Jahrhundert v. Chr. zurückdatieren. Gegründet wurde der Ort aber von den Römern, und seinen Namen gaben ihm schließlich die Franken.

Die Herrscherzeit der Franken war für das Schicksal des Ortes im frühen Mittelalter ausschlaggebend. Die römischen Traditionen bewahrend, die sich für ein friedliches Miteinander über Jahrhunderte hinweg bewährt hatten, legten die Franken ein besonderes Augenmerk auf die Stärkung der gesellschaftlichen Gemeinschaft. Sippe und Dorf wurden zu jener Zeit großgeschrieben, und Fremde hatten es sehr schwer. So bildeten sich mit der Zeit festeingeschworene und sehr selbständige Dorfgemeinschaften, zu denen auch Dalheim zählte.

Allerdings konnte diese Blüte unter den Franken nicht verhindern, daß auch Dalheim häufig den Besitzer wechselte. Dies lag zum einen an der strategisch günstigen Lage Dalheims als Pforte zum Rhein und zu den bedeutenderen Orten Nierstein und Oppenheim, zum anderen aber auch an den Reichtümern, die die Landwirtschaft und der Weinbau den Besitzern in Form von Steuereinnahmen brachten.

In seiner bewegten Vergangenheit wechselte Dalheim von den bolandischen Herren zu den Grafen zu Falkenstein, später waren auch die Lothringer, Österreicher und Franzosen zeitweise Herren am Ort, bevor er 1816 zum Großherzogtum Hessen kam.

Besonders in der Zeit von 1618 bis 1815 hatten die Dalheimer zu leiden. Die ständigen Kriege in Europa führten immer wieder Heerscharen in den Ort, die von den Bewohnern Lebensmittel und andere Leistungen forderten, und ihnen meist nur das zum Überleben Notwendigste ließen. Der einstige Wohlstand schwand dahin. Erst unter der schützenden Hand des Großherzogs von Hessen erholte sich der Ort langsam wieder.

Heute ist Dalheim ein hübsches Dorf mit einem für seine Größe beachtlich regen Vereinsleben. 80 Prozent der Dalheimer sind in mindestens einem Verein ihres Dorfes Mitglied. Dieser ausgeprägte Sinn für Geselligkeit spiegelt die sympathische Lebensfreude der Menschen wider. Der Wein nimmt hier natürlich einen festen Platz ein, und der Weinbau hat in der jüngeren Vergangenheit als Wirtschaftsfaktor eher noch an Bedeutung gewonnen: 1950 standen 90 Hektar im Ertrag, heute sind es immerhin 140 Hektar.

Einige der Winzer haben sich der Genossenschaft in Nierstein angeschlossen, während die anderen in guter rheinhessischer Tradition ihre Gewächse in eigener Verantwortung vermarkten.

Weinolsheim
550 Einwohner
127 Hektar in den Lagen Hohberg und Kehr (Großlage Gutes Domtal)
Hauptrebsorten: Müller-Thurgau, Silvaner und Riesling

Winolf hieß der fränkische Edeling vermutlich, der sich im gerade neugegründeten königlichen Hof niederließ und so Weinolsheim zu seinem Namen verhalf: Winolfs-Heim. Bis daraus Weinolsheim wurde, dauerte es allerdings noch ein paar hundert Jahre.

Daß zur Zeit der Franken in Weinolsheim schon Weinbau betrieben wurde, beweist ein Eintrag in den Urkunden des Klosters Lorsch aus dem Jahr 789, der von Weinbergen als Geschenke an die Klöster Lorsch und Fulda berichtet. Zusammen mit Gau-Odernheim bildete das Dorf dann ab dem Ende des zwölfte Jahrhunderts ein Reichsgut und war freies Reichsdorf. Dieser Zustand dauerte bis 1407, als beide Orte zur Pfalz kamen.

Allerdins wurden die Rechte, die die Weinolsheimer als freie Reichsbürger innehatten, davon nicht berührt. Durch einen Erlaß noch aus dem Jahre 1566 machte der Kaiser seine Rechte gegenüber dem Kurfürsten Friedrich III von der Pfalz geltend und unterstrich damit die Bedeutung Weinolsheims.

Auch im Wappen des Ortes wird der Einfluß des Reiches deutlich: Unter dem Petrus, der Stab und Schlüssel hält, prangt auf goldenem Hintergrund der schwarze Reichsadler. Lediglich nach der Machtübernahme Napoleons durfte der Reichsadler nicht geführt werden. In der napoleonischen Zeit bekam Weinolsheim eine eigene Bürgermeisterei, zu der auch das benachbarte Uelversheim gehörte.

Die ländliche Struktur des Dorfes hat sich bis in die heutige Zeit erhalten, und dies gilt nicht nur für die nach fränkischer Sitte errichteten Hofreiten. Noch immer stellen Landwirtschaft und Weinbau die meisten Arbeitsplätze für die Weinolsheimer und die meisten Ortseinwohner arbeiten auch hier. Damit unterscheidet sich Weinolsheim von einigen der sogenannten Bergdörfer, die mittlerweile einen Wandel zu Wohngemeinden vollzogen haben.

Der Weinbau hat nach wie vor einen hohen Stellenwert im Dorfleben. Die Fläche wurde gegenüber früheren Jahren sogar noch ausgedehnt, und die Flurbereinigung ist zur Zeit in der Planung. Sie wird den Weinbau in Weinolsheim auch in Zukunft auf eine sichere, wirtschaftliche Basis stellen.

Nierstein

Ein alter Faßkarren - entdeckt in einem Weingut bei Nierstein

**Nierstein
mit Ortsteil Schwabsburg
1.090 Hektar in den Lagen Bergkirche, Glöck, Heiligenbaum, Kranzberg, Ölberg, Orbel, Schloß Schwabsburg, Zehnmorgen (Großlage Auflangen); Pfaffenkappe (Großlage Gutes Domtal); Brudersberg, Goldene Luft, Hipping, Pettenthal (Großlage Rehbach); Bildstock, Brückchen, Ebersberg, Findling, Hölle, Kirchplatte, Klostergarten, Paterberg, Rosenberg, Schloß Hohenrechen (Großlage Spiegelberg), 150 Hektar davon auf der Gemarkung Schwabsburg
Hauptrebsorten: Riesling, Müller-Thurgau und Silvaner**

Einem Paukenschlag gleich soll ein Superlativ die Ortsbeschreibung einleiten: Nierstein ist die größte Weinbaugemeinde am Rhein!

Kellergeräte im Weingut Freiherr Heyl zu Herrnsheim

Auf über 1.000 (!) Hektar gedeihen hier anerkanntermaßen über Rheinhessen hinaus berühmte Spitzenweine. Alle Niersteiner leben entweder direkt vom Wein oder mit dem Wein, auf alle Fälle aber im Wein. Zu stark ist der Einfluß des Rebenmeeres, das sich einem Amphitheater gleich um den Ort herum erstreckt, als daß man sich diesem Reiz entziehen könnte. Nierstein selbst wirkt wie eine Insel - auf der einen Seite begrenzt vom Rhein, auf der anderen umspült von Rebenwogen.

Wie eng die Geschichte Niersteins und seine Bedeutung immer schon mit dem Wein verbunden waren, macht ein Eintrag in der Beschreibung der Kurfürstlichen Pfalz am Rhein aus dem Jahre 1787 deutlich. Da heißt es: Nierstein hat dem allda wachsenden Wein, der mit Recht unter die besten Rheinweine gezählet wird, seinen Ruhm hauptsächlich zu verdanken.

Der Name Nierstein geht auf zwei Dinge zurück, die auch heute noch für die Gemeinde von großer Bedeutung sind. Als Neristein taucht der Ort zum ersten Mal in den Geschichtsbüchern auf, und Neri nannten die Kelten ihre Heilquellen. Noch heute fließen in dem 1802 wiederentdeckten und anschließend rekonstruierten Sironabad am Ortsausgang in Richtung Oppenheim Schwefel- und Süßwasserquellen, von deren Heilkraft schon die Kelten und später erst recht die badelustigen Römer überzeugt waren. Sirona war übrigens die Schönheits- und Fruchtbarkeitsgöttin der Kelten. Sie wurde meist mit Ähre und Traube als den Symbolen ihrer göttlichen Macht dargestellt - auch ein deutlicher Hinweis auf die fruchtbaren Böden, die die Kelten hier kultivierten und auf denen in römischer Zeit mit Sicherheit bereits Reben standen.

Die Endsilbe "Stein" bezieht sich auf den in der Gemarkung gefundenen Hinkelstein, der den Forschern noch heute Rätsel aufgibt. Denn die Bedeutung dieser Steine ist nicht hinreichend geklärt. Ähnliche Menhire, so der Fachausdruck für die Kolosse, hat man in Saulheim und Monsheim gefunden.

Obwohl der Ort sehr früh eine große Bedeutung hatte, wie man besonders aus den wichtigen archäologischen Funden auf der Gemarkung ersehen kann, erreichte Nierstein im gesamten Mittelalter keinen städtischen Status. Daher stand die Gemeinde zwar ständig politisch im Schatten benachbarter Städte wie Oppenheim, doch hatte das natürlich auch positive Folgen: Nierstein war nie von einem Mauerring umgeben und konnte sich infolgedessen besser ausbreiten als vergleichbare Gemeinden. Noch heute profitiert der Ort von einer gewissen baulichen Großzügigkeit.

Daß hier ein guter Wein wächst, entging den Herrschern des Mittelalters dennoch nicht. Der große Weinfreund und -förderer Karl der Große ließ es sich denn auch nicht nehmen, hier einen Königshof zu unterhalten. Bis zum Jahre 1402 genoß Nierstein Reichsfreiheit mit einem eigenen Gerichtssiegel, auf dem Reichsadler und sechsstrahlige Sterne zu sehen waren und dem das heutige Wappen nachempfunden ist. Auch nachdem der Ort zur Kurpfalz kam, wurden die weitreichenden Privilegien des Ortes wiederholt von den Kaisern bestätigt.

In der Folgezeit waren Adel und Klerus, vor allen Dingen die Karthäu-

Die "Schatzkammer" im Weingut Guntrum in Nierstein

Zwei Keller in Nierstein: Oben der Holzfaßkeller der Winzergenossenschaft "Rheinfront", unten die mit wunderschönen Motiven verzierten, geschnitzten Faßböden im Weingut Guntrum

Nierstein

Blickfang: Der Weinheilige Sankt Urban als Wandgemälde und ein reiches Glockenspiel - schon fürs Auge ein Genuß

sermönche aus Mainz, Grundbesitzer in Nierstein und der Ort entwickelte sich in relativer Ruhe weiter. Da der Ort nicht die große politische Bedeutung hatte, blieb er von vielen Wirren und Verwüstungen verschont.

Dies ist wohl der Grund, daß so viele Zeugnisse der Vergangenheit in Nierstein erhalten geblieben sind: der historische Marktplatz mit einigen stattlichen ehemaligen Adelshöfen, die evangelische Martinskirche in der karolingischen Umfassungsmauer, die weithin sichtbare Kilianskirche mit ihrem markanten Zwiebelturm, der Fronhof, der die älteste Schmiede Rheinhessens beherbergt, und hoch über dem Ort, mitten in den Weinbergen, der Wartturm, ein Signalturm aus dem zwölften Jahrhundert - Niersteins Wahrzeichen.

Einen eigenen Stadtteil bildet der Flecken Schwabsburg. Er hat seinen Namen von der trutzigen Ruine, der einstmals von den Staufern errichteten, dann durch die Spanier im Dreißigjährigen Krieg zerstörten Burg. Zu Füßen des übriggebliebenen Burgfrieds erstreckt sich das kleine, durch einige in hellem Muschelkalk-Sandstein errichtete Häuser südländisch wirkende Dörfchen, in dem die Zeit scheinbar langsamer verrinnt.

Bei der Beschreibung des Weinortes Nierstein darf die Winzergenossenschaft Rheinfront nicht fehlen: Große moderne Genossenschaften stehen heute fast immer auf der grünen Wiese - technische Zweckbauten, von außen manchmal nur durch die hohen Stahltanks von Industrieunternehmen unterschieden. Die Niersteiner Winzergenossenschaft Rheinfront ist dagegen mitten im Ort angesiedelt, in der Nähe des hochgelegenen Marktplatzes, und auch die Gebäude sind nicht so, wie man erwartet.

Durch einen barocken Torbogen betritt der Besucher den Hof der Genossenschaft, rechts die Gastwirtschaft in einem Haus aus dem 18. Jahrhundert, hinten im Hof die Verkaufs- und Verwaltungsräume in einem Giebelhaus aus der Zeit der Jahrhundertwende. All das vermittelt eher den Eindruck eines großen Weingutes als den einer Genossenschaft.

Und - so Geschäftsführer Lehrbach - als großes Weingut versteht sich diese Genossenschaft auch. Was damit gemeint ist? Die Niersteiner Genossenschaft will nicht einfach Traubenannahmestation für die Mitglieder sein, nicht Wein aus den Trauben erzeugen, die die Mitglieder nun einmal anliefern. Die Genossenschaft steuert, welche Rebsorten die Mitglieder anpflanzen, wo sie ihre Weinberge anlegen und wie sie die Reben behandeln. Ein Beispiel dafür ist die Beratung bei der Sortenwahl. Vor einigen Jahren, als sich die Anlagen von Neuzüchtungen in ganz Rheinhessen schlag-

Herbststimmung in den Weinbergen über Nierstein

Der trutzige Burgturm im Ortsteil Schwabsburg ist der Rest einer ehemals prächtigen Burganlage, die Kaiser Barbarossa erbauen ließ.

artig vermehrten, versuchte die Genossenschaft hier zu bremsen - mit Recht, wie sich inzwischen gezeigt hat, denn der Trend geht eindeutig wieder zu den traditionellen Rebsorten hin.

Zur Geschichte der Niersteiner Genossenschaft: 1930 gründeten einige Niersteiner Winzer eine erste örtliche Genossenschaft. Daraus wurde 1959 eine Bezirksgenossenschaft, als sich die Winzervereine Zornheim und Dalheim sowie die Ortsgenossenschaft in Dalheim mit den Niersteinern zusammentaten. Inzwischen haben sich auch Dienheim, Schwabsburg und Mainz-Laubenheim der erfolgreichen Genossenschaft angeschlossen.

Heute liefern 440 Mitglieder ihre Trauben, die Ernte von 270 Hektar, bei den vier Erfassungsstationen an. Der Ausbau erfolgt generell in der Niersteiner Zentrale, mit großer Sorgfalt und großem Können: Die Genossenschaft schneidet bei den regionalen und bundesweiten Weinprämierungen immer hervorragnd ab - als erstem Betrieb in Rheinhessen wurde ihr 1985 die höchste Auszeichnung im deutschen Weinbau verliehen, der Bundesehrenpreis in Gold.

In Anbau und im Angebot dominieren Müller-Thurgau und Silvaner, mit jeweils etwa einem Drittel, aber auch Riesling und Scheurebe sind gut vertreten. Eine beträchtliche Menge der Weine wird inzwischen trocken ausgebaut. Vor fünf Jahren waren es gerade zwölf Prozent, mittlerweile hat sich dieser Anteil verdreifacht.

Spezialität und Aushängeschild der Genossenschaft sind jedoch die edelsüßen Spitzenweine. Seit den frühen sechziger Jahren wird dieses Renommee aufgebaut und mit Sorgfalt gepflegt.

Jedes Jahr vor der Lese veranstaltet die Genossenschaft eine große Weinprobe des vergangenen Jahrgangs - um Bilanz zu ziehen, aber auch, um die Mitglieder für den neuen Jahrgang zu mobilisieren. 1962 hatte ein Vorstandsmitglied zum ersten Mal eine Auslese geerntet - keine große Menge, aber eben ein großer Wein, den viele, auch Mitglieder, nicht von einer Genossenschaft erwartet hatten.

Zweimal die Bergkirche: eingerahmt (kleines Foto oben links) und schneebedeckt. Oben rechts: der Niersteiner Gemeindekeller

Bei der Probe vor dem Herbst 1963 wurde dieser Wein dann den Mitgliedern präsentiert. Und mitten hinein in die Begeisterung wurde die Parole ausgegeben: Im Herbst '63 bringt jedes Mitglied einen Eimer trockenfaule Beeren!

Jetzt fange se an ze spinne, so meinte mancher alte Winzer in Nierstein, aber in diesem (keineswegs überragenden) Weinjahr erzeugte die Genossenschaft drei Auslesen und zwei Beerenauslesen - und im darauffolgenden Jahr die erste Trockenbeerenauslese. - Die Grundlagen für den Erfolg bei den Weinprämierungen der nächsten Jahre waren geschaffen.

Oppenheim

Reizvolles Oppenheim: ob tief unten im Keller...

Oppenheim
5.600 Einwohner
200 Hektar in den Lagen Daubhaus, Gutleuthaus, Herrenberg, Kreuz, Sackträger, Schützenhütte und Zuckerberg (Großlage Güldenmorgen); Herrengarten, Paterhof, Schloß und Schloßberg (Großlage Krötenbrunnen)
Hauptrebsorten: Riesling, Müller-Thurgau und Silvaner

Oppenheim wirkt auf den Besucher, der zum ersten Mal hierher kommt, städtisch. Da stehen stattliche Bürgerhäuser im typisch rheinfränkischen Fachwerkstil rund um das ebenso stattliche, spätgotische Rathaus mit seinen beiden respekteinflößenden goldenen Reichsadlern auf der Spitze der Stufengiebel. Da fallen die noch vorhandenen imposanten Reste der ehemaligen Stadtbefestigung mit ihren Mauern und Türmen, viele später hinzugekommene Patrizierhäuser, vor allen Dingen im unteren Stadtbereich, ins Auge - und über allem thront die herrliche, aus rotem Sandstein erbaute Katharinenkirche, die das Städtchen zu ihren Füßen majestätisch überragt. Sie würde auch wesentlich größeren Städten gut zu Gesicht stehen - die bedeutendste gotische Kirche zwischen Straßburg und Köln. Ihre Pracht und Größe mag ein Gradmesser für die Bedeutung Oppenheims in früheren Zeiten sein.

Daß die Bedeutung auch im Wein ihre Wurzeln hat, kann man ebenfalls an der Kirche ablesen: Reiche Reblaubornamente verzieren die Kapitelle der Säulen, und dem Winzerhandwerk wurde in jüngster Zeit eigens ein Fenster gewidmet. Es zeigt die Arbeit im Weinberg, das bekannte Motiv des Christus in der Kelter und den Messias als lebensspendenden Weinstock.

Ist der Rang der Stadt nach dem Abzug vieler Behörden und dem Verlust des Titels Kreisstadt kommunalpolitisch auch gefallen, so hat Oppenheim doch als rheinhessisches Weinzentrum eher noch an Gewicht gewonnen. Die Lehr- und Versuchsanstalt für Wein- und Obstbau mit der Verwaltung der Staatsdomäne ist hier zu Hause, übrigens nur einen Steinwurf von der Katharinenkirche entfernt - sicherlich ein Zufall, aber dennoch auch ein Symbol für die enge Verbundenheit von Klerus und Weinbau in früherer Zeit. Das hochinteressante Deutsche Weinbaumuseum ist in der ehemaligen Schule untergebracht. Die Weinbruderschaft Rheinhessen wurde in Oppenheim gegründet und hat hier immer

...oder hoch über den Dächern

noch ihren Sitz. Und neben den vielen Winzerbetrieben, die zum großen Teil ihre Weine immer noch in den weitverzweigten Kellergewölben lagern, die sich unter der gesamten Stadt erstrecken, ist auch noch eine große Spirituosenfirma mit ihrer Brennerei hier zu Hause. Nicht umsonst spricht man also von Oppenheim als dem Mittelpunkt des Rheinhessischen Qualitätsweinbaus.

Oppenheim, Rhein und Wein gehören zusammen, nicht nur des Reimes wegen, sondern weil Rhein und Wein immer schon den Reichtum der Stadt gebildet haben. Spätestens jetzt wird ein Blick in die reichhaltigen Geschichtsbücher der Stadt unumgänglich: Der Ursprung Oppenheims liegt noch im Dunkel, doch der an einem Rheinübergang, einer Furt, gelegene Flecken war schon früh Reichsgut der fränkischen Könige. Erwähnt wird die Stadt erstmals - wie sollte es anders sein - im

Das "Gutleuthäuschen" vor den südlichen Toren der Stadt Oppenheim ist mit seinem Renaissance-Giebel sicherlich eines der sehenswertesten Weinbergshäuschen Rheinhessens (auch unten links).

Unten rechts: die Katharinenkirche im Herbst

Zusammenhang mit Weinbergsschenkungen an das Kloster Lorsch in der zweiten Hälfte des achten Jahrhunderts. Im Jahr 1008 bereits erlangte Oppenheim die Zoll- und Marktrechte aus der Hand Kaiser Heinrich II.

Nun war die weitere Entwicklung der Stadt nicht mehr aufzuhalten. Weinbau und Handel ließen den stetig wachsenden Marktflecken erblühen. Kirchliche und weltliche Eigner lösten sich in der Herrschaft über den Ort ab oder teilten sie sich.

Als wichtig für den Aufschwung erwies sich der Umstand, daß Oppenheim bereits 1147 an das Reich fiel und Anfang des 13. Jahrhunderts, mittlerweile mit einer Stadtmauer umgeben, zur reichsunmittelbaren Stadt erhoben wurde. Dieses Privileg erlosch erst im ausgehenden 14. Jahrhundert, als Oppenheim pfälzische Oberamtsstadt wurde und es blieb bis zum Jahre 1797.

An dieser kurzen geschichtlichen Zusammenfassung erkennt man, daß Oppenheim sich gegenüber anderen Städten in relativ ruhigem politischem Fahrwasser entwickeln konnte, was natürlich der ökonomischen Entwicklung sehr zugute kam. So erreichte Oppenheim zu Anfang des 15. Jahrhunderts eine führende Stellung im Weinhandel des Reiches und baute diese Position insbesondere im 19. Jahrhundert noch aus.

Dienheim · Ludwigshöhe

Oppenheim, wie es Merian sah.

Doch die Erfolge konnten die großen Schäden, die auch Oppenheim erleiden mußte, nicht verhindern. Dreimal wurde die Stadt zerstört, zuletzt im Pfälzischen Erbfolgekrieg unter Melac, der sie nahezu vollständig niederbrennen ließ. So ist es auch zu erklären, daß Oppenheim heute nicht mit überreicher mittelalterlicher Pracht glänzen kann. Denn die Stadt wurde eher sparsam und bescheiden in ländlich-barockem Stil wiederaufgebaut. Aber heute sind es gerade diese Gebäude, die den eigentümlichen Reiz des Städtchens ausmachen, sie geben dem Bild seine Harmonie, wirken zurückhaltend freundlich und wenig opulent - und das paßt zur Landschaft, zum Wein und zu den Leuten.

Bis in die heutige Zeit konnte Oppenheim seine einstige wirtschaftliche Machtstellung nicht retten. Mainz im Norden und Worms im Süden haben der Stadt längst den Rang abgelaufen. Doch als Weinmacht hat die Stadt, wie schon gesagt, immer noch Gewicht. Und das macht Oppenheim obendrein sympathisch, weil man hier in Ruhe den Wein, die Stadt, die Landschaft und die Menschen kennenlernen kann.

Dienheim
1.550 Einwohner
600 Hektar in den Lagen Falkenberg, Herrenberg, Höhlchen, Kreuz, Siliusbrunnen und Tafelstein (Großlage Güldenmorgen); Herrengarten und Paterhof (Großlage Krötenbrunnen)
Hauptrebsorten: Silvaner, Müller-Thurgau, Riesling und Kerner

Dienheim, dieser große und bedeutende Weinort, liegt in der direkten Nachbarschaft, in Sichtweite der Stadt Oppenheim. Die Nähe zur einstigen Metropole der Region hat naturgemäß einen hohen Stellenwert für die Dienheimer. Daß das nachbarschaftliche Miteinander allerdings nicht immer ganz spannungsfrei war, wird heute noch aus dem sanften Spott deutlich, den Groß - Oppenheim und Klein - Dienheim zuweilen noch austauschen: So behaupten die Städter, daß der schönste Blick, den die Dienheimer genießen können, derjenige auf Oppenheim sei. Dagegen setzen die Dienheimer prompt, daß wohl die besten Weine der Oppenheimer bei ihnen in Dienheim wüchsen und meinen damit die übergreifenden Lagen.

War von Groß und Klein die Rede, so ist damit lediglich der kommunalpolitische Rang gemeint, denn legt man die Rebfläche als Maßstab der weinbaulichen Bedeutung zugrunde, so haben die Dienheimer deutlich die Nase vorn. Möglicherweise ziehen sie aus dieser Tatsache ihr gesundes Selbstbewußtsein, denn obwohl heute als Teil der Verbandsgemeinde Nierstein-Oppenheim verwaltet, haben sie sich dennoch nie vereinnahmen lassen und sind stets ein eigenständiges Gemeinwesen geblieben.

Weinbaulich gesehen genießt Dienheim die gleichen Vorteile wie alle Gemeinden, die sich einer Perlenschnur gleich zu Füßen der klassischen Rheinfront aufreihen: windgeschützte Lagen in den nach Osten und Südosten ausgerichteten Rheinterrassen mit ihren nährstoffreichen Lehm- und Lößböden, die das milde Klima der Ebene genießen. Hier stehen vor allen Dingen die traditionsreichen und anspruchsvollen Rebsorten wie Riesling, Silvaner und einige Burgunderarten.

Daneben die satten Böden in der Ebene und auf der Höhe, im Übergang zum Hügelland, wo besonders der Müller-Thurgau und einige Neuzüchtungen ideale Bedingungen finden.

Wo eine solche Vielfalt von Böden und Lagen herrscht, da ist die Qualität der Weine sicherlich kein Zufall mehr. Und die Güte seiner Weine hat den guten Ruf Dienheims begründet. Davon kann sich jedermann am zweiten Wochenende im Juli überzeugen, wenn die Dienheimer ihr Weinfest "Im Paterhof" feiern. Eine weitere gute Gelegenheit zur Probe besteht darüberhinaus noch am zweiten Wochenende im September während der Kirchweih.

Ludwigshöhe
450 Einwohner
130 Hektar in den Lagen Honigberg (Großlage Krötenbrunnen) und Teufelskopf (Großlage Vogelsgärten)
Hauptrebsorten: Silvaner, Riesling und Neuzüchtungen

Ludwigshöhe ist die jüngste Gemeinde Rheinhessens und hat eine einzigartige Entstehungsgeschichte: Der Ort hieß früher Rudelsheim und lag direkt am Rhein. Immer wieder waren die Bewohner durch den ständig über die Ufer tretenden Strom

Guntersblum · Uelversheim

bedroht, und die häufigen Hochwasser stürzten die Gemeinde in den Ruin. Eine Welle von Katastrophen in den Jahren von 1810 bis 1820 ließ den Rudelsheimern nur einen Ausweg offen: Sie mußten ihr Dorf verlegen - weg vom unheilvollen Strom.

Doch das war leichter gesagt als getan. Nachdem die hessische Landesregierung unter ihrem Großherzog Ludwig - dem Namensgeber des heutigen Dorfes - dem Ortswechsel zugestimmt hatte, riefen kluge Leute im ganzen Land eine riesige Spendenaktion ins Leben. Dadurch kam soviel Geld zusammen, daß zu Beginn der zwanziger Jahre des vorigen Jahrhunderts mit dem Neubau des Dorfes am heutigen Platz von Ludwigshöhe begonnen werden konnte.

Alleine hätten es die mittellosen Dorfbewohner nicht geschafft. Eine weitere finanzielle Entlastung gab es für die völlig verarmten Rudelsheimer in Form einer auf zehn Jahre befristeten Steuerbefreiung.

Die alten Häuser von Rudelsheim wurden nach und nach abgetragen und ihre Reste zum Wiederaufbau auf der Höhe verwendet, eine Familie nach der anderen zog in das hochwassersichere Ludwigshöhe um. 1823 wurde der Grundstein für das neue Rathaus gelegt, und dies ist auch die eigentliche Geburtsstunde von Ludwigshöhe.

Aus heutiger Sicht betrachtet, hat dieser Umzug nur Vorteile gebracht. Der Ort liegt verkehrsgünstig an der Bundesstraße 9, dieser uralten linksrheinischen Verkehrsader, die schon die Römer benutzt haben, und er reiht sich ein in den Reigen der Weindörfer am Fuße der Rheinterrassen.

Heute glänzt Ludwigshöhe vor allen Dingen seines Rebensaftes wegen. Mit seinen 130 Hektar gehört es zwar nicht - wie so mancher Nachbarort - zu den rheinhessischen Weingroßmächten, doch scheint das Motto hier eher zu lauten: Klein aber fein. Nach der zu Beginn der siebziger Jahre zusammen mit Uelversheim durchgeführten Umlegung sind die Ludwigshöher heute im Besitz eines modernen Wegenetzes in ihren Rebflächen, und sie können so rationeller arbeiten. Daß durch diese Maßnahme auch viele alte und schöne Flurnamen verlorengingen, ist nun einmal der Tribut, den man an die moderne Zeit entrichten muß. Nur zwei Einzellagen stehen heute für Ludwigshöher Wein und haben ihn bekannt gemacht. Der Weinbau ist nach wie vor die Haupteinnahmequelle.

Guntersblum
3.250 Einwohner
550 Hektar in den Lagen Eiserne Hand, Sonnenhang, Sankt Julianenbrunnen, Steinberg (Großlage Krötenbrunnen); Authental, Bornpfad, Himmeltal, Kreuzkapelle und Steig-Terrasse (Großlage Vogelsgärten)
Hauptrebsorten: Riesling, Silvaner, Müller-Thurgau, Scheurebe und Neuzüchtungen

Der alte und bedeutende Weinort liegt, wie es geologisch eindrucksvoll heißt, am Fuß der Abbruchkante zwischen dem rheinhessischen Hügelland und dem Oberrheingraben.

Die rund 350 Hektar Reben in der Großlage Vogelsgärten stehen an diesem Abhang innerhalb von Terrassen, die den rauhen Westwinden den Rücken kehren. Sie wenden sich dem Rhein zu und haben somit Teil am warmen Klima der rheinischen Tiefebene. Die östlichen und südöstlichen Lagen werden deshalb vorwiegend mit den beiden Traditionsrebsorten Riesling und Silvaner be-

"Blitzblanker" Keller im Schloßgut Schmitt in Guntersblum

Die Geschichte vom Guntersblumer Tagelöhner, der schon so viel getrunken hatte

Früher war es durchaus üblich, einen Teil der Entlohnung für Weinbergsarbeit in Form von von Wein auszuzahlen. Und dieser "Lohn" wurde meist schnell verkonsumiert. Besonders ein Guntersblumer Tagelöhner war dieser Art der Bezahlung sehr zugetan, und nach verrichteter Arbeit traf man ihn meist weinselig von seinem Tageswerk zehrend.

So auch eine auswärtige Dame, die sehr beeindruckt von der offensichtlichen Trinkfestigkeit dieses Mannes war. Ehrfürchtig fragte sie ihn, wieviel er denn in seinem Leben schon getrunken habe. Darauf der Tagelöhner trocken: "Soviel, daß dem Haniel sein größter Dampfer drin rumdrehe kann!"*

** Haniel ist ein bekannter Schiffseigner.*

pflanzt, während die besonders günstigen Backofennischen innerhalb der Terrassen ideale Voraussetzungen für die besonders anspruchsvollen Rebsorten Spätburgunder, Weißburgunder und Gewürztraminer bieten.

Rund 200 Hektar Reben liegen im Bereich der anderen Großlage, des Krötenbrunnens. Das sind zum einen die Flächen, die auf der Höhe in das rheinhessische Hügelland übergehen, und zum anderen die Flachlagen in der Ebene zum Rhein zu. Dort stehen neben dem Riesling vor allem Müller-Thurgau, Scheurebe und Portugieser, während auf der Höhe neben dem Müller-Thurgau die Neuzüchtungen dominieren.

Man muß feststellen, daß die Guntersblumer Winzer für alle Rebsorten geeignete Anbaubedingungen und die entsprechenden Böden vorfinden. So präsentieren sich denn auch die Weine: rebsortentypisch und vom Boden geprägt. Und der Weinfreund findet in Guntersblum ideale Bedingungen, die Weine zu probieren, am besten an den beiden letzten Wochenenden im August jeden Jahres, wenn hier das bedeutende Kellerwegfest gefeiert wird.

Das Weinfest findet dort statt, wo Guntersblums guter Weinruf sprichwörtlich gereift ist - im Kellerweg. Dieses Kuriosum ist eigentlich ein Paradebeispiel dafür, wie man aus einer Not eine Tugend machen kann: Da im Ortskern selbst wegen der widrigen Grundwasserverhältnisse keine ausreichenden Kellerräume geschaffen werden konnten, waren die Winzer gezwungen, ihre Keller tief in den Hang außerhalb des Dorfes zu treiben. Über den Kellern bauten sich die Winzer Gerätehäuser - und natürlich ein gemütliches Kellerstübchen zum Verschnaufen während oder nach der Arbeit.

Der Nachteil, die Kellerarbeiten weitab vom Wohnhaus verrichten zu müssen, stellte sich für die meisten Winzer bald jedoch als recht angehm heraus: Man unterstand offensichtlich nicht mehr der umsichtigen Kontrolle des Eheweibes. Jedenfalls berichten die verschiedenen Chroniken von so manchem ausschweifenden Gelage in diesen Kellerstübchen, die natürlich ausschließlich deswegen zustande kamen, und immer noch zustande kommen, weil man ja wissen will, wie des Nachbarn Wein geraten ist.

Schon der Weinwissenschaftler J.P. Bronner hat diesen Brauch 1834 in seinem Weinbuch über die Provinz Rheinhessen meisterlich formuliert der Nachwelt übermittelt. Er wird besonders im Winter und Frühjahr gepflegt, wenn der neue Wein gefüllt wird, ansonsten aber relativ wenig Winzerarbeit anfällt und die Winzer dementsprechend mehr Zeit und Muße haben.

Heute ist diese gut einen Kilometer lange Straße mit den typischen Kellerhäuschen die Kulisse für das Guntersblumer Kellerwegfest, das Weinfest mit der besonderen Note, wie es auch genannt wird.

Guntersblum heute - das ist ein lebendiger Ort, Sitz der gleichnamigen Verbandsgemeinde, die vom ehemaligen Schloß der Leininger Grafen aus die zugehörigen neun Gemeinden verwaltet. Im alten Ortskern, rund um den Marktplatz mit seiner eigenwillig gestalteten Kirche, innerhalb der kreisförmig verlaufenden ehemaligen Befestigung, finden sich stattliche Weingutshäuser und Gehöfte. Sie zeigen, daß es den Guntersblumern schon früher gut gegangen ist. Und die Haupterwerbsquelle am Ort war und ist der Weinbau.

Am Wein mißt man auch heute noch die Güte eines Jahres und am Wohlstand der Winzer das Wohlergehen der gesamten Region. Den düsteren Wolken am Weinhimmel zum Trotz - solange dies geschieht, und solange im Kellerweg in den gemütlichen Stübchen noch probiert und gezecht wird, kann man in Guntersblum sagen: Hier ist die Welt noch in Ordnung.

Uelversheim
900 Einwohner
200 Hektar in den Lagen Aulenberg, Farrenberg und Schloß (Großlage Krötenbrunnen)
Hauptrebsorten: Müller-Thurgau und Silvaner

Die Gemeinde Uelversheim, nahe bei Guntersblum, ist ein von ländlicher Tradition geprägtes Bauern- und Weindorf. Es gehört zu den Bergdörfern, so nennt man die Gemeinden, die am westlichen Rand der aus der Rheinebene sich erhebenden rheinhessischen Hügelkette liegen.

Uelversheim war über 700 Jahr lang unter der Herrschaft der Grafen von Leiningen, die das Dorf von Guntersblum aus verwalteten. Mit diesem Adelsgeschlecht ist auch die Geschichte des Dorfes sehr eng verknüpft.

Der letzte Leininger Herrscher war Wilhelm Carl, Graf zu Leiningen-Guntersblum-Dachsburg. Er übernahm 1787, in einer politisch sehr unruhigen Zeit, die Herrschaft. Aus diesem Grunde verließ er schon vor 1794 den Ort und lebte fortan in Heidelberg. Über diesen Herren gibt es widersprüchliche Aufzeichnungen. Während einige Zeitgenossen ihn als begabten Juristen charakterisieren, hat ein anderer nach seinem Tod über ihn folgendes geschrieben:

Eimsheim · Dolgesheim · Wintersheim · Hillesheim

Von diesem Wein trank auch der Reichspräsident von Hindenburg.

"Der Graf, der 1809 im Alter von 72 Jahren gestorben ist, stand in seinen letzten Lebenjahren wegen Verschwendungssucht - er baute gern und viel - unter Kuratel."

An dieser Einschätzung ist sicherlich etwas dran, denn trotz der widrigen politischen Verhältnisse ließ der Graf ein Rathaus in Uelversheim errichten. Dies weniger aus Raumnot als vielmehr zur Demonstration seiner Macht. Genutzt hat ihm dieses architektonische Muskelspiel aber dennoch nichts. Denn 1797, im Jahr der Fertigstellung des Rathauses, kam Uelversheim zusammen mit den übrigen linksrheinischen Gebieten durch den Friedensvertrag von Campo Formio zu Frankreich. Die Macht der Leininger war nun endgültig gebrochen. Das Rathaus wurde Gemeindehaus.

In der Franzosenzeit kam auch der Zusatz "Wald" vor den Ortsnamen. Eine geschichtlich fundierte Erklärung für die neue Schreibweise gibt es nicht, dafür aber eine umso lustigere Anekdote: Um das Jahr 1797 sei eine abgekämpfte französische Truppeneinheit im Ort einmarschiert und habe nach langem Fußmarsch Quartier verlangt. Der damalige Maire, der Bürgermeister Stark, ersah aber aus dem ihm vorgelegten Marschbefehl, daß das Ziel der Truppe mit Waldyllversheim angegeben war. Er verweigerte den Soldaten das ersehnte Quartier mit dem Hinweis, hier befänden sie sich in Uelversheim, sie müßten aber nach Waldhilbersheim marschieren, das läge westlich der Nahe im Guldenbachtal.

Doch die Soldaten waren nicht zum Weitermarsch zu bewegen, sie erklärten kurzerhand, daß dieses Dorf ihnen als Walduelversheim gut genug sei - und sie blieben. Geblieben ist auch der Vorsatz "Wald" bis zum Jahre 1930, als die alte Schreibweise wieder zuerkannt wurde.

Seit über 1200 Jahren wird in Uelversheim der Weinbau gepflegt, und noch immer zeigt das Dorf dem Betrachter sein von fränkischer Architektur geprägtes Gesicht: Geschlossene Hofreiten lassen die Struktur eines Haufendorfs erkennen. Die evangelische Kirche von Uelversheim ist eine bauliche Besonderheit: ihr Grundriß ist ein regelmäßiges Achteck.

Eimsheim
480 Einwohner
90 Hektar in den Lagen Hexelberg, Römerschanze und Sonnenhang (Großlage Krötenbrunnen)
Hauptrebsorten: Silvaner, Müller-Thurgau, Riesling, Scheurebe und Neuzüchtungen

Eimsheim liegt auf dem Höhenzug oberhalb von Guntersblum, eingebettet in eine schützende Senke. Der Ort zählt zu den sogenannten Bergdörfern, und wie in den Nachbargemeinden sind es Landwirtschaft und Weinbau, die das Bild prägen. Allerdings findet der weitaus größte Teil der Eimsheimer Bevölkerung außerhalb, im Ballungsgebiet Rhein-Main, Arbeit. Nur noch rund 20 Prozent leben direkt von der Landwirtschaft.

Die Geschichte Eimsheims ist die Geschichte der Region: über das Bistum Worms, das Nonnenkloster Marienborn, das Zisterzienserkloster Dautenheim, den Pfalzgrafen Philipp und den Kurfürst Friedrich II von der Pfalz, der in seinem Land die Reformation einführte, kam der Ort an Kurpfalz. Gegen Ende des 18. Jahrhunderts wurde er der Französischen Republik einverleibt und nach dem Wiener Kongreß dem Großherzogtum Hessen unterstellt.

Heute ist Eimsheim eine adrette Wohngemeinde, der die Landwirtschaft und der Weinbau die besondere Note verleihen. Damit ist Eimsheim einen Weg gegangen, der durch die Landflucht in den sechziger und den frühen siebziger Jahren zwangsläufig war. Während noch 1950 über 600 Einwohner in Eimsheim lebten, ging die Zahl 1974 auf rund 420 zurück. Die Gemeindeväter entschlossen sich damals, durch die Ausweisung eines Neubaugebietes auf diese Negativbilanz zu reagieren. Und sie hatten Erfolg, die Einwohnerzahlen nehmen wieder stetig zu.

Auch wenn die finanziellen Möglichkeiten der Gemeinde recht bescheiden sind - kein Wunder bei dieser Größe - so wurde in den letzten

Hillesheim

Jahren doch Beachtliches geleistet, was den Wohnwert Eimsheims vergrößert hat. Dies ist auch auf das Zupacken vieler freiwilliger Hände zurückzuführen, ein Beweis für den Gemeinschaftsgeist in Eimsheim.

Dolgesheim
850 Einwohner
150 Hektar in den Lagen Kreuzberg und Schützenhütte (Großlage Krötenbrunnen)
Hauptrebsorten: Müller-Thurgau, Silvaner und Neuzüchtungen

In der Straße "Am Weihergarten", dort wo die Straße eine rechtwinklige Biegung macht, steht eine Schwengelpumpe - so wie man sie in vielen Vorgärten als Dekoration sieht. Diese ist jedoch funktionstüchtig: mit einem Podest, um den Wassereimer daraufzustellen, und einem Ablauf für überschwappendes Wasser. Als Trinkwasser ist das geförderte Naß zwar kaum zu brauchen, aber die ganze Nachbarschaft schwört, es gebe kein besseres Wasser zum Blumengießen.

Dolgesheim ist ein altes Dorf. Auf seinen fränkischen Ursprung verweist nicht nur die Namensendung "heim", er wird auch durch Grabfunde aus der Frankenzeit belegt. Der Ort gehörte immer zur Grafschaft Leiningen, seit dem späten Mittelalter zur Linie Leiningen-Dachsburg. Der Verwaltungssitz der leiningischen Besitzungen in Rheinhessen war Guntersblum, außer Dolgesheim gehörte auch Uelversheim diesen Herren. Noch heute ist Dolgesheim eine vorwiegend evangelische Gemeinde - früher war es rein lutherisch, denn die Leininger waren Lutheraner, und die Untergebenen hatten die Konfession der Herren zu übernehmen.

Eine Blütezeit des Ortes war um 1500. Die Weinbaufläche erreichte damals ihre größte - auch heute nicht wieder erreichte - Ausdehnung, die ältesten Gebäude im Ort stammen aus dieser Epoche: das Rathaus, die Kirche und das Pfarrhaus.

Das Dolgesheimer Rathaus ist ein malerischer Fachwerkbau aus dem Jahr 1594 - die eingemeißelte Jahreszahl auf dem gewaltigen Türsturz des alten, inzwischen vermauerten Einganges bezeugt das. Der Grundstein zum Pfarrhaus wurde 1606 gelegt, zehn Jahre später schließlich machten die Dolgesheimer sich daran, ihre alte Kirche, schon 1338 wird sie erwähnt, gründlich umzubauen und zu erweitern.

Mit dem Dreißigjährigen Krieg begann für die Bewohner eine schlimme Zeit. Zwar war der Ort damals mit einem Graben umgeben, aber wirklichen Schutz vor Eindringlingen konnte er nicht bieten - da verschanzte man sich doch lieber in dem hochgelegenen Kirchhof oder versteckte sich, bis die fremden Truppen vorbeigezogen waren. Eines dieser Verstecke, eine Höhle, wurde 1932 bei Rodungsarbeiten entdeckt. Sie war 11 Meter lang und hatte zwei Seiteneingänge mit Nischen und Ruhebänken.

Auch im Orléanischen Krieg (1688 - 1698) und in der Franzosenzeit (um 1800) mußte die Bevölkerung viel erdulden, zeitweise hatten alle Bewohner das Dorf verlassen. Der damalige Pfarrer berichtet: Als ich hierher kam und die Pfarrstelle für Dolgesheim und Uelversheim übernahm, waren in jedem Dorfe kaum 15 Familien wohnhaft gewesen, die Felder gegen Bechtolsheim, Weinolsheim, Uelversheim und Eimsheim waren mit lauter Gebüsch bedeckt, worin sich später Wölfe aufhielten. Es folgten die Schreckensjahre von 1793 bis zum Ende der Freiheitskriege. Deutsche, französische und russische Heere wechselten oft den Besitzer hier. Ganze Regimenter waren oft wochenlang hier einquartiert. Den Bewohnern des Dorfes wurden damals alles Getreide, Heu, Stroh, Vieh und Nahrungsmittel von den hungernden Soldaten weggenommen.

Die Dolgesheimer überlebten sämtliche Schrecken - und entwickelten ihr Dorf weiter. 1910 gründeten die ansässigen Winzer eine Genossenschaft, die heute noch selbständig ist, in eigener Regie Wein ausbaut und über die Flasche vermarktet. In den sechziger Jahren führten sie unter großen finanziellen Opfern die Flurbereinigung durch. Der erste Abschnitt war 1965/66 die Umlegung auf dem Kreuzberg und - auch wenn das für viele Betriebe eine große Belastung war - 1967/68 folgte die Bereinigung des Wingertsbergs. Ein Dolgesheimer Winzer faßt die Notwendigkeit dieser Maßnahme sehr bildlich folgendermaßen zusammen: Mir konnte ja net 's Messer in der Sau stecke lasse! Durch die Umlegung ist die Weinbergsfläche auf über das Doppelte angewachsen und bietet so Existenzgrundlage nicht nur für die Genossenschaftswinzer, sondern auch für weitere zehn Flaschenwein vermarktende Betriebe.

Wintersheim
250 Einwohner
60 Hektar in der Lage Frauengarten (Großlage Krötenbrunnen)

Hillesheim
600 Einwohner
86 Hektar in den Lagen Altenberg und Sonnheil (Großlage Krötenbrunnen)
Hauptrebsorten: Müller-Thurgau, Silvaner, Kerner, Bacchus, Faberrebe und Portugieser

Die Hillesheimer Kirche ist nicht ungewöhnlich groß, trotzdem überragt sie die eng aneinandergebauten Häuser Hillesheims mit ihren rotbraunen Dächern, denn sie steht auf einer Anhöhe inmitten des ummauerten Friedhofs.

Schon die Römer hatten sich diesen, die Landschaft im weiten Umkreis dominierenden, Punkt zur Besiedlung gewählt. Funde, die bei Rodungsarbeiten auf dem Kirchberg in den Jahren 1850 und 1921 gemacht wurden, belegen das. Und die alten Hillesheimer sind sich ganz sicher, daß genau an der Stelle, wo heute die Kirche steht, auch schon ein römischer Feldherr einen Tempel errichten ließ.

Der erste geschichtlich nachgewiesene Kirchenbau an dieser Stelle stammt aus dem Jahr 1204, der Grundstein ist in den Turm eingemauert. Die Franzosen verschonten bei ihrem Zug durch die Pfalz 1688 auch Hillesheim nicht, das ehrwürdige Kirchlein wurde ein Raub der Flammen.

Von 1387 an teilte sich der Besitz im Ort in einen kirchlichen und einen weltlichen Teil, und in beiden Besitzteilen wechselten die Herren häufig. Durch Erbschaft fiel der kirchliche Teil im 17. Jahrhundert an die Herren von Geispitzheim. Eine Dame aus diesem Geschlecht hat sich um Hillesheim sehr verdient gemacht, denn sie war es, die die

Gimbsheim · Eich · Alsheim

verwüstete Kirche aus eigenen Mitteln wieder aufbauen ließ. Ein Gedenkstein über der Südtür erinnert an sie:

"Maria Amalia verwitibte von Proeck, gebohrene von Geispizheim, bauet dieses gantz ruinirt gewesene Gotteshaus zu Ehre Gottes und zur Ausbreitung der reinen, auf Gottes heiligem Wort gegründeten evangelischen Lehre wiederumb auf anno Christi 1710."

In der Gruft der Hillesheimer Kirche liegt Freifrau von Proeck mit ihren Vorfahren begraben.

Von dem kleinen Platz vor der Kirche bietet sich dem Besucher ein weiter Blick über die fruchtbare Ebene um Hillesheim - zwischen Kloppberg und Petersberg ist weit im Westen der pfälzische Donnersberg sichtbar.

Hillesheim hat eine lange Weinbautradition, früher gehörten zu jedem landwirtschaftlichen Betrieb auch einige Weinberge. Heute jedoch konzentriert sich der Weinanbau auf einige Betriebe - viele Hillesheimer arbeiten gar nicht mehr in der Landwirtschaft, sondern pendeln in die Industriestandorte an Rhein und Main. Geblieben ist allen Hillesheimern jedoch der Stolz auf die heimischen Gewächse. Nicht zu unrecht, wachsen sie doch zum Teil auf Böden, die dem berühmten Rotliegenden der großen Weinorte Nackenheim und Nierstein ähneln.

Gimbsheim
3.200 Einwohner
100 Hektar in den Lagen Liebfrauenthal und Sonnenweg (Großlage Krötenbrunnen)
Hauptrebsorte: Müller-Thurgau

Der Rhein war über die Jahrhunderte hinweg stets der bestimmende Faktor im Leben der Gimbsheimer. Er entschied oftmals über Wohl und Weh' der Menschen an seinen Ufern. Das hat sich erst geändert, seit der große Strom umgebettet wurde und nicht mehr unmittelbar am Ort vorbeifließt. Den Gimbsheimern hat dies mehr Sicherheit vor Überschwemmungen und einen beträchtlichen Zugewinn an Land gebracht.

Früher war Gimbsheim als ein Dorf von Korbflechtern bekannt. Sie fanden in den ausgedehnten Rheinauen das geeignete Rohmaterial für ihr fingerfertiges Handwerk. Natürlich wohnten auch zahlreiche Fischer im Ort, denen der Fluß ebenfalls Arbeit und Brot bescherte. Daneben waren Landwirtschaft und Weinbau immer schon weitere wirtschaftliche Standbeine gewesen.

Daß das Land am Rhein vielfältige Reichtümer bereithält, mag schon ein fränkischer Sippenführer namens Gimmund erkannt haben. Er soll den Ort etwa im fünften Jahrhundert, in der Zeit der Landnahme der Franken, gegründet haben, und von ihm hat die Gemeinde auch ihren Namen.

Als Gimminheim taucht das Dorf im Jahre 767 dann erstmals in den Urkunden auf, es gehörte zum Wormsgau und war im Besitz der Grafen von Leiningen. Nach ihnen wechselten die Besitzverhältnisse am Ort häufig, bis Gimbsheim schließlich im Jahre 1662 kurpfälzisch wurde. Ein Jahrzehnt lang, von 1804 an, hatte dann der französische Kaiser das Sagen im Ort, so wie in den übrigen linksrheinischen Gebieten auch.

Wenn man die Geschichte Gimbsheims betrachtet, dann muß man feststellen, daß der Ort die vielen geschichtlichen Stürme einigermaßen unbeschadet überstanden hat. Selbst als die Pest wütete, kamen die meisten Gimbsheimer mit dem Schrecken davon. Das einzige große Unglück, das die Geschichtsschreiber festgehalten haben, ist die Feuersbrunst von 1499, als der gesamte Ort niederbrannte.

Seit jener Zeit hat sich sehr viel geändert. Früher waren Weinbau und Landwirtschaft die Haupteinnahmequellen des Dorfes, sie prägten das Ortsbild. Heute hat sich sein Gesicht jedoch stark gewandelt. Zu den nach wie vor bestehenden landwirtschaftlichen Anwesen sind einige Handwerks-, Gewerbe- und Industriebetriebe hinzugekommen.

Der Weinbau hat sich mit immerhin 100 Hektar bestockter Rebfläche behauptet und ist so etwas wie der Stolz der Gemeinde. Dies findet seinen Ausdruck in dem 1980 eröffneten, opulent gestalteten Weinprobierkeller der Gemeinde. Hier kann man nach Vereinbarung auch in größerer Gesellschaft ausgiebig die Gimbsheimer Weine probieren. Eine weitere gute Gelegenheit, Gimbsheim und seine Weine kennenzulernen, ist das Weinbrunnenfest, das alljährlich am ersten Wochenende im Juli gefeiert wird.

Gute Werbung für den Wein gab es auch früher schon.

Zu einem Besuch Gimbsheims gehört auf jeden Fall auch ein Ausflug in die Umgebung, zu den zahlreichen Baggerseen, die sich durch den Abbau von Kies und Sand gebildet haben und heute zum Angeln und Baden einladen, oder in die Rheinauen und natürlich zum Naturschutzgebiet des Altrheins zwischen Gimbsheim und Eich, einem der größten zusammenhängenden Schilfgebiete der Bundesrepublik mit einer einmalig schönen Flora und Fauna.

Eich
110 Hektar in der Lage Goldberg (Großlage Krötenbrunnen)
Hauptrebsorte: Müller-Thurgau

Eich als typischen Weinbauort zu beschreiben, wäre sicherlich falsch. Zum einen ist der Weinbau im Ort nicht präsent, die Rebflächen liegen ein gutes Stück westlich vom Ort, in Richtung Alsheim und Mettenheim, mit denen sich Eich auch die Lage Goldberg teilt. Zum anderen waren die Rheinfischerei in früheren Zeiten und der Kiesabbau in der jüngeren Vergangenheit prägender für den Ort.

Eich heute, das ist vor allen Dingen ein ruhiger Wohn- und Erholungsort. Hier ist auch der Sitz der Verbandsgemeindeverwaltung. Sein Flair bezieht der Ort aus den ungewöhnlichen landschaftlichen Reizen: Eich liegt im flachen Ufergebiet des Rheines an einem Altrheinarm. Dieses ehemalige Flußbett steht in seinem südlichen Bogen seit den sechziger Jahren unter Naturschutz. Hier findet man noch viele selten gewordene Tier- und Pflanzenarten und natürlich Ruhe und Entspannung.

Die Lage Eichs im sandigen Stromgebiet hat dem Ort dreifachen Vorteil eingebracht. Die Spargelbauern finden hier ideale Anbaubedingungen für ihr Gemüse, und so ist der Eicher Spargelanbau heute ein wichtiger Wirtschaftsfaktor geworden. Aus dem gleichen Grund, nämlich des Untergrundes wegen, haben sich einige Betriebe hier niedergelassen, die Sand und Kies abbauen. Damit einhergehend sind zahlreiche Baggerseen entstanden, die heute ebenfalls den hohen Freizeitwert der Gemeinde bestimmen. Rund um das größte dieser Gewässer, den Eicher See, ist denn auch ein stattliches Ferienhausgebiet gewachsen.

Der Wein paßt da natürlich bestens mit ins Bild, alleine schon, weil er so herrlich zum Spargel schmeckt. Außerdem ist er natürlich der rechte Begleiter eines Wochenendes in Muße oder auch eines längeren Urlaubes in einer wirklich faszinierenden Landschaft.

Alsheim
620 Hektar in den Lagen Goldberg (Großlage Krötenbrunnen); Fischerpfad, Frühmesse, Römerberg und Sonnenberg (Großlage Rheinblick)
Hauptrebsorten: Riesling, Müller-Thurgau und Burgunderarten

Alsheim ist ein sehr altes Dorf. Erwähnt wird es erstmals im Jahre 761 in einer Schenkungsurkunde an das Kloster Lorsch, auch das Motiv des Alsheimer Wappens - die gekreuzten Bischofsstäbe - stammt aus dieser Zeit.

Daß die Römer hier siedelten ist belegbar, ob schon davor Menschen hier seßhaft waren, läßt sich zwar nicht beweisen, doch machen dies Ausgrabungen und Funde auf der Gemarkung wahrscheinlich. Es ist auch kein Wunder, denn die Gegend, in der Alsheim liegt, ist wirklich einladend: das milde Klima der Rheinebene, tiefgründige, satte Böden, zum Obst- und Weinbau geeignete Flächen an den Rheinterrassen, die sich gegen Westen der Rheinebene zu öffnen.

Das beschauliche Dorf liegt am Fuße des Abhanges, der Hügelland und Tiefebene miteinander verbindet, etwas abseits der Bundesstraße 9 und damit auch verkehrsruhiger als die anderen Weinorte in nördlicher Richtung nach Oppenheim zu. Die Bahnlinie Mainz-Worms führt im Osten durch den Ort und ist eine der Hauptverkehrsverbindungen für die Pendler, die vornehmlich in den Neubaugebieten an den Ortsrändern wohnen.

Diese Neubaugebiete prägen das Dorfbild allerdings nicht. Wer durch den Ort spaziert, dem fallen die stattlichen Gehöfte auf, die zum Teil aus hellem Stein gebaut sind und mit ihren roten Dächern im Sonnenschein ein fast mediterranes Bild abgeben. Und noch eine Eigenheit der Bebauung zeichnet Alsheim aus: Zwischen den einzelnen Anwesen, auch mitten im Ort, gibt es immer wieder Freiflächen und Gärten, dadurch wirkt der Ort weitläufig und großzügig. Von der gleichen Großzügigkeit geprägt ist auch der Bau des Rathauses. Stattlich, solide, ein wenig ländlich-behäbig und nach der Renovierung schöner denn je repräsentiert es heute baulich wie gefühlsmäßig das Zentrum des Dorfes, auch weil die eigentliche Dorfmitte in Alsheim nur sehr schwer auszumachen ist.

Dem Menschenschlag, der hier zu Hause ist, sagt man Großzügigkeit, Weltoffenheit und fortschrittliches Denken nach. Nicht unbegründet, wie man aus vielen geschichtlichen Indizien schließen kann. In der Franzosenzeit - nach der Französischen Revolution - wurde Alsheim zuweilen Klein-Paris genannt, und auch der Ausdruck "der Alsheimer Wind weht", später eher böse gemeint, war ursprünglich sicherlich anerkennend zu verstehen: mit verstaubten Ansichten und überholten Weltanschauungen zu brechen, wenn dadurch für die Menschen Positives erreicht werden konnte.

Ein Vertreter dieser Spezies von erneuernden Denkern war der sehr rührige Pfarrer und Heimatdichter Elard Briegleb. In seinen mundartlichen Gedichten beschreibt er oftmals das Leben der Alsheimer Menschen und Winzer. Er gründete schon zu Mitte des vorigen Jahrhunderts ein Institut für höhere Schulbildung im Ort.

Auch wenn das Institut durch die immer besser werdende Verkehrsanbindung nach Worms rasch überflüssig wurde, und die Wißbegierigen und Lernwilligen in der nahen Großstadt bessere Schulbedingungen vorfanden, zeigt diese Gründung doch anschaulich, wie offen die Alsheimer für alles Neue waren und sind.

Nicht umsonst ist ein Alsheimer Winzer zum Vorsitzenden des rheinhessischen und letztlich zum Präsidenten des deutschen Weinbau-

Arbeiten im Barrique-Keller des Weingutes Rappenhof in Alsheim

Mettenheim

Ein Barrique-Keller erfordert vom Kellermeister mehr Sorgfalt und mehr Zuwendung als selbst der traditionelle Holzfaßkeller. Die Fässer müssen öfter erneuert werden, durch die kleinere Füllmenge - meist 225 Liter, das Original Bordeaux-Maß - entsteht ebenfalls Mehrarbeit und auch das Stapeln und Umheben erfordert seine Zeit. Dafür entschädigt aber allein schon der Anblick eines solchen Kellers mit seinen hellen Eichenholztonnen. Für Liebhaber der in ihnen gereiften Weine ist natürlich auch der "Loheton" und das Mehr an Gerbsäure diesen Mehraufwand wert.

verbandes gewählt worden. Der gleiche Mann beschreitet auch beim Wein, von der Erziehung im Weinberg bis hin zur Flaschenausstattung, mit Mut neue Wege und ist so ein Musterbeispiel guter Alsheimer Tradition.

Tradition beweisen die Alsheimer auch auf anderen Gebieten des Weinbaus. Aufgrund der außerordentlich günstigen klimatischen und

Die herbstliche Stimmung um die behäbige Dorfkirche erhält einen eigenartigen optischen Reiz durch das grafisch hervorgehobene Schmiedeeisen im Vordergrund.

geologischen Bedingungen hat sich der Ort zur größten Rieslinggemeinde in Rheinhessen entwickelt. Andere traditionsreiche Rebsorten finden sich ebenfalls in der Rebenrangliste ganz vorne. Es sind diese Rebsorten, die den Ruf Alsheims als Spitzenweinort begründet haben. Wie gut die Alsheimer Weine wirklich sind, davon kann man sich am besten bei einem der Weinfeste überzeugen, die schon lange einen unangefochtenen Platz im rheinhessischen Veranstaltungskalender haben: Rheinblickfest im Juni, Weinwandertag im September, dessen Route teilweise durch den wunderschönen Weinlehrpfad führt, oder Fest des jungen Weines im November nach der Lese.

Das alte Dörfchen Hangen-Wahlheim ist heute Ortsteil von Alsheim. Es hängt tatsächlich über den Rebhängen - eine Handvoll Häuser und die Ruine einer gotischen Kapelle. Wohl kaum jemand kann sich dem romantischen Zauber dieses Fleckchens entziehen. Rund um die Mauern der Kapelle liegen Gräber einiger Generationen von Hangen-Wahlheimern, und wenn auch die Vögel, die in dem alten Gemäuer nisten, oft die einzigen Kirchenbesucher sind, so ist diese uralte Kapelle doch noch nicht ganz Ruine: Hoch oben in der Stirnwand hängt eine Glocke, und da von dieser Glocke noch ein Seil herunterfüht, wird sie wohl ab und zu auch noch einmal geläutet.

Mettenheim
325 Hektar in den Lagen Michelsberg, Schloßberg (Großlage Rheinblick); Goldberg (Großlage Krötenbrunnen)
Hauptrebsorten: Müller-Thurgau, Silvaner und Riesling

Mettenheim liegt an der südlichen Spitze der Rheinfront, die sich von Mainz nach Worms erstreckt. Die Weinbergslagen, sanft nach südöstlicher Richtung hin abfallend, gehören zu den klimatisch und topografisch begünstigsten in ganz Rheinhessen und logischerweise gehören die Mettenheimer Weine in die Spitzenklasse des Anbaugebietes.

Schon 1927 heißt es in einem Weinbuch: Der Weinbau und die Pflege der Weinberge in der Gemarkung Mettenheim stehen auf der Höhe der Zeit. Sowohl Düngung wie Bodenbearbeitung sind sehr gut, Pilzkrankheiten und andere Schädlinge werden von den Winzern eifrig bekämpft, sodaß (sic!) der hiesige Weinbau als wahrer Musterweinbau bezeichnet werden kann. Jeder einzelne Winzer trägt dazu durch eisernen Fleiß und Lust und Liebe am Beruf mit vollen Kräften bei. Ein sehr hohes Lob für die Mettenheimer Winzerschaft, dessen Richtigkeit sich bis heute immer wieder bestätigt hat.

Die Römer haben wohl als erste die günstigen Verhältnisse des Mettenheimer Gebietes für den Weinbau zu nutzen gewußt. Zahlreiche Funde bestätigen, daß Mettenheim auf eine römische Niederlassung zurückzuführen ist. Gesicherte Urkunden

In den Weinbergen über Mettenheim

Dorn-Dürkheim

Mettenheim

über die Existenz des Dorfes gibt es erst aus den Lorscher Eintragungen, die erste aus dem Jahre 755.

Mettenheim war ein alter Besitz der Grafen von Leiningen und später der Grafen von Wartenberg, die hier auch eine Residenz errichteten. Hier lebten die Herren in Saus und Braus bis die geknechteten Bauern das Schloß nach ihrer Befreiung durch die Französische Revolution und der Flucht der Grafen kurzerhand niederrissen.

Ebenfalls nicht mehr vorhanden ist die Michaelskapelle, die auf dem Michelsberg am südlichen Rand des Dorfes stand. Einer alten Sage nach wurde sie von einer Nonne gestiftet, die durch eine Quelle in der Nähe von einer schweren Krankheit geheilt wurde. Die Quelle gibt es noch und eine ehemalige Lagebezeichnung hieß auch Hellborn, was auf Heilborn also Heilquelle zurückgeht. Früher wurde hier alljährlich eine Messe abgehalten, und die ganze Gegend wallfahrtete zur Kapelle hinaus.

Mettenheim gehört sicherlich zu den schönsten Dörfern in Rheinhessen. Prägend für das Ortsbild sind besonders die großzügigen herrschaftlichen Bauten, die die Grafen und einige wohlbegüterte andere Geschlechter hinterließen. Das stattliche Rathaus und die Kirche mit ihrem achteckigen, zweifachen Zwiebelturm über dem barocken Portal direkt an der Hauptstraße sind weitere architektonische Kostbarkeiten. Mettenheim strahlt so noch den unverblaßten Glanz vergangener Tage aus.

Diesen Glanz polieren die Bewohner natürlich eifrig, ohne aber einer bloßen Oberflächenretusche für Touristen zu verfallen - Mettenheim wirkt durch und durch echt. Und da paßt natürlich der Wein besonders gut ins Bild. Setzt er doch in dieser gewissen vornehmen, landadeligen Prägung die heitere, spielerische Note.

Dorn-Dürkheim
895 Einwohner
127 Hektar in den Lagen Hasensprung und Römerberg (Großlage Rheinblick)
Hauptrebsorten: Müller-Thurgau und Silvaner

Der Adler auf dem hochaufragenden Kriegerdenkmal für die Gefallenen des Deutsch-Französischen Krieges blickt von seiner Säule unverwandt die lange Hauptstraße hinunter, die sich durch eine weite Mulde schwingt.

In Dorn-Dürkheim kann man sich gut zurechtfinden: Aus Alsheim kommend, landet man in der Alsheimer Straße, die Bechtheimer Straße führt nach Bechtheim, der Bahnhof liegt - wo sonst - in der Bahnhofstraße, die evangelische Kirche steht in der Kirchstraße, die Straße hinter der Kirche heißt Hinter der Kirche, und auch der Autofahrer, der in die Sackgasse fährt, ist gewarnt.

Der fruchtbare Boden sorgte in vergangenen Zeiten für den Wohlstand der Bauern. Die großen Gehöfte bestimmen, zusammen mit der spätgotischen Kirche der Protestanten, auch heute noch das Ortsbild.

Nördlich des Dorfes, in der Gemarkung Hayer, wurden in den siebziger Jahren umfangreiche Grabungen vorgenommen. Mitarbeiter des Frankfurter Senckenberg-Museums erforschten hier eine der reichsten Fundstätten fossiler Wirbeltiere.

Sogar eine bis dahin unbekannte Tierart entdeckten die Wissenschaftler: eine seit Jahrmillionen ausgestorbene Maulwurfsart. Sie wurde Theo Giloth, einem hiesigen Winzer, der viel Verständnis für die Grabungen der Forscher in seinen Weinbergen aufbrachte, zu Ehren Talpa gilothi benannt.

Die Rechte im Ort teilten sich früher die Kurpfalz und das Mainzer Kloster Maria Münster (das Nonnenmünster) - das Ortswappen zeigt heute noch den Kurpfälzer Löwen und den Krummstab des Klosters nebeneinander.

Ein schöner Spaziergang aus dem Ort führt zwei Kilometer nach Südosten, dort steht das Heilighäuschen (Heljehäusche), das die Nonnen des erwähnten Klosters erbauen ließen und das schon 1440 erstmals erwähnt wird.

Es gibt im Ort immer noch über dreißig Betriebe, die ausschließlich von Landwirtschaft und Weinbau leben - allerdings stehen ihnen über 200 Pendler gegenüber, die auswärts ihrem Broterwerb nachgehen.

Reine Weinbaubetriebe gibt es kaum, auch Weingüter, die Flaschenwein vermarkten, finden sich nur einige.

Spiesheim · Bechtolsheim · Biebelnheim

Spiesheim
800 Einwohner
230 Hektar in der Lage Osterberg (Großlage Petersberg)
Hauptrebsorten: Müller-Thurgau, Scheurebe, Silvaner, Bacchus und Ortega

Eingebettet zwischen sanft geneigten Weinbergen liegt Spiesheim in einem weiten, nach Süden hin geöffneten Tal. Auf Grund dieser klimatisch günstigen Voraussetzungen wird der Weinbau hier schon seit etwa 1200 Jahren betrieben. Heute hat der Spiesheimer Qualitätswein auch überregional einen guten Namen.

Mit einer Vielzahl von Rebsorten sowie einer konsequent durchgeführten Begrünung zwischen den Rebzeilen passen sich die örtlichen Winzer geschickt der zum Teil schwierigen Boden- und Geländebeschaffenheit an.

Die Innovationsfreudigkeit der Spiesheimer wird auch am neu gestalteten Ortsbild deutlich: Überall wurden von den Bürgern Verschönerungen an Häusern, Straßen und Plätzen vorgenommen. Der von Bäumen, Gärten und Weinbergen umsäumte Ortsrandweg lädt zum Spaziergang ein. Die Umgestaltung des Oberbrunnens ist ein besonders markantes Beispiel für die gelungene Dorferneuerung. Darüber hinaus sind vor allem die bestens restaurierten Fachwerkhäuser aus dem 17. und 18. Jahrhundert sehenswert. Sie geben eine besonders schöne Kulisse für Festivitäten aller Art ab.

Und daß in Spiesheim neben dem Fleiß auch die Lebensfreude und die Gastfreundschaft zu Hause sind, beweisen das Kirchweihfest am ersten Juli-Wochenende sowie das Brunnenfest Anfang September. Dann fällt es schwer, einheimische und auswärtige Besucher voneinander zu unterscheiden, die Liebe zum Wein ist allen gemein.

Gartenidylle in Spiesheim

Bechtolsheim
1.478 Einwohner
290 Hektar in den Lagen Klosterberg, Homberg, Wingertstor und Sonnenberg (Großlage Petersberg)
Hauptrebsorten: Müller-Thurgau, Kanzler, Huxelrebe, Saint Laurent und Bacchus

Kaiser Friedrich Barbarossa bediente sich zur besseren Verwaltung seines Reiches sogenannter Reichsministerialen oder Reichsdienstmannen, denen die Ortschaften samt den Einwohnern als Lehen übergeben wurden. Bechtolsheim bildete hier eine Ausnahme, und hatte auch späterhin eine Sonderstellung. Während des Interregnums, der kaiserlosen Zeit nach den Hohenstaufen also, erhielt die Gemeinde 1270 von Philipp von Hohenfels, dem Älteren, einen Freibrief. In diesem übergab er Bechtolsheim sämtlichen Einwohnern zu Lehen, weil sie ihm oft treue und recht nützliche Dienste erwiesen hatten. Die damit verbundenen Rechte wie Gerichtsgewalt, Steuern und Umlageerhebungen sowie Wasser-, Fisch-, Holz- und Jagdrecht wurden aber nicht von der Gesamtheit des Dorfes ausgeübt, sondern von sechs namentlich dafür bestimmten Rittern, den sogenannten Ganerben. Diese besaßen gemeinsam das Nutzungsrecht, hatten dafür aber auch die Hauptlast der Verteidigungsausgaben zu tragen. Daß Bechtolsheim in den Genuß eines solchen Privilegs kam, verdankte es jedoch nicht allein der Großzügigkeit des Lehnsherren; nüchterne Geldverlegenheit war möglicherweise die eigentliche Ursache.

Der sanft ansteigende Petersberg, der auch der Großlage ihren Namen gibt, ist ein einziger großer Weingarten - wie das Land ringsum: Rheinhessen präsentiert sich hier in Reinkultur. Am Fuße des Petersbergs hat sich der im Jahre 764 gegründete Ort Bertolfesheim unaufdringlich in die Landschaft eingefügt. Die 290 Hektar Rebfläche verlangen von den ansässigen Winzern viel Fleiß. Dreißig Winzerfamilien bewirtschaften ihre Weinberge im Vollerwerb, sechzig im Nebenerwerb. Rund 35 Prozent sind Mitglieder einer Winzergenossenschaft, 40 Prozent gehören einer Erzeugergemeinschaft an. Die restlichen 25 Prozent der Weinbauern sind Selbstvermarkter ihres Faß- oder Flaschenweins.

Rebneuzüchtungen, die bis vor wenigen Jahren beim Anbau den Vorrang hatten, sind gegenüber den bewährten Sorten wie Müller-Thurgau oder Riesling wieder in den Hintergrund getreten.

Herausragende Sehenswürdigkeit der Gemeinde ist zweifelsohne die prächtige Simultankirche. Vor der Erbauung der heutigen, in Kunstkreisen weithin bekannten Kirche (1482-87) stand im Ortsteil Sulzheim ein Gotteshaus, das sogar in einer Papsturkunde aus dem Jahre 1341 erwähnt wird. Das wertvolle Pergament mit sehr schönen Siegeln kann im Archiv des katholischen Pfarramtes besichtigt werden.

Die jetzige Kirche wurde 1724, 1839/40 und 1887 restauriert. Das wertvolle Kirchengestühl in Schiff und Chor hat die Stifterin, Gräfin Lisa von Ingelheim, 1496 durch Meister Falkener schnitzen lassen. Der Hochaltar im Chor stammt aus Worms; die wertvolle Stumm-Orgel (1756) hat auf der Westempore Aufstellung gefunden. Den Aufgang zur Kanzel schmückt eine Seitenverzierung (Wange) mit großem Maßwerk (1500). Am Kanzelpfeiler steht ein Taufstein aus dem Jahre 1530. Das Paulus-Denkmal über dem Seitenaltar stammt aus dem 16. Jahrhundert.

Biebelnheim
600 Einwohner
134 Hektar in den Lagen Rosenberg und Pilgerstein (Großlage Petersberg)
Hauptrebsorten: Riesling, Silvaner, Müller-Thurgau, Portugieser und Burgunder

Biebelnheim wird erstmals urkundlich im zwölften Jahrhundert unter dem Namen Bibilinsheim erwähnt. Nach dem Lehensverzeichnis von 1190 hatte Werner II von Bolanden große Güter in Biebelnheim. Sie wurden Bunde-Güter genannt. In der Geschichte der Gemeinde wechseln sich häufig weltliche und geistliche Herren bei der Machtausübung über die Biebelnheimer ab. Bis zum Ende des 18. Jahrhunderts blieb die Gemeinde kurpfälzisch und wurde im Jahre 1816 dem Großherzogtum Hessen zugeteilt. Das änderte sich erst als 1945 das Land Rheinland-Pfalz gegründet wurde.

In der stillen Schönheit der rheinhessischen Hügellandschaft hat sich das Dörfchen seinen ländlichen Charakter bis heute erhalten. Da sind die Dorfstraße und die meisten Häuser so schön, daß sie ein insgesamt wohlerhaltenes Dorfbild prägen können. In dem 600-Seelen-Ort bewirtschaftet fast jede der über achtzig alteingesessenen Familien einige Weinparzellen.

Die Biebelnheimer sind stolz auf ihren Riesling, der im Rebsortenspiegel mit über 50 Prozent vertreten ist, und behalten ihm seit Jahren schon die beste Lage vor. Der kalkhaltige Boden in und um Biebelnheim bietet gerade für den Riesling, der an Lage und Bodenbeschaffenheit hohe Ansprüche stellt, beste Voraussetzungen. Der hohe Kalkgehalt der Erde ist bedingt durch den tonhaltigen Boden, der das rasche Absikkern des Wassers verhindert. Der große Anteil der Rotweinsorten, die hier seit dem zwölften Jahrhundert angebaut werden, ist jedoch in den vergangenen Jahren stark zurückgegangen und liegt heute, vertreten durch Portugieser und Burgunder, bei etwa 25 Prozent.

Biebelnheim besaß einst ein Pilgerhospital. fanden kranke Pilger, die auf Wanderschaft waren, Aufnahme. Kurfürst Ruprecht befreite 1403 das Spital mitsamt seinen Gütern von allen Abgaben und Steuern. Durch zusätzliche Zuwendungen und Spenden von geheilten Kranken wurde das Spital sehr reich und konnte seine Patienten auf das Beste

Die Geschichte vom Linuspfahl und wie er zu seinen Namen kam

Beim Namen Linus gibt es allgemein vier verschiedene Assoziationen: Die Jüngeren denken sicher an Charlie Brown und seine Peanuts, von denen einer Linus heißt, die Älteren denken womöglich an den Nachfolger des Petrus auf dem Papststuhl, andere können mit diesem Namen vielleicht gar nichts anfangen und dann gibt es noch die Bodenheimer, die "ihren" Linus Haub alle kennen.

Dieser Mann hat sich besonders um die Flurbereinigung in Bodenheim und als Vorstandsmitglied des Winzerverbandes auch in ganz Rheinhessen außerordentlich verdient gemacht. Bei diesen Umlegungsverfahren wird im Zuge der Neuanpflanzungen häufig ein patentierter, sehr robuster, verzinkter Metallstab verwandt, an den die Reben gebunden werden und der sich als sehr hilfreich erwiesen hat. Dieser Stab heißt sinnigerweise "Linuspfahl" - und das nicht etwa aus Zufall.

Die Firma, die diesen Pfahl herstellt, war auf der Suche nach einem zugkräftigen Namen für ihr innovatives Produkt. Man erinnerte sich an den Winzer Linus Haub aus Bodenheim, mit dem man natürlich durch die schon in Angriff genommenen Flurbereinigungen Kontakt hatte und der auch schon mal die eine oder andere Anregung zur Verbesserung der Pfähle gegeben hatte.

"Linuspfahl" - das hörte sich gut an. Ein Telefonanruf bei Linus Haub genügte, er willigte ein, daß der neue Weinbergspfahl seinen Vornamen tragen darf - etwas vorschnell, wie er heute zugibt, denn außer der Genugtuung, daß "sein" Stab heute zig-tausendfach in rheinhessischer Erde und anderswo die Reben trägt ist für den sympathischen Winzer nichts "herausgesprungen"

Gau-Odernheim · Gau-Köngernheim · Albig · Framersheim Gau-Heppenheim

pflegen und versorgen. Im Jahre 1690 wurde es wie so vieles bei der Verwüstung der Pfalz durch die französischen Truppen unter Sonnenkönig Ludwig XIV. zerstört.

Gau-Odernheim
2.500 Einwohner
360 Hektar in den Lagen Fuchsloch, Herrgottspfad, Ölberg und Vogelsang (Großlage Petersberg)
Hauptrebsorten: Müller-Thurgau, Silvaner, Kerner, Bacchus und Portugieser

Gau-Odernheim ist heute ein rheinhessisches Weindorf, so alt (gegründet in der Zeit der fränkischen Landnahme um 500 n. Chr.) und so groß wie viele Nachbarorte. Aber dem Besucher, der die stattlichen Fachwerkhäuser um den Obermarkt oder die nicht minder schönen Giebel am Untermarkt bestaunt, dem wird bald klar, daß dieser Ort nicht immer ein kleines Weindorf war.

1286 verlieh König Rudolf von Habsburg dem aufstrebenden Gemeinwesen die Rechte einer freien

Schönes Fachwerk...

Reichsstadt. Aus dieser frühen Epoche sind nur wenige Bauwerke erhalten geblieben: Mauerreste einer Basilika auf dem Petersberg und ein Turm der Burg. Ein Grund für das Wachstum des Ortes war die Wallfahrt zum Grab des heiligen Rufus. Der frühere Ortsherr, das Stift St. Stefan in Metz, hatte die Gebeine des Heiligen hierher überführen und beisetzen lassen. Die Wallfahrt brachte viele Gäste in den Ort - und ließ immer größere Kirchen notwendig werden. Der Großteil der heute noch erhaltenen Kirche stammt aus spätgotischer Zeit, wertvolle Ausstattungsstücke stammen aus Gotik und Renaissance. Vom großen, baumbestandenen Platz um die Kirche führt eine Treppe hinunter zum schönsten Fachwerkhaus Gau-Odernheims, der alten Stadtschreiberei, erbaut 1610/14, kurz vor Beginn des Dreißigjährigen Krieges.

Zu dieser Zeit war Gau-Odernheim schon keine freie Reichsstadt mehr - 1579 hatte man sich dem pfälzischen Kurfürsten unterwerfen müssen, und die alten Rechte gingen verloren. Wirklich viel geändert hat sich dadurch für die Bürger nicht, denn schon in den Jahrhunderten vorher hatte der Kaiser seine Reichsstadt oftmals an Kurpfalz verpfändet. - Proteste der Bürger

Gemütliche Probierstube im Weingut Koch

gegen eine solche Verpfändung waren dann auch der Auslöser für das Vorgehen des Kurfürsten gegen die alten Rechte der Reichsstädter. Viele der heute das Ortsbild prägenden Fachwerkhäuser entstanden in der Zeit, als Gau-Odernheim pfälzisches Amtsstädtchen war - bis 1797, bis zur Franzosenzeit blieb es Teil der Kurpfalz. Die alte Bedeutung gewann es jedoch nie zurück. Auch die Weinbergsfläche wurde nie wieder so groß wie in der Zeit um 1500, als nicht nur die Hänge des Petersbergs, sondern ein Großteil der Gemarkung mit Weinreben bestanden war.

Heute ist - nach den Flurbereinigungen der vergangenen Jahrzehnte - die Weinbergsfläche wieder stark angewachsen. Gau-Odernheim ist damit die größte Weinbaugemeinde im Kreis Alzey. Die besten Lagen sind immer noch die am Südhang des Petersbergs - einem richtigen Weinberg, der Namensgeber für die Großlage der Region wurde.

Nicht nur die Reben gedeihen in den Weinbergen um den Ort hervorragend: Jedes Jahr im Mai erleben die Winzer und naturkundlich interessierte Besucher ein seltenes Schauspiel. In einem bestimmten Teil der Weinbergsfläche blühen ganze Felder gelber Wildtulpen. Anscheinend braucht diese Blume einen ganz bestimmten Boden, denn sonst kommt sie nirgendwo in Deutschland vor, auch Gau-Odernheimer, die versucht haben, die wilde Schöne in ihren Vorgarten zu verpflanzen, hatten wenig Glück. Spätestens nach zwei Jahren gingen die Wildtulpen ein. -

Ganz einzigartig allerdings sind die Gau-Odernheimer Tulpen doch nicht: Im Süden Sibiriens wächst die gleiche Blume, dort kommt die Art wohl auch ursprünglich her - wie sie allerdings nach Gau-Odernheim kommt, ist ein Rätsel.

Zurück zum Weinbau: Die fruchtbaren Ton- und Lehmböden Gau-Odernheims eignen sich besonders für Müller-Thurgau-Reben und den traditionellen Silvaner - aber auch für die Rotweinrebe Portugieser, die viele Winzer vor 15 Jahren aufgaben und durch Neuzüchtungen ersetzten, die aber inzwischen wieder immer mehr Freunde findet.

Gau-Odernheim ist Sitz der Bezirkswinzergenossenschaft Palmberg - einer Kelterstation der Zentralkellerei in Gau-Bickelheim, d. h., die Trauben werden von den Winzern hier angeliefert und gekeltert, der weitere Ausbau erfolgt in den Kellern der Dachgenossenschaft. Ein Teil der Weine wird jedoch auch hier, wo sie gewachsen sind, vermarktet. Außer den Genossenschaftswinzern gibt es noch eine ganz Reihe weitere Weingüter -

...in Gau-Odernheim

etwa zwanzig Winzer füllen unter eigenem Etikett ab, davon sind ungefähr die Hälfte Vollerwerbsbetriebe. So ist jedenfalls dafür gesorgt, daß jeder Besucher genügend Auswahl hat, seinen Lieblingswein zu finden. Das war früher gar nicht so einfach. Hier wie auch anderenorts wurde Wein erst nach dem zweiten Weltkrieg in größeren Mengen in Flaschen gefüllt, denn erst moderne Anlagen lassen das rationell werden. Früher verschickten manche Winzer ihren Wein in kleinen Fäßchen zu 12 bis 20 Litern an Privatkunden - oder aber in größeren Gebinden an Gastwirte. So um die 50 Fäßchen waren bei uns immer in Umlauf, erinnert sich ein Gau-Odernheimer an die Zeit, als sein Vater noch den Betrieb führte. Auch der Ausbau der Weine - vor allem bei den kleinen Winzern - wurde anders gehandhabt als heute: Dafür war nicht der Winzer selbst zuständig, denn der hatte oft gar nicht die Ausbildung dazu, sondern der Weinküfer, der rundum alle Winzer besuchte und Abstich, Schönungen usw. vornahm. Die Winzer von heute sind sämtlich besser ausgebildet und haben viel mehr technische Möglichkeiten - trotzdem schmecken ihre Weine individuell - jeder Winzer hat seine Handschrift.

Gau-Köngernheim
Ortsteil von Gau-Odernheim
45 Hektar Rebfläche

Albig
1.400 Einwohner
400 Hektar in den Lagen Homberg, Hundskopf und Schloß Hammerstein (Großlage Petersberg)
Hauptrebsorten: Müller-Thurgau, Silvaner, Riesling, Scheurebe, Faberrebe und Bacchus

Mit seiner verkehrsgünstigen Lage am Schnittpunkt zweier Autobahnen sowie idealen klimatischen Voraussetzungen bietet Albig als Wohn- und Weinort gleichermaßen gute Bedingungen. Umgrenzt von Mittelgebirgen gedeihen die Reben in der sommerwarmen und wintermilden Beckenlandschaft Rheinhessens vortrefflich. Die anstehenden Lehmböden mit ihrer hohen Speicherkapazität gewährleisten eine ausreichende Wasserversorgung, so daß die traditionellen Rebsorten wie Silvaner, Müller-Thurgau oder Riesling, ergänzt durch hochwertige Neuzüchtungen, eine breite Palette von Qualitätsweinen hervorbringen. Die Produktion erfolgt in Albig noch ausschließlich in Familienbetrieben. Um deren Wettbewerbsfähigkeit zu verbessern, wurde 1967 mit der Neuordnung des infolge der Realteilung stark zersplitterten Grundbesitzes begonnen. Bei Ausbaumaßnahmen im Zuge der Flurbereinigung, die bis zum Jahr 2000 abgeschlossen sein wird, legte man in der Weinlage Schloß Hammerstein Fundamentreste einer römischen villa rustica frei. Man kann deshalb davon ausgehen, daß bereits die Römer hier Weinbau betrieben haben. Vom Gipfel des Weinbergs aus - er wurde übrigens nach einem Grafen von Hammerstein benannt, welcher in diesem Teil der Gemarkung ein Schloß besessen haben soll - bietet der Ort einen besonders schönen Anblick. Romantische Fachwerkhäuser, die romanische Kirche und

"Probierstube" - in diesem Falle wäre das eine Untertreibung. Weingut Köster-Wolf in Albig

das barocke Rathaus, ein mit dem rechten Stilempfinden neu gestalteter Dorfplatz im Rahmen des Bildes alter Straßenfronten sind ebenso sehenswert wie wohlhabend wirkende Hofanlagen mit typischen Toreinfahrten und natürlich die Weinkeller der traditionsreichen Weingüter, welche zu Besuch und Probe einladen.

Die Vermarktung erfolgt - neben der privaten Initiative - zum einen über die Weinwerbegemeinschaft Albiger Weingüter, der auch die örtliche Winzergenossenschaft angehört, zum andern über die Erzeugergemeinschaften in Bornheim und Sprendlingen. Besonders großen Besucherzuspruch hat stets die alljährlich am zweiten September-Wochenende stattfindende, repräsentative Weinprobe, die von der Gemeinschaft zum Auftakt der Albiger Kerb veranstaltet wird. Initiativen wie diese haben die Albiger Weinlagen Hundskopf, Homberg und Schloß Hammerstein bekannt gemacht.

Framersheim
1.370 Einwohner
275 Hektar in den Lagen Hornberg, Zechberg und Kreuzweg (Großlage Petersberg)
Hauptrebsorten: Müller-Thurgau, Morio-Muskat, Silvaner und Scheurebe

Eingebettet in die sanfte Hügellandschaft im Herzen von Rheinhessen liegt das mehr als 1200 Jahre alte Framersheim. Gepflegte Weinberge prägen die Landschaft rund um den Ort. Unmittelbar am Dorf und ausladend nach Westen hin liegen Felder, die im Süden vom Hornberg begrenzt werden. Im Osten liegt der Zechberg mit der besten Framersheimer Lage Sonnheil. Der Ort hat heute 91 landwirtschaftliche Betriebe, wobei der Weinanbau als Betriebszweig und die Selbstvermarktung des eigenen Flaschen- und Faßweins immer mehr an Bedeutung gewinnen.

Framoar, Oberhaupt einer fränkischen Sippe, soll sich hier im Jahre 600 im Bereich der evangelischen Kirche und des alten Schulhauses niedergelassen und wallartige Schutzanlagen errichtet haben. Aus dieser Ableitung - Framoar - Framoarsheim entstand die heutige Ortsbezeichnung Framersheim.

Die ersten weinbauurkundlichen Aufzeichnungen finden sich in den Archiven des Klosters Lorsch bei Bensheim. Wie vor rund 1200 Jahren durchaus üblich, schenkten fränkische Gutsbesitzer den Klöstern Weinberge und Ackerland in der Hoffnung, damit Ablaß ihrer Sünden zu erkaufen. So auch im Jahre 775 der edle Herr Gomonolf, der seinen gesamten Framersheimer Besitz dem Kloster Lorsch vermachte - was ihm durch eine Schenkungsurkunde belegt wurde.

Nicht gerade mittelalterlich, aber doch schon traditionsreich sind die Framersheimer Baggesgrummbeere, im Backofen nach Spezialrezept zubereitete Kartoffeln. Die Entstehung des Gerichtes wird wie folgt erzählt: Ja eigentlich hot die Entstehung von dem alde Brauch ein ganz reelle Hinnergrund, dann frier iß Dienschdags groß Wesch gewääs, un die Weibsleit hann net noch lang Zeit zum Koche. So hunn se halt die Dibbe serecht gemacht, un ab zum Bägger. So um noi, zeh Uhr wanns Brot geback war, sein se dann in de Owe kumm, un je no de Gres vom Dibbe zwoo bis drei Stunn geback worr.

In die Middagszeit, wan die Männer außem Feld kummen, springt die Fraa schnell zum Bägger, un direkt außem Owe, e Honnduch driwer, un hahm uff de Disch. Heit wern se halt aus Bequemlichkeit aach schun im elektrische Owe gemacht, awwer die beschde Greschtscher gibts halt doch beim Bägger.

Früher ließ man, wie schon erwähnt, die Baggesgrummbeere beim Bäkker backen. Der Bäcker Hofmann in der Kirchstraße in Framersheim nimmt immer noch gerne Baggesgrummbeerdippe zum backe (Rezept im Teil Rhoihessekuch an anderer Stelle dieses Buches).

Zwischen 1831 und 1900 hat sich die Weinbergsfläche in Framersheim fast verdreifacht. Und aus 103 Hektar im Jahre 1953 sind inzwischen mehr als 275 geworden.

Im Jahre 1981 haben sich zahlreiche rheinhessische Winzer, darunter auch einige aus Framersheim, zu einer besonderen Erzeugergemeinschaft zusammengeschlossen, um gemeinsam - aus speziell geeigneten Rebsorten ihres Anbaugebietes - einen deutschen Sekt von hoher Qualität herzustellen, Winzersekt aus Rheinhessen. Hergestellt wird der Sekt nach der Methode Champenoise, dem altklassischen Gärverfahren in der Flasche.

Gau-Heppenheim
440 Einwohner
120 Hektar in den Lagen Pfarrgarten und Schloßberg (Großlage Petersberg)
Hauptrebsorten: Müller-Thurgau, Silvaner, Scheurebe, Kerner, Bacchus und Faberrebe

Gau-Heppenheim ist ein reiches altes Bauerndorf. Die Gemarkung nördlich des Ortes wird immer noch von der Landwirtschaft auf den fruchtbaren Böden bestimmt. Der gewachsene Wohlstand zeigt sich in den stattlichen Gehöften mit ihren großen Hoftoren und Scheunen.

Eines der größten Anwesen ist das Schloß von 1609 - nach der Zerstörung durch Blitzschlag im Jahre 1766 im 19. Jahrhundert als landwirtschaftlicher Betrieb wieder aufgebaut - ganz in der Nähe steht die kleine protestantische Barockkirche. Die katholische Kirche dagegen ist viel älter, sie stammt aus gotischer Zeit und überrascht durch ihre ungewöhnliche äußere Gestalt: Vor dem sehr großen und sorgfältig verzierten Chor findet sich nur ein kleines Schiff und den Turm vertritt ein Dachreiterchen.

Die Ortschaft liegt in einer weiten Talmulde, daher der alte Name Heppenheim im Loch, der 1903 zu dem freundlicheren Gau-Heppenheim wurde - sicherlich auch mit Blick auf den aufblühenden Weinbau, den man ja nicht gerade im Loch erwartet. Die Weinbergslagen erstrecken sich über die Hänge südlich und östlich des Ortes, und inzwischen gibt es neben den Faßweinvermarktern eine Reihe von erfolgreichen selbstmarktenden Weingütern.

Kunst und Wein

Weinmotive in der Kunst oder als schmückendes Beiwerk an verschiedenen Bauwerken - mal pompös und überladen, mal zurückhaltend und mit viel Liebe für's Detail. Wer mit offenen Augen und mit dem rechten Sinn dafür die Region

Kunst und Wein

erkundet, wird noch viele dieser Darstellungen entdecken. Zum Schmunzeln: die pausbäckigen Engel , die einen Giebel in Bechtheim schmükken, oder die römische Badeszene, die als Wandgemälde ein Haus in Aspisheim ziert.

Die Geschichte vom Tod, der eben doch nicht "umsonst" ist

Nichts ist umsonst. Noch nicht einmal der Tod. Das war auch früher nicht anders, und so manche Witwe wunderte sich nicht schlecht, wie teuer sie der Tod des Gatten zu stehen kam. "Der Pfarrer erhielt 1 1/2 Gulden für die Leichenpredigt, 2 Gulden kostete der Sarg und für 3 Gulden wurde Wein gekauft", stöhnte eine Witwe aus Guntersblum 1737. Für 3 Gulden konnte man damals rund 100 Liter Wein erwerben.

1296 l
64

Weingut Adolf Müller & Sohn
RHEINHESSEN

RHEINHESSEN
0,7 L
Albiger Schloß Hammerstein
Faberrebe · Kabinett
Qualitätswein mit Prädikat
A.P.Nr. 4 251 139 006 86
Weingut Friedel Trautwein · 6509 Albig

Weingut Kochler
Weidmann
RHEINHESSEN
1986er
Bornheimer Hütte Terrassen
Siegerrebe Beerenauslese
Qualitätswein mit Prädikat
0,375 l
Erzeuger-Abfüllung
Weinbau seit 1684

Winzergenossenschaft Vendersheim
6551 VENDERSHEIM
1985er
Vendersheimer Sonnenberg
Silvaner
e 1,0 L
Qualitätswein b. A.
RHEINHESSEN

RHEINHESSEN
1977er Heimersheimer Sonnenberg
Müller-Thurgau · Qualitätswein
e 1,0 L
Erzeugerabfüllung: Hans Fr. Jungk · Weingut

RHEINHESSEN
1981er
Albiger Schloß Hammerstein
Spätlese
Bacchus-Reichensteiner
QUALITÄTSWEIN MIT PRÄDIKAT – A. P. Nr. 4 252 340 19 82
Abfüller: G. Wittlinger, Alsheim
0,7 l e
Weinbau GbR. Wittlinger Alsheim/Rhein

Weingut Georg Härth Nierstein a. Rh.
1976er
Niersteiner Paterberg Silvaner
Spätlese
Qualitätswein mit Prädikat
Weinkellerei in Nierstein am Rhein
INHALT 0,7 L
WEINANBAUGEBIET RHEINHESSEN

Auslese · Trocken
Qualitätswein mit Prädikat
ANBAUGEBIET
RHEINHESSEN
Weingut Kirchenstück
Ober-Ingelheim
Ingelheimer Sonnenhang Frühburgunder
e 0,7 l
GEORG NIEDECKEN JR. VORMALS PH. AUG. GEBHARD · INGELHEIM/RH.

Weingut Rosenhof
K. H. BECKER
ENSHEIM/RHH.
ERBHOF
SEIT 1780
1985er
Ensheimer Kachelberg
Morio-Muskat Spätlese
0,7 L
RHEINHESSEN

WACHSTUM UND EIGENER KELLERABFÜLLUNG
WEINGUT BÜRGERMEISTER CARL KOCH ERBEN
OPPENHEIM AM RHEIN
1937er
Oppenheimer Sackträger
Riesling Spätlese
Rheinhessen

RHEINHESSEN
Qualitätswein mit Prädikat
Dalsheimer
Burg Rodenstein
Rieslaner Spätlese
halbtrocken
0,7 l
Erzeugerabfüllung Weingut Schales
6521 FLÖRSHEIM - DALSHEIM

WEINGUT
Georg Julius
6521 GUNDHEIM
1986er Gundheimer Bergkloster
Portugieser Weißherbst
HALBTROCKEN
QUALITÄTSWEIN b. A.
ERZEUGERABFÜLLUNG
e 0,7 l
Weingut Georg Julius
RHEINHESSEN

Bereich Wonnegau

Alzey · Heimersheim · Schafhausen · Dautenheim

Das Alzeyer Land hat seine bäuerlichen Strukturen erhalten.

Alzey
15.800 Einwohner
260 Hektar in den Lagen Römerberg, Kapellenberg, Wartberg und Rotenfels (Großlage Sybillenstein)
Hauptrebsorten: Müller-Thurgau, Silvaner, Scheurebe, Faberrebe, Huxelrebe, Bacchus und Kerner

Alzey ist eine der ältesten Städte Deutschlands (1750 Jahre) und gleichzeitig wirtschaftlicher Mittelpunkt des nach ihr benannten Umlandes. Weithin bekannt wurde Alzeys Name durch den Fiedler und stolzen Recken Volker von Alzey. Ob er nun historische oder literarische Gestalt ist, vielleicht gar dichtend am Niebelungenlied beteiligt war - die Gelehrten sind sich uneinig. Jedenfalls findet sich seine Fidel im Stadtwappen und sein Name auf manchem Straßenschild. Sein Pferd kann man übrigens am Roßmarktbrunnen bewundern. Er hat es dort zurückgelassen, bevor er sich unter die Alzeyer Bevölkerung mischte. So sieht es jedenfalls die Überlieferung.

Auch wenn der Gerstenanbau die Existenz einer Malzfabrik ermöglichte - früher gab es mehrere solcher Fabriken - und das Museum die älteste Biermaische Deutschlands aus der Zeit Konstantin I aufbewahrt, so beruht der Wohlstand der Stadt doch auch auf guten Weinjahrgängen. Das 1916 vom Alzeyer Bürger und Weingutbesitzer Adolf Seubert testamentarisch an die Stadt überschriebene Gesamtvermögen, machte diese zum Besitzer eines ansehnlichen Weingutes mit Gutshof in der Schloßgasse. Um Freunden des Weines in einem würdigen Rahmen den guten Tropfen des städtischen Weingutes kredenzen zu können, wurde vor Jahren eine gemütliche Weinprobierstube in einem Nebengebäude des Gutshofes eingerichtet. Mit der Aufstellung eines Weinbrunnens beim Alzeyer Weinfest und bei anderen Anlässen leistet die Stadt einen aktiven Beitrag zur Werbung für den Wein aus dem Alzeyer Land. Die Weinbergsfläche des Gutes beträgt 18 Hektar und es verfügt über eine Lagerkapazität von etwa 300.000 Litern.

Die in Alzey beheimatete Landesanstalt für Rebenzüchtung hat mit ihren, in Fachkreisen hochgeschätzten Neuzüchtungen, zur eigenständigen Art der Weine des rheinhessischen Hügellandes beigetragen. Die Landesanstalt wurde 1909 von Phillipp Wolf (Albig) als Rebschule gegründet. Georg Scheu, zunächst Weinbauberater bei der Landwirtschaftskammer Alzey, war von 1909 bis 1947 ihr Leiter. Er bekämpfte die Gelbsucht der Rebstöcke und entdeckte die Rollkrankheit. Eine Gedenktafel am Eingang des Neubaus (1973/74) erinnert ebenso an Scheu wie die nach ihm benannte und gezüchtete Scheurebe. Die bisher acht Neuzüchtungen, die in allen Weinanbaugebieten angepflanzt werden, sind auch Botschafter der Kreisstadt des größten weinbautreibenden Landkreises im Bundesgebiet. Der Anteil der Alzeyer Neuzüchtungen in Rheinland-Pfalz betrug schon Ende 1972 rund 37 Prozent. Als wichtigste Neuzüchtungen sind neben der Scheurebe zu nennen: Faberrebe, Optima, Kanzler, Huxelrebe, Septimer und Siegerrebe.

Man schrieb das Jahr 500 v. Chr., als die Kelten am Übergang der Straße von Worms nach Bingen über die Selz seßhaft wurden und mit Altiaia (hohe Burg) der Stadt ihren Namen schenkten. Dann kamen mit den Vangionen die ersten Germanen und unter Kaiser Nero die Römer. Alzey wurde unter den Kelten und Römern nicht nur eine reiche Handels- und Bürgerstadt, es barg auch eine heilkräftige Schwefelquelle, an welcher sich die Tempel, römischen, keltischen und orientalischen Gottheiten geweiht, befanden.

Im Jahre 223 n. Chr. entstand die in Stein geschlagene Geburtsurkunde der Stadt, der Nymphenaltar, der das einmalige und bedeutendste Steindenkmal im südwestdeutschen Raum ist. Man kann ihn, neben vielen anderen Skulpturen und Plastiken, wie beispielsweise die des Merkur (Gott des Handels) in der Alzeyer Stadthalle, im Burggrafiat bewundern.

1277 erhielt Alzey dann aus der Hand Kaiser Rudolfs I die verbrieften Stadtrechte. So entwickelte sich Alzey immer mehr zum wichtigsten linksrheinischen Stützpunkt der Pfalzgrafen.

Mehr noch als der Dreißjährige Krieg schlugen die pfälzischen Erbfolgekriege der Stadt bittere Wunden, als 1689 der französische General Melac die Häuser in Asche legte und das Schloß in eine Ruine verwandelte.

Die Alzeyer Volksfeste sind ausgesprochen weinverbunden. Schon im Alzeyer Lied wird die Weinfreude gelobt, auch wenn die besungenen Lagen Rotental und Grün mittlerweile umbenannt sind. In diesem Jahr findet das Alzeyer Winzerfest, mit repräsentativer Weinprobe und Weinkosthalle, zum 50. Mal statt. Weitere Weinfestivitäten sind im Juni das Johannisnachtfest in der Schloßgasse und der Herbstmarkt am letzten Oktober-Wochenende.

Die Freude am Weingenuß war in Alzey immer zu Hause. Die trinkgewaltigen Rodensteiner stellten im 15. Jahrhundert wiederholt Vergleichsgelage an, so zum Beispiel mit den Burggrafen, unter ihnen der Scheffel'sche, der drei Odenwälder Dörfer versoffen haben soll, oder der äußerst zechfreudige Boos von Waldeck. Er soll auf dem Rheingrafenstein einen Stiefel ausgetrunken und so das Dorf Hüffelsheim gewonnen haben.

Das Alzeyer Oberamt versorgte unter anderem den Heidelberger Hof mit Wein. Er lagerte im Keller des Alzeyer Schlosses. Heute dagegen werden in diesem Wahrzeichen der Stadt, das ursprünglich eine romanische Wasserburg war, auch Weinproben abgehalten.

Hier residierten die Pfalzgrafen. Ihr Schloß ist heute das Wahrzeichen Alzeys.

Blick auf ein lichtdurchflutetes Alzey

Heimersheim
Ortsteil von Alzey
140 Hektar in den Lagen Sonnenberg und Rotenfels (Großlage Sybillenstein)
Hauptrebsorten: Müller-Thurgau, Silvaner und Scheurebe

Rundum eingebettet in sanft hügelige Weinberge wirkt Heimersheim auf den Besucher so, wie man sich ein schönes Weindorf vorstellt. Trotz Autobahnnähe und Eingemeindung zur Stadt Alzey ist es ein ländlich stilles und eigenständiges Dorf geblieben. Die hügelige, abwechslungsreiche Landschaft scheint es vor Betriebsamkeit und städtischer Ausdehnung abzuschirmen.

Wie gesagt, Heimersheim ist ein sehr schönes Dorf. Dennoch gibt es ein Dorferneuerungsprogramm, in dem unter anderem die Neugestaltung des Hauptplatzes des Ortes, des Freien Platzes, vorgesehen ist. Auf dem heute noch unbefestigten Platz, den allein ein alter Lindenbaum ziert, kann man sich die großen Heu- und Erntewagen und die Pferdegespanne vorstellen, die hier einmal vor den im Halbrund stehenden Bauernhöfen be- und entladen wurden. Jetzt drehen die Traktoren ab und zu ihre Runden, doch das wird sich ändern, wenn einmal gepflastert ist, ein paar Bänke stehen und Blumenbeete angelegt sind, vielleicht der ehemalige Brunnen wieder ausgegraben und gestaltet wird und dieser Platz ein neues Schmuckstück sein wird. Als Schmuckstück wurde Heimersheim schon öffentlich und sozusagen schwarz auf weiß belobigt. Beim Bundeswettbewerb "Unser Dorf soll schöner werden" ist es 1979 als Sieger hervorgegangen.

Aus der dörflichen Substanz haben die Heimersheimer durch Pflege des Alten und sinnvolles Einfügen des Neuen ein einheitliches Bild geschaffen. Dazu gehören ebenso die beiden Kirchen - die katholische, 1459 auf einer Anhöhe gebaut und von einer starken Wehrmauer umgeben und die evangelische aus dem Jahre 1726 gegenüber dem "Freien Platz" errichtet - wie das klassizistische Rathaus (1840) mit zwei auffallenden Scheunentoren und das Fachwerkhaus, Höfe und der Weinlehrpfad, die sich um den "Freien Platz" ordnen. Schön sind auch der kleine Platz mit den vier Platanen an der kurvenreichen Hauptstraße, die alten Backsteinbauten, Fränkische Höfe mit roten Ziegeldächern und die durchgehend gepflasterten Gassen, die gemütlich wirken und vom Gefühl der dörflichen Enge entlasten. Üppige Rosenbeete setzen weitere Akzente.

Heimersheim hat nicht nur seinen eigenen Wein, auch mit Trinkwasser kann es sich selbst versorgen. Der sechsröhrige Brunnen aus dem vor zwanzig Jahren noch der Trinkwasserbedarf gedeckt wurde, lieferte im Laufe der Zeit nicht mehr genug. Um an das lebenswichtige Naß zu kommen, wurde am Sonnenberg zwischen den Weinbergen ein neuer Brunnen gebohrt. Dabei stieß man in hundertsechzig Metern Tiefe auf einen unterirdischen See, aus dem der Ort sich heute versorgt. Leider läuft das eigentliche Brunnenwasser ungenutzt in die Kanalisation.

Der Weinbau wird auf teils schweren, kalkhaltigen, teils sandigen Lehmböden betrieben. Neben Müller-Thurgau und Silvaner wächst besonders die Scheurebe gut, die als eine der Neuzüchtungen der Landesanstalt für Rebzüchtung in Alzey auch in der Heimersheimer Gemarkung stark angebaut wird. Außerdem gedeiht in der geschützten Kessellage die blütenempfindliche Siegerrebe, und man pflanzt ein bißchen Faberrebe und Würzer. In den Südhängen findet auch der Riesling seinen Platz.

Unter zwanzig Vollerwerbsbetrieben sind sechs Selbstmarkter. Es gibt zwar kein eigenständiges Weinfest, doch finden übers Jahr verteilt Vereinsfeste mit Weinständen statt. Außerdem nimmt Heimersheim als Ortsteil von Alzey entscheidend am großen Winzerfest dieser Stadt teil.

Schafhausen
Stadtteil von Alzey
230 Einwohner
32 Hektar in den Lagen Pfaffenhalde und Römerberg (Großlage Sybillenstein)
Hauptrebsorten: Müller-Thurgau und Silvaner

Östlich von Alzey, etwa vier Kilometer vom Zentrum entfernt, liegt der Weiler Schafhausen, der schon von jeher zur Stadt Alzey gehört. Urkundlich wird der Ort erstmals im Jahre 897 unter dem Namen Scafhusen erwähnt. Schafhausen war einer der Orte, die bei einer Schenkung von Kaiser Arnulf an die Wormser übergingen. Wahrscheinlich unter Pfalzgraf Konrad, der Vogt der Wormser Kirche war, wurde Alzey 1277 mitsamt seinen umliegenden Gemeinden Teil der Pfalzgrafschaft. Einer überlieferten Sage zufolge verdankt Schafhausen seinen Namen dem Großmut und der Herzensgüte einer Alzeyer Burggräfin. Weil diese Geschichte so rundum positiv ist, sei sie hier kurz widergegeben:

Damit ihr getreuer Schafhirte mit Namen Ammich auch in den Wintermonaten nicht von der hübschen und reichen Müllerstochter Gunde, deren Herz sich der Hirte durch sein fröhliches Flötenspiel erobert hatte, getrennt sein mußte, ließ die Gräfin nahe der Mühle ein großes und festes Schafhaus errichten. Da auch der Müller der Heirat seiner Tochter mit dem Schafhirten zugestimmt hatte, baute die Burggräfin dem jungen Paar nebem dem Schafhaus noch ein Wohnhaus, in dem bald fröhliches Leben und Kinderjubel herrschten. Als die Kinder groß und die Räume zu klein geworden waren, zog eines nach dem anderen aus und baute sich neben dem Elternhaus ein eigenes Heim, so daß schließlich aus dem einen Haus ein ganzer Weiler wurde.

Mit Recht nennt sich Alzeys ältester Stadtteil heute Weinbaugemeinde, denn schon seit Generationen werden hier auf sanft ansteigenden Hügelketten Reben angepflanzt, und besonders in jüngerer Zeit erreichte der Weinanbau eine Vielseitigkeit und Qualität, die den ansässigen Winzern ein Auskommen sichert, obwohl die Gemarkung an rheinhessischen Verhältnissen gemessen klein ist. Jeweils am letzten Wochenende im Juli feiert Schafhausen seine traditionelle Kerwe, das Kirchweihfest also, in dessen Rahmen alle Schafhäuser Weingüter den Besuchern eine Kostprobe ihrer Erzeugnisse anbieten.

Dautenheim
Ortsteil von Alzey
60 Hektar in der Lage Himmelsacker (Großlage Sybillenstein)

Die Geschichte vom Weinheimer und dem Westhofener Jagdpächter

In Westhofen gab es zu Großvaters Zeiten einen Weinheimer Kleinbauern. Auf diesen "Weinheimer" waren die Westhofener nicht gut zu sprechen, dauernd gab es Klagen und er sorgte ständig für neue, unerfreuliche Geschichten. Als "Hans Dampf in allen Gassen" nahm er es mit nichts genau und es konnte einem passieren, daß man in einem Schwartemagen aus seiner Schlachtung schon mal eine ganze Pfeife vorfand.

Vor allem Großvater, der Jagdpächter war, hegte einen furchtbaren Groll gegen ihn - besonders nach der Geschichte mit den Hühnern. Da fand er den "Weinheimer" doch eines Tages in seinem Kartoffelacker mitten über dem Hühnervolk bei einer Tätigkeit, die man mit runtergezogener Hose vollbringen mußte. "Jetzt hab ich ihn", schrie der erzürnte Jagdpächter, "rück er die Hühner raus, die er sich auf solch schamlose Weise ungesetzlich aneignen will!" "Kannst du haben", erwiderte der freche Dieb, "ich mach die Hose auf und lass sie paarweise fliegen". Gesagt, getan, ließ der "Weinheimer" die Hühner aus der Hose und der Großvater schoß dreimal zwei Hühner paarweise - das sparte wenigstens Patronen. "Aber, daß ich die anderen sechs noch im Hosensack hab, das weiß er nicht", waren die Worte des Schelms, als er sich aus dem Staub machte. Dem Großvater nutzte es nicht viel, mit einer Anzeige wegen Wildieberei und dem Entzug des "Halben" - das war der Schoppen Wein, den er als Lohn für ein Teil Arbeit oder für das Erzählen einer Geschichte bekam - zu drohen. Damit änderte keiner den "Weinheimer".

Rechts: Restauriertes und renoviertes Fachwerk in Heimersheim

Unten: Kellergewölbe und Holzfässer im Weingut Jungk in Heimersheim

Weinheim · Bechenheim · Offenheim · Kettenheim Wahlheim · Mauchenheim

Wimpelgeschmücktes Alzey

Weinheim
Stadtteil von Alzey
1.500 Einwohner
450 Hektar in den Lagen Kirchenstück, Kapellenberg, Hölle, Mandelberg und Heiliger Blutberg (Großlage Sybillenstein)
Hauptrebsorten: Müller-Thurgau, Silvaner und Portugieser

Vor etwa 30 Millionen Jahren war hier anstelle des Weinortes ein wogendes Meer. In dem warmen Wasser lebten Austern, Haie und Seekühe. Wir wissen das heute so genau, weil in der Drift, einer vom offenen Meer abgetrennten Süßwasserbucht, eine große Anzahl von Fossilien entdeckt wurden. So fand man zum Beispiel Fischskelette, Haifischzähne, Seekuhrippen und mehr als 300 verschiedene Muschel- und Schneckenarten, die in dem unteren Meeressand lagerten. Im Eiszeitalter um 600.000 bis 10.000 v. Chr. gab es eine erhebliche Verschlechterung der klimatischen Bedingungen, die bewirkte, daß die für den Weinanbau so wichtigen Lößböden entstanden. Weinheim verdankt seine Anziehungskraft jedoch nicht dieser erdgeschichtlichen Vergangenheit, sondern der wirtschaftlichen Bedeutung des Weines und den Baudenkmälern des Ortes

Urkundlich wird Weinheim erstmals im Jahre 771, also zur Zeit Karls des Großen genannt, als zwei Brüder, Erebemtus und Salcho, dem Kloster Lorsch einen halben Weinberg, der in der Gemarkung Wigenheim lag, schenkten.

Kommt man aus Richtung Alzey in den Ort, erblickt man zuerst die Villa Heiligenblut mit dem dazugehörigen Wachturm. Der Name der Villa hat historische Bedeutung. An diesem Platz sollen Hunnen 375 n. Chr. bei einem Überfall Christen ermordet haben, die sich hier versteckt gehalten hatten. Der Heilige Bonifatius habe dann im Jahre 746 zum Andenken an die Opfer eine Kapelle errichten lassen und sie "Zum heiligen Blut" genannt, außerdem habe er auf dem gleichnamigen Berg die ersten Reben pflanzen lassen.

Im 18. Jahrhundert wurde in die Nähe der Kapelle die im römischen Stil gehaltene Villa gebaut. Der vorletzte Besitzer versah sie mit einem Turm, erneuerte die Kapelle und verlieh dem Ganzen damit das heutige paradox wirkende, auffallende Äußere. Zusammen mit dem "Deutschen Haus" stellt das Gebäude eine Art Wahrzeichen von Weinheim dar. Das Deutsche Haus und seine Nebengebäude mit ihrer interessanten Bauweise sind außer der katholischen Kirche die ältesten Bauten im Ort. Sie stammen aus der Zeit des deutschen Kaisers Otto des Großen. Im Jahre 1273 wurden die gesamten Güter dem deutschen Ordenshaus zu Sachsenhausen geschenkt. An den Fensterstürzen des Haupthauses und an der Giebelseite der Scheune ist noch heute das deutsche Ordenskreuz zu sehen. Noch älter als das Deutsche Haus ist jedoch die römisch- katholische Kirche, die dem heiligen St. Gallus geweiht ist und zum ersten Mal im Jahre 962 in einer Bestätigungsurkunde Kaiser Ottos I erwähnt wird.

Heute präsentiert sich Weinheim als gepflegter Ort zwischen Dorf und Villenvorort, zwischen alt und neu: ein kleiner alter Ortskern, einige gut erhaltene alte Höfe und Häuser entlang der Hauptstraße - sonst ein neues Mini-Geschäftszentrum an der Kirche und viele neue, zum Teil sehr schöne Häuser und Gärten um den inneren Bereich. Weinheim ist beliebtes Siedlungsgebiet der Städter aus Alzey, die Einwohnerzahl hat sich nach dem Krieg etwa um ein Drittel erhöht - vierhundert neu zugezogene Bürger wurden registriert. 1972 verlor Weinheim seine Selbständigkeit und wurde Ortsteil von Alzey.

Obwohl sich die Infrastruktur des Ortes nach dem Krieg stark verändert hat - es gibt immer weniger landwirtschaftliche Betriebe und immer mehr Beschäftigte anderer Berufszweige außerhalb des Ortes im nahen Alzey oder im Rhein-Main-Gebiet - findet man immerhin noch zwanzig im Vollerwerb stehende Weinbaubetriebe mit Landwirtschaft und davon zehn bis zwölf Selbstmarkter - also etwa die Größenordnung anderer vergleichbarer Gemeinden.

Der Weinanbau erlebt eher einen Aufschwung. Hier, auf den überwiegend rotliegenden Böden, den sandigen Lehmböden und dem kleinen Anteil ganz leichter Sandböden gedeihen alle Rebsorten gut. Man baut inzwischen wieder verstärkt Riesling an, der zu acht Prozent vertreten ist, und stoppt den Anbau der in der Alzeyer Umgebung berühmten Scheurebe, da diese sich nicht so sehr für den Export eignet. Auch die Tatsache, daß es in der Gemarkung Weinheim zu neunzig Prozent hügelige Lagen gibt, spricht für lohnenden Weinanbau und entsprechend gute Qualität.

In Richtung Offenheim kann man am Ortsrand sogar Terrassen-Steillagen sehen, die leider nicht mehr bewirtschaftet werden. Sie gehören der Stadt Alzey und liegen seit etwa sechs Jahren brach. Da aber die Aufbereitung pro Hektar sehr teuer würde, wird nun an Stelle dieser alten Weinberge ein Naturschutzgebiet geschaffen.

Bechenheim
35 Hektar in der Lage Fröhlich (Großlage Sybillenstein)

Offenheim
75 Hektar in der Lage Mandelberg (Großlage Sybillenstein)

Kettenheim
25 Hektar in der Lage Wartberg (Großlage Sybillenstein)

Wahlheim
458 Einwohner
40 Hektar in der Lage Schelmen (Großlage Sybillenstein)
Hauptrebsorten: Müller-Thurgau, Silvaner, Kerner, Bacchus und Faberrebe

Auch wenn Wahlheim nur vierzig Hektar bebaute Refläche vorzuweisen hat, ist es doch ein erwähnenswerter Weinbauort, denn das heißt nicht, die ausgezeichnete Bebauungsfläche an Rebland sei nicht um einiges größer. Nur wird sie eben nicht voll genutzt. So haben die Wahlheimer hauptsächlich ihren Südhang mit Reben bepflanzt und können ihren Kunden ein sehr gutes Angebot an Qualitätsweinen unterbreiten.

Auf dem Weg nach Wahlheim fährt man durch weite und flache Äcker, die sich beiderseits der Hauptstraße ausbreiten, bis man den Taleinschnitt erreicht, in dem der Ort wie in einer tiefen, weichen Rockfalte liegt. Einige kleine Weinberge liegen am Ortsrand, die meisten jedoch am Hügelrücken, an den sich das Dorf anschmiegt.

Im Talgrund fließt der Aufspringbach, in den Nutzgärten scharren Hühner und manch alte Bäuerin bei der Gartenarbeit rundet das beschauliche Bild ab. Hier, nur vier Kilometer von Alzey entfernt, scheint die Zeit still zu stehen. Die Lage in dieser Bodensenke, im Kettenheimer Grund, hat Wahlheim mit vier Ortschaften gemeinsam.

In einer Lorscher Schenkungsurkunde 778 als Walaheim genannt, war der Ort in späteren Zeiten ein Burgmannslehen, bedingt durch die Nähe zur Burg Alzey. An die Stelle einer vor der Reformation errichteten Kapelle bauten die Reformierten die heutige Kirche, die zuletzt 1981 renoviert wurde. Dabei erneuerte man die Restmauern der Kapelle und verband sie durch einen Zugang mit dem Kirchenschiff. Früher gab es im Dorf auch einen einmaligen sehenswerten Zwanzig-Röhren-Brunnen, der leider vor zwanzig Jahren zugeschüttet wurde. Er wird auf Ratsbeschluß aber wieder freigelegt und neu gestaltet - hier besinnt man sich im Dorf wieder auf alte Werte.

Obwohl im Ort ausschließlich landwirtschaftliche Gemischtbetriebe existieren, gibt es am Weinanbau ein gesteigertes Interesse, und einige der Faßwein-Winzer haben vor Jahren schon auf Flaschenvermarktung umgestellt. Immerhin sind es im Moment fünf selbstvermarktende Betriebe, und die Nähe von Alzey mit vielen interessierten Weinkunden wird diese Tendenz unterstützen.

Mauchenheim
820 Einwohner
80 Hektar in der Lage Sioner Klosterberg (Großlage Sybillenstein)
Hauptrebsorten: Müller-Thurgau, Silvaner und Bacchus

Kommt der Besucher von Weinheim - Offenheim in den Ort, wird er über sanfte, teilweise von einer Baumallee durchzogene Weinbergshügel in ein breites Tal gelangen. An einen langgestreckten Hügelrücken geschmiegt liegt Mauchenheim wie ein Spielzeugdorf.

Manchmal blitzen nach einem Regenguß die Dächer bei aufbrechenden Wolken in den Sonnenstrahlen, und von weitem wirkt das Dorf wie geputztes Silber. Fährt der Besucher hinunter ins Tal, um das saubere Dörfchen aus der Nähe zu besehen, muß er wie ein Kamel durchs Nadelöhr zwischen eng stehenden alten Gehöften aus Ziegelmauern hindurch.

Ziegeldächer und -mauern bestimmen das Ortsbild, und Ziegel sind es auch, die von Mauchenheimer Bauern immer wieder beim Pflügen an die Oberfläche befördert werden, Ziegel von Resten römischer Bauten, manchmal mit dem Brandzeichen römischer Legionäre versehen. In der Nähe der Wasserquellen "Im Gürtling" stieß man sogar in nur sechzig Zentimetern Tiefe auf Teile von grünbemalter Keramik, die aus dem Bad einer ehemaligen römischen Villa stammen. Grundmauern und Fundamente dieser Villa legte man nicht weiter frei, da es für den Ort finanziell einen zu großen Aufwand bedeutete, alles kunstgerecht zu restaurieren und zu erhalten.

Hier am südlichen Rande der Rheinhessischen Schweiz, wie man die Landschaft westlich von Alzey nennt, weit ab von Betriebsamkeit und Verkehr, gibt es noch eine homogene ländliche Struktur. Mauchenheim lebt ganz von der Landwirtschaft, manche Betriebe mehr, manche weniger auch vom Weinanbau. Es gibt hier überwiegend schwere Ton- und Lehmböden, die sehr bukettreiche Weine hervorbringen. Deshalb wird auch mehr als andernorts Bacchus angebaut, der wie die anderen Rebsorten in sonni-

Weinheim

Freimersheim · Frettenheim · Dittelsheim-Heßloch Monzernheim · Bechtheim

Ein Foto aus vergangener Zeit - Weingut Fitting, Mauchenheim

gen Jahren wegen des guten Wasserhaushaltes der Böden eine hervorragende Qualität bringt. Trotz des geringen Ausmaßes der Rebflächen gibt es im Dorf immerhin sieben bis acht selbstvermarktende Winzer, denn neben den eigenen Lagen bewirtschaften die Mauchenheimer Weinbauern noch teilweise Offenheimer und Alzeyer Weinberge.

Freimersheim
10 Hektar in der Lage Frankenstein (Großlage Sybillenstein)

Frettenheim
40 Hektar in der Lage Heil (Großlage Pilgerpfad)

Dittelsheim-Heßloch
331 Hektar in den Lagen Edle Weingärten, Geiersberg, Kloppberg, Leckerberg, Liebfrauenberg, Mönchhube, Mondschein und Pfaffenmütze (Großlage Pilgerpfad)
Hauptrebsorten: Müller-Thurgau, Silvaner und Neuzüchtungen

Der Kloppberg ist mit 292 Metern die höchste Erhebung im Wonnegau - kein Berg für begeisterte Alpinisten, aber ein Hügel nach dem Herzen des Weinfreundes, denn seine sanften Hänge sind rundum mit Reben bepflanzt, zudem führt von Dittelsheim aus ein informativer Weinlehrpfad hinauf. Schilder mit Rebsortenbeschreibungen, alte und neue Maschinen sowie Holzfäßer stimmen auf den hiesigen Wein ein. Auch probieren kann man den Wein auf dem Kloppberg, im Weinkastell, einem flachen Gebäude, das in Eigenarbeit für die Gemeinde errichtet wurde.

Der Kloppberg war auch in früheren Zeiten nicht unbebaut, von einer mittelalterlichen Burg sind jedoch nur äußerst spärliche Mauerüberreste zu sehen. Es gibt keine schriftlichen Zeugnisse über diesen Bau, woraus wir schließen können, daß er schon sehr früh, noch im Mittelalter, wieder zerstört wurde. Vielleicht handelte es sich um eine Fliehburg aus den unruhigen Zeiten der Völkerwanderung, keine richtige, ständig bewohnte Burg, sondern ein Mauerring, in den sich die Dorfbevölkerung zurückziehen konnte. Wahrscheinlicher ist jedoch, daß sich hier Raubritter eingenistet hatten, deren Burg von dem geschädigten Landesherren - dem Kurfürsten von der Pfalz, vielleicht auch dem Kaiser - zerstört und geschleift wurde. Dafür spricht jedenfalls die Tatsache, daß es unterirdische Gänge auf den Kloppberg gab - ideal, um heimlich in und aus der Burg zu kommen, und ein sicherer Schutz vor dem Verhungern bei einer Belagerung. Einer der Eingänge ist in einem Dittelsheimer Weingut noch ein Stückchen weit begehbar.

Vom Kloppberg aus hat man einen weiten Blick, bei schönem Wetter bis zum Odenwald im Osten und zu den Bergen der Pfalz im Westen. Auch die Doppelgemeinde Dittelsheim-Heßloch kann man von hier aus überblicken. Seit 1969 sind die beiden Dörfer zu einer Gemeinde zusammengeschlossen - aber nah beieinander lagen sie natürlich schon immer.

Dittelsheim ist der größere der beiden Teilorte und birgt einen kulturhistorischen Schatz ganz eigener, rheinhessischer Prägung. Als 1729 die alte Dittelsheimer Kirche abgerissen und im Barockstil neu erbaut wurde, blieben Turm und die darunterliegende kleine Halle glücklicherweise erhalten. Dieser sogenannte Heidenturm gehört zu der Reihe orientalisch anmutender Bauten aus romanischer Zeit in Rheinhessen. In Worms (St. Paul), Guntersblum und Alsheim finden sich Kirchtürme mit ähnlich origineller Turmhaube. Man nimmt an, daß heimkehrende Kreuzfahrer Anreger für diese besondere rheinhessische Bauart waren. Der Dittelsheimer Turm ist vielleicht der schönste unter den erwähnten Baudenkmälern, auch ohne die ungewöhnliche Haube wäre der achteckige, über der Vorhalle in drei Geschoßen nach oben wachsende Turm mit den romanischen Doppelfenstern ein Blickfang.

Der Friedhof rund um die Kirche war einstens befestigt und das gotische Torhaus zu diesem Mauerring ist noch erhalten. Es legt Zeugnis ab von den Gefahren, denen die alten Dittelsheimer oftmals ausgesetzt

Der auffallende Kirchturm von Dittelsheim-Heßloch

Alzey mit den Augen des Kupferstechers Merian gesehen

waren - und von ihrem Willen, sich vor jenen zu schützen. Auch im Ortsteil Heßloch blieb ein bedeutendes Kunstwerk erhalten, ein steingehauenes Madonnenbild aus der Renaissancezeit, in eine Hauswand an der Hauptdurchgangsstraße eingemauert. Das Werk stammt aus einer 1817 abgebrochenen Marienkapelle oberhalb des Ortes. Dort, auf dem Liebfrauenberg, erinnert noch eine Mariensäule an die Kapelle, die zu einem Spitalhof gehörte. Der Liebfrauenberg ist eine alte Wallfahrtsstätte und die Großlagenbezeichnung der Region, Pilgerpfad, bezieht sich auf sie. - Und wo wir gerade bei Lagenbezeichnungen sind: Ein Name wie "Edle Weingärten“ bedarf wohl keiner Erklärung, aber der Leckerberg trägt seinen Namen nicht deshalb, weil hier so leckere Trauben wachsen, sondern nach einem früheren Besitzer oder - so eine andere Theorie - deshalb, weil hier Salzlecksteine für das Wild ausgelegt wurden.

Dittelsheim und Heßloch sind alte Orte, für beide liegen erste urkundliche Erwähnungen im Lorscher Codex von 776 n. Chr. (Heßloch) beziehungsweise 774 (Dittelsheim) vor. Besiedelt war die Region jedoch schon vorher. Ein bedeutender Fund aus der Römerzeit wurde 1934 auf Heßlocher Gemarkung gemacht: der Steinsarkopharg einer jungen Römerin, etwa aus dem Jahr 250 n. Chr. Der Sarkopharg steht heute auf dem Heßlocher Friedhof, die Grabbeigaben aus dem, als Grab der Tänzerin bekannt gewordenen Fund sind im Städtischen Museum Worms zu bewundern.

Daß man in Dittelsheim schon im 18. Jahrhundert die Sorge um die Weinberge ernst nahm, wird deutlich, wenn man erfährt, wie wichtig der Ehren-Posten des Weinbergschützen genommen wurde. Selbst wohlhabende Bürger und adlige Herren sind als Schützen überliefert. Im allgemeinen wurden jung verheiratete Einwohner ausgewählt. Sogar der Pfarrer des Dorfes, Klein mit Namen, sollte gegen die ungebetenen Gäste der Weingärten vorgehen, wurde aber vom Oberamt Alzey allergnädigst von dieser Tätigkeit freigesprochen.

Heute sorgen sich die Winzer noch genauso - nicht nur um die Trauben im Weinberg, sondern auch um den Ausbau im Keller. In dem Doppelort, vor allem in Dittelsheim, gibt es eine ganze Anzahl renommierter Weingüter, ihre einladenden Höfe prägen das Ortsbild.

Monzernheim
75 Hektar in den Lagen Goldberg und Steinhöhl (Großlage Pilgerpfad)

Bechtheim
1.700 Einwohner
620 Hektar in den Lagen Geyersberg, Stein und Rosengarten (Großlage Gotteshilfe); Hasensprung und Heiligkreuz (Großlage Pilgerpfad)
Hauptrebsorten: Silvaner, Riesling, Müller-Thurgau, Kerner und Portugieser

Es gibt viele Gründe, in das idyllische Weindorf Bechtheim zu kommen: die schöne Lage in einer weiten Mulde, die sehenswerten alten Gehöfte, die romanische Kirche, das gute Essen - oder einfach des Weines wegen. Ein Bechtheimer Weingutsbesitzer hat jetzt noch einen weiteren Anreiz geschaffen. Jedes Jahr veranstaltet er eine große Kunstausstellung in seinem Faßkeller.

Ein ungewöhnlicher Rahmen für zeitgenössische Kunst - sicherlich. Aber die Verbindung von Kunst und Wein ist uralt, Wein war Motiv und Stimulans für die Künstler aller Zeiten. Außerdem, und das läßt sich in diesem Bechtheimer Keller jedes Jahr aufs Neue überprüfen: Nirgendwo spricht es sich so einfach über - manchmal schwer verständliche - moderne Kunst wie hier bei einem Gläschen Wein.

Die Menschen des frühen Mittelalters, die auf dem Pilgerpfad (so heißt heute eine der Bechtheimer Großlagen) in den Ort kamen, hatten einen anderen Grund für ihren Besuch: Die dem heiligen Lambertus geweihte Kirche war ein weitbekanntes Wallfahrtsziel.

Als Bechtheim 767 im Lorscher Codex erstmals schriftlich erwähnt wurde, existierte in dem Ort schon eine Kirche - Grabungen im Kircheninneren haben das belegt. Um 1020 ließ der Bischof von Lüttich,

Der Bechtheimer „Weinpilger" Symbolfigur, die alljährlich zum „Weinfest am Pilgerpfad" einlädt.

Osthofen

Kunst und Wein gehören im Weingut Buscher in Bechtheim einfach zusammen - so wie es auch dieses Etikett ausdrückt.

jahrhundertelang Kirchenpatron, eine größere, dreischiffige Kirche anstelle des alten Kirchleins errichten. Von dieser sehr frühen Kirche sind im heutigen Bau noch Teile zu finden, Überreste eines Feuers, dessen Opfer dieses Gotteshaus 1150 wurde. Und so ist die bedeutende romanische Kirche, die wir heute besichtigen können, vor allem ein Ergebnis des Wiederaufbaus im 12. Jahrhundert. Unter dem Chor liegt ein sogenannter Pilgergang - die Wallfahrer konnten so unter dem Hauptaltar der Kirche hindurchgehen und sich buchstäblich unter den Schutz des Heiligen stellen.

Auch in Kriegszeiten war die Kirche ein Ort, wo man Schutz suchen konnte - der umgebende Friedhof war nämlich schon früh stark befestigt und diente als Zufluchtsort.

Neben der großen Kirche bestimmten die Höfe reicher Adelsherren das Ortsbild. Fruchtbare Böden und mildes Klima ließen Landwirtschaft und Weinbau hier besonders lohnend erscheinen, und so erwarben die Adelsfamilien von Dalberg, von Feckenstein, von Falkenstein und andere hier Land und errichteten Wohn- und Nutzgebäude.

1558 vernichtete ein verheerender Großbrand das alte Bechtheim. Alles Brennbare in der Kirche und die leicht entflammbaren Fachwerkhäuser wurden ein Raub des Feuers. Doch die Bechtheimer waren keineswegs entmutigt. Zügig wurde die Kirche wiederhergestellt, und die großen Gehöfte entstanden in rascher Folge größer und schöner als zuvor. Als Dorf der Herrschaftshäuser wurde Bechtheim nun in der gesamten Region bekannt.

Die Ortsherren über fast 700 Jahre, bis zur Französischen Revolution, waren die Leininger - wieviel Interesse sie vor allem am Weinbau in Bechtheim nahmen, dokumentiert eine Verordung aus dem Jahre 1780. In ihr wird festgelegt, daß zum einen nur noch die als Qualitätsreben anerkannten Sorten Riesling und Traminer anzupflanzen seien und daß außerdem keine Weinberge in ungeeigeten Lagen mehr angegelegt werden dürften.

Das Rebsortenspektrum hat sich natürlich bis heute stark verbreitert. Die beste Gelegenheit herauszufinden, welcher Bechtheimer einem selbst am besten schmeckt, bietet das Weinfest am Pilgerpfad, das jedes Jahr am zweiten September-Wochenende - kurz vor der Weinlese - stattfindet. Es ist ein Weinfest mit besonderer Note, denn viele Winzer verwandeln ihre Höfe in gemütliche Straußwirtschaften. Höhepunkte sind die Krönung der Weinmajestäten, die Proklamation des Weinpilgers (Frau Dr. Hanna Renate Laurien 1986, Staatssekretär Georg Gallus 1987) und eine große Weinprobe als Ausklang.

Osthofen
7.500 Einwohner
400 Hektar in den Lagen Goldberg, Hasenbiß, Leckzapfen und Neuberg (Großlage Gotteshilfe); Kirchberg, Klosterberg, Liebenberg und Rheinberg (Großlage Pilgerpfad)
Hauptrebsorten: Müller-Thurgau und Silvaner

Im Wettstreit: Wer ist die größte im ganzen Land (und zwar weinbautreibende Gemeinde im Wonnegau nach Worms), hat Osthofen inzwischen Westhofen den Siegertitel abtreten müssen. Osthofen ist eher eine typische aufstrebende Kleinstadt mit Einkaufs- und Kulturzentrum, auch für die umliegenden Gemeinden. Der eigene größere Bahnhof mit Eilzugverbindungen über Mainz und Worms hinaus und die unmittelbare Nähe zum Rhein ermöglicht vielen Bürgern das Pendeln, das Arbeiten außerhalb von Osthofen.

Und doch lebt die Gemeinde stark vom Wein, das beweisen die großen Weinbergsflächen, das beweisen die 55 Vollerwerbswinzer - darunter etwa dreißig Selbstmarkter, die zwei großen Weinkellereien und die eigenständige Bezirkswinzergenossenschaft im Ort.

Zentral im Stadtbereich Osthofens gelegen ist die relativ kleine Genossenschaft dennoch schwer zu entdecken - mit schmaler Hofeinfahrt, von der Häuserreihe der Hauptstraße verdeckt, präsentiert sie sich nach außen nüchtern und schlicht. Die Kelterhalle überrascht jedoch von innen mit neuem hellem Deckengebälk und freundlich-persönlicher Atmosphäre. Hier in der Halle werden auch die größeren Weinproben veranstaltet. Wenn man das Glück hat, den ehrenamtlich tätigen Geschäftsführer anzutreffen, wird er gerne den Besucher in den Keller führen und ihm stolz die vielen Holzfässer zeigen, in denen die höheren Qualitätsstufen ausgebaut werden. Das ist schon eine Besonderheit und zeugt von dem hohen Qualitätsstreben und Engagemant der 105 Mitglieder.

Im Keller liegen etwa fünfzig schöne, rotgeränderte Fässer von 1000 bis 4000 Litern Inhalt, in denen zum Beispiel von dem Jahrgang 1987 600 Liter Silvaner als Eiswein mit 164 Grad Öchsle ausgebaut wurden. Anreiz, eine solche Spezialität anzubieten, gibt die Winzergenossenschaft ihren Mitgliedern dadurch, daß sie sich das Risiko mit den einzelnen Winzern teilt, indem sie Prämien ausschreibt und für Lesekräfte sorgt. Außerdem werden die Winzer nach der Qualität des angelieferten Lesegutes bezahlt - also nach Grad Öchsle innerhalb der Qualitätsstufen. Dadurch gibt es ein über mehrere Jahrgänge hinweg lückenloses Angebot von Eisweinen und Auslesen.

Der Anspruch der Kunden ist dementsprechend hoch, was sich zusätzlich noch im Absatz der Rebsorten ausdrückt. Die Osthofener Winzergenossenschaft bietet auch hier Überdurchschnittliches: Neben der Hauptrebsorte Müller-Thurgau kommt gleich der Silvaner mit einem ungewöhnlich hohen Anteil von 40 Prozent. Daneben spielt auch der Riesling eine bedeutende Rolle - mit zehn Prozent ist er gut im Rebsortenspiegel vertreten. Unter 78 bis 80 Grad Öchsle gibt es in diesem Keller keinen Kabinettwein.

In dem Keltergebäude und in den Kellern der Bezirkswinzergenossenschaft in Osthofen wird nicht nur Lesegut angenommen, sondern hier werden die Weine auch verarbeitet, ausgebaut und verkauft . Bei der Gründung 1936 waren nur Osthofener Winzer Mitglieder der WG, 1985 - 1986 kam die WG Bechtheim dazu, doch Osthofen war und ist selbständige Ortswinzergenossenschaft, selbständig in der Form, daß nur die Geschäftsführung in der

In Osthofen wird die Laubarbeit noch mit der Sichel besorgt

Hand der Zentralkellerei in Gau-Bickelheim liegt.

Die Winzergenossenschaft kann nun schon ein fünfzigjähriges Jubiläum vorweisen, das kräftig, unter anderem mit einem Tag der offenen Tür, begangen wurde. Man kann zufrieden auf all die Jahre zurückblicken, auch wenn man nach außen hin bescheiden blieb und nicht expandierte. Einen Schlag mußte man allerdings auch hier hinnehmen und bewältigen. Als am 28. Juli 1985 das furchtbare Hagel-Unwetter niederging, war die Genossenschaft davon stark betroffen. Sechzig Prozent Ernteausfall mußte sie verzeichnen.

Dabei hatte man noch Glück im Unglück: Die Grenzlinie des Unwetters verlief mitten durch Osthofen, so daß der südliche Teil der Stadt nicht betroffen war.

Holzfaßkeller im Weingut Glaser

Osthofen hat erst 1970 Stadtrechte erhalten. Im 19.Jahrhundert als schöner, blühender Marktflecken des Mittelalters gerühmt, war es kein unbekannter Ort mehr. Viertausend Jahre schon kann man hier menschliche Besiedlung zurückverfolgen - Grabfunde aus der Glockenbecherzeit, etwa 2000 Jahre vor unserer Zeitrechnung, beweisen dies - und vor etwa 1200 Jahren wurde es in einer Urkunde als Ostova genannt.

Unter König Chlodwig übernahmen ab 496 die Franken die Herrschaft im Wormser Bereich und begründeten dieses Ostova als fränkische Siedlung. Dem Bischof von Reims, dem heiligen Remigius, wurden nach seiner Heiligsprechung mehrere Kirchen in den Nachbargemeinden von Osthofen geweiht, so auch eine Kapelle, die im Süden der Stadt auf dem Goldberg erbaut worden war. Etwa 550 nach Christi hieß sie nun Remigiuskapelle und sollte für Osthofen weiterhin eine wichtige Rolle spielen. In unmittelbarer Nachbarschaft lag eine Burg, die Sitz der königlichen, später auch der kaiserlichen Vögte war, die die Geschicke der Stadt lenkten und ihre Zwiste untereinander und gegen Kirche und König austrugen. Deshalb waren auch Burg und Kapelle mit wehrhaften Befestigungen wie Mauer, Wall und Graben ausgestattet, wovon eine Zugbrücke und ein Tor am ehemaligen Graben der Kapelle Anfang des 19. Jahrhunderts noch vorhanden waren.

Die alte Wehrkirche wurde 1747 zum großen Teil neu erbaut - Triumphbogen, westliche Chormauer und Turm sind noch erhalten - und ist die heutige evangelische Bergkirche. Sie liegt sehr romantisch inmitten von Weinreben in der Lage Goldberg am südlichen Stadtrand und trohnt über dem schönen Steinbau der Stadtverwaltung, der 1920 gebaut wurde. Gleich eine Straße weiter steht das sehenswerte historische, aus dem Jahr 1739 stammende Rathaus, das mit den Geschicken der Stadt heute nichts mehr zu tun hat. Es gibt noch zahlreiche Höfe des 16. bis 18. Jahrhunderts mit schönen Portalen sowie einen Renaissance-Ziehbrunnen im Brunnengäßchen zu bewundern.

Wer Osthofen still und idyllisch erleben möchte, der sollte einen Spaziergang am Holzmühlpfad machen, der am Seebach entlang durch den ganzen Ort führt, vorbei an blühenden Büschen, an dem Haus durch das er hindurchfließt, an den Stellen, wo die alten Frauen am schmalen Steinufer sitzen und ein Schwätzchen halten und vorbei an der alten Mälzerei, die für rund zweihundert Osthofener einen Arbeitsplatz bietet. Verläßt man den Stadtbereich nach Norden, kommt man zwangsläufig durch einen der für die Umgebung typischen Hohlwege in die Weinberge. Indem man die Hohlwege dicht bepflanzt, wird (wie am badischen Kaiserstuhl) ein

Esselborn · Eppelsheim · Hangen-Weisheim Flomborn · Westhofen

Abrutschen der Lößböden verhindert, auf denen hier besonders gut der Müller-Thurgau gedeiht. In der Lage Leckzapfen findet man eine Menge alter Weinbergshäuschen verstreut, an denen man die eigenartigsten Baustile bestaunen kann.

Hier außerhalb sieht man schon welch große, geschlossenene Weinbergsfläche Osthofen und welche Bedeutung der Wein für die Stadt hat. Der Ort feiert auch dementsprechend mit seinem Wein alljährlich ein vier Tage dauerndes Weinfest, das Wonnegauer Winzerfest. Dies schöne, traditionelle Fest kann in diesem Jahr sein vierzigjähriges Bestehen feiern und wieder einmal zeigen, was es zum Thema Wein und rheinhessische Fröhlichkeit zu bieten hat.

Esselborn
20 Hektar in der Lage Goldberg (Großlage Bergkloster)

Eppelsheim
75 Hektar in der Lage Felsen (Großlage Bergkloster)

Hangen-Weisheim
400 Einwohner
100 Hektar Rebfläche in der Lage Sommerwinter (Großlage Bergkloster)
Hauptrebsorten: Müller-Thurgau, Silvaner, Scheurebe und Kerner

Hangen-Weisheim liegt in einem verhältnismäßig tiefen Taleinschnitt an einen Südhang des Kloppberges gelehnt. Flache Weinberge gehen von der Eppelsheimer Seite bis an den Dorfrand. Aus dieser Richtung kommend, wird man erst im Ort gewahr, welche Bedeutung der erste Teil des Dorfnamens hat. Hier, am oberen Ortsrand gibt es einen kleinen gepflasterten Platz, die Bushaltestelle. Über ein Mäuerchen hinweg, das zwei aus dem Pflaster ragende alte Kastanienbäume umzäunt, schweift der Blick frei zwischen der Häuserzeile hinunter ins Tal auf das sich unterhalb der Mauer ausbreitende Dorf: Man schaut auf winkelige Gassen und Häuser aus Stein, ins weite waldige Tal und wieder hügelan auf ansteigende satte Weinberge, bis man den Ort Gundersheim erblickt.

Hangen-Weisheim vereint zwei unterschiedliche Landschafts- und Landwirtschaftsbereiche. Einerseits liegt es auf einem Hochplateau, auf dessen vor Winden ungeschützter Anhöhe keine Weine gedeihen, weshalb hier ausschließlich Ackerbau betrieben wird. Andererseits hat es die Hanglage, die der ehemals fränkischen Siedlung mit dem Namen Witzum nicht nur den Beinamen Hangen gab, sondern auch die beste Voraussetzung für die ausgezeichneten Weine ist, die hier wachsen. Auf den kalkhaltigen, steinigen Böden befindet sich oft eine nur 5 cm hohe Lößschicht. Aber gerade das sind beste Bedingungen für die Scheurebe zum Beispiel, die hier in der Gemarkung auch 15 Prozent vom Rebsortenanbau einnimmt.

Die Lage des Dorfes und die damit verbundene äußere Form - typisches Haufendorf mittelalterlicher Prägung - lassen dies Hangen-Weisheim, wenn man so sagen darf, als das südländischste Dorf im Wonnegau, vielleicht in Rheinhessen, erscheinen. Eine absolute Idylle und geschlossene Unberührtheit, eine Schlichtheit und doch stolze Unnahbarkeit, Eindrücke, wie sie dem Reisenden aus manchen Dörfern des südlichen Europas in Erinnerung sind, empfangen den sorgfältigen Betrachter. Hier stehen einige gepflegte Gutshöfe fränkischer Bauweise, ganz aus Stein mit Sandsteinrahmen um Fenster und Türen und um die überdachten Torbögen, die in schön gepflasterte Innenhöfe führen. Fast alle Häuser sind aus dem unbehauenen Kalkstein der Gegend erbaut, so auch die alte Pfarrkirche, die aus dem 13. Jahrhundert stammt.

In der Kirche erwartet den Besucher eine kostbare Attraktion. Hier ist vor kurzem eine der wenigen Stumm-Orgeln, die es auf der Welt gibt, nach langer, äußerst kostenaufwendiger Restauration wieder eingebaut worden. Von den nur 300 Orgeln der berühmten Gebrüder Stumm ist diese noch eine der ersten Generation, die, wie es heißt, in ihrer Klangfülle die Instrumente der zweiten Generation weit übertrifft. Ein Musikprofessor, Experte in Orgelmusik, der bei der Einweihung und Aufstellung der restaurierten Orgel zugegen war, behauptete sogar: seiner Meinung und seines Wissens nach stünde jetzt hier in der bescheidenen Pfarrkirche von Hangen-Weisheim die viertbeste Orgel der Welt.

Man könnte meinen, es hätte sich auch sonst seit vier Jahrhunderten im Dorf nichts geändert, als hier die frühere Post-Pferdewechselstelle der Linie Wien - Brüssel von den Herren zu Thurn und Taxis zur Postmeisterei erhoben wurde.

Doch Neues findet man natürlich auch, und da gibt es wieder eine Besonderheit: das schöne, vor drei Jahren neu erbaute Gemeinschaftshaus. Es wird als Gaststättenbetrieb uneigennützig von Hangen-Weisheimer Bürgern aus den Ortsvereinen bewirtschaftet. Das Haus ist täglich geöffnet und lädt gastlich ein, die guten Hangen-Weisheimer Weine zu verkosten, denn es werden hier ausschließlich die Weine des Ortes ausgeschenkt.

Nicht zuletzt macht die umgebende Natur Hangen-Weisheim zu einem der schönsten Dörfer Rheinhessens. Auch hier spürt man keinen Bruch: intakte Landschaft - Symbiose zwischen Wald und Reben. Ein 16 Morgen großes Waldstück, der sogenannte Schulwald, ist als Naturdenkmal ausgezeichnet. In ihm steht ein Aussichtsturm von dem man über das südliche Rheinhessen bis hinüber zu den bewaldeten Höhen des Odenwaldes sehen kann.

Ein Maibaum, der "Leib und Seele" zusammenhält, in Flomborn

Flomborn
767 Einwohner
83 Hektar Rebfläche in den Lagen: Feuerberg und Goldberg (Großlage Bergkloster)
Hauptrebsorten: Müller-Thurgau, Silvaner, Kerner, Scheurebe, Riesling und Blauer Portugieser

Von den Flomborn umgebenden Weinbergen blickt man hinunter über typisch rheinhessische Ziegeldächer auf den Kirchturm. Dieser Lage und des besonderen Wasserreichtums der Umgebung wegen siedelten schon früh Menschen hier. Nahe der größten Quelle, der Wäschbachquelle, und rund um eine spätere Burg entstand dieser Ort, in mittelalterlichen Urkunden als Flomborn, Brunnen des Flambert (oder Flamo), erwähnt.

Aber schon rund fünftausend Jahre zuvor bestellten hier Siedler, die aus dem unteren Donaugebiet kamen, mit dem Steinpflug ihre Äcker und hinterließen Stücke ihrer Handwerkskunst. Ihre Bandkeramiken, nach den Spiralmustern auf den Kugeltöpfen Spiralkeramiken genannt, wurden bekannt unter der Bezeichnung Flomborner Stufe. Der bedeutendste Fund stammt aus der Zeit um 4000 v. Chr..

Ein Relikt aus anderer, geschichtlich bedeutender Zeit prägt geradezu das Ortsbild Flomborns. Es ist das wie eine niedliche Miniburg aussehende Rathaus, nicht nur optisch, sondern auch verkehrsmäßig im Mittelpunkt des Dorfes gelegen. Ein besonderes Baudenkmal des 18. Jahrhunderts, ein Rathaus mit Doppelfunktion nämlich, katholische Kapelle und weltliches Gemeindehaus in einem, wurde 1765 erbaut. Die Dachfläche mit rotem Biberschwanz gedeckt, Dachreiter und das kleine Runddach des auf der Nordseite angegliederten runden Turmes verschiefert, Kopfsteinpflaster und neu errichteter Brunnen davor, so gibt es dem Ortsbild den originellen und originalen Pfiff.

Der Wein bezieht in Flomborn seinen Pfiff aus der Besonderheit der Kalksteinböden. Trotz relativ hoher Lage gedeihen vor allem am Südhang im Feuerberg die anspruchsvollen Riesling- und Scheureben gut, da die Wärme dieser Böden die Höhenlage mehr als ausgleicht. Häufig finden die Winzer im Weinberg auf diesen Kalksteinböden versteinerte Muscheln und Schnecken. Ein Hinweis darauf, daß hier früher einmal Meer war.

Neben sechs oder sieben Selbstmarktern leben zwei der größeren Winzerbetriebe vom Weinanbau und haben die Landwirschaft nebenbei. Sie öffnen am zweiten Wochenende im Juli zur Flomborner Kerb ihre Höfe als Straußwirtschaft - am Gemeinschaftsweinstand gibt es dann außerdem alle Flaschenweine der Winzer des Ortes zu probieren.

Westhofen
2.885 Einwohner
700 Hektar in den Lagen Aulerde, Benn, Brunnenhäuschen, Kirchspiel, Morstein, Rotenstein und Steingrube (Großlage Bergkloster)
Hauptrebsorten: Müller-Thurgau, Silvaner, Riesling, Kerner, Portugieser und Huxel

Westhofen liegt im Zentrum des Bereichs Wonnegau und mitten im Wein - es ist Sitz der Verbandsgemeinde mit zehn dazugehörenden Orten von insgesamt 12.000 Einwohnern und die größte weinbautreibende Gemeinde des Wonnegau (hinter Worms) mit einer eigenen Bezirkswinzergenossenschaft.

Optisch bietet der Ort zwei Gesichter. Von der nahe liegenden Autobahn kommend kann man wählen, ob man direkt in den Ort abbiegt oder weiter der Umgehungsstraße und der Ausschilderung folgt, die einen zum anderen Ortsende hineinführt. Das kann entscheidend sein für den ersten Eindruck, den Westhofen auf seine Besucher macht. Die sicher wichtige Umgehungsstraße teilt den Ort leider praktisch in zwei Teile, in alt und neu. Der Teil, den man von Gundersheim anfährt, bietet das alte Westhofen, den ursprünglichen Dorfkern mit seinem noch erhaltenen, imponierenden Marktplatz. Hier erinnert vieles an ein mittelalterliches Städtchen - ein für dörfliche Maßstäbe riesiger, rundum mit alten Linden bestandener Platz mit den zwei Kirchen, umrahmt von einer Reihe unter Denkmalschutz stehender Fachwerkhäuser, die schmalen Gäßchen, die sternförmig von diesem Marktplatz abgehen, all das ist schon eine einmalige, romantische Kulisse.

Das 774 unter dem Namen Seeheim im Wormsgau urkundlich erwähnte und 991 im Besitz der Abtei Weißenburg schon Westhofen genannte Dorf kann stolze Vergangenheit aufweisen. Funde aus Stein-, Bronze-, Römer- und Fränkischer Zeit belegen eine frühe und kontinuierliche Besiedlung. Besondere Bedeutung erlangte der Ort aber im Mittelalter, was bis heute seinen Charakter prägt. An der alten Gaustraße gelegen, war er ein Umschlageplatz aller möglichen Handelsgüter auf dem Weg zum Rhein und nach Mainz und erhielt 1324 Marktrechte sowie sichernde Mauern und Graben. Im Jahre 1797 kam Westhofen unter französische Verwaltung, 1816 wurde es, wie ganz Rheinhessen, der Regierung von Hessen-Darmstadt angegliedert.

Der alte Ortsname Seeheim war sicher der beziehungsreichere der beiden Namen - war doch der Grund früher Besiedlung die im heutigen alten Ortskern entspringende Seebachquelle. Richtiger muß es heißen Seebachquellen, denn an diesem Platz entspringen gleich mehrere Quellen, die bis in einige der Häuser hineinreichen und früher wertvolles, direktes Wasserreservoir für ihre Bewohner waren. Sie ist ein kleines Naturwunder, diese Seebach, wie die Westhofener ihren Bach nennen, mit 800 Litern Wasser pro Sekunde sprudelt sie unermüdlich und ist damit die stärkste Quelle Rheinhessens Hundert Meter vom Quellursprung, wo der Seebach an der Oberfläche fließt, steht eine alte, von 1190 stammende, im 16. Jahrhundert erweiterte Mühle. Äußerlich ist die Mühle noch gut erhalten, auch das alte Mühlrad steht noch und dreht sich, doch ist es inzwischen historische Dekoration für den Landwirtschafts- und Winzerbetrieb des jetzigen Anwesens. Außer dieser gibt es noch fünf weitere alte Mühlen in der Gemeinde, aber keine davon ist mehr in Betrieb und nicht alle stehen am Seebach. Nach Westhofen hinein fließt auch der Altbach, der sich am Ortsrand mit dem Seebach vereinigt und oft mit diesem verwechselt wird.

Neben den schönen Fachwerkbauten und historischen Häusern aus drei (16. bis 18.) Jahrhunderten, den beiden Kirchen auf dem Marktplatz - der evangelischen, erbaut 1574 und 1653 bis 1720 nach gotischen Formen erneuert und der katholischen Kirche von 1711 - und den Mühlen gibt es im alten Ortskern noch einiges Erwähnens- und Sehenswertes.

Zum Beispiel die Kellergasse, die jenseits des Marktplatzes entlangläuft. In ihr findet man acht Kellergewölbe, die vor mindestens vierhundert Jahren unterhalb des alten Friedhofs angelgt wurden und von denen unterirdische Gänge als Fluchtwege aus dem befestigten Ort führten. Am Ortsrand steht die Ruine der 1496 erbauten Liebfrauenkirche mit Grabsteinen aus dem 16. und 17. Jahrhundert inmitten eines Parkes. Außerdem kann man einen restaurierten Mauerturm der ehemaligen Befestigungsmauer, den Pulverturm und ein römisches Brunnenhäuschen bewundern.

Der Teil von Westhofen, den man als den neueren bezeichnen kann, wirkt mit dem Postgebäude, den Fachgeschäften an der breiten Hauptstraße und den Häusern mit Gärten eher kleinstädtisch. Am Ortsende befindet sich die Bezirkswinzergenossenschaft Westhofen. Seit 1970 liegt sie erst so zentral, seit sie damals komplett neu gebaut wurde.

Gegründet wurde sie schon 1920 und ist damit die älteste Winzergenossenschaft im Wonnegau: Sie ist eine selbständige Genossenschaft mit eigener Traubenerfassung und kompletter Kellerwirtschaft. Bei 356 Mitgliedern wird der Ertrag aus 350 Hektar Rebfläche verarbeitet. Davon sind 30 Prozent Müller-Thurgau, 15 Prozent Silvaner und 5 Pro-

Westhofen

Gundersheim · Gundheim

zent Riesling. Die am stärksten vertretene Rotweinsorte ist der Portugieser mit 10 Prozent. Er spielt auch in Westhofen eine wichtige Rolle, da der Nachbarort Gundersheim als der älteste und einer der bedeutendsten Rotweinorte in Rheinhessen gilt und die Gundersheimer zum Teil auch in Westhofener Lagen ihre Portugieser- und Spätburgunderreben stehen haben. Besonders in der Lage Morstein gedeihen sie auf dem steinigen Boden sehr gut.

Im Jahr 1985 sollte im neuen Betrieb das 65 jährige Jubiläum der Bezirkswinzergenossenschaft ganz groß gefeiert werden. Die Einladungen waren schon gedruckt, alle Vorbereitungen getroffen, da vernichtete ein paar Tage vorher, am 28. Juli, der Hagel innerhalb von zehn Minuten zu achtzig Prozent die Reben und die Ernte des ganzen Jahres und die Arbeit der Genossenschafts-Mitglieder von mehreren Jahren. Nun gab es wahrlich keinen Anlaß mehr zu feiern und ein anderer hat sich auch bis heute nicht ergeben.

Bei 70 Vollerwerbsbetrieben, wovon mindestens 50 Selbstmarkter sind, ist der Wein ein wichtiger, nicht nur wirtschaftlicher Faktor in Westhofen. Hier lebt man mehr als irgendwo anders im Wonnegau mit dem Wein und tut auch mehr für sein Image. Immerhin trägt eine der neuen Rebenzüchtungen, die Huxelrebe, den Namen des Westhofener Winzers Fritz Huxel, weil dieser sich um die Züchtung und Entwicklung jener Rebsorte besonders verdient gemacht hat. Auch wenn sie anteilmäßig keine große Rolle spielt, so hat doch jeder Winzerbetrieb diese Sorte im Angebot. Grundsätzlich ist es ein großes Anliegen der Westhofener, ihren guten Wein vorteilhaft zu repräsentieren.

In der schönsten und festlichsten Form geschieht dies sicherlich auf dem sogenannten Traubenblütenfest, das jedes Jahr vierzehn Tage nach Pfingsten stattfindet. Es ist eines der romantischsten und weinigsten Feste in Rheinhessen und gleichzeitig das erste im Festreigen der Region. Als Kulisse für dieses Straßenfest dient die Kellergasse, und einen schöneren Hintergrund für ein Weinfest kann man sich kaum vorstellen als die alten Kellergewölbe, die alle geöffnet sind, und die Weinstände davor. Zu den Festaktionen gehören auch die Wahl einer Traubenblütenkönigin, ein historischer Umzug und das Zeremoniell um den Ritter vom Kirchspiel: Einer der Bürger, die sich um Westhofen besonders verdient gemacht haben, wird zum Ritter des Namens der bekannten Weinlage geschlagen und ist beim Fest neben der Königin Hauptperson. Erst die Arbeit und das Engagement einzelner Bürger machen solche aufwendigen Feste möglich, und da muß man erwähnen, daß es in Westhofen einen rührigen Heimatverein gibt, dessen Mitglieder beim Umzug in selbstgeschmiedeten Rüstungen mitziehen.

Ein weiteres Weinfest feiern die Westhofener weit außerhalb ihrer Gemeindegrenzen. Alljährlich wird seit fünfzehn Jahren in der Westhofener Straße in Berlin-Zehlendorf um das dortige Rathaus herum gefeiert. Den Straßennamen gab es schon immer in Zehlendorf, nun haben die findigen Westhofener Winzer ihn für die Präsentation ihrer Weine richtig genutzt.

Die Idee, einen der alten Keller für die Gemeinde zu kaufen, ihn für repräsentative Zwecke einzusetzen und für Besucher Westhofens offen zu halten, wird demnächst verwirklicht. Auch an anderen weinwerbewirksamen Ideen mangelt es nicht im Ort, und man wird noch einiges auf diesem Gebiet von Westhofen hören.

Gundersheim
1.560 Einwohner
225 Hektar in den Lagen Höllenbrand und Königstuhl (Großlage Bergkloster)
Hauptrebsorten: Müller-Thurgau, Silvaner, Portugieser, Spätburgunder,Huxel und Riesling

Der zentrale Ausgangspunkt für eine Tour in den Wonnegau ist die Ausfahrt Gundersheim. Gewissermaßen Nabel für diesen Weinbereich Rheinhessens, hat der Ort nicht allein durch diesen Tatbestand Vorteile, er hat auch sonst einige Besonderheiten zu bieten. Zunächst - die Lage mit Autobahnanschluß ist natürlich günstig, was den Tourismus und die Möglichkeit der Weinpräsentation angehen. Zusätzlich aber konnte sich Gundersheim die Stille und Beschaulichkeit eines Weinortes bewahren. Man muß von der Bundesstraße im scharfen Knick abfahren, um den Ort überhaupt erspähen zu können. Ein sanftes, baumbestandenes Tal, das den Lauf des Altbaches begleitet, stimmt den Besucher ruhig und heiter auf seinem Weg in das Dorf.

Straßenszene in Gundersheim - im Hintergrund Hangen-Weisheim

Der Altbach ist auch namensgebend für ein typisches Weinfest, das alljährlich am zweiten September-Wochenende hier gefeiert wird, das Altbachfest. Da gibt es Probierstände auf dem Dorfplatz, und drei der großen Winzerbetriebe haben ihre Höfe für jedermann geöffnet und bieten Weine und Speisen an. Vor allem sollte man dann die Rotweine probieren, denn sie gehören ebenfalls zu den Besonderheiten, die das Dorf zu bieten hat. Auf einem Drittel der gesamten Anbaufläche in der Gemarkung werden Rotweinsorten angebaut. Gundersheim wird sogar als ältester Rotweinort des Wonnegaus genannt. Man lebt hier vom Wein - und mit dem Wein - vierzig Vollerwerbsbetriebe, davon sechzehn Selbstmarkter beweisen das.

Gundersheim war früher ein Doppelort, zu dem zwei eigenständige Dörfer, nämlich Gundersheim und Enzheim gehörten. Zum ersten Mal urkundlich erwähnt wurden sie schon 769. Daß es sich um bedeutende fränkische Siedlungen handeln mußte, beweist der 1886 ausgegrabene Friedhof, der einer der Größten seiner Art ist. Die beiden Dörfer wurden zusammen verwaltet, gehörten ab dem Jahre 1457 zur Kurpfalz, nach deren Auflösung zur Verwaltung des Oberamtes Alzey und wurden auf dem Wiener Kongreß dem Großherzogtum Hessen zugeteilt. Heute ist Enzheim nicht mehr eigenständig, es ist ein Ortsteil von Gundersheim. Ganz Besonderes hat Gundersheim in der unmittelbaren Umgebung zu bieten. Auf einem elf Hektar großen Landschaftsgebiet am Ortsrand findet man ein ökologisches Kleinod. Ein Teil der seit dreißig Jahren brachliegenden Kalksteinbrüche wurde vor acht Jahren zum Landschaftsschutzgebiet er-

Gundersheim nach einem langen, sonnigen Tag

nannt und begeistert heute nicht nur Landschaftsschützer und Experten. Früher verwendete eine bekannte Zuckerfabrik den hier gebrochenen Kalk zur Zuckerraffinade.

Sicher sind nicht zuletzt auch die Weinbautreibenden und -interessierten froh über die neue Lösung. Dieser Steinbruch führt heute den schönen Namen Rosengarten, obwohl er etwas irreführend ist, denn es handelt sich eben nicht um einen gepflegten, künstlich angelegten Garten, sondern um ein gewachsenes Gebiet, welches sich unter besonderen klimatischen und geologischen Bedingungen entwickeln konnte.

Der geringe Niederschlag, die hohe durchschnittliche Wärme und der karge, steile und steinige Boden hier im Gundersheimer Kalkhorst - was Felsheide bedeutet - hat eine Art Steppenvegetation hervorgebracht. Der sogenannte Trockenrasen besteht aus unzähligen Gräsern, Blumen und Kräutern - etwa zweihundert seltene Pflanzen wie Federgras, Küchenschelle, Fingerkraut und Perlgras, Dürrwurz und Storchschnabel sind hier im Rosengarten nachgewiesen. Und durch all diese unberührte Flora kann der naturbegeisterte Besucher auf einfachen Pfaden schlendern und schauen, voll Freude, daß man wenigstens ein kleines Stück Schöpfung zurückgewonnen hat.

Noch ein anderes Sück unberührter Natur hat sich die Gemeinde Gundersheim schaffen können. In Richtung Westhofen, auf halber Strecke, wurde ein Stausee neu angelegt. Auf dem stillen Wasser des Sees tummeln sich Enten und Schwäne, und sogar Fischreiher nisten an seinem Ufer. Eine Grünanlage rundum, die ebenfalls, wie der Rosengarten, keinen Park-Charakter hat - Büsche und Bäume, wie und wo sie wachsen wollen - ist noch nicht ganz fertig. Hier kann man auf einem Fußweg um den ganzen See wandern.

Und zuletzt: Gundersheim wird - und das sollte man jetzt schon erwähnen - für das Thema Wein eine Attraktion außergewöhnlicher Art erhalten. Da, wo heute das Schild an der Autobahnausfahrt auf die Gundersheimer Lage Höllenbrand hinweist, wird in den neunziger Jahren das erste Rheinhessische Weindorf entstehen. In diesem neu geplanten und sozusagen auf die grüne Wiese gestellten Dorf werden Weingüter und Hotel- und Gaststättenbetriebe die Weine aus sechs deutschen Anbaugebieten präsentieren. Angesichts dieses Projekts, das einen Umfang von zehn Millionen Mark hat, braucht sich der Ort Gundersheim um seine Zukunft keineswegs mehr zu sorgen.

Gundheim
820 Einwohner
190 Hektar Rebfläche in den Lagen Hungerbiene, Mandelbrunnen und Sonnenberg (Großlage Bergkloster)
Hauptrebsorten: Müller-Thurgau, Silvaner, Kerner und Huxel

Aus welcher Richtung man auch nach Gundheim kommt, immer landet man auf einem großen Platz, über den nicht nur die Hauptdurchgangsstraße führt, sondern von dem auch sternförmig Gassen in drei verschiedene Richtungen abgehen, womit der Ortsmittelpunkt eindeutig definiert ist. Um diesen sogenannten "Freien Platz“ liegt der alte Dorfkern längst nicht mehr so idyllisch wie in früheren Zeiten, als dieser kleine Bereich "Die Froschau“ genannt wurde, weil damals am alten Dorfgraben die Frösche quakten.

Heute liegt der Dorfgraben unter der Hauptstraße und an seinen Verlauf erinnert nur noch eine kleine Brükkenmauer mit Nepomuk-Figur aus dem Jahre 1771. Nichts dagegen weist darauf hin, daß man mitten im Ort auf den Spuren der "strata publica“, der alten öffentlichen Straße wandelt. Jahrhunderte hindurch sind auf dieser Durchgangsstraße, die vom Elsaß über die Pfalz, dann als Gaustraße durch den Wonnegau bis hin nach Mainz führte, tausende von Menschen zu Fuß oder zu Pferde, sogar in ganzen Truppenverbänden gekommen, manchmal zur Rast geblieben und dann weitergezogen. Nicht alle haben dem Ort Glück oder etwas Gutes gebracht. Aus der gleichen Zeit, in der fromme Vorfahren die Figur des heiligen Nepomuk errichteten, stammt das spätere Schulgebäude, der Greiffenclauer Hof. Benannt wurde dieses Gebäude nach den ehemaligen Dorfherren, nachdem im Jahre 1699 Freiherr Johann von Greiffenclau zu Vollraths das Dorf Gundheim zu Lehen erhielt und es bis zur Französischen Revolution im Besitz der Familie blieb.

Das Gebäude war Teil eines mächtigen Anwesens, des Pfalzhof, 1741 von den Dorfherren erbaut und 1744 vollendet. Dieser Hof umfaßte Amtsgebäude sowie Wohnungen, Unterkünfte, einen Gasthof, Zehntscheuer, Stallungen, Kelterhaus und einen Garten mit Brunnen. Sein schönes, gerundetes Hoftor wurde, um es zu erhalten, 1933 an den damaligen Gasthof versetzt, eben jener Greiffenclauer Hof, der nur mit Mühe bis heute vor dem Verfall bewahrt wurde. Nachdem er als Schulgebäude ausgedient hatte, fand man lange keine Verwendung für ihn, bis sich die Gemeinde endlich der Ruine annahm, sie renovierte und zum heute repräsentativen Rathaus umfunktionierte.

Der Wein hat in Gundheim im Lauf der Zeit immer mehr den früher wichtigeren Obstanbau verdrängt, obwohl das Obst hier prächtig gedieh. Eine hiesige Birnensorte wurde wegen ihrer Qalität sogar derartig bekannt, daß sie den Namen "Gundheimer Lange“ erhielt. Waren es im Jahre 1925 noch 31 Hektar Rebland, die bewirtschaftet wurden, so sind es heute, 1988, sechsmal so viel, und auch die Zahl der Betriebe, die vom Wein leben, hat sich ständig vergrößert. Es gibt inzwischen 37 Vollerwerbsbetriebe, und etwa zehn sind Selbstmarkter.

Während der Anteil der selbstvermarktenden Winzer zunimmt, stagniert der Weinanbau, und das seit 1985. In jenem Jahr, es war der 28. Juli, kam ein solcher Hagel vom Himmel herunter, daß nicht nur die Ernte des Jahres vernichtet war, sondern auch große Schäden in den Weinbergen entstanden. Um sich ein Bild von den verheerenden Folgen des Hagels machen zu können, sei erwähnt, daß Plastikrolläden wie Siebe mit zum Teil nußgroßen Löchern perforiert waren. Heute sind die meisten Reben wieder neu gepflanzt, doch haben sich in Gundheim der Weinbau von dem Schaden und die Winzer von dem Schock noch nicht ganz erholt.

Ganz vorne ist der Ort Gundheim trotz alledem - früher und heute - in

Bermersheim · Flörsheim-Dalsheim

Ländliche Idylle in Bermersheim

der technischen Bearbeitung der Weinberge. Schon 1978 gab es im Dorf eine der ersten Erntemaschinen in Rheinhessen, bis 1983 wurden 15 dieser technischen Erntehelfer bei der Lese eingesetzt, und das bei nur zehn ganz vom Weinanbau lebenden Betrieben und bei einer Auslastung von nur maximal sechs Wochen im Jahr!

Fortschritt ist bei den Gundheimer Winzern auch längst keine Frage mehr, wenn es um Ökologie geht. Jeder, der Wein anbaut, hat sich für Begrünung in den Rebgassen entschieden. Dadurch vermeidet er vor allem, daß bei nasser Witterung die Rebstöcke gelb werden, was auf den tiefgründigen, kalkreichen Lößböden durch Mangel an Luftaustausch sonst immer passierte.

Die Letzten sind die Gundheimer nur - und da trifft sie keine direkte Schuld, wenn es um das "Moderne Leben" in "Modernen Zeiten" geht. Als vorletzter Ort in Rheinhessen bekommt er jetzt erst Kanalisation.

Wie schade, wenn den dafür aufgeschlossenen Besucher nicht mehr das romantische Bild eines vom Wasser glitzernden Kopfsteinpflasters mit beidseits der Straße laufenden Rinnsalen empfängt.

Bermersheim
256 Einwohner
110 Hektar in den Lagen Hasenlauf (Großlage Bergkloster) und Seilgarten (Großlage Burg Rodenstein)
Hauptrebsorten: Müller-Thurgau, Silvaner, Riesling und Portugieser

Früher hieß die kleine Weinbaugemeinde Bermersheim bei Gundheim, um sie von dem gleichnamigen Ort im Alzeyer Land zu unterscheiden. Heute hat das andere Bermersheim den Zusatz vor der Höhe bekommen, damit man weiß, wo es zu finden ist.

Suchen muß der unerfahrene Wonnegau-Reisende aber das hier beschriebene Dorf Bermersheim. Es liegt an keiner der Hauptreiserouten durch diese Weinregion. Vielleicht ist das auch einer der Gründe, weshalb es als eine der letzten Gemeinden Rheinhessens noch nicht der Kanalisation angeschlossen ist, was aber in nächster Zeit geändert wird.

Dann soll auch noch anderes verbessert werden in diesem unentdeckten Dorf. Vom Landkreis Alzey-Worms ist Bermersheim in ein Dorferneuerungsprogramm aufgenommen worden. Schon heute ist der verwinkelte, ursprünglich gebliebene Ort - solide ältere Bauernhäuser und Gehöfte, kaum Neubauten dazwischen - ein hübscher Anblick. So wird es eine lohnende Aufgabe sein, noch einiges zu verschönern, wie den gepflasterten Hauptplatz mit der Linde, den ein Brunnen zusätzlich zieren soll oder die Gestaltung eines neuen Platzes mit Bäumen und Bänken vor der Kirche.

Fünf von etwa zwölf Vollerwerbs-Weinbaubetrieben im Ort können sich als Selbstmarkter bezeichnen. Das ist ungewöhnlich viel im Vergleich zu anderen, ähnlich strukturierten Gemeinden. Ungewöhnlich hoch ist auch das Verhältnis der Größe der Weinbergsfläche zur Gesamtgröße der Gemarkung. Bermersheim hat eine Gemeindefläche von 232 Hektar und davon sind 110 Hektar bebaute Rebfläche (!). Das läßt schon auf ein überdurchschnittlich großes Interesse am Weinbau schließen und bei einem Anteil von zehn Prozent Riesling im Rebsortenspiegel zusätzlich auf engagierte Winzer und auf gute Lagen.

Flörsheim-Dalsheim

Die Festungsmauer von aussen...

Flörsheim-Dalsheim
2.800 Einwohner
606 Hektar (342 Hektar in Dalsheim, 264 Hektar in Flörsheim) in den Lagen Bürgel, Frauenberg, Goldberg, Hubacker, Sauloch und Steig (Großlage Burg Rodenstein)
Hauptrebsorten: Müller-Thurgau, Silvaner und Riesling

Von zwei Ortsteilen wie Flörsheim-Dalsheim zu sprechen, als wären sie ein Dorf aus einem Guß, ist so, als würde man an einen Strauß von Nelken ein Bukett aus Wiesenblumen binden und als gelungenes Arrangement anbieten. Tatsächlich ist Flörsheim-Dalsheim der Zusammenschluß zweier ehemals selbständiger Gemeinden: Nieder-Flörsheim, der Teil mit dem typischen Ortsbild eines rheinhessischen Straßendorfes, dessen Randzonen schon fast gepflegten Vorortcharakter einer Kleinstadt aufweisen - neue Einfamilienhäuser unterschiedlichster Baustile, Ziergärten, parkähnliche Begrünung und neues Pflaster vor Garagen, Dalsheim, jener Teil mit anheimelndem, mittelalterlichem Ambiente.

Die Kirche im alten Dorfkern Flörsheims ist nicht mehr wie früher Mittelpunkt und lädt mit ihrem Umfeld auch nicht zum Verweilen ein, die schmucken Häuser jedoch, die sich in lückenloser Front längs der Dorfstraßen reihen, sind ein besonders schöner Blickfang. Ihr Äußeres präsentiert sich gar nicht dörflich - wie Herrschaftshäuser sehen viele aus, im rheinfränkischen Stil, reichgeschnitztes Fachwerk mit Erker, mal geschnitzte grau getönte Fensterläden vor grauem feinen Putz, mal hellroter Sandstein auf beigem Putz, mal blaue Fensterläden auf blauer Hauswand, mal farbige Blumenpracht in überhängenden Kästen und wunderschöne Hoftore aus Holz mit geschnitztem Gitterwerk darüber.

Trotz Präsenz solch ländlicher, originaler (einige der Fachwerkhäuser stammen aus dem 17. und 18. Jahrhundert) Gediegenheit wird dieser Teil des Dorfes weniger zum Bleiben einladen. Was ehemals wohl Ruhe und Beschaulichkeit ausgestrahlt hat, ist heute durch trennende Autostraßen gestört - auch fehlt dem Betrachter ein zentraler Standpunkt zum gemütlichen Schauen.

Nieder-Flörsheim trennt nicht nur der Ortscharakter von seinem so unterschiedlichen Zwilling Dalsheim. Während das erstere von der Lage her zum rheinhessischen Hügelland gehört, liegt das andere in einer typischen Senke und genau zwischen beiden Ortsteilen laufen gleichsam symbolisch die Schienen der Nahverkehrs-Bahnlinie hindurch.

Dalsheim nun ist nicht nur optisch gesehen der attraktivere, es ist wohl auch der bedeutendere der beiden weinbautreibenden Gemeindeteile. So unromantisch die Bundesstraße den Ort nahebringt und den Verkehr vorbeileitet, so romantisch präsentiert er sich: Umrundet von einer fast vollständig erhaltenen Stadt-Ringmauer liegt Dalsheim abseits der Straße. Ruhig, verschlossen und verwinkelt weckt es Neugierde und Entdeckerlust. Und das braucht man auch - gibt es doch nur zwei Zugänge für den Autofahrenden und nur einen reinen Fußgängerdurchgang am Dorfgraben, Zugänge, die durch die alte sogenannte Fleckenmauer einlassen. An dieser Fleckenmauer haben Menschen hundert Jahre lang gebaut. Angefangen wurde sie im 14. Jahrhundert, beendet im 15. - und seit zwei Jahren bauen die Dalsheimer wieder daran, um sie gänzlich zu renovieren. Allerdings sind keine großen Bauarbeiten nötig, es ist mehr ein Ausbessern, um diese historische Mauer lückenlos als das Dalsheimer Wahrzeichen zu präsentieren. Immerhin stehen noch sieben der ehemals elf Türme und die Mauer selbst ist beinahe vollständig erhalten.

Straßen mit Kopfsteinpflaster, idyllische, meist blumengeschmückte Innenhöfe, Fachwerkhäuser aus dem 16. Jahrhundert, im Ortsmittelpunkt Bänke unter einer riesigen, schattenspendenden Kastanie auf dem Kirchenvorplatz, den sich evangelische und katholische Kirche teilen. Romantisch wirken auch die alten Häuser aus Kalkstein, die sich an die Dorfmauer schmiegen, besonders schön der evangelische Pfarrgarten und ein Innenhof in der Zwerchgasse mit Blick auf die Rundbögen der Mauer. Hier stehen noch ein Hinkelstein und eine alte Bruchsteinscheune - all das enttäuscht den erwartungsvollen Besucher nicht. Und doch ist der Ort vom Fremdenverkehr nahezu unberührt.

In dieser wunderbar stimmigen Kulisse, in einem der kopfsteingepflasterten, äußerst schmalen Gänge zwischen Fleckenmauer und Haus-Rückseiten, begehen die Dalsheimer alljährlich während ihres Weinfestes (Ende Juni) eine der sicher originellsten Weinproben: die sogenannte "Rodensteiner Taufe". Diese zeremonielle Probe wird in Erinnerung an den weinbegeisterten Gra-

...und von innen

Mörstadt · Ober-Flörsheim · Mölsheim

Romantisches Flörsheim

den Weinprämierungen des ganzen Anbaugebietes.

Mörstadt
75 Hektar in den Lagen Katzebuckel und Nonnengarten (Großlage Burg Rodenfels)
Hauptrebsorten: Müller-Thurgau und Silvaner

Ober-Flörsheim
950 Einwohner
110 Hektar in den Lagen Blücherpfad und Herrenberg (Großlage Burg Rodenstein)
Hauptrebsorte: Müller-Thurgau

Wanderer sind verführt, mit dem Blick zurück auf Mauern und Türme von Dalsheim hinunterzuschauen und der endlich gewonnenen Höhe wegen erleichtert aufzuatmen, denn Ort und alles Wonnegau-Weinland scheint ihnen zu Füßen zu liegen. Weit gefehlt - die Mühe des Anstiegs beginnt erst, will man zu Fuß in den nächsten Ort. Ober-Flörsheim ist mit 250 Metern über dem Meeresspiegel einer der höchstgelegenen Orte Rheinhessens. Wenn man dann auf dem höchsten Punkt angekommen ist, so blickt man über die scheinbar endlos großen und flachen Felder, Äcker und Obstgärten, dazwischen Rebland, das sich zum Rand des Ortes zu verdichtet.

Im Ort sieht man dann die zwei Kirchen, die dicht beisammen stehen, und die Hauptstraße. Sie führt am hübschen Rathaus mit dem Uhrtürmchen vorbei. Ein fahnentragender Soldat davor scheint Wache zu stehen, ist jedoch heroisch wirkendes Denkmal des Feldzuges von 1870/71. Und da gibt es noch etwas im Dorf, was an Kriege erinnert - das heute noch gut erhaltene Deutschherrenhaus, ehemals Sitz der Komturei des Deutschritterordens (1237 gegründet), diente im Jahr 1794 dem berühmten Marschall Blücher als Quartier. Ursprünglich war die Komturei von einer hohen Wehrmauer umgeben, in deren Schutz sich die Dorfbewohner samt ihrer Habe in Kriegszeiten begeben konnten. Torturm, Wirtschaftsgebäude und Kommendebau, in dem bis vor wenigen Jahren die Schule untergebracht war, sind noch gut erhalten. Heute ist das ehemalige Herrenhaus Dorfgemeinschaftshaus und Heimatmuseum.

Ein Vogellehrpfad geht lustigerweise durchs Froschgäßchen und ist ein erdiger und von Brennesseln gerahmter Trampelpfad zwischen engen Mauern, wo einige Vogelarten sich ungestört in den aufgestellten oder an den Mauern hängenden Vogelhäuschen niederlassen können. Daneben hat das Dorf Ober-Flörsheim noch anderes zu bieten, was auch den Touristen interessiert. Da

fen von Rodenstein abgehalten, dessen Familie Lehensgüter und ein (nicht mehr vorhandenes) Schloß im Ort besaß. Besagter, bei seinen Untertanen geschätzter und beliebter Herr, war dem Wein und dem Zechen so verbunden, daß der heutige Name der Großlage auf ihn zurückführt.

Flörsheim-Dalsheim gehört heute mit 600 Hektar Rebfläche, von denen 340 Hektar sich in Dalsheim und 260 in Flörsheim befinden, zu den größten Weinbaugemeinden in Deutschland. So beeindruckt auch, daß statistisch gesehen etwa 1.200 Rebstöcke auf jeden der 2.800 Einwohner entfallen, daß 60 Winzerfamilien Weinbau betreiben - davon 40 hauptberuflich und 20 im Nebenerwerb - und den Wein meist selbst vermarkten. Beim Rebsortenspiegel ist Flörsheim-Dalsheim ebenfalls vorne, hier wird von der Siegerrebe bis zum Riesling jede in Rheinhessen bekannte Sorte angebaut, wobei der Müller-Thurgau die größte Verbreitung hat (25 - 30 Prozent der Rebfläche), gefolgt von Silvaner (20 Prozent) und Riesling (17 bis 20 Prozent). Der Rieslinganteil ist im Vergleich mit dem Rheinhessen-Durchschnitt, der sonst nur sieben Prozent beträgt, sehr hoch. Dafür eignen sich nämlich besonders die Muschelkalkverwitterungsböden in den Lagen Bürgel und Steig, wo auch die Scheurebe ausgezeichnet gedeiht.

Überhaupt machen die große Bodenvielfalt und die durch den Donnersberg geschützte Lage den Anbau der vielen Sorten sinnvoll und das optimale Reifen möglich. So gibt es hier die größte lokale Anbaufläche der nicht sehr ertragreichen Siegerrebe in Deutschland. Und durch diese Böden gerät auch der Müller-Thurgau so bukettreich, daß vor langer Zeit einmal diese Sorte Wein als Gewürztraminer nach England verkauft worden ist. Solches Vortäuschen falscher Tatsachen hat man in Flörsheim-Dalsheim schon längst nicht mehr nötig, ist die Doppelgemeinde doch Spitzenreiter bei

Faßkeller mit platzsparendem "Huckepack-Verfahren" im Weingut Schales, Flörsheim

sind zum Beispiel die Sportanlagen mit zwei Tennisplätzen - sie liegen am Ortsrand fast genau zwischen Flomborn und Ober-Flörsheim, denn nur ein Kilometer trennt die beiden Orte voneinander - Tennisplätze übrigens, auf denen sich alljährlich Sportler zu acht Tage dauernden traditionellen Wettkämpfen treffen. Da gibt es ein Sommernachtsfest mit Tanz unter den Linden, Volkswandern, Radfahrtage und das Hauptfest, das sogenannte Kirchweihfest, alljährlich am zweiten September-Wochenende. Der Wein spielt bei all diesen Aktionen eine große Rolle. Das Kirchweihfest ist ganz und gar ein richtiges Weinfest. Die etwa zehn selbstvermarktenden Winzerbetriebe des Dorfes und die anderen, die ihren Wein über die Winzergenossenschaft ausbauen und vermarkten, haben dann beste Gelegenheit, mit den Ober-Flörsheimer Weinen zu überzeugen.

Erntezeit bei Ober-Flörsheim

Mölsheim
601 Einwohner
182 Hektar in den Lagen Silberberg und Zellerweg am schwarzen Herrgott (Großlage Domblick)
Hauptrebsorten: Müller-Thurgau, Riesling, Silvaner, Scheurebe, Kerner, Portugieser und Spätburgunder

Auf Wonnegau würde er sich nicht festlegen können, der Weinreisende, käme er hier mit verbundenen Augen an, dürfte sie erst an Ort und Stelle öffnen und, wie in einem alten Kinderspiel, raten, wo er denn sei im großen Weinreich. Seine Verwirrung könnte man ihm nicht verübeln - beginnt doch das Weinland der Pfalz ein paar Schritte weiter.

Verläßt man Monsheim in Richtung Flörsheim, lohnt es sich, von der eigentlichen Weinroute durch den Wonnegau den kleinen Abstecher an den Rand des Zellertales zu machen. Hier an der äußersten Südspitze des rheinhessischen Weinlandes kommt Romantik auf, breiten sich auf sanften Hügeln die Rebfelder aus, bietet sich dem Auge der Anblick einer geschlossenen, von "Modernen Zeiten" unberührten Weinlandschaft, blickt man auf das verträumt wirkende Wachenheim und andere im Tal liegende Dörfer hinab und rundum ins idyllische friedliche Zellertal.

Hügelan liegt der Ort - zwei obligatorische Kirchen auf der Höhe weithin sichtbar. 183 bis 232 Meter hoch schmiegt sich Mölsheim an einen Südhang. Dorf an einem Hügel an der Pfrimm, zwei Stunden von Pfeddersheim..., so hat Georg Wihelm Justin Wagner 1830 das Dorf Mölsheim beschrieben. Damals lebten hier 604 Einwohner, heute sind es wenige mehr, und das Leben der meisten wird mehr oder weniger vom Weinanbau bestimmt, obwohl es nur 18 Winzerbetriebe gibt, die hauptsächlich davon leben.

Sicher hat der Wein auch noch Zukunft - gerät er doch, begünstigt durch Klima (der Schutz des Donnersberges), Hanglage und äußerst fruchtbare Mergeltonböden, besonders gut. Viele hohe Auszeichnungen auf Landesebene und DLG-Bundesweinprämierungen und viele treue Kunden in ganz Deutschland beweisen dies. Mölsheim dürfte es auch nicht so schwer haben wie manche anderen abgelegenen Weinorte, neue Weinkunden dazuzugewinnen, denn die wachsende Sehnsucht des städtischen Menschen nach Ursprünglichem, Echtem, nach Stille und Romantik könnte zusätzlich Motiv für Weininteressierte sein. Ihnen hat das attraktive Dorf einiges zu bieten: In der mittäglichen Stille eines Sonnentages, zum Beispiel, wird der Besucher ein Bild in sich aufnehmen können von beinahe schon vergessener, altmodischer Schönheit: die Brunnen, deren Wasser man plätschern hört - gleich am Ortseingang ist es der Mandelbrunnen -, die südlich anmutenden, von Mauern eingeschlossenen Höfe und kargen Straßen, die schlichten Steinhäuser und schließlich der Blick, nachdem man die in Serpentinen verlaufenden Gassen hügelan gestiegen ist, über rote Ziegeldächer ins weingrüne weite Tal und der Blick in liebevoll gepflegte Innenhöfe. Man findet auch einen verschwiegenen kleinen Platz mit der 1703 gebauten evangelischen Kirche, die noch gotische Bauteile aufweist. Wären es nicht zwei Kastanien, die das Kirchenportal beschatten, sondern Zypressen, man könnte sich wirklich im südlichen Griechenland wähnen.

Anders der Eindruck, steht man am Ortsende vor der katholischen Kirche. Vor ihrem Tor liegt ein Mini-Weinberg mit Obstbäumen darin, von hier aus sieht man auf den dar-

Monsheim · Wachenheim

Traditionsreiches Monsheim

unter liegenden gepflegten, parkähnlichen, völlig stillen Friedhof. An der katholischen Kirche vorbei geht auch der Wein-Rundwanderweg der durchs Zellertal bis ins pfälzische Zell führt. Zum großen Teil verläuft er als Höhenweg am Rande der Weinberge, und es gibt wohl in Rheinhessen kaum einen schöneren Ausblick ins Tal der Rheinebene, wobei man bei klarem Wetter die Stadt Worms sehen kann und manchmal auch sogar über Mannheim und Ludwigshafen einen Ausblick auf die alte Dom- und Kaiserstadt Speyer hat.

Einen geschichtlich bedeutenden Fund besonderer Art hat Mölsheim als zusätzliche Attraktion aufzuweisen. Es ist eine merowingische Fibel, die als Mölsheimer Goldfibel weltbekannt ist und in Fachkreisen als eines der kostbarsten und schönsten Stücke damaliger Goldschmiedekunst gilt. Dieses Schmuckstück ist die Hinterlassenschaft merowingischer und fränkischer Könige, die an der Wende zum achten Jahrhundert hier die Herrschaft der Römer ablösten. Vor den Römern gab es nachweislich schon Besiedelung, achthundert bis fünfhundert Jahre vor unserer Zeitrechnung.

Was ihn noch erwartet, den Weinreisenden, das sind zunächst einmal die Festtage der Mölsheimer Kerwe mit Umzug und Kerwe-Rede und dann noch das jährlich stattfindende Amateurradrennen um den großen Weinpreis von Mölsheim, das schon seit zwanzig Jahren ausgetragen wird und inzwischen Hunderte von Teilnehmern und Tausende von Schaulustigen aus dem gesamten Bundesgebiet anlockt.

Monsheim mit Ortsteil Kriegsheim
2.466 Einwohner
280 Hektar Rebfläche (104 Hektar im Ortsteil Kriegsheim) in den Lagen Rosengarten und Silberberg (Großlage Domblick)
Hauptrebsorte: Müller-Thurgau

Monsheim liegt verkehrsgünstig im Schnittpunkt zweier Bundesstraßen. Von Osten führt der direkte Weg aus Worms hierher, vom Süden endet hier die Deutsche Weinstraße der Pfalz, und von Westen kommt man aus dem schönen Zellertal nach Monsheim. Auffallend lange windet sich die Hauptstraße an den eng beisammen stehenden, in typisch fränkischem Stil erbauten Häusern vorbei, zerteilt den Ort gewissermaßen in links und rechts. Hier an der Straße hat sich kein Neubau eingeschlichen, es gibt das lückenlose Bild eines traditionellen Rheinhessen-Dorfes. Frühgeschichtliche Funde belegen, daß es sich um eine alte Siedlung handelt. Die Gründung des Dorfes läßt sich auf etwa fünfhundert n. Chr. festlegen, als sich um einen großen Bauernhof, den sogenannten Hubhof, zunächst kleinere Gehöfte, später Kapelle, Wall und Graben gruppierten. Als Schenkung wird Monsheim erst im Jahre 767 erwähnt.

Aber weit älter bezeichnen Archäologen Spuren menschlichen Schaffens hier im Tal der Pfrimm. Man geht davon aus, daß vor 120.000 Jahren in dieser Gegend Menschen tätig waren - geschichtlich eindeutig zuordnen kann man jedoch Funde aus der Steinzeit. Ausgrabungen der Reste von ganzen Steinzeitdörfern, die mit Wall und Graben befestigt waren, sind auf viertausend Jahre v. Chr. festzulegen. Aus dieser Jungsteinzeit stammt auch der fast zwei Meter hohe Hinkelstein, der in der Nähe eines Gräberfeldes gefunden wurde und heute im Schloßhof aufgestellt ist. Das Schloß Monsheim, 1394 gegründet, wurde 1651 neu gebaut und in diesem Zustand gut erhalten und gepflegt, es ist das Schmuckstück des Dorfes. Um den wunderschönen alten Hof gruppieren sich die mit rotem Biberschwanz gedeckten Wirschaftsgebäude, Haupthaus - das mit Schiefer überdachte eigentliche Schlößchen - und Nebengebäude. Am Schlößchen fällt vor allem der prachtvolle Renaissance-Portalerker mit Uhrtürmchen auf - weiße Mauern, rote, teilweise vermooste Ziegel und blau-grüne Tore mit rotem Sandsteinrand vervollständigen den Eindruck von ländlich wirkender Frische. Das Anwesen gehört als staatliche Domäne dem Land Rheinland- Pfalz und ist zur Zeit an eine Firma, die Saat- und Getreidezucht betreibt, verpachtet.

Neben der evangelischen Kirche, die um 1850 auf einem aus dem 15. Jahrhundert stammenden, befestigten Kirchhof gebaut wurde, fällt an der Hauptstraße eine kleine schlichte, eher wie eine Kapelle anmutende Kirche auf. Sie ist das Gotteshaus der Menoniten, die im Ort ansässig sind und neben der katholischen und evangelischen eine eigenständige Gemeinde sind. Urväter waren eingewanderte Quäker aus den USA, die sich hier in Monsheim niederließen.

Oberhalb des Dorfes kommt man am Bahnhofsgebäude mit seinem auffallend großem und imponierendem Vorplatz vorbei. Ihn ziert nicht nur die begrünte Verkehrsinsel, ein auffallender, fahnentragender Stein-Soldat, der an Gefallene erinnern soll, gibt ihm auch etwas Bedeutendes. Heute scheinen Vorplatz und Bahnhofshalle wenig betriebsam -

gut besucht dagegen ist die Bahnhofsgaststätte, die zu einem Monsheimer Weinschoppen ein außerordentlich preiswertes, rheinhessentypisches Tagesgericht bietet, zum Beispiel herrliche Dampfnudeln mit Weincreme.

Der früher wichtige Bahnknotenpunkt zwischen Kaiserslautern, Grünstadt, Alzey und Worms ist zwar heute nicht mehr ganz so bedeutend, doch gehen immerhin noch etwa alle zwei Stunden Züge in die erwähnten Richtungen. Daß Monsheim Sitz der Verbandsgemeindeverwaltung ist, merkt man nicht nur an der Größe des Ortes, sondern auch am Vorortcharakter der umrandenden Einfamilienhäuser, am Angebot der Geschäfte und an der Bezirkswinzergenossenschaft Wonnegau, die am Eingang von Monsheim, aus Richtung Worms kommend, als schmucker Gebäudekomplex auf der grünen Wiese steht.

1958 wurde sie an dieser zentralen Stelle auf dem Weg vom Zellertal zum Rhein gebaut, sie ist also ein noch ziemlich junges Unternehmen. Die Nähe der Bezirkswinzergenossenschaft Westhofen ist ebenfalls günstig - beide ergänzen sich, vor allem was die Struktur der Winzerschaft aus 25 Weinbaugemeinden angeht, wobei der Winzergenossenschaft Wonnegau 620 Mitglieder angehören.

Die Bezirkswinzergenossenschaft Wonnegau nimmt, was die Vermarktung angeht, eine gewisse Sonderstellung ein. Renomierte Weinhandelsunternehmen sind die Hauptkunden, sie nehmen die vorwiegend im Edelstahltank ausgebauten, füllfertigen Weine im Prädikatsbereich ab. Ansonsten wird der Wein meist ab Hof verkauft und kann auch hier verkostet werden - bei Anmeldung von Gruppen in Form einer umfangreichen Weinprobe. Die Genossenschaft vermarktet so ein Erntevolumen von sieben bis siebeneinhalb Millionen Liter pro Jahr, bei einer Lagerkapazität von der doppelten Menge.

Als Vollerwerbswinzer, die nicht von der Genossenschaft abhängen, kann man zwanzig bis fünfundzwanzig Betriebe nennen, von denen über die Hälfte auch Selbstmarkter sind. Hierbei ist der Ortsteil Kriegsheim eingeschlossen, der seit 1969 eingemeindet ist. Trotz dieser Tatsache und der von der Qualität des Weines her gesehen völlig gleichen Situation, gibt es kaum Gemeinsamkeiten zwischen den ehemals selbständigen Dörfern. Sie sind schon äußerlich sehr unterschiedlich. Während das eine, Monsheim, eher mit einer aufstrebenden Kleinstadt zu vergleichen ist - große repräsentative Bauernhäuser, verkehrsreiche Straßen und neues Umfeld -, ist das andere, Kriegsheim, eher das stille Dorf, vom Hauptverkehr nicht belastet. Hierin liegt vielleicht einer der Gründe für die Trennung der Aktivitäten beider Ortschaften.

Kriegsheim hat viele schöne alte Fachwerkbauten, man muß ein bißchen herumschlendern, um alles zu entdecken: von einem ummauerten Wohnturm der Herren von Kriegsheim aus dem 16. Jahrhundert mit anstoßendem, von einer alten Befestigungsmauer umgebenen Garten, über barocken Fachwerkbau und Fachwerk aus dem 16. und 17. Jahrhundert, eine alte Brücke (1754) über die Pfrimm, eine schöne alte evangelische Kirche, bis hin zu dem unter Denkmalschutz stehenden Trulli, einem in süditalienischer Bauweise - kegelförmig - errichteten Weinbergshäuschen.

Die Qualität des Weines ist in beiden Ortsteilen gleich gut. Sie ist geprägt durch die klimabegünstigte, fruchtbare Landschaft und durch die unterschiedlichen Böden. Sowohl in Monsheim als auch in Kriegsheim sind schwere Letten-Böden und leichte Böden abwechselnd verteilt, und so haben die Weine in der Gemarkung auch unterschiedlichen Charakter bei oft gleichen Rebsorten. Ein Grund mehr, hierherzukommen und die Weine - vielleicht beim jährlich am zweiten September-Wochenende stattfindenden Monsheimer Markt - zu probieren.

Wachenheim
621 Einwohner
156 Hektar in den Lagen Horn und Rotenberg (Großlage Domblick)
Hauptrebsorten: Müller-Thurgau, Silvaner, Riesling, Morio-Muskat und Portugieser

Bei einer Reise in den Wonnegau sollte man sich unbedingt vornehmen, diesen Ort zu besuchen, als Wanderer, als Weininteressierter oder auch nur als Suchender von Dorfromantik. In jedem Fall begeistert die stille, ländliche und wunderschöne Lage Wachenheims am Bachtal der Pfrimm: linkerhand die Reihe hochragender Pappeln, rechterhand das Spalier der Reben und der Blick auf Wiesen, Obstbäume und eine kleine, umrahmende Waldzone und als Krönung des Gesamtbildes, schon von weitem sichtbar, Mauern und Turm der ehemaligen Burg. Eine vollkommene dörfliche Idylle.

Die Burg, früher wie heute nur Wachenheimer Schloß genannt, war Sitz der Ritter von Wachenheim und stammt aus dem 16. Jahrhundert. Damals bestand das Anwesen aus zwei Teilen, dem sogenannten Oberschloß und dem Unterschloß. Heute sind nur noch der mächtige, mit steinerner Wendeltreppe ausgestattete Wohnturm des ehemaligen Oberschlosses und Teile der Wehr-

Hohen-Sülzen · Offstein

Brunnenidylle in Wachenheim

mauer erhalten. Der sechsstöckige, mittelalterliche Turm - der Größte seiner Art in Rheinhessen - ist heute Teil des Schloßweingutes, das Ende des vorigen Jahrhunderts von einem Vorfahren des Schloßguteigners vergrößert und umfassend für die Belange einer zeitgemäßen Gutswirtschaft renoviert worden ist.

Ganz nah am Schloß liegt die evangelische Pfarrkirche. An ihr sind die gotische Tür mit den schönen alten Beschlägen, ein Sterngewölbe und der Turm aus dem 15. Jahrhundert sowie Triumpfbogen und Chor von 1325 zu bewundern. Im Inneren findet der interessierte Besucher einen spätgotischen Hochaltar mit beiderseitig bemalten Flügeln, gut erhaltene Holzplastiken, die Rheinhessens Kirchen nicht mehr häufig aufzuweisen haben, und einen Taufstein um 1325. Im kleinen Heimatmuseum in der Ortsmitte kann, wer will, in den Spuren der Vergangenheit weiterstöbern. Der Naturbegeisterte findet zumindest auf drei markierten Wanderwegen sicher das, was er sucht. Eine der ausgezeichneten Wandermöglichkeiten geht entlang der Pfrimm, vorbei am Vogellehrpfad, vorbei an romantischen Mühlen. Hier in der Talsenke, wo der Bach im Sommer Kühlung bietet, wachsen in den kleinen Gärtchen des Dorfes die Pfirsichbäume und Tomaten, picken die Hühner Körner aus dem Boden, begegnet man vielleicht den friedlich herumschnüffelnden Jagdhunden des Schloßgutes und kann man zwischen Himmel und Weinbergen einen Reiter oder eine Reiterin ausmachen. Dann ist hier und im Moment die Welt in Ordnung.

So romantisch Wachenheim sich als Dorf präsentiert, so hält es seine Linie auch beim Feiern der Feste. Jedes Jahr richten die zwanzig Weinbaubetriebe, (von denen die meisten Mischbetriebe sind - etwa sechs bis acht davon haben mehr Wein als Landwirtschaft) als Interessengemeinschaft Wachenheimer Winzer, am zweiten Wochenende im Juli das Winzergassenfest aus.

Hohen-Sülzen
585 Einwohner
120 Hektar Rebfläche in den Lagen Kirchenstück und Sonnenberg (Großlage Domblick)
Hauptrebsorten: Müller-Thurgau, Silvaner, Riesling und Portugieser

Mit dem Ort Hohen-Sülzen ist man im südlichsten Teil des Wonnegaus angelangt, neben Offstein und Wachenheim die Weinbereichsgrenze zur Rheinpfalz. Hier an der Südwest-Bahnstrecke des Kreises Worms, die unter anderem Alzey und Neustadt verbindet, ist die Nähe der zwölf Kilometer entfernten größeren Stadt spürbar. Entlang der schönen Einfamilienhäuser, Villen und gepflegten Ziergärten sieht es eher vorstädtisch als dörflich aus und erst, wenn man das gemütlich wirkende Bahnhofsgebäude hinter sich gelassen hat, geht es zwischen Weinbergen und Feldern abwärts ins eigentliche Dorf.

Im Dorfmittelpunkt fällt das schöne Rathaus mit seiner auf der Außenseite angebauten langen Steintreppe auf. Das freistehende Fachwerkhaus wurde Ende des 16. Jahrhunderts gebaut, im Jahre 1906 renoviert und in letzter Zeit nochmals durch einen roten Anstrich der Fachwerkbalken und den neu angelegten, rundgepflasterten, großzügigen Platz davor besonders herausgestellt.

Während das schmucke Rathaus den Zentralpunkt des Dorfes bildet, versteckt sich die evangelische Kirche

Die Geschichte von den Besen auf Dachfirsten zu Monzernheim

In der Nacht zum ersten Mai, der sogenannten Hexennacht, stecken die Monzernheimer Burschen ihrem verehrten Mädchen einen Maibaum auf das Dach. Soweit - Gebräuche, wie anderswo auch.

Was die Sache aber erst zu einer Monzernheimer Geschichte macht, ist die Tatsache, daß hier die ungeliebten oder bösen Mädchen einen Reisigbesen - sichtbar für jedermann - auf den Dachfirst gesteckt bekommen. So hat man im Dorf wirklich das, was dieser Mainacht den Namen gibt, seine Hexen.

in einer der engen Gassen dahinter. Sie ist die ältere der Dorfkirchen, im 18. Jahrhundert auf dem Kirchhof der ehemaligen Pfarrkirche, die 1140 erstmals in einer Pfarrchronik erwähnt wird, erbaut. Diese Kirche teilten sich Ende des 17. Jahrhunderts Katholiken und Reformierte als Simultankirche.

Das Verhältnis dauerte über zweihundert Jahre und wurde erst 1953 beendet, als die neue katholische Kirche fertig war.

Der kostbarste und schönste Nachweis römischer Weinkultur in Rheinhessen, eine mit Hohlschlifftechnik reich verzierte doppelhenkelige Glasflasche, die sogenannte Henkelflasche von Hohensülzen (aus dem vierten Jahrhundert) ist hier gefunden worden (ausgestellt im Landesmuseum in Mainz). Seit dem Jahre 767 ist der Anbau von Wein geschichtlich nachgewiesen, im 16. Jahrhundert sollen Mönche des damaligen Klosters "Auf der Weil" den größten Teil der Gemarkung mit Reben bepflanzt und bearbeitet haben, und auch das heutige Hohen-Sülzen ist vorwiegend vom Weinbau geprägt. Haupterwerb ist der Wein und nicht, wie in den meisten Dörfern des Wonnegaus, die Landwirtschaft. Auf den Löß-Lehmböden wird in der Hauptsache Müller-Thurgau angebaut, doch bemühen sich die Hohen-Sülzener Winzer wieder verstärkt um den Riesling - immerhin ist sein Anteil mit sechs bis sieben Prozent im Rebsortenspiegel schon hervorzuheben.

Offstein
65 Hektar in den Lagen Engelsberg und Schloßgarten (Großlage Domblick)

Blumengeschmücktes Fachwerkportal in Hohen-Sülzen lädt ein zum Nähertreten - und zum Fotografieren.

Worms

72.000 Einwohner
1.216 Hektar Rebfläche in den Lagen Liebfrauen-Kirchenstück, Remeyerhof, Sankt Cyriakusstift sowie den Lagen der Stadtteile.
Hauptrebsorten: Müller-Thurgau, Silvaner

Worms als die deutsche Stadt der Superlative zu bezeichnen - wem würde dies einfallen, nähme er sich eine Reise in das Zentrum der Weinregion Wonnegau vor. Und doch ist es eine Stadt der Rekorde, viermal im Guiness-Buch der Rekorde erwähnt. Da wird sie als älteste Stadt Westdeutschlands genannt - eine keltische Siedlung, 60 v. Chr. gegründet - da steht auf ihrem Boden die älteste Synagoge Deutschlands, 1034 gebaut, da gibt es das größte Reformationsdenkmal der Welt, und schließlich ist Worms Metropole des weltweit bekanntesten deutschen Weines, der Liebfraumilch oder Liebfrauenmilch. Dieser Weinname hat viel dazu beigetragen, deutschen Wein über die Landesgrenzen hinaus berühmt zu machen. Es war ursprünglich der Wein, den Kapuzinermönche im 15. Jahrhundert in der Umgebung der gotischen Liebfrauenstiftskirche anbauten, und es waren jene Mönche, die inmitten des die Kirche umrundenden Weingartens eine Madonnen-Statue "Unsere Liebe Frau" als Schutzpatronin aufstellten. Jene Kreszenz war es, die einem englischen Schriftsteller des 17. Jahrhunderts: "Lieblicher als die Milch der heiligen Jungfrau schmeckte". Daß aus der ehemaligen Bezeichnung "Minch" für Mönch sich irgendwann einmal das Wort Milch entwickelte, scheint eine ebenso schlüssige Erklärung für diesen gefälligen und geläufigen Weinnamen. Heute trägt das elf Hektar große Kernstück um die Liebfrauenkirche die Lagenbezeichnung Wormser Liebfrauenstift- Kirchenstück und wird von zwei Weinhandelsfirmen bewirtschaftet und vermarktet: Valckenberg und Langenbach.

Worms, inmitten der fruchtbaren Landschaft des Wonnegaus am Rheinufer gelegen, ist eine Stadt voller Kontraste, die den Bogen vom Mittelalter zur Industriezeit spannt, eine Stadt, die den Musen aufgeschlossen ist, den Handel pflegt und mit dem Wein lebt - Worms, das ist die Nibelungen-, Dom-, Luther- und Weinstadt, Worms das ist auch das Klein-Jerusalem des Mittelalters.

Die Kelten gründeten hier (um 500 v. Chr.) ihre Hauptstadt und nannten sie Borbetomagus (das bedeutet: Feld in wasserreicher Landschaft), woraus sich der heutige Stadtname Worms ableitet. Im ersten Jahrhundert v. Chr. wurde die Stadt von den vordringenden germanischen Vangionen erobert und umbenannt in Civitas Vangionum. Als davon abgeleitete Bezeichnung für die Umgebung der Stadt ist heute der Name "Wonnegau" erhalten - ein Begriff, mit dem man den geschichtlichen Ursprung zunächst nicht verbindet, könnte es doch auch sein, daß man dieser heiteren Landschaft, diesem wonnigen Rheintal mit seinen sanften Hängen diesen passenden Namen verliehen hat. Um Christi Geburt zogen die Römer in das Gebiet, und unter ihrem Einfluß entwickelte sich Worms zu einer wohlhabenden und großen Stadt. Vor allem aber brachten die Römer ihre Rebkultur mit und pflanzten den Wein an, der heute Worms zur drittgrößten weinbautreibenden Stadt Deutschlands macht.

Zur gleichen Zeit wie die Franken, im fünften Jahrhundert, drangen die Burgunder an den Rhein vor, doch wurden sie bald von Alemannen und Franken in blutigen Kämpfen verdrängt. Ein unbekannter Dichter verknüpft 1200 die Geschichte Worms' mit der der Burgunder, verschmilzt in der Dichtung ihren Namen mit jenem des sagenhaften Zwergenvolkes der Nibelungen. Im

Die Liebfrauenkirche inmitten ihres Weinbergs

Ehrwürdiger Dom und moderne Wandmalerei - Alt und Neu, Tradition und Fortschritt - diesen Kontrast findet man häufiger in Worms.

mittelalterlichen Epos um den Schatz der Nibelungen schildert er Glanz und Untergang dieses Volkes.

Nach den Zeiten der Völkerwanderung kamen die Franken an die Herrschaft und hinterließen ihre Zeugnisse. Sie bauten den ersten Dom, und als eines der durstigen Völker der Weltgeschichte trieben sie auch den Weinbau voran. Das 764 gegründete Kloster Lorsch in der Nähe von Worms profitierte durch zahlreiche Rebland-Schenkungen vom weiteren Gedeihen der Rebzucht - im sogenannten Lorscher Codex findet man die Bedeutung und Ausbreitung des Weinbaus deutschlandweit geschichtlich belegt.

Als eine freie Reichsstadt erlebte Worms im Mittelalter eine Blütezeit - die 1000 bis 1025 auf römischen und fränkischen Vorgängerbauten errichtete Kathedrale, aus der zwischen 1130 und 1181 jener großartige romanische Bau entstand, der zu den drei großen Domen am Rhein gehört, beweist das unter anderem. Auch zeugt der im 13. bis 14. Jahrhundert erbaute äußere Mauerring mit seinen Türmen heute noch von der wehrhaften Verteidigung der damals von Kaiser und Königen gewährten Freiheiten. Eine bewegte Zeit mit großer Geschichte, die Zeit der Staufer-Kaiser, die Zeit der prunkvollen Reichstage und zukunftsweisenden Beschlüsse - so 1122 das Wormser Konkordat, so die Gründung des ersten Reichskammergerichtes und gleichzeitig die Einführung der ersten Reichssteuer unter Kaiser Maximilian I.

Im Mittelalter kamen auch die Juden nach Worms. Sie begründeten eine Stadt in der Stadt mit der 1034 errichteten romanischen Synagoge und mit dem Heiligen Sand, dem ältesten erhaltenen europäischen Judenfriedhof. Ursprung und Ursache dieser Judengemeinde war der Handel, begünstigt durch die Lage der Stadt mit ihren Verkehrswegen zu Wasser und zu Lande. Erste Nachweise für den Weinhandel gibt es aus dem 15. Jahrhundert.

Für Geschichte, die sogar die Welt veränderte, sorgte in Worms 1521 der Augustinermönch Martin Luther, als er um Gnade und seinen Glauben ringend vor Kaiser Karl V

Abenheim

Dieses herrliche Lesefoto wurde zu Beginn unseres Jahrhunderts aufgenommen.

trat, dann den dramatischen Entschluß faßte, seine Schriften nicht zu widerrufen: der Beginn der Reformation.

Mehrmals fielen in Worms bedeutende geschichtliche Zeugnisse Zerstörungen zum Opfer: 1689 durch Truppen König Ludwigs XIV im Pfälzischen Erbfolgekrieg, 1794 als Folge der Französischen Revolution und 1945 im Zweiten Weltkrieg. In den vergangenen 15 Jahren wurde das äußere Stadtbild Worms' nach und nach wieder aufgebaut - der Altstadtkern präsentiert sich heute weitgehend im Zustand der Jahrhundertwende.

Eine Symbiose der Kunst, Geschichte und des Weins empfängt den Besucher des heutigen Worms. Nibelungen-, Dom-, Luther- und Weinstadt - der Reigen schließt sich, wie könnte es anders sein, beim Wein. Auch bei diesem sensorischen Thema wartet die Stadt Worms mit Superlativen auf. 47 Weingüter aus dem Stadtgebiet haben sich zusammengeschlossen und betreiben gemeinsam einen Probierkeller. Im sogenannten Stiftskeller kann man nach Anmeldung eine umfangreiche, in vier Probenfolgen mit je zwölf Weinen aufgeteilte, und auch geschmacklich äußerst vielfältige Weinprobe genießen. Und spätestens beim neun Tage dauernden Backfischfest, dem größten Fest am Rhein, das jedes Jahr vom letzten August-Wochenende bis zum ersten September-Wochenende 700.000 Feierlustige und Weindurstige zufriedenstellt, wird dem Worms-Interessierten klar, welche Rolle der Wein in dieser Stadt wirklich spielt.

Abenheim
Ortsteil von Worms
360 Hektar in den Lagen Bildstock, Goldpfad, Kapellenstück und Klausenberg (Großlage Liebfrauenmorgen)
Hauptrebsorten: Müller-Thurgau und Silvaner

Ein Leben als Klausner ist sicherlich nicht das bequemste, aber der Abenheimer Klausner hatte sich wenigstens einen idyllischen Platz dafür ausgesucht. Von dem Hügel, auf dem seine Behausung stand, geht der Blick weit über die Talmulde, in der Abenheim liegt, über Felder, Wald und Weinberge bis zu den Höhenzügen der Haardt in der Pfalz. Schon im frühen Mittelalter gab es hier eine Klause, erwähnt seit dem Jahr 1286 - nach anderen Angaben gar schon 975 -, und auch die heute malerisch über den Weinbergen thronende Klausenberg-Kapelle aus dem 18. Jahrhundert ist kein Neubau, sondern die Erweiterung einer viel älteren gotischen Kapelle. Die Maßwerkfenster im Chorbereich belegen das.

Nicht zu allen Zeiten war die Klause bewohnt. Manchmal verfielen Häuschen und Kapelle für Jahrzehnte oder gar Jahrhunderte - aber dann fand sich immer wieder ein frommer Mann, der sich auf den schönen Hügel zurückzog. Der letzte Bewohner war vielleicht der Bruder Joseph, der 1761 bei einem Ackerverkauf im Gütergelände-Verzeichnis genannt wird.

Auf dem kleinen Vorplatz der Kapelle steht eine Kreuzigungsgruppe aus dem Jahre 1809, aus der Franzosenzeit. Die Französische Revolution und Napoleon brachten für Abenheim das Ende einer jahrhundertelangen Bindung an die Familie derer von Dalberg. Im Verlauf des Mittelalters hatten die Dalberger ihren Besitz im Ort immer weiter ausdehnen können, und im 16. Jahrhundert nannte sich Georg von Dalberg, Ritter und Erbkämmerer des Hochstiftes Worms, stolz Herr von Herrnsheim und Abenheim.

Nach der Reformation im 16. Jahrhundert galt in Deutschland der Grundsatz cuius regio, eius religio - wer regierte, bestimmte auch, was seine Untertanen zu glauben hatten.

Kapelle bei Abenheim

Für die Abenheimer bedeutete dies, daß sie katholisch blieben. Nur für eine kurze Zeitspanne von 1574 bis 1617 und dann wieder im Dreißigjährigen Krieg wurde die Reformation eingeführt. Die Bilderfreude des Katholizismus ist überall in und um Abenheim zu besichtigen - vielleicht auch, weil die Abenheimer, umgeben von evangelischen Gemeinden, ihre Konfession um so deutlicher bekannten. Viele Kruzifixe stehen im Ort und in den Weinbergen. Zur Klause führt ein Kreuzweg, und bei den alten Ortseingängen stehen Heiligenhäuschen.

Abenheim, heute Stadtteil von Worms, aber vom Ortsbild her natürlich ein gewachsenes Dorf, hat einige stolze Baudenkmäler vorzuweisen: Die große Kirche mit der gedrungenen Turmhaube ist seit ihrer Renovierung in den sechziger Jahren sicher eine der schönsten Barockkirchen des Wonnegaus. Fast gleichzeitig mit der Kirche wurde das Rathaus erbaut, Werk des gleichen Architekten, des späteren Dombaumeisters zu Worms, Georg Endter.

Aber auch noch viele ältere Höfe finden sich in Abenheim, mit aufwendig verzierten Torbögen oder schön gemeißelten Türrahmen - das sehenswerteste Haus ist der Amtshof der Dalberger aus dem Jahr 1556. Bei diesem mächtigen Renaissancebau hatten die Bewohner ihren Zehnten abzuliefern - früher standen um das zentrale Gebäude daher noch geräumige Scheunen, um die Abgaben aufzunehmen. Bei der Renovierung des Gebäudes im Jahr 1978 wurde oberhalb des Eingangsportals ein gut erhaltener Wappenstein freigelegt. In der Franzosenzeit war er - wohl um ihn zu schützen - mit Ziegelsteinen verblendet und verputzt worden.

Der Weinbau hat in Abenheim schon immer eine sehr bedeutende Rolle gespielt - bei den Ortseinfahrten stehen geschnitzte Faßböden, die neben 1200 Jahren Ortsgeschichte auch 1700 Jahre Weinbau belegen. Zahlreiche Funde aus der Römerzeit zeigen, daß die Abenheimer Gemarkung schon damals ausgiebig kultiviert war. Und daß die Römer auch Wein angebaut haben, beweist ein römisches Rebmesser - es wurde zusammen mit einer Münze aus der Zeit des Marcus Aurelius (um 164 n. Chr.) gefunden - ein Hinweis auf die Entstehungszeit auch des Winzerwerkzeugs?

Heute ist nur noch ein Teil der Abenheimer im Weinbau beschäftigt - es gibt jedoch eine ganze Reihe rühriger selbstvermarktender Winzer, und es macht Spaß, in ihren Weinprobierstuben herauszufinden, welcher der Abenheimer Weine einem am besten mundet.

Unten: Die Wormser Stadtmauer; oben: Schlußstein aus der Liebfrauenkirche mit einem Zunftwappen

Herrnsheim · Pfeddersheim · Leiselheim · Pfiffligheim · Hochheim Horchheim · Weinsheim · Wiesoppenheim · Heppenheim

Herrnsheim
230 Hektar in den Lagen Lerchelsberg, Rheinberg, Römersteg und Sankt Annaberg (Großlage Liebfrauenmorgen)
Hauptrebsorte: Müller-Thurgau

Dieser Ortsteil von Worms hat nicht den typischen Vorortcharakter - vielmehr ist Herrnsheim ein ausgesprochen eigenständiger, idyllischer Ort, der sich abseits vom Stadtgetriebe, in wunderschöner Lage eher dörflich still, präsentiert. Umringt von Laubwäldern, Wein, etwas Akkerland und Schrebergärten hat Herrnsheim wohl den höchsten Wohn- und Freizeitwert aller umgebenden Gemeinden der Stadt Worms.

1971 feierte Herrnsheim sein 1200jähriges Bestehen, wofür die erste urkundliche Erwähnung im Jahr 771 zum Anlaß genommen wurde: Anderthalb Morgen Ackerland aus der Gemarkung gingen damals als Schenkung an das Kloster Lorsch, Teil einer Ansiedlung, die später den Namen Harlesheim erhielt. Nachdem auch einige Wormser Bürger Land in dieser Gegend erworben hatten, wuchs und entwickelte sich dies Harlesheim zum selbständigen Ort.

Das längstwährende und umfangreichste Besitztum war das der Kämmerer von Worms, der Herren von Dalberg. Sie besaßen Land und Rechte bis ins 16. Jahrhundert. 1460 baute Philipp von Dalberg das ursprüngliche Herrnsheimer Schloß. Aber erst im 19. Jahrhundert bekam das Schloß sein heutiges Aussehen, ebenfalls durch einen Dalberg (Emmerich Joseph von Dalberg), der es im Empirestil aufbaute und so ist es heute eines der wenigen erhaltenen Bauwerke dieser Stilrichtung.

1958 erwarb die Stadt Worms das Schloß von dem Industriellen und Weingutsbesitzer Heyl. Es bringt mit kulturellen und repräsentativen Veranstaltungen neues Leben in die schönen, alten Mauern.

Aber nicht nur die Stadt, auch die Wormser Bürger nutzen das Vermächtnis der Dalbergs. Das prunkvolle Schloß mit seinem großen, gepflegten Park ist ein attraktives Ausflugsziel für die Städter. Ein natürlicher Badesee, Weinberge, die direkt an den Schloßpark anschließen und die sogar das örtliche Krankenhaus in ihren Rebenkranz einbetten sowie ein großer Waldbestand machen diesen grünen Stadtteil - 1942 verlor Herrnsheim seine Selbständigkeit und wurde eingemeindet - zum Naherholungszentrum von Worms.

Pfeddersheim
Stadtteil von Worms
7.000 Einwohner
165 Hektar in den Lagen Hochberg, Kreuzblick, Nonnenwingert und Sankt Georgenberg (Großlage Liebfrauenmorgen)
Hauptrebsorten: Müller-Thurgau, Riesling und Kerner

Ein Städtlein, "ein Meil Wegs von Worms gegen dem Gebürg und in der Untern-Pfalz gelegen und wegen deß herrlichen Weins so allda wächst weit berühmt", so lobte Matthias Merian, der Weitgereiste, Pfeddersheim und seine Kreszenzen. Sein Stich aus dem Jahre 1645, also in der Zeit des Dreißigjährigen Krieges entstanden, zeigt die damals bedeutende Stadt noch unversehrt

Linke Seite oben: das Herrnsheimer Schloß; unten: Weingut Mahler, Herrnsheim, aufgenommen im Jahr 1930

Oben: Stich von Pfeddersheim

als mittelalterliches Ensemble aus Fachwerkhäusern, Stadtmauer, Toren und Türmen.

Ganz so unversehrt findet der moderne Besucher den größten Wormser Stadtteil heute nicht mehr vor. In den Kriegen der folgenden Jahrhunderte und auch im Bauboom der letzten Jahrzehnte ging einiges von der Substanz der ehemaligen Reichsstadt verloren, aber es gibt noch viele idyllische Winkel in dem gemütlichen Weinort, die an die ruhmreiche Vergangenheit erinnern.

Die unnütz und baufällig gewordenen drei Tortürme der Stadt wurden Anfang des 19. Jahrhunderts abgerissen, aber auf weiten Strecken blieb die einstmals so wichtige Stadtmauer erhalten, auch gibt es noch zahlreiche Türme, die schon auf dem Merianstich die Stadtsilhouette prägen. Im Lauf der Jahrhunderte ihrer eigentlichen Funktion entledigt, sind diese Türme vielerlei Nutzungen zugeführt worden. Der Bürgerturm etwa ragt heute wie ein gigantischer Schornstein aus einem winzigen Fachwerkhäuschen, das um den alten Wehrturm erbaut wurde. Auch viele andere Türme wurden ganz oder teilweise als Wohnbauten gebraucht und manchmal wurden Häuser angebaut - auch die Stadtmauer dient oft als Rück-, Vorder- oder Seitenwand malerisch angefügter Bauten.

Heute, wie gesagt, ist Pfeddersheim ein Stadtteil von Worms, im Zuge der Gemeindereform 1969 an die bedeutende Nachbarstadt angegliedert. Das geschah ganz gegen den Willen der Pfeddersheimer, hatten sie doch erst fünfzehn Jahre vorher durchgesetzt, daß ihr Ort sich wieder Stadt nennen durfte!

Die ersten Stadtrechte bekam Pfeddersheim Anfang des 14. Jahrhunderts. Der schon seit Römerzeiten besiedelte Ort war um 1300 ein stattliches Dorf, das durch seine Befestigungsanlagen, seine Größe, seine steigende Einwohnerzahl und auch durch die besonders große Gemarkung die Nachbarorte überflügelt hatte. Ursprünglich war Pfeddersheim eine dem Reich, damit dem Kaiser direkt untergebene Stadt. Die Finanznöte des Reiches jedoch führten immer wieder dazu, daß die Stadt anderen Herren verpfändet wurde, den Herren von Falkenstein zuerst, später Kurmainz, schließlich den pfälzischen Kurfürsten, unter denen Pfeddersheim seine größte Blüte erlebte.

Vor den Mauern Pfeddersheims fanden bedeutende Schlachten statt, 1388 entschied sich hier das Schicksal des rheinischen Städtebundes, dessen Heer von kurpfälzischen Truppen vernichtend geschlagen wurde, 1460 siegte Kurpfalz über Kurmainz. Das historisch bedeutendste Ereignis der Stadtgeschichte war jedoch die Entscheidungsschlacht zwischen aufständischen Bauern und kurfürstlich-pfälzischen Truppen im Jahr 1525. Die Pfeddersheimer hatten den aufständischen Bauern, mit deren Forderungen sich die städtischen Bürger durchaus solidarisieren konnten, bereitwillig ihre Tore geöffnet, doch gegen die gut ausgebildeten Truppen des Kurfürsten blieben Bürger und Bauern machtlos. Mit dem Fall Pfeddersheims war der Widerstand der Bauern gebrochen.

Aus dem Jahr 1511, 14 Jahre vor dem Bauernkrieg, datiert eine Urkunde, die weniger für die Stadtgeschichte, als vielmehr für die Weingeschichte ganz Deutschlands von Bedeutung ist: Bereits so früh wird in einer Urkunde die Rebsorte Riesling (Rißling im Originaltext) genannt; Hinweis auch darauf, daß man sich der unterschiedlichen Weinqualität, die verschiedene Rebsorten erbrachten immer bewußter wurde, und es keineswegs mehr unwesentlich war, mit welchen Reben ein Weinberg bepflanzt war.

Von der Qualität der Pfeddersheimer Weine kann sich ein zeitgenössischer Besucher am einfachsten bei einem der Weinfeste überzeugen: Ende Mai, beim Weinbrunnen oder beim Pfeddersheimer Markt am dritten August-Wochenende.

Leiselheim
Ortsteil von Worms
50 Hektar in der Lage Nonnenwingert (Großlage Liebfrauenmorgen)

Pfiffligheim
Ortsteil von Worms
30 Hektar in der Lage Nonnenwingert (Großlage Liebfrauenmorgen)

Hochheim
Ortsteil von Worms
30 Hektar in der Lage Nonnenwingert (Großlage Liebfrauenmorgen)

Horchheim
Ortsteil von Worms
75 Hektar in der Lage Goldberg (Großlage Liebfrauenmorgen)

Weinsheim
Ortsteil von Worms
25 Hektar in der Lage Burgweg (Großlage Liebfrauenmorgen)

Wiesoppenheim
Ortsteil von Worms
30 Hektar in der Lage am Heiligen Häuschen (Großlage Liebfrauenmorgen)

Heppenheim
Ortsteil von Worms
Weinbau in den Lagen Affenberg und Schneckenberg (Großlage Liebfrauenmorgen)

Stolz auf ihren Beruf strahlen diese Gesichter der Küfer aus (aufgenommen in einer Wormser Küferei).

Majestäten und ihr Volk

Majestäten und ihr Volk

Majestäten und ihr Volk

Majestäten und ihr Volk

Rheinhessen in der Vergangenheit

Rheinhessen war für den Kupferstecher Merian eine besonders beliebte Region. Hier fand er zahlreiche Motive für seine Bücher, die die Welt so zeigen sollten, wie sie damals war. Merian war somit weniger ein Künstler als vielmehr der Chronist seiner Zeit. Auch ließ er sich bei seinen Stichen selten von der Schönheit einer Stadt beeindrukken, sondern ausschlaggebend war die politische oder wirtschaftliche Bedeutung: war eine Stadt mächtig, so wurde sie auch durch einen besonders großen Stich illustriert, so wie das prächtige Worms, das hier mit einer breitformatigen Ansicht zu bewundern ist.

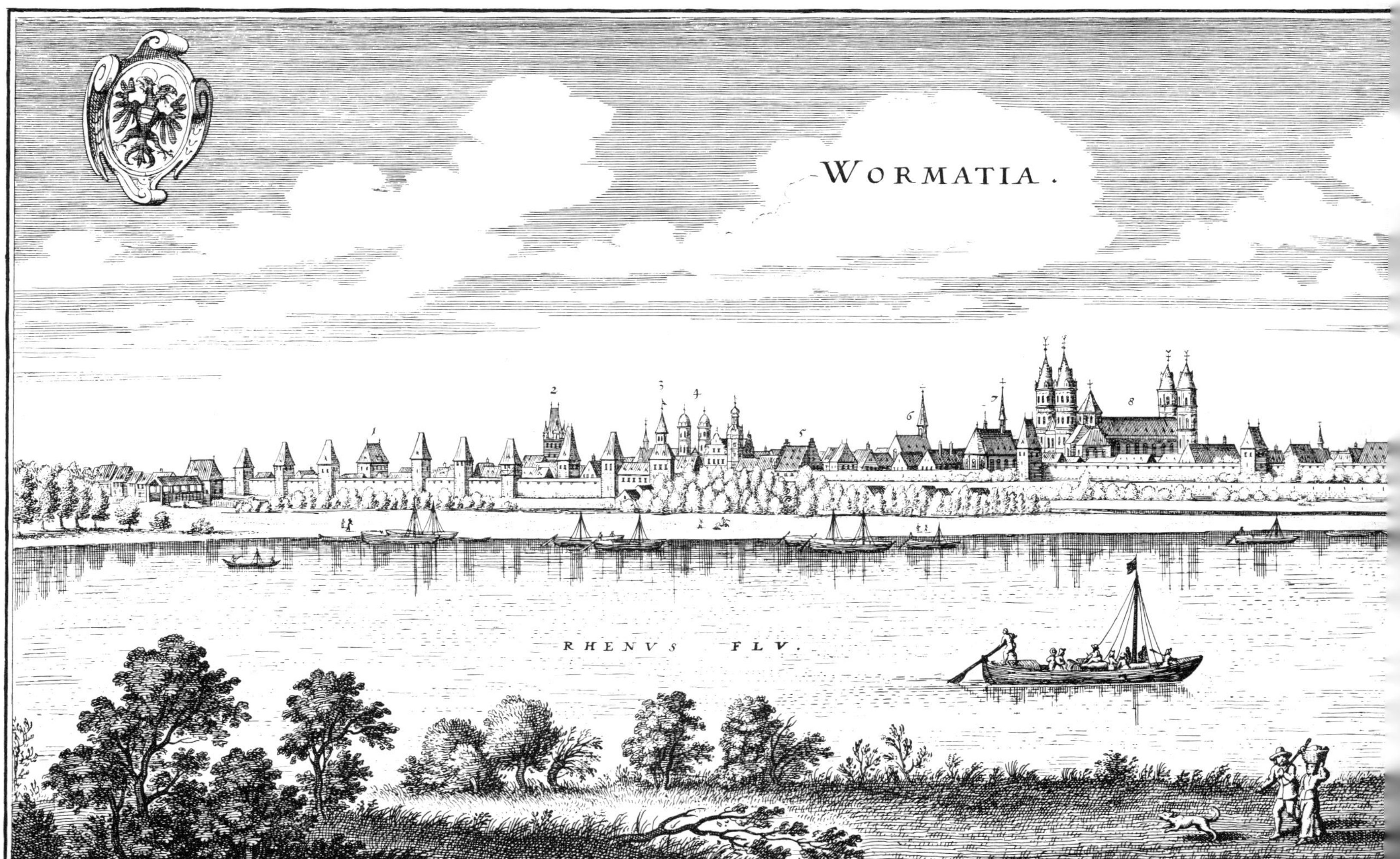

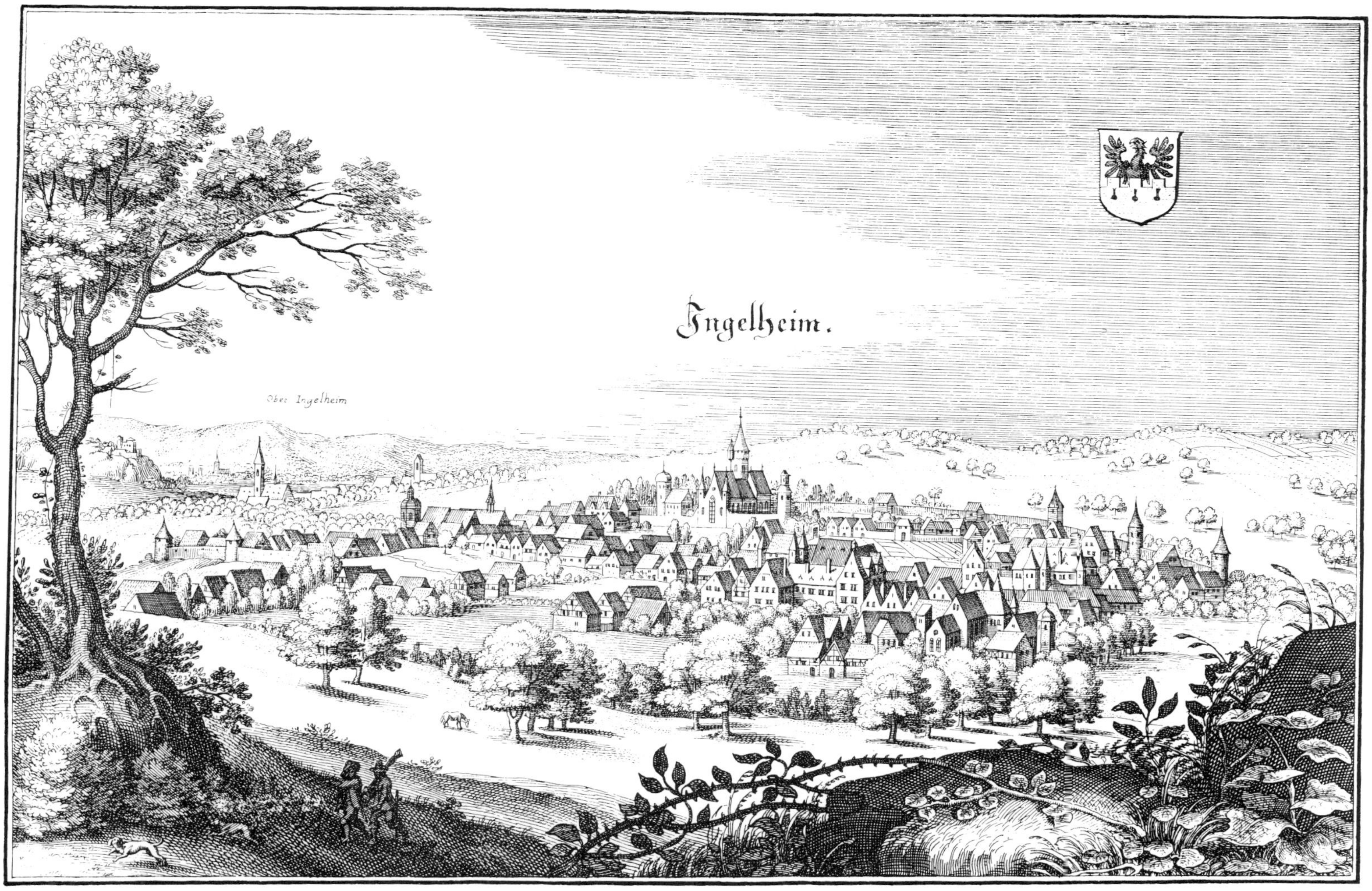

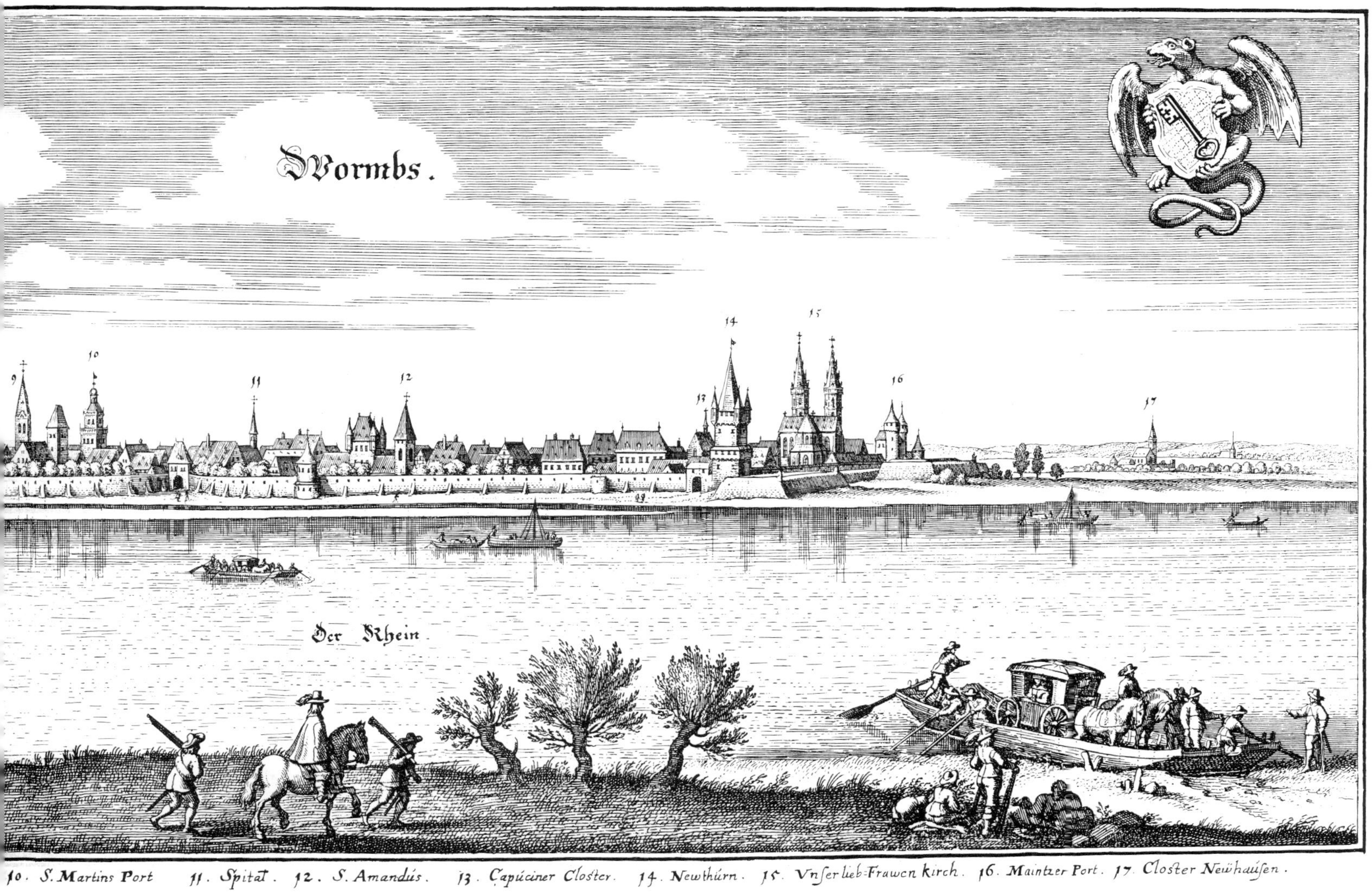

10. S. Martins Port 11. Spital. 12. S. Amandus. 13. Capuciner Closter. 14. Newthurn. 15. Vnser lieb: Frawen kirch. 16. Maintzer Port. 17. Closter Newhausen.

Das alte Westhofen aus der Luft gesehen

Der bitterkalte Winter 1929 ließ den Rhein zufrieren. Im Hintergrund Nierstein mit der Bergkirche.

Unten: Albig in den 50er Jahren.

Oben: Westhofen auf einer breitformatigen Aufnahme, die noch vor dem ersten Weltkrieg entstanden ist.

Rechts: Spätsommerliche Idylle im ländlichen Weinheim, Foto aus den 20er Jahren.

Pfingsten in Mölsheim, 1936

Ein Bild von historischer Bedeutung: Sammelverladung nach Aufgabe des passiven Widerstandes gegen die französischen Reparationszahlungen im Jahre 1924.

Winzerstolz und Patriotismus anno 1930.

Auf dem zugefrorenen Rhein stellte sich die Belegschaft der Küferei Baumann aus Oppenheim 1929 zum Gruppenbild.

Weinlese des 1937er in Pfaffen-Schwabenheim.

Damals hochmoderne Flaschenspülanlage im Weingut Guntrum um 1940.

Weinlese in Portenheim in den frühen 40er Jahren.

Lesefoto aus Mölsheim (1942) - noch werden Ochsen als Zugtiere im Weinberg eingesetzt.

Der 1950er wird gelesen, hier in Wolfsheim . . .

. . . und in Bechtolsheim, mit dem Wingertsschütz in der typischen Pose.

Auch das gehört zur Weinlese: eine zünftige Brotzeit im Weinberg. (1951 in Saulheim)

Volle Fässer auch im Jahre 1955, so wie hier in Bechtolsheim.

In Saulheim wird der 1957er gelesen: Gruppenbild mit Traktor.

Blütezeit

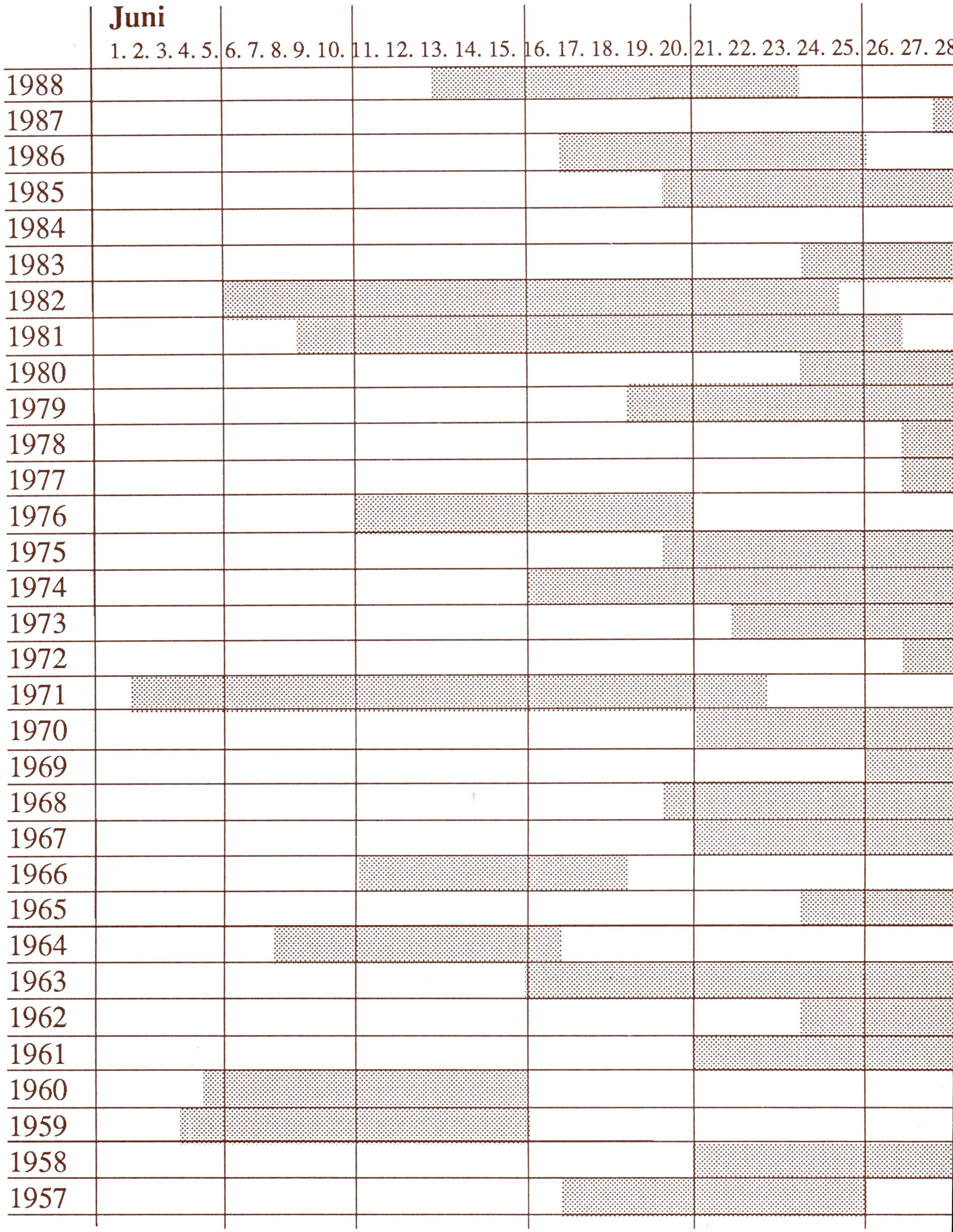

Benotung der Jahrgänge: **1** = großes Jahr **2** = gutes Jahr **3** = durc

Diese Statistik wurde im Weingut Louis Guntrum in Nierstein erstellt und ist damit lediglich für den Be

ler Reben

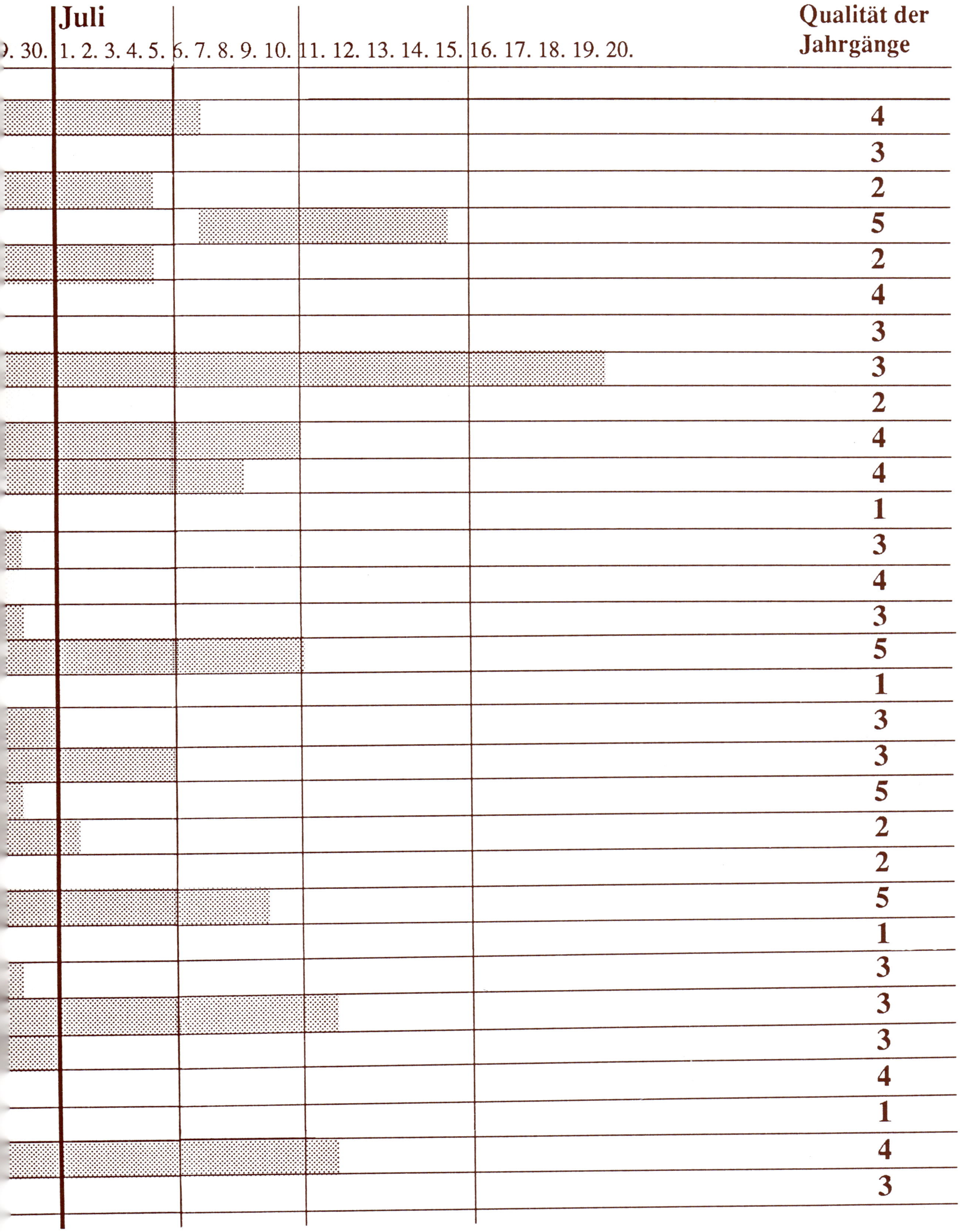

:hnittliches Jahr **4** = kleines Jahr **5** = unreifes Jahr

:h Nierstein und die Rheinfront verbindlich.

Alte Etiketten

Alte Etiketten

Die gute alte Zeit - ein Foto aus dem Jahr 1914

Ein Foto vom Mai 1914, wenige Monate vor dem Ausbruch des Ersten Weltkrieges, aufgenommen in Essenheim, einem kleinen rheinhessischen Weinort. Das war keine schlechte Zeit, um 1900 hatte eine deutliche Belebung der Wirtschaft eingesetzt, und auch den Rebkrankheiten konnte man nun mit neuen Spritzmitteln beikommen.

Das Foto ist natürlich gestellt, ein "Schnappschuß", wie ihn heute stolze Familienväter von ihren Kleinen produzieren, war mit der damaligen Kameratechnik noch nicht möglich, zu aufwendig waren die Vorbereitungen. Einen Schnappschuß erwarteten die Menschen damals auch nicht von einem Foto. Für sie war es eine feierliche Angelegenheit, wenn der Fotograf kam. Er hatte eine schöne und würdige Szene zu porträtieren - keinen Schnappschuß zu machen.

Unser Bild erzählt eine Geschichte, und darüberhinaus erzählt es eine Menge über das Leben und die Beziehungen der Menschen untereinander in der damaligen Zeit: Ein Komissionär, ein Weinkäufer, hat eine beträchtliche Menge Wein der örtlichen Winzergenossenschaft angekauft, man begießt den Handel.

Das Bild zeigt den Wagen mit den Weinfässern, abfahrbereit. Vor dem Gefährt sitzt der Komissionär (der Herr mit der Melone), und der Vorstandsvorsitzende, "Direktor" nannte man ihn, stößt mit ihm an. Die drei Männer hinter den beiden sind Mitglieder der Genossenschaft, der einzeln stehende, etwas feiner gekleidete Mann rechts ist der Geschäftsführer der Genossenschaft.

Neben dieser Gruppe sitzt ein gut angezogener Herr, im Sportanzug, mit Uhrkette und mit Jagdhund. Dieser Herr hat mit dem abgeschlossenen Geschäft eigentlich gar nichts zu tun, aber er ist der "Herr" im Ort, der reichste Winzer am Platze - ein rechter Landedelmann, auch wenn er nicht von Adel ist. Die großen Gebäude, die man im Hintergrund sieht, gehören ihm, die Genossenschaft hat sie lediglich gepachtet.

Wen sehen wir noch auf dem Foto? Die Männer, die wir bis jetzt betrachtet haben, tragen alle ihren besten Anzug, denn sie sind eben feine Herren, oder haben doch zumindest etwas Wichtiges zu erledigen. Die Männer auf dem Wagen müssen arbeiten, ihr sozialer Stand wird nicht zuletzt durch die Arbeitskleidung deutlich. Ganz obenauf steht der Kellermeister, unter ihm auf dem Wagen zwei Hilfskräfte (die, wie fast jeder im Ort, auch kleine Winzer sind), auf dem Bock sitzt der Kutscher, stolz auf seine zweireihige Uniform, die seinem "Bremser", er steht vorne neben den Pferden, vom gesellschaftlichen Rang her natürlich nicht zusteht.

Zur "Auflockerung" hat der Fotograf auch noch drei Kinder dazugesetzt: die Tochter des "Landedelmannes", den Sohn des Kellermeisters (rechts neben ihr), der so forsch in die Kamera blickt, und den eines der Hilfsarbeiter - und wenigstens hier scheinen die Klassenschranken aufgehoben.

Rezepte und Register

O, wenn
es nur
immer so
blieb!

Rhoihesseküch'

Die Kartoffel

Die Kartoffel war lange Zeit Rheinhessens meistverwandtes Nahrungsmittel, und auch heute ißt man immer wieder gerne eines der deftigen und sehr nahrhaften Grumbeere-Gerichte. Dabei sind häufig nur ein bißchen Phantasie und Zeit vonnöten, um aus einfachsten Zutaten eine originelle Mahlzeit zu bereiten.

Baggese-Grumbeere
Man benötigt: 1 kg Schweinebauch (oder Kassler), 3 Lorbeerblätter, je ein Becher süße und saure Sahne, 1 kg geschnittene Kartoffeln, trockenen Weißwein, etwas Butter, 3 Nelken, 2 große Zwiebeln, Zimt.

Zunächst braucht man einen ziemlich großen Topf, ein Römertopf ist genau richtig. In die Mitte des Topfes wird der Schweinebauch gelegt. Drumherum werden sodann die in Scheiben geschnittenen Kartoffeln verteilt. Dazu kommen die Nelken, die Lorbeerblätter und ein Teil der kleingeschnittenen Zwiebeln. Den Rest benötigt man zum Abdecken der Kartoffeln. Doch zurück zu den Kartoffeln oder Grumbeere wie die Rhoihesse sagen. Der Topf wird mit Kartoffeln bis kurz unter den Rand angefüllt. Obenauf kommen die restlichen Zwiebeln. Dann gibt man noch reichlich trockenen Weißwein in den Topf. Man läßt ihn am besten am Rande zum Boden des Topfes laufen. Mit dem Wein sollte man wirklich nicht geizen, denn dieser bringt schließlich das Aroma in das Nationalgericht der Framersheimer. Anschließend werden die saure und die süße Sahne gleichmäßig auf dem Gericht verteilt. Als krönenden Abschluß gibt man noch ein paar Butterflocken obenauf und bestreut die Decke mit reichlich Zimt. Möchte man die Soße nicht allzu dünn haben, so gibt man beim Füllen des Topfes zwischen die Kartoffeln etwas Mehl. Ist der Topf gut gefüllt, wird er zwei bis drei Stunden bei 200 Grad im Ofen gebacken.

Grumbeerefüllsel
Man lege sich zurecht: 10 große, möglichst schon am Vortag gekochte Kartoffeln, 6-8 Brötchen, vorher in Brühe eingeweicht, jeweils 250 g "Füllsel" (Inneres) von Leber- und Blutwurst, 1 Tasse Grieben.
Folgende Gewürze stelle man sich daneben: Salz, Pfeffer, Muskat, zerstoßene Nelken, Majoran.

Die Hälfte der Kartoffeln und die etwas ausgedrückten Brötchen werden mit dem Fleischwolf zerkleinert und anschließend mit dem "Füllsel" gemischt. Salz, Pfeffer, Majoran, Muskat, die Nelken und die Grieben geben der Masse die rechte Würze. In Würfel geschnitten gibt man die übrigen Kartoffeln dazu. Jetzt muß alles nur noch in heißem Schweineschmalz schön kross gebraten werden. Auch mit Ei überbacken ein Gaumenschmaus. Und was würde besser dazu passen als ein kräftiger Schoppen?

Echte Hausmannskost ist ja nicht jedermanns Geschmack, aber die Kartoffelvariationen Rheinhessens mit ihren interessanten Würzmischungen haben es in sich. Natürlich findet sich hier auch eine typische Art, Kartoffelsalat zu bereiten. Ein Familienrezept hierfür fehlt bekanntlich in keinem guten deutschen Haushalt, und auch die Rhoihesseküch macht da keine Ausnahme.

Kalter Kartoffelsalat
Man nehme zunächst: 750 g Kartoffeln, 1/4 l Fleischbrühe, 4 Eßl. Öl und Salz.

Die gekochten Kartoffeln werden in Scheiben geschnitten, mit der Fleischbrühe und dem Öl vermischt und anschließend gesalzen.

Dann nehme man: 2 Eidotter, 2 Eßl. Öl, 2 Eßl. Essig, Pfeffer, Salz, Schnittlauch, 1 geriebene Zwiebel, 100 g Rauchfleisch.

Diese Zutaten werden zu einer Masse vermengt und vorsichtig unter die Kartoffeln gehoben. Wenn er dann richtig durchzieht, präsentiert sich der Kartoffelsalat in seiner besten Form.

Die Suppen

Suppen halten Leib und Seele beisammen, Suppen sind wohlbekömmlich und können ausgesprochen schmackhaft zubereitet werden. Darauf verstehen sich die Rheinhessen, ob Gemüse- oder Getreidesuppe.

Einbrennsuppe

Das ideale Essen für den Appetit auf etwas einfach Rustikales.

Man braucht nur: 60 g Butter, 1 kleine Zwiebel, 30 g Fett, 6 Eßl. Mehl, 2 l Fleischbrühe und zum Würzen und Binden Salz, Muskat, 3 Eßl. saure Sahne sowie ein Ei.

Butter, Zwiebeln und Mehl werden in Fett goldgelb gebräunt und dann mit der Fleischbrühe gemischt. Nachdem man gut gewürzt hat, läßt man die Suppe 3/4 Stunde lang köcheln. Erst kurz vorm Servieren gibt man die saure Sahne und das Ei dazu.

Zwiebelsuppe (in rheinhessischer Version)

Fett, 2 Eßl. Mehl, 5 große Zwiebeln, Fleischbrühe, Salz und Petersilie sind alles, was man zur Zwiebelsuppe à la Rheinhessen benötigt.

Im zerlassenen, heißen Fett werden die mit Mehl bestäubten, kleingeschnittenen Zwiebeln etwa 10 Minuten gedünstet. Anschließend füllt man den Topf mit der Brühe auf, fügt nach Geschmack Salz hinzu und läßt die Suppe richtig kochen. Die zuletzt darübergestreute Petersielie gibt den optischen Pfiff.

Es mag strittig sein, ob man zur Suppe überhaupt ein Getränk reichen sollte - letztendlich richtet man sich doch nach der eigenen Vorliebe. Und zu einer deftigen Suppe kann ein kräftiger Wein nie verkehrt sein.

Der Nachtisch

Wenn auch die Rhoihesseküch das Herzhafte liebt, so ist man doch der süßen Speise durchaus nicht abgeneigt. Ob Pfannkuchen, Auflauf oder Pudding - verführerisch sind diese Genüsse immer. Der Pudding erfreut sich hierzulande eines guten Rufes und dementsprechend viele Varianten kann man finden.

Weckpudding

Mit viel Liebe und ein wenig Aufwand bereitet, mundet dieser Pudding ganz besonders in Verbindung mit Kompott oder Fruchtsoßen.

Was wird benötigt: 8 Milchbrötchen (auch: Weck genannt), ein wenig Butter, 1/4 l Milch, 100 g Zucker, 4 Eier (getrennt), die Schale 1/2 Zitrone, 60 g Mandeln, ebensoviel Rosinen, Butter und Weckmehl.

Vorweg weicht man die Brötchen in der Milch ein. Butter, Zucker und die Eigelbe rührt man schaumig und mischt damit die kleingehackten Mandeln, die Zitronenschale und die Rosinen. Anschließend hebt man die weichen Brötchen und den Eischnee unter. Die Masse wird in eine gebutterte und mit Weckmehl bestäubte Puddingform gefüllt und abgedeckt eine Stunde im Wasserbad gekocht. Zum Anrichten wird der Pudding gestürzt.

Rheinhessen ist Obstland, und ganz besonders die Sauerkirschen wachsen hier üppig. Was läge näher, als mit diesen köstlichen Früchten ein Dessert zu kreieren - mit Wein natürlich, so wie man es liebt im Weinland Rheinhessen.

Sauerkirschen mit Weinschaumsoße

Benötigt werden: 8-10 Kugeln feines Vanilleeis, 400 g Sauerkirschen, 100 g Puderzucker, 6 Eigelb und 1/4 l trockener Ingelheimer Rotwein.

Eigelb und Puderzucker werden über kochendem Wasser schaumig geschlagen. Nach Zugabe des Weins muß man erneut rühren. Das Eis wird in Dessertschalen verteilt, ebenso die Schattenmorellen. Beides wird mit der heißen Soße übergossen und sofort serviert.

Wer glaubt, zum Dessert passe kein lieblicher Wein, der sollte es einmal mit einer fruchtigen Auslese versuchen!

Rezepte zum Festessen

Kaninchensülze
(für 8-10 Personen)

Zutaten:
2 Kaninchen (à 1,5 kg), 5/8 l Weißwein, Salz, 2 Bund Suppengrün, 1 Zwiebel, 1 Lorbeerblatt, 1 Nelkenkopf, 1 Knoblauchzehe, 3 El Öl, 7 Blatt weiße Gelatine, Pfeffer aus der Mühle, 1 Bund Schnittlauch, 2-3 El Weißweinessig

Zubereitung:
Kaninchen entbeinen, Innereien zur Seite legen. Bauchlappen abschneiden, Rückenstränge herauslösen, Knochen kleinhacken. 1/4 l Weißwein und 1/4 l Salzwasser zum Kochen bringen, Bauchlappen darin zugedeckt 2 Stunden offen kochen lassen.

Knochen mit einem Bund geputztem, grob zerteiltem Suppengrün, der geschälten, mit Lorbeer und Nelkenkopf gespickten Zwiebel, der geschälten Knoblauchzehe und mit 1/4 l Weißwein und 3/4 l Wasser zum Kochen bringen. Brühe abschäumen und bei milder Hitze 2 Stunden offen kochen lassen.

Inzwischen Kaninchenfleisch und geputzte Innereien im Öl bei milder Hitze 5 Minuten anschmoren, sie sollen kaum Farbe annehmen. Fleisch anschließend zum Abtropfen auf Küchenkrepp legen. Das zweite Bund Suppengrün putzen, waschen und fein würfeln. Zuerst Selleriewürfel in Salzwasser 3 Minuten kochen lassen, dann Möhren und nach weiteren 2 Minuten Lauch zugeben. Das Gemüse nochmals 2 Minuten kochen lassen und zum Abtropfen in ein Sieb schütten. In der Zwischenzeit Gelatine in kaltem Wasser einweichen. Nach 2 Stunden die Bauchlappen mit einer Schaumkelle aus dem Topf nehmen. Den Fond von den Kaninchenknochen durch ein feines Sieb gießen, auf 1/2 l einkochen, mit Salz, Pfeffer dem restlichen Weißwein und Essig sehr kräftig würzen.

Gelatine ausdrücken, in dem noch warmen Fond auflösen und Schnittlauchröllchen dazugeben. Mit dem flüssigen Aspik einen Spiegel in eine Kastenform (1 l) gießen, kühl stellen und den Spiegel fest werden lassen. Dann die Bauchlappen und etwas Gemüse darauf geben. Jetzt Rückenfleisch und Innereien im Wechsel mit Gemüse einschichten, bis alle Zutaten verbraucht sind. Zum Schluß mit flüssigem Aspik auffüllen bis die Oberfläche bedeckt ist. Sülze zugedeckt 24 Stunden kühl stellen.

Kalbsbriesauflauf mit Morchelragout an Silvanersauce und Gemüseperlen
(für 4 Personen)

Zutaten:
250 g Kalbsbries, 10-15 getrocknete Morcheln, 5 cl Madeira, Salz, Pfeffer, Muskat, 1 Ei, 2 Eigelb, 1/8 l Crème double, 1/4 l Kalbsfond, 1/2 l RS (Rheinhessen Silvaner), 1/2 l süße Sahne, 150 g sehr kalte Butter, 120 g verschiedene Gemüseperlen (Kugelform) nach Jahreszeit

Zubereitung:
Kalbsbries parieren (von Sehnen und Fett befreien) und ca. 3 Stunden in leichtem Salzwasser wässern. Abspülen, grob hacken und würzen. Mit Ei,

Eigelb und Crème double vermengen. Die Morcheln einweichen und gut waschen (bis aller Sand entfernt ist). Danach grob hacken und in dem Madeira leicht köchelnd einreduzieren. Die Pilzmasse erkalten lassen und unter die vorbereitete Kalbsbriesmischung heben. Die Masse in 4 Förmchen aufteilen und im Wasserbad im Backofen bei 200 °C zugedeckt ca. 20 Minuten ziehen lassen. (Zahnstocher-Probe!) Den Kalbsfond mit dem Silvaner und 1/4 l ungeschlagener Sahne auf die Hälfte einkochen lassen. Inzwischen kleine Gemüsekugeln ausstechen und in Salzwasser blanchieren, so daß sie noch Biß haben. Kalt abschrecken. Die reduzierte Soße nach Geschmack würzen, kalte Butterwürfel dazugeben und mit dem Mixstab aufschlagen. Die restliche Sahne steifschlagen und vorsichtig unter die Soße ziehen. In einem großen Teller einen Spiegel von der Soße gießen und den Auflauf in die Mitte stürzen. Die Gemüsekugeln in Butter anschwenken und dekorativ auf dem Teller verteilen. Garniervorschlag: Kerbelsträußchen oder Möhrchen mit Grün.

Kalte, aufgeschlagene Kartoffelsuppe mit Räucherlachs und Lachskaviar

(für 4 Personen)

Zutaten:

300 g Kartoffeln, 150 g Staudensellerie, 100 g weißer Lauch, 0,75 l fettlose Fleischbrühe, 0,2 l Sahne
Gewürze: Muskat, Salz, Pfeffer; zwei Teelöffel Lachskaviar, 100 g Räucherlachs

Zubereitung:

Die Kartoffeln, den Sellerie und den Lauch in kleine Würfel schneiden, leicht salzen und mit der Fleischbrühe ca. 25 Minuten langsam garkochen. Danach die Suppe durch ein feines Sieb drücken und kaltstellen.
Vor dem Anrichten wird die aufgeschlagene Sahne unter die Suppe gezogen und mit Muskat, Pfeffer und, wenn erforderlich, mit etwas Salz abgeschmeckt.

Die Suppe in gekühlte Teller aufteilen. Dann mit dem in feine Streifen geschnittenen Räucherlachs und dem Lachskaviar ausgarnieren.

Garnierungsvorschlag für ein festliches Essen:
In die Mitte legt man eine dünne, aus einer gekochten Kartoffel geschnittene Scheibe, die mit Blattgold belegt wird.

Zanderroulade im Mangoldmantel auf Flußkrebsschaumsauce

Zutaten:

700 g Zanderfilet, 350 g Sahne, 500 g roter Mangold, 20 große Flußkrebse, 400 g Crème double, 100 g Zwiebel, 100 g Sellerie, 100 g Lauch, 100 g Fenchel, 1 Lorbeerblatt, weißer Pfeffer, Meersalz, 500 g klarer Fischfond, 70 g Tomatenmark, 1 cl Champagner

Zubereitung der Zanderroulade:

Die Hälfte des Zanderfilets in etwa 1 mm dicke Scheiben schneiden. Die restliche Hälfte im Mixer fein hacken, salzen und durch ein Sieb streichen. Die Sahne nach und nach mit dem Handrührgerät unterschlagen.
Das Mangoldgemüse in sprudelnd kochendem Salzwasser blanchieren, anschließend in kaltem Salzwasser abschrecken und mit Küchenkrepp gut

abtrocknen. Alufolie ausrollen, mit Öl einpinseln und darauf Klarsichtfolie legen. Die Folien bündig mit Mangold ohne Strunk belegen, Zanderfarce etwa 1 cm aufstreichen, wieder mit Mangoldblättern belegen und nochmals dünn mit Zanderfarce bestreichen. Nun die Zanderscheiben darauflegen. Die Folie von unten nach oben fest aufrollen und an den Seiten zusammendrehen.

Zubereitung der Flußkrebsschaumsauce:

Die Flußkrebse in sprudelnd kochendem Wasser kurz aufkochen. Sofort die Schwänze ausbrechen, 10 Nasen zur Dekoration beiseite legen und die anderen in einem Stieltopf in Olivenöl anbraten. Dazu das geschälte Gemüse geben und mit gardünsten, Tomatenmark darunterrühren und etwas anrösten. Mit trockenem Weißwein ablöschen, mit Fischfond auffüllen, einmal kräftig aufkochen und ca. 45 Minuten ziehen lassen. Durch ein Tuch passieren, auf ein Drittel einreduzieren, Crème double unterziehen, bis die Sauce sämig ist und nochmals einreduzieren. Beim Anrichten mit Champagner zum Schäumen bringen.

Die Zanderroulade ca. 30 Minuten in 70 °C heißem Wasser pochieren und mit dem Elektromesser in 10 gleichmäßige Scheiben schneiden. Folie einfach abziehen und die Zanderrouladenscheiben auf Flußkrebsschaumsauce anrichten. Als Beilage paßt zum Beispiel grüner Spargel und wilder Reis sehr gut zu diesem Gericht.

Produktbeschreibung Zander:

Zander ist ein Süßwasserfisch und kommt in allen größeren Gewässern vor. Das ideale Gewicht eines Zanders liegt bei 1 kg, auf Vorbestellung in jedem guten Fischgeschäft zu erhalten. Am besten läßt man den Fisch im Fachgeschäft filieren, da der Zander sehr scharfe Gräten hat, die zu schlimmen Entzündungen führen können.

Qualitätsprüfung:

Ein wirklich frischer Fisch riecht niemals stark nach Fisch. Der Zander ist marktüblich nicht ausgenommen, deshalb muß man die Fingerdruckprobe am Rücken des Fisches ausführen. Bei der Druckprobe drückt man mit dem Zeigefinger auf die Muskulatur des Fisches, die Muskulatur muß sofort in die ursprüngliche Position zurückkehren. Sollte dies nicht der Fall sein, den Fisch auf keinen Fall kaufen - er entspricht den notwendigen Qualitätsansprüchen nicht.

Eine andere Methode ist, sich einfach das Innere der Kiemen anzuschauen, sie müssen blutrot sein. Je grauer die Kiemen sind, umso älter ist der Fisch. Die Qualität der Produkte, die Sie verwenden, ist entscheidend für den Erfolg jedes Gerichtes.

Produktbeschreibung Flußkrebse:

Die Flußkrebse sind ebenfalls Süßwassertiere. Sie gehören zu den Panzerkrebsen, sind also enge Verwandte des Hummers. Der Flußkrebs sieht auch aus wie ein verkleinerter Hummer. Bitte beachten Sie, daß beim Erhitzen die Schwänze nicht kochen, sie werden sonst hart und strohig.

Johannisbeer-Sorbet
Création Pierre Pfister

Die wichtigsten Zutaten neben dem Johannisbeer-Sorbet (aus weißen Johannisbeeren) sind natürlich in erster Linie:

eine ruhige Hand, ein Spritztütchen mit "Garnierbraun" (Schweizer Schreib- und Spritzmasse/ Fa. Döhler), etwas Übung, Aprikosen-Konfitüre passiert, für den gelben Teil, für den grünen Teil passierte Kiwi-Konfitüre und Erdbeergelee für die roten Partien

Und so wird es gemacht:
Die Konturen des Schmetterlings werden mit einem Spritztütchen mit Garnierbraun (erhältlich bei BÄKO) frei Hand auf den Teller gespritzt.

Danach werden die drei verschiedenen Marmeladenfarben jeweils mit Hilfe eines Spritztütchens in die entsprechenden Felder gespritzt, wobei der Körperteil frei bleibt.

Das Johannisbeer-Sorbet wird dann gleichzeitig mit einem Spritzbeutel mit Lochtülle spiralenförmig aufgespritzt.

Bitte sofort servieren und viel Spaß und Erfolg beim Ausprobieren.

Milchlammkeule in Wiesenheu gegart

Zutaten:
1 kg hohl ausgebeinte Milchlammkeule, 3 Zehen Knoblauch, 1 El zerdrückter oder geschroteter Pfeffer, 5 El Kräuter der Jahreszeit (fein geschnitten), 1/8 l Pflanzen- oder Olivenöl, 5 fein geschnittene Schalotten, 1/8 l Sahne, 1/8 l Kalbsfond, 1/2 Zitrone, 1/4 l Rheinhessen Wein, 1/2 Pfd. getrocknetes Wiesenheu, 100 g Wurzelgemüse (Sellerie, Lauch, Karotten, Zwiebel)

Zubereitung:
Die Lammkeule in dem Gemisch von Öl und Kräutern, 2 Knoblauchzehen und geschrotetem Pfeffer marinieren. Das Heu in einen flachen Topf geben mit 1/2 l Brühe und 1/8 l Rheinhessen Wein auffüllen, Wurzelgemüse hinzugeben und würzen. Die Keule in das Heu packen und im Ofen bei 180 °C 30 Minuten garen. Aus dem Ofen nehmen, in Alufolie einwickeln oder zugedeckt 20 Minuten ruhen lassen.

Sauce:
Schalotten mit 1 Knoblauchzehe in Butter angehen lassen, mit einem Schuß Rheinhessen Wein ablöschen, mit Kalbsfond und 2/3 der Sahne einkochen und mit 2 El Kräutern aufmixen.

Beilage:
Graupenrisotto mit Trüffel

Birnentarte

Zutaten
Teig:
175 g Butter, 65 g Zucker, 1 Prise Salz, 250 g Mehl, 1 Ei

Vanillecrème:
50 g Zucker, 15 g Mondamin, 2 Eigelb, 1/8 l Milch, 1 Vanilleschote

Belag:
4-6 vollreife Birnen, 80 g Zucker, gehobelte Mandeln, 6 cl Williams-Christ-Schnaps

Soße:
500 g Birnen, 0,1 l Läuterzucker (1:1 Wasser und Zucker), 150 g Crème fraîche

Zubereitung
Teig:
Zutaten am besten mit einem Rührgerät schnell vermengen, eine Kugel formen und über Nacht im Kühlschrank ruhen lassen.

Crème:
Die Hälfte des Zuckers mit dem Mondamin mischen und mit dem Eigelb und etwas Milch verrühren. Den Rest der Milch mit dem restlichen Zucker und dem Mark aus der Vanilleschote aufkochen. Die erste Masse in die Milch geben und alles zusammen cremig kochen.

Den Teig etwa 1 cm dick ausrollen, runde Formen ausstechen und die Teigplatten im Backofen 6 bis 7 Minuten bei etwa 170 °C abbacken. Die gebackenen Böden mit einem Teil des Schnapses beträufeln, die Vanillecrème daraufstreichen und die geschälten, vom Kerngehäuse befreiten Birnen halbieren, in Scheiben schneiden und diese fächerförmig auf den kleinen Kuchen anordnen. Mandeln und Zucker darüberstreuen und bei starker Oberhitze nochmals backen bis die Oberfläche leicht braun wird und der Zucker karamelisiert ist.

Soße:
Die Birnen passieren (eventuell kurz dünsten) mit Läuterzucker, Créme fraîche und dem restlichen Schnaps glattrühren. Soße auf den Tellern verteilen, die kleinen Kuchen auf die Soße setzen und garnieren.

Gau-Bischofsheimer Spundenkäs´

Zutaten:
500 g Doppelrahmfrischkäse, 100 g Paprika rot, 100 g Paprika gelb, 100 g Kerbel, 100 g Sahne, Salz, Pfeffer aus der Mühle

Zubereitung:
Den Frischkäse in drei gleiche Portionen teilen. Gelben und roten Paprika getrennt im Mixer pürieren, ebenso den Kerbel. Jedes dieser Pürees unter eine der Frischkäseportionen mengen und jeweils soviel Sahne unterziehen, bis die Masse eine sämige Konsistenz hat. Bei dem Paprikakäse braucht man dafür weniger Sahne, da der Paprika relativ viel eigene Flüssigkeit enthält. Zum Abschluß wird die Käsemasse schichtweise in ein beliebiges Gefäß gefüllt und kann nach einer Ruhezeit (über Nacht) zum Anrichten gestürzt werden.

Alphabetisches Verzeichnis der Weinbaugemeinden

Auf welcher Karte finde ich ...?

Auf welcher Karte finde ich ...?

Verzeichnis der Geschichten

Ein Wort zum Schluß!

Fotografen und Autoren haben Ihnen im vorliegenden Werk ein, so war die Absicht, lebendiges und informatives Gesamtbild dieses Weinbaugebietes gegeben. Leben und Erleben mit dem Wein, durch den Wein und für den Wein: das Bild einer Landschaft, der Menschen und ihres Erzeugnisses zu einem Zeitpunkt des Aufbruchs, der Neuorientierung in Sachen Selbstverständnis und Qualität - ein Streben nach dem Besten bei Inhalt und Form. Und da es hier direkt und indirekt immer um das uralte Kulturgetränk Wein geht, gehört der Weingenuß unmittelbar zu diesem Buch - als Vorfreude, Erinnerung oder unmittelbarer Genuß - in der Vielfalt eines nuancenreichen Rebsorten-, Lagen- und Jahrgangsspektrums oder in der "Person" des eigenen Lieblingsweines vom besonderen Erzeuger. Im letzteren Falle wäre dieser Rahmen gerade richtig, um das rechte Etikett hineinzukleben - als unmittelbare Verbindung zu jenem wunderschönen Erlebnisteil unseres Daseins, dem dieser Band gewidmet ist. Und als Visitenkarte, die dem Werk des Geistes die Brücke zum praktischen Erleben schafft.
Wie auch immer!

Ein *Wohl bekomms!* wünscht im Namen aller, die an diesem Buch gearbeitet, und aller, die mit Unterlagen, Ratschlägen und Hinweisen geholfen haben
Winfrid Heinen.

Und wenn noch Fragen offen sein sollten oder freundliche Hilfe in Sachen Wein-Rheinhessen gewünscht ist, gibt es nachstehend eine hilfreiche Adresse:

Rheinhessenwein e. V.
An der Brunnenstube 33-35
6500 Mainz
Telefon (0 61 31) 68 10 58